Lindner

Elektro-Aufgaben
Band 1: Gleichstrom

Elektro-Aufgaben

Band 1: Gleichstrom

von Studiendirektor Helmut Lindner †, Mittweida

31. Auflage

Mit 355 Bildern

Fachbuchverlag Leipzig
im Carl Hanser Verlag

Studiendirektor HELMUT LINDNER †
Bearbeiter: Univ.-Prof. Dr. HARALD LINDNER †

MIX
Papier aus verantwortungsvollen Quellen
FSC
www.fsc.org
FSC® C014889

Bibliografische Information der Deutschen Nationalbibliothek
Die Deutsche Nationalbibliothek verzeichnet diese Publikation in der Deutschen Nationalbibliografie; detaillierte bibliografische Daten sind im Internet über http://dnb.d-nb.de abrufbar.

ISBN 978-3-446-45221-3

Fachbuchverlag Leipzig im Carl Hanser Verlag

Internet: http://www.hanser-fachbuch.de

Satz: Satzherstellung Dr. Steffen Naake, Brand-Erbisdorf
Coverconcept: Marc Müller-Bremer, www.rebranding.de, München
Coverrealisierung: Stephan Rönigk
Druck und Bindung: Pustet, Regensburg
Printed in Germany

Vorwort

Dies ist der erste Band der dreiteiligen Sammlung „Elektro-Aufgaben“.

Die Elektrotechnik spielt in der modernen Industriegesellschaft eine wichtige Rolle. Ohne ihre Beherrschung sind Information und Kommunikation, Verkehrswesen und Energiewirtschaft nicht denkbar. Voraussetzung hierbei ist, dass jeder werdende Ingenieur die Grundlagen der Elektrotechnik voll beherrscht, auf denen sich dann die einzelnen Spezialgebiete aufbauen. Um dies zu erreichen, bedarf es fleißiger Übung. Aus Raumgründen können aber meist in einem Lehrbuch nicht genügend Beispiele und Übungsaufgaben aufgenommen werden. Die vorliegende Sammlung, die in systematischer Anordnung reichlichen Übungsstoff enthält, soll diese Lücke ausfüllen helfen. Ihrem Bestimmungszweck als Hilfsmittel für Unterricht und Selbststudium entsprechen auch Gliederung und Reihenfolge der Aufgaben. Sie sind grundsätzlich so gestellt, dass sie der Lernende selbstständig und ohne zusätzliche Erläuterungen lösen kann.

Auf eine eingehendere theoretische Begründung der jeweils vorangestellten Formeln und Gesetze wurde verzichtet, da dies Angelegenheit der Lehrbücher ist. Wir verweisen in diesem Zusammenhang auch auf das von Lindner, Brauer, Lehmann verfasste Lehrbuch „Taschenbuch der Elektrotechnik und Elektronik“.

Die beigefügten kurzen Hinweise und Anleitungen sollen lediglich helfen, deren Bedeutung und Handhabung ins Gedächtnis zurückzurufen.

Die den Aufgaben beigegebenen Lösungen sind durchweg als Größengleichungen formuliert. In vielen Fällen wurden auch die Zahlenwerte eingesetzt, damit der Studierende die Möglichkeit hat, die Richtigkeit seiner Ergebnisse nachzuprüfen. Die numerischen Werte wurden mit einem 8-stelligen Rechner ermittelt. Sofern Zwischenergebnisse angegeben sind, wurde mit diesen gerundeten Werten weitergerechnet. Die angegebenen Lösungen stellen in vielen Fällen nur einen Weg dar, den man gehen kann. Ebenso oft führen auch gedanklich andere Ansätze zum gleichen Ergebnis.

Für die Prüfung der Aufgaben und erforderlichen Änderungen danken wir Frau Franziska Jacob, M. A., Frau Dipl.-Ing. Franziska Kaufmann und Herrn Prof. Dr. Harald Lindner †.

Bearbeiter und Verlag

Inhaltsverzeichnis

1 Unverzweigter Stromkreis

1.1 Berechnung von Widerständen

$$R = \frac{\varrho l}{A}$$

$$R = \frac{l}{\varkappa A}$$

$$G = \frac{1}{R}$$

$$\varkappa = \frac{1}{\varrho}$$

$$A = \frac{\pi d^2}{4}$$

Größe	Zeichen	Einheit
elektrischer Widerstand	R	Ω
spezifischer elektrischer Widerstand	ϱ	$\Omega \cdot \mathrm{mm}^2/\mathrm{m}$ oder $\Omega \cdot \mathrm{m}$
elektrische Leitfähigkeit	$\varkappa$	$\mathrm{S} \cdot \mathrm{m}/\mathrm{mm}^2$ oder S/m
elektrischer Leitwert	G	$\mathrm{S} = 1/\Omega$
Länge	l	m
Drahtquerschnitt	A	mm^2
Durchmesser	d	mm

Spezifischer Widerstand von Kupfer bei 20 °C $0{,}0178\,\Omega \cdot \mathrm{mm}^2/\mathrm{m}$
Spezifischer Widerstand von Aluminium bei 20 °C $0{,}0286\,\Omega \cdot \mathrm{mm}^2/\mathrm{m}$

1. Welchen Gleichstromwiderstand hat eine Telefonleitung aus Kupfer von 4,5 km Länge und 4 mm Durchmesser?

2. Auf einem Schiebewiderstand sind 300 m Konstantandraht ($\varrho = 0{,}5\,\Omega \cdot \mathrm{mm}^2/\mathrm{m}$) von 0,4 mm Durchmesser aufgewickelt. Wie groß ist der Widerstand der Wicklung?

3. Eine Spule besteht aus 500 Windungen Aluminiumdraht von 0,5 mm Durchmesser. Wie groß ist der Widerstand bei einer mittleren Windungslänge von 4 cm?

4. Zu einem Motor führt eine 200 m lange Doppelleitung aus Kupfer von 1,5 mm^2 Querschnitt. Wie groß ist der Widerstand?

5. Ein Stellwiderstand hat 850 Windungen von 5 cm Durchmesser aus 0,3 mm dickem Nickelindraht ($\varrho = 0{,}43\,\Omega \cdot \mathrm{mm}^2/\mathrm{m}$). Wie viel beträgt der Widerstand?

6. Der Heizleiter eines elektrischen Kochers besteht aus 10 m Chromnickeldraht von 0,45 mm Durchmesser ($\varrho = 1{,}1\,\Omega \cdot \mathrm{mm}^2/\mathrm{m}$). Wie groß ist der Widerstand?

7. Welchen Widerstand hat ein aufgedampfter Dünnfilm von 10 nm Dicke, 0,15 mm Breite und 0,85 mm Länge in der Längsrichtung mit dem spezifischen Widerstand $\varrho = 5 \cdot 10^{-6}\,\Omega \cdot \mathrm{m}$?

8. (Bild 1) Die Hülle eines Bleimantelkabels hat den gezeichneten Querschnitt. Welchen Widerstand haben 50 m der Bleiumhüllung ($\varrho = 0{,}21\,\Omega \cdot \mathrm{mm}^2/\mathrm{m}$)?

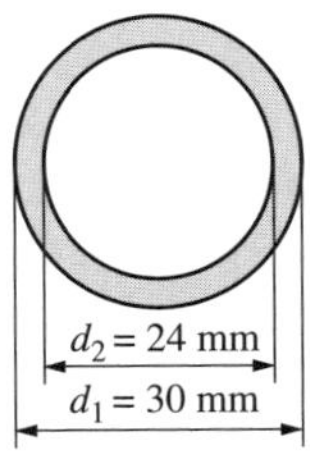

Bild 1: Aufgabe 8

9. Der Durchmesser eines Zinkbandmantelkabels ($\varkappa = 16\,\mathrm{S} \cdot \mathrm{m}/\mathrm{mm}^2$) beträgt 1,5 cm. Welchen Widerstand haben 100 m der 0,3 mm dicken Umhüllung?

10. Zwischen den beiden Platten eines Kondensators von 0,1 m^2 Fläche befindet sich eine 4 mm dicke Glasplatte ($\varrho = 10^{10}\,\Omega \cdot \mathrm{m}$). Welchen Widerstand hat die Platte?

11. Zwischen zwei Metallplatten liegt eine 0,1 mm dicke PVC-Folie ($\varrho = 10^{11}\,\Omega \cdot \mathrm{m}$) von 12 cm × 15 cm. Wie groß ist deren Widerstand?

12. Berechnen Sie die Widerstände eines Quaders aus Piezolan ($\varrho = 10^{10}\,\Omega \cdot \mathrm{m}$) von den Abmessungen 2 cm × 3 cm × 4 cm, der in den 3 verschiedenen Lagen zwischen 2 Elektroden eingeklemmt wird.

13. In einem Glastrog stehen in 3 cm Abstand 2 Kupferplatten von 5 cm × 8 cm in einer 10%igen Lösung von Kupfersulfat ($\varkappa = 3{,}2\,\mathrm{S/m}$). Wie groß ist der Widerstand zwischen den Platten?

14. Welchen Widerstand hat die Zelle eines Bleiakkumulators: Plattengröße 1 dm², Plattenabstand 8 mm? Die 20%ige Säure hat eine Leitfähigkeit von 65,3 S/m.

15. Welche Drahtlänge ist für einen Vorschaltwiderstand von 500 Ω aus 0,4 mm dickem Konstantandraht ($\varrho = 0{,}5\,\Omega\cdot\mathrm{mm^2/m}$) erforderlich?

16. Der Konstantandraht ($\varrho = 0{,}5\,\Omega\cdot\mathrm{mm^2/m}$) eines Hitzdrahtstrommessers hat 0,06 mm Durchmesser. Welche Länge muss er haben, wenn sein Widerstand 40 Ω betragen soll?

17. Der Gleichstromwiderstand einer Telefonleitung ($\varrho = 0{,}0178\,\Omega\cdot\mathrm{mm^2/m}$) von 4 mm Durchmesser wird zu 9,5 Ω gemessen. Wie lang ist die Leitung?

18. Wie viel Meter Kupferdraht enthält eine Spule, die bei 1 mm² Drahtquerschnitt einen Widerstand von 6 Ω besitzt?

19. Wie viel Chromnickeldraht von 0,6 mm Durchmesser muss der Heizkörper ($\varrho = 1{,}1\,\Omega\cdot\mathrm{mm^2/m}$) eines Kochgerätes enthalten, wenn sein Widerstand 48,5 Ω betragen soll?

20. Auf den wievielfachen Wert steigt der Widerstand eines 2 mm dicken Drahtes, wenn er unter Erhaltung der Gesamtmasse auf 1 mm Durchmesser ausgezogen wird?

21. Welchen Durchmesser hat eine 1 000 m lange Freileitung aus Kupfer, deren Widerstand 1,804 Ω beträgt?

22. Eine kupferne Freileitung besteht aus 19 verdrillten Einzeldrähten und hat je Kilometer einen Widerstand von 0,194 Ω. Welchen Durchmesser hat ein Einzeldraht?

23. Welchen spezifischen Widerstand hat das Material einer Freileitung, deren Widerstand je Kilometer 0,194 Ω beträgt und die aus 37 Einzeldrähten von je 2,25 mm Durchmesser zusammengedreht ist?

24. Welchen spezifischen Widerstand in Ω · m und welche Leitfähigkeit in S/m hat eine Flüssigkeit, die zwischen zwei im Abstand von 6 mm befindlichen Elektroden von 6 cm × 6 cm einen Widerstand von 0,02 Ω aufweist?

25. Zwischen den beiden Adern einer in der Erde liegenden Fernsprechleitung von 0,6 mm Durchmesser und 150 m Einfachlänge (Kupfer) ist Kurzschluss entstanden. Zur Bestimmung des Fehlerorts wird von der einen Seite der Doppelleitung her der Widerstand $R_1 = 10{,}85\,\Omega$ und von der anderen Seite her $R_2 = 13{,}02\,\Omega$ gemessen. In welcher Entfernung von der einen Seite befindet sich die Schadenstelle und wie groß ist hier der Übergangswiderstand?

1.2 Widerstand und Temperatur

Formeln:

Im Temperaturbereich von −40 . . . 1000 °C gilt näherungsweise eine lineare Beziehung zwischen ohmschem Widerstand und der Temperatur (Bild 2):

Anfangstemperatur $T_A = 293\,\mathrm{K}$

$$R_E = R_A\,[1 + \alpha(T_E - T_A)]$$

Anfangstemperatur $T_A \neq 293\,\mathrm{K}$

$$R_E = R_A \frac{1/\alpha + T_E - 293\,\mathrm{K}}{1/\alpha + T_A - 293\,\mathrm{K}}$$

Größe	Zeichen	Einheit
ohmscher Widerstand bei Anfangstemperatur T_A Endtemperatur T_E	 R_A R_E	 Ω Ω
Temperaturkoeffizient bei $T = 293\,\mathrm{K}$	α	1/K
Temperaturkoeffizient bei $T = 293\,\mathrm{K}$	β	$(1/\mathrm{K})^2$
Temperaturdifferenz	$\Delta\vartheta$	K

Für größere Temperaturbereiche ist der quadratische Temperaturkoeffizient β einzubeziehen:

$$R_E = R_A \left[1 + \alpha(T_E - T_A) + \beta(T_E - T_A)^2\right]$$

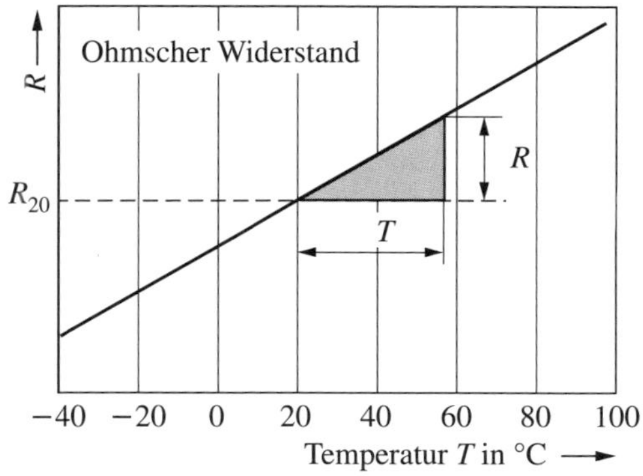

Bild 2: Widerstand und Temperatur

Hinweis:

Der Widerstand der meisten metallischen Leiter nimmt mit steigender Temperatur zu. Die angegebenen Formeln gelten nur näherungsweise.

26. Die Feldwicklung eines Elektromotors hat bei 20 °C einen Widerstand von 500 Ω ($\alpha = 0{,}003\,8$ 1/K). Welchen Widerstand hat sie im Betrieb bei 62 °C?

27. Berechnen Sie den Widerstand einer Glühlampe mit einem Wolframdraht von 0,024 mm Durchmesser und 30 cm Länge ($\varrho = 0{,}055\,\Omega \cdot mm^2/m$) bei Zimmertemperatur (20 °C) und im glühenden Zustand bei 2 300 °C. $\alpha = 0{,}004\,1$ 1/K; $\beta = 10^{-6}$ 1/K^2.

28. Bei welcher Temperatur verdoppelt sich der Widerstand eines Kupferdrahtes (Vergleichstemperatur 20 °C, $\alpha = 0{,}003\,8$ 1/K)?

29. Ein Vorschaltwiderstand aus Nickeldraht hat bei 20 °C den Anfangswert 350 Ω. Bei welcher Temperatur erreicht er den Endwert 450 Ω ($\alpha = 0{,}004$ 1/K)?

30. Welche Temperatur hat ein Heizkörper, wenn er bei 20 °C einen Strom von 2,9 A und im Betrieb 0,5 A aufnimmt? Betriebsspannung 230 V ($\alpha = 0{,}004$ 1/K)

31. Um wie viel Prozent nimmt der Widerstand eines von 20 °C auf 80 °C erwärmten Leiters aus Kupfer zu ($\alpha = 0{,}003\,8$ 1/K)?

32. Auf wie viel Prozent vom ursprünglichen Wert sinkt die Stromstärke in der Wicklung eines Motors, wenn die Temperatur von 20 °C auf 65 °C zunimmt?

33. Der Widerstand einer Telegrafenleitung ($\alpha = 0{,}003\,8$ 1/K) ist bei 8 °C 1,5 Ω. Bei welcher Temperatur beträgt dieser 1,55 Ω?

34. Welchen Widerstand hat der Kohlefaden ($\varrho = 39{,}6\,\Omega \cdot mm^2/m$) einer Glühlampe bei 20 °C und bei Weißglut (1 600 °C), wenn der Faden 18 cm lang und 0,6 mm dick ist ($\alpha = -0{,}000\,4$ 1/K)?

35. Welchen Widerstand hat eine Wolframlampe bei 20 °C ($\alpha = 0{,}004\,1$ 1/K), wenn sie im Betrieb (Fadentemperatur 2 500 °C) bei 230 V einen Strom von 0,34 A aufnimmt ($\beta = 10^{-6}$ 1/K^2)?

36. Zur Bestimmung des Temperaturkoeffizienten wird ein Draht in einem Ölbad von 30 °C auf 110 °C erwärmt. Dabei nimmt sein Widerstand um 5 % zu. Welchen Wert hat der Temperaturkoeffizient?

37. Der Wert eines Präzisionswiderstandes mit $\alpha = 5 \cdot 10^{-5}$ 1/K gilt für $\vartheta = 20$ °C. In welchem Temperaturbereich lässt er sich einsetzen, wenn sein Widerstand nur um 0,015 % schwanken darf?

38. Auf wie viel Grad Celsius steigt die Temperatur eines Eisendrahtes ($\alpha = 0{,}006\,5$ 1/K) von anfänglich 120 °C, wenn sein Widerstand um 20 % zunimmt?

39. Um wie viel Prozent nimmt der Widerstand eines Bleidrahtes ($\alpha = 0{,}004$ 1/K) bei Erwärmung von 80 °C auf 125 °C zu?

40. Der Widerstand der Kupferwicklung ($\alpha = 0{,}003\,8$ 1/K) eines Elektromotors beträgt bei

10 °C im Stillstand 850 Ω. Wie groß ist der Widerstand, wenn sich der Motor im Betrieb auf 62 °C erwärmt?

41. Welche Übertemperatur herrscht im Anker eines Motors ($\alpha = 0{,}003\,8$ 1/K), wenn bei 20 °C ein Widerstand von 12 Ω und im erwärmten Zustand von 15 Ω gemessen wurden?

42. Der Gleichstromwiderstand einer Netzdrossel ($\alpha = 0{,}003\,8$ 1/K) beträgt bei 15 °C 85 Ω. Nach längerem Betrieb wurden 105 Ω gemessen. Welche Temperatur hatte die Drosselspule angenommen?

43. Bei 18 °C wurde der Gleichstromwiderstand einer Transformatorwicklung ($\alpha = 0{,}003\,8$ 1/K) zu 153 Ω festgestellt. Nach längerer Betriebsdauer stieg der Widerstand um 34 %. Welches war die Betriebstemperatur?

44. An der Feldwicklung ($\alpha = 0{,}003\,8$ 1/K) eines Lautsprechermagneten liegt eine Spannung von 200 V, während bei 18 °C ein Strom von 50 mA fließt. Im Betrieb sinkt die Erregerstromstärke auf 45 mA ab. Welche Betriebstemperatur liegt vor?

45. Je eine Metall- und Kohlefadenlampe gleicher Betriebsstromstärke sind parallel geschaltet. a) Welche von beiden Lampen leuchtet beim Anlegen der Spannung zuerst auf? b) Welche Erscheinung muss auftreten, wenn beide Lampen in Reihe geschaltet sind?

1.3 Stromstärke, Spannung und Widerstand

Formeln:

$$I = \frac{U}{R} \qquad R = \frac{U}{I} \qquad U = IR$$

Größe	Zeichen	Einheit
elektrische Stromstärke	I	A
elektrische Spannung	U	V
elektrischer Widerstand	R	Ω

Hinweis:

In den folgenden Aufgaben werden die Widerstände R als konstant angenommen (lineare Widerstände). Daher sind in den angeführten Gleichungen Spannung und Strom einander proportional (Ohm'sches Gesetz).

46. Welcher Strom fließt durch ein elektrisches Bügeleisen von 80 Ω bei einer Spannung von 230 V?

47. Ein Stellwiderstand von 500 Ω liegt an einer Spannung von 4,5 V. Welches ist die kleinstmögliche Stromstärke?

48. Welcher Strom fließt durch den Arbeitswiderstand von 50 MΩ eines Verstärkers, wenn die Spannung 3 V abgegriffen wird?

49. Welcher Strom fließt durch eine Spule mit 300 m Kupferdraht von 0,5 mm Durchmesser bei einer angelegten Spannung von 6 V?

50. Welcher Strom fließt durch einen Widerstand von 10 kΩ bei einer Spannung von 400 V?

51. Welchen Widerstand hat eine Glühlampe, durch die bei 230 V ein Strom von 0,474 A fließt?

52. Welchen Widerstand müssen die an 230 V angeschlossenen Geräte eines Haushalts mindestens haben, wenn die Anlage durch eine 16-A-Sicherung geschützt ist?

53. An einem Widerstand liegen 150 V. Wie groß ist dieser, wenn ein Strom von 2,5 mA fließt?

54. Wie groß ist der Widerstand eines Heißwasserbereiters, wenn bei einer Spannung von 230 V ein Strom von 12 A fließt?

55. Durch einen Fernhörer fließt bei 90 V ein Strom von 0,045 A. Wie groß ist der Widerstand?

56. Welche Spannung liegt an den Enden einer 75 cm langen Quecksilbersäule von 2 mm² Querschnitt ($\varrho = 0{,}96\,\Omega \cdot \text{mm}^2/\text{m}$), durch die ein Strom von 1,8 A fließt?

57. Der Endausschlag eines Spannungsmessers soll 300 V bei einer Stromstärke von 0,1 A anzeigen. Wie groß muss sein Widerstand sein?

58. Ein unter Umständen schon lebensgefährlicher Strom von 40 mA fließt durch den menschlichen Körper und überwindet dabei einen Widerstand von 1 kΩ. Welche Spannung reicht hierzu aus?

59. Ein Strommesser hat einen Widerstand von 0,03 Ω und zeigt im Endausschlag 6 A an. Wie groß ist die Klemmenspannung des Instruments?

60. Wie viel Meter Kupferdraht von 0,1 mm Durchmesser befinden sich auf einer Spule, durch die bei einer angelegten Spannung von 10 V ein Strom von 0,06 A fließt?

61. Ein aus Eisendraht ($\varrho = 0{,}13\,\Omega \cdot \text{mm}^2/\text{m}$) von 1,2 mm Durchmesser gewickelter Vorschaltwiderstand soll bei einem Strom von 3,5 A eine gegebene Spannung von 110 V auf 40 V herabsetzen. Wie viel Windungen muss der zylindrische Wickelkörper von 6 cm Durchmesser tragen?

62. Erhöht man die an einem Verbraucher liegende Spannung um 20 V, so nimmt die Stromstärke um 8 % zu. Wie groß ist die ursprüngliche Spannung?

63. Welchen Spannungsabfall verursacht ein Widerstand von 50 kΩ bei einem Strom von 1,5 mA?

64. Ein Widerstand wird um 289 Ω vergrößert. Dabei sinkt die Stromstärke um 2 A bei konstant bleibender Spannung von 230 V. Wie groß ist der Widerstand?

65. Der Hitzdraht eines Messgerätes hat einen Widerstand von 1 100 Ω und wird von 50 mA durchflossen. Welchen Betrag hat die Heizspannung?

66. Um einen Wolframdraht von 0,1 mm Durchmesser auf 3 000 °C zu erhitzen, ist ein Strom von 2,072 A notwendig. Die erforderliche Heizspannung ist 2,43 V je cm Drahtlänge. Welchen Widerstand haben 3 cm des Drahtes?

67. Ein Drehspulinstrument zeigt bei vollem Zeigerausschlag 60 mV an und hat einen inneren Widerstand von 20 Ω. Welcher Stromstärke entspricht dies?

68. An der Fehlerstelle eines Elektroherdes besteht ein Übergangswiderstand von 15 Ω, der Erdübergangswiderstand beträgt 30 Ω. Welcher Fehlerstrom fließt bei 230 V?

69. Welche Spannung besteht zwischen zwei 40 cm voneinander entfernten Punkten einer Kupferleitung von 1 mm Durchmesser, durch die ein Strom von 6 A fließt?

1.4 Grundstromkreis

1.4.1 Ein äußerer Widerstand an der Spannungsquelle

Formeln:

$$U_q = U_i + U_a \qquad \sum U = 0$$

$$U_q = I(R_i + R_a)$$

$$R_g = R_i + R_a \qquad R_g = \sum R$$

$$I = \frac{U_q}{R_i + R_a} \qquad U_K = U_q - U_i$$

$$I_k = \frac{U_q}{R_i} \quad \text{für} \quad R_a = 0$$

$$U_l = U_q \quad \text{für} \quad R_a = \infty$$

Größe	Zeichen	Einheit
Quellenspannung	U_q	V
innerer bzw. äußerer Spannungsabfall	U_i U_a	V V
innerer bzw. äußerer Widerstand	R_i R_a	Ω Ω
Gesamtwiderstand	R_g	Ω
Klemmenspannung	U_K	V
Leerlaufspannung	U_l	V
Kurzschlussstrom	I_k	A

Hinweise:

Die Pfeilrichtung am Schaltzeichen U_q kennzeichnet die Richtung des Potenzialgefälles innerhalb der Spannungsquelle (Bild 3). Der Verbraucher R_a bewirkt einen Potenzialausgleich über den Strom I. In vielen Fällen ist der Innenwiderstand einer Spannungsquelle nicht direkt messbar, wird aber in der Schaltskizze gesondert eingetragen. In den Aufgaben wird er der Einfachheit halber als konstant angenommen.

70. Gegeben: $U_q = 4\,V$; $R_i = 10\,\Omega$; $R_a = 60\,\Omega$
Gesucht: I, U_i, R_g, U_K

71. Gegeben: $U_q = 4\,V$; $U_K = 3{,}5\,V$; $I = 0{,}5\,A$
Gesucht: U_i, R_i, R_a, R_g

72. Gegeben $R_i = 6\,\Omega$; $R_a = 50\,\Omega$; $U_K = 4{,}5\,V$
Gesucht: U_q, I, U_i, R_g

73. Gegeben: $I = 3\,mA$; $R_a = 50\,k\Omega$; $U_i = 2\,V$
Gesucht: U_K, U_q, R_i, R_g

74. Gegeben: $U_q = 24\,V$; $R_a = 10\,\Omega$; $I = 1{,}5\,A$
Gesucht: R_i, U_i, U_K, R_g

75. Weshalb kann in Aufgabe 74 der äußere Widerstand beispielsweise nicht $40\,\Omega$ betragen, wenn die übrigen Werte unverändert bleiben sollen?

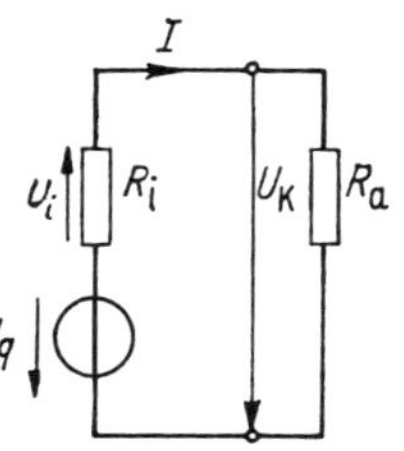

Bild 3:
Aufgaben 70 bis 79

76. Gegeben: $U_q = 30\,V$; $U_K = 28\,V$; $R_a = 15\,\Omega$
Gesucht: I, R_i, R_g, U_i

77. Gegeben: $U_q = 1{,}5\,V$; $R_i = 6\,\Omega$; $U_i = 0{,}2\,V$
Gesucht: I, R_a, R_g, U_K

78. Gegeben: $U_i = 2{,}2\,V$; $U_K = 13{,}8\,V$; $I = 2{,}5\,A$
Gesucht: U_q, R_g, R_i, R_a

79. Gegeben: $U_q = 12\,V$; $U_i = 1\,V$; $I = 0{,}5\,A$
Gesucht: U_K, R_i, R_a, R_g

80. Durch ein Galvanometer von $0{,}05\,\Omega$ Widerstand mit vorgeschaltetem Widerstand von $2\,\Omega$ fließt ein Strom von 0,47 A aus einem Element, dessen Quellenspannung 1,1 V beträgt. Wie groß sind der Innenwiderstand des Elementes und die Klemmenspannung?

81. Die Quellenspannung eines Bleiakkumulators ist 1,86 V, sein Innenwiderstand $R_i = 5\,m\Omega$. 12 Zellen werden in Reihe geschaltet und erzeugen im Verbraucher einen Strom von 6,55 A. Wie groß sind die Klemmenspannung und der Widerstand des Verbrauchers?

82. Ein verstellbarer Vorschaltwiderstand R_v soll bei gegebenem Innenwiderstand R_i der Spannungsquelle und äußerem Widerstand R_a so bemessen sein, dass sich die Stromstärke bei fester Spannung U im Verhältnis 1 : 6 verändern lässt. Wie groß muss R_v sein?

83. Drei in Reihe geschaltete Monozellen, deren Quellenspannung je 1,5 V und deren Innenwiderstand je $0{,}4\,\Omega$ beträgt, betreiben eine Uhr mit $12\,\Omega$. Wie groß sind Stromstärke, Klemmenspannung und Gesamtwiderstand?

84. Eine Signalanlage von $25\,\Omega$ Widerstand wird von drei in Reihe geschalteten Elementen von je 1 V Quellenspannung und je $4\,\Omega$ Innenwiderstand gespeist. Wie groß sind Klemmenspannung, Stromstärke und Gesamtwiderstand?

85. Welchen Innenwiderstand hat eine Trockenbatterie, deren Quellenspannung 4,5 V beträgt und aus der über einen Widerstand von $12\,\Omega$ ein Strom von 350 mA entnommen wird?

86. Die Batterie eines Radios hat die Quellenspannung 16 V. Wenn ein Strom von 12 mA entnommen wird, beträgt die Klemmenspannung 15,8 V. Welchen Innenwiderstand haben die Batterie und das Gerät?

87. Die Quellenspannung einer Gleichstrommaschine beträgt 225 V. Bei Anschluss von 50 parallel geschalteten 230-V/60-W-Lampen wird eine Klemmenspannung von 218 V gemessen. Wie groß sind der Innenwiderstand der Maschine, der entnommene Strom und der Gesamtwiderstand der Lampen?

88. Der Innenwiderstand eines Gleichstromgenerators beträgt $3{,}5\,\Omega$ und seine Quellenspannung 125 V. Der Gesamtwiderstand des äußeren Stromkreises beträgt $65\,\Omega$. Wie groß sind Stromstärke und Klemmenspannung?

89. Ein galvanisches Element liefert bei einem äußeren Widerstand von $R_1 = 5\,\Omega$ einen Strom von $I_1 = 257\,mA$, dagegen nur $I_2 = 150\,mA$ bei einem Widerstand von $R_2 = 10\,\Omega$. Welchen Innenwiderstand und welche Quellenspannung hat das Element?

90. Welchen Innenwiderstand hat eine Gleichstrommaschine, deren Quellenspannung 60 V beträgt und deren Klemmenspannung an einem äußeren Widerstand von $85\,\Omega$ zu 59,5 V bestimmt wurde?

91. Beim Anschluss eines 4,5-V/2-W-Lämpchens beträgt die Klemmenspannung einer Taschenlampenbatterie 4,3 V. Welchen Innenwiderstand hat die Batterie bei einer Quellenspannung von 4,5 V?

92. Eine Taschenlampenbatterie (Quellenspannung 4,5 V) liefert bei Kurzschluss einen Strom von 5 A. Wie groß ist der Innenwiderstand?

93. Wie groß sind Betriebsstrom und Innenwiderstand der Batterie eines Radios von 130 Ω, wenn deren Quellenspannung 7 V bzw. Klemmenspannung 6,5 V betragen?

94. Welchen Strom würde ein Bleiakkumulator mit der Quellenspannung 4 V und einem Innenwiderstand von 5 mΩ bei einem vollständigen Kurzschluss liefern?

95. Durch eine Spannungsquelle fließt bei der Klemmenspannung 16,5 V ein Strom von 2,5 A. Bei Kurzschluss fließen 25 A. Wie groß sind Quellenspannung und Innenwiderstand?

96. Der äußere Widerstand R_a verhält sich zum Innenwiderstand R_i einer Spannungsquelle wie $n:1$. In welchem Verhältnis steht der Strom I zum Kurzschlussstrom I_k?

97. In welchem Verhältnis stehen unter den gleichen Bedingungen Klemmenspannung U_K und Leerlaufspannung U_l zueinander?

98. Stellen Sie das Verhältnis I/I_k sowie U_K/U_l in Abhängigkeit von dem Verhältnis R_a/R_i grafisch dar.

99. a) Von welchem Wert R_a/R_i an etwa ändert sich U_K nur noch unwesentlich?
b) Bei welchem Verhältnis R_a/R_i haben I und U_K gerade die Hälfte bzw. ein Drittel ihrer Höchstwerte?

1.4.2 Mehrere äußere Widerstände an der Spannungsquelle

100. Gegeben: $R_1 = 10\,\Omega$; $R_2 = 15\,\Omega$; $R_i = 5\,\Omega$; $U_K = 6\,V$; $R_3 = 0\,\Omega$
Gesucht: R_g, R_a, I, U_q, U_1, U_2

101. Gegeben: $U_q = 24\,V$; $R_1 = 4\,\Omega$; $R_2 = 5\,\Omega$; $R_3 = 10\,\Omega$; $I = 0{,}5\,A$
Gesucht: R_g, U_1, U_2, U_3, R_i, U_i

102. Gegeben: $U_q = 24\,V$; $R_1 = 10\,\Omega$; $R_2 = 15\,\Omega$; $R_3 = 20\,\Omega$; $U_K = 23{,}5\,V$
Gesucht: I, U_i, U_1, U_2, U_3, R_i, R_g

103. Gegeben: $U_q = 60\,V$; $R_1 = 15\,\Omega$; $R_2 = 8\,\Omega$; $U_3 = 20\,V$; $I = 1{,}1\,A$
Gesucht: U_K, U_1, U_2, R_3, R_i, R_g, U_i

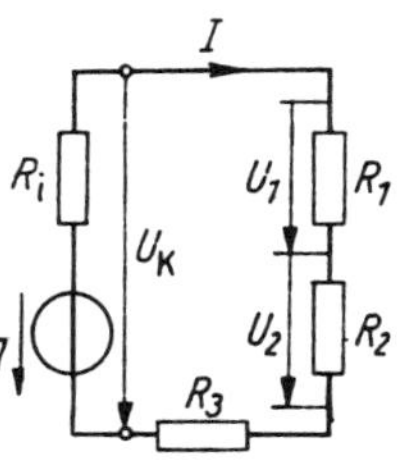

Bild 4:
Aufgaben 100 bis 103

104. (Bild 5) Wie groß sind der Innenwiderstand R_i und die Quellenspannung U_q der Spannungsquelle, wenn mit $R_{a1} = 20\,\Omega$ die Stromstärke $I_1 = 0{,}240\,A$ und mit $R_{a2} = 50\,\Omega$ der Stromstärke $I_2 = 0{,}109\,A$ gemessen wird? Der durch den Strommesser im Messbereich 0,3 A verursachte Spannungsabfall beträgt $U_A = 0{,}6\,V$.

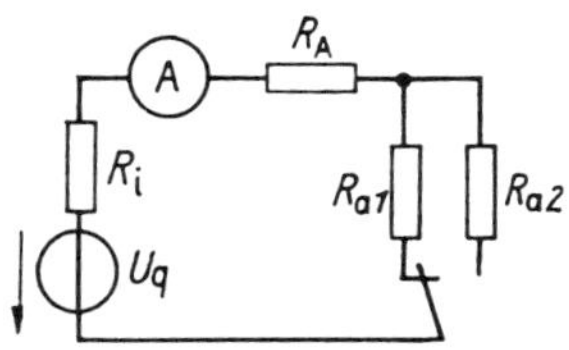

Bild 5:
Aufgabe 104

105. Zwei Spannungsmesser haben den Messbereich von je 150 V; der Widerstand des einen beträgt 2 kΩ, der des anderen 3 kΩ. Welche Spannungswerte zeigen die Instrumente an, wenn sie in Reihe an 230 V gelegt werden; und welche Gesamtspannung kann höchstens gemessen werden?

106. Ein Gleichstromgenerator von 1,8 Ω innerem Widerstand speist 2 in Reihe geschaltete Heizgeräte von 14 Ω bzw. 18 Ω. Zum Anschluss dient eine Kupferleitung von 17,5 m Einfachlänge und 1,5 mm Durchmesser. An der Maschine wird eine Klemmenspannung von 215 V gemessen. Gesucht sind die Quellenspannung, die Stromstärke, der Spannungsverlust in der Leitung und die Spannung an den beiden Geräten.

1.5 Vorschaltwiderstand und Spannungsteilung

Formeln:

$$U_v = I R_v$$

$$\frac{U_1}{U_2} = \frac{R_1}{R_2} \qquad U_1 = U \frac{R_1}{R_1 + R_2}$$

$$\frac{U_1}{U_2} = \frac{l_1}{l_2} \qquad U_1 = \frac{U l_1}{l}$$

Größe	Zeichen	Einheit
Spannungsabfall am Vorschaltwiderstand	U_v	V
Größe des Vorschaltwiderstandes	R_v	Ω
Gesamtspannung	U	V
Teilspannungen	U_1, U_2	V
Gesamtlänge	l	m
Teillängen eines Spannungsteilers	l_1, l_2	m

Spannungsteilerregel:

Die Spannungsabfälle an zwei in Reihe geschalteten Widerständen stehen im gleichen Verhältnis zueinander wie die Beträge dieser Widerstände. Das Gleiche gilt für die Teillängen eines in zwei Abschnitte geteilten Leitungsdrahtes.

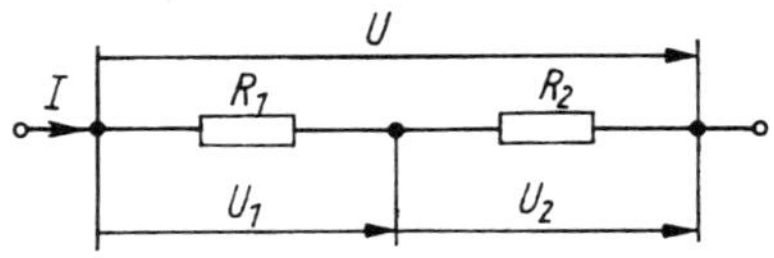

Bild 6: Widerstände in Reihenschaltung

107. Die 125-V-Lampe eines Projektionsapparates mit der Stromstärke $I = 3{,}5\,\text{A}$ soll an die Spannung 230 V angeschlossen werden. Hierzu ist ein Vorschaltwiderstand aus Konstantandraht ($\varrho = 0{,}5\,\Omega \cdot \text{mm}^2/\text{m}$) zu wickeln. Wie viel Draht von 1 mm Durchmesser ist dafür erforderlich?

108. (Bild 7) Ein Messinstrument, dessen Zeiger bei 5 mA voll ausschlägt, wenn am System die Spannung $U_i = 12\,\text{mV}$ liegt, soll als Spannungsmesser für die Messbereiche 15 mV, 150 mV, 1,5 V und 15 V verwendet werden. a) Wie groß ist der Innenwiderstand des Instrumentes? b) Welche Vorschaltwiderstände sind herzurichten? c) Welches sind die jeweiligen Gesamtwiderstände?

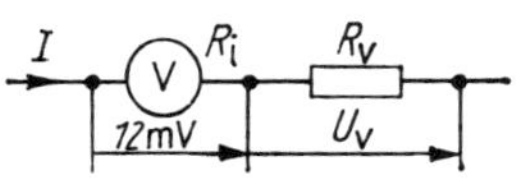

Bild 7: Aufgabe 108

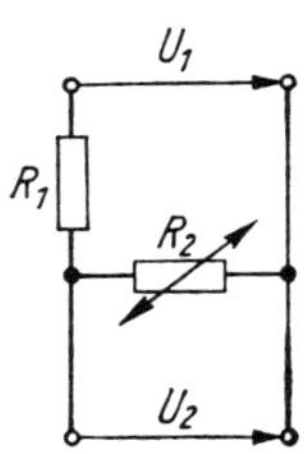

Bild 8: Aufgabe 115

109. Wenn man zu einem Spannungsmesser einen Vorschaltwiderstand von 1,94 MΩ schaltet, erhöht sich sein Messbereich von 3 V auf 100 V. Wie groß ist sein Innenwiderstand?

110. Ein Lämpchen für 3,8 V und 0,02 A soll an eine Spannung von 6 V angeschlossen werden. Welchen Wert muss der Vorschaltwiderstand haben?

111. Eine Lampe von 30 W und 6 V soll an eine Spannung von 110 V angeschlossen werden. Welchen Wert muss der Vorschaltwiderstand haben?

112. Ein Drehspulinstrument hat den Messbereich $U_i = 60\,\text{mV}$ und den Innenwiderstand $R_i = 20\,\Omega$. Der Messbereich soll auf a) 1,5 V, b) 3 V, c) 15 V, d) 75 V und e) 300 V erweitert werden. Welche Vorschaltwiderstände sind erforderlich?

113. Der Spannungsabfall an einer Bogenlampe beträgt 38 V. Sie soll an eine Spannung von 65 V angeschlossen werden. Wie groß muss der Vorschaltwiderstand bei einer Stromstärke von 6 A sein?

114. Ein Spannungsteiler von 24 cm bewickelter Länge liegt an einer Spannung von 230 V. An welchen Stellen müssen die Abgriffe für 20 V, 40 V und 150 V angebracht werden?

115. (Bild 8) Der an einem Widerstandsthermometer liegende Spannungsabfall soll zwischen den Werten $U_2' = 42\,\text{mV}$ und $U_2'' = 39\,\text{mV}$ schwanken, wenn sein Widerstand infolge von Temperaturänderungen zwischen $R_2' = 120\,\Omega$ und $R_2'' = 110\,\Omega$ schwankt.

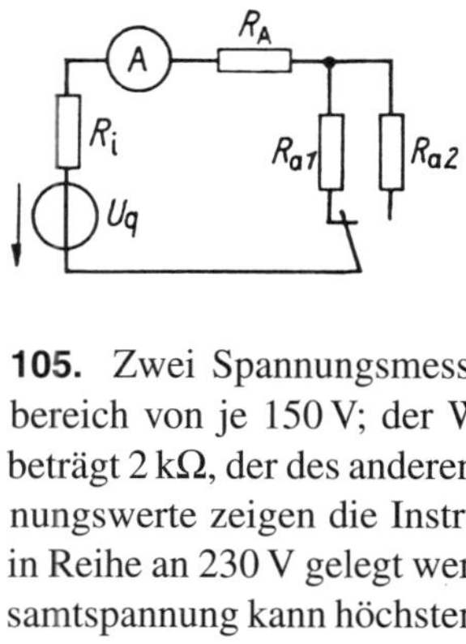

Welche Werte müssen der Festwiderstand R_1 und die Eingangsspannung U_1 aufweisen?

116. 4 Widerstände von 100 Ω, 200 Ω, 300 Ω und 400 Ω sind in Reihe geschaltet an eine Spannung von 125 V angeschlossen. Welche 10 verschiedenen Spannungen kann man zwischen je 2 Verbindungsstellen abgreifen?

Zeichnen Sie die Spannungen in ein Schaltschema ein.

117. Ein Potenziometer hat 350 Windungen und liegt an einer Spannung von 4 V. Wie viel Windungen müssen jeweils abgegriffen werden, um die Spannung 50 mV, 80 mV, 150 mV sowie 1,2 V und 3 V abzuzweigen?

118. Ändert man das Teilungsverhältnis eines kalibrierten Brückendrahtes der Länge l von $l_1 : l_2 = 2 : 3$ in $4 : 5$ um, so sinkt die an l_2 abgegriffene Spannung U_2 um 10 V. Wie groß ist die Gesamtspannung U und welchen Betrag hat die Spannung U_2 vor und nach der Änderung?

119. Eine Heizwendel mit 500 Windungen liegt an einer Spannung von 230 V. Welche Spannung besteht zwischen 2 aufeinanderfolgenden Windungen?

1.6 Spannungsverlust und Leitungsquerschnitt

Formel:

$$U_v = \frac{2Il\varrho}{A}$$

gültig für eine Doppel-(Hin- und Rück-)Leitung

Größe	Zeichen	Einheit
Spannungsverlust in der Leitung	U_v	V
einfache Länge der Leitung	l	m
Drahtquerschnitt	A	mm^2

120. Welchen Querschnitt muss die 35 m lange Zuleitung ($\varrho = 0{,}0178\,\Omega \cdot mm^2/m$) zu einem Elektroherd mindestens haben, wenn bei der Stromstärke 12 A und der Spannung 230 V ein Spannungsverlust von höchstens 3 % auftreten darf?

121. In der 5,75 km langen kupfernen Speiseleitung einer Straßenbahn entsteht bei Belastung mit 85 A ein Spannungsverlust von 84 V.

Welchen Querschnitt und Durchmesser hat die Leitung?

122. Eine 1 000 m lange Lichtleitung ist an die Spannung 230 V angeschlossen und führt zu einer Baustelle, an der ein Strom von 15 A aufgenommen wird. Drahtquerschnitt 4 mm^2 (Kupfer). a) Welche Spannung steht am Verbrauchsort zur Verfügung? b) Auf welchen Betrag muss die Stromstärke reduziert werden, damit der Verlust nur noch 40 V beträgt? c) Welchen Querschnitt müsste die Leitung haben, wenn bei 15 A höchstens 40 V verloren gehen sollen?

123. Mit welcher Höchststromstärke darf eine 75 m lange Kupferleitung von 6 mm^2 Querschnitt belastet werden, wenn der Spannungsverlust 2,5 % von 125 V nicht überschreiten soll?

124. Ein Gehöft wird an eine 550 m entfernte 230-V-Leitung angeschlossen. Welcher Leitungsquerschnitt ist mindestens zu wählen, wenn bei einer Stromstärke von 12 A der Spannungsverlust höchstens 5 % betragen soll a) bei Kupferleitung ($\varrho = 0{,}0178\,\Omega \cdot mm^2/m$), b) bei Aluminiumleitung ($\varrho = 0{,}0286\,\Omega \cdot mm^2/m$)?

125. Für rohrverlegte Drähte sind je 100 m Streckenlänge folgende Belastbarkeiten in Anwendung:

	a)	b)	c)	d)	e)
Nennquerschnitt in mm^2	2,5	4	6	10	16
Belastbarkeit in A					
Kupfer $\varrho = 0{,}0178\,\Omega \cdot mm^2/m$	21	27	35	48	65
Aluminium $\varrho = 0{,}0286\,\Omega \cdot mm^2/m$	16	21	27	38	51

Welche Spannungsverluste ergeben sich hieraus für Doppelleitungen von je 100 m Länge im Fall der Höchstbelastung?

126. Wie lang darf eine Cu-Doppelleitung von 4 mm^2 Querschnitt höchstens sein, wenn von der am Eingang liegenden Spannung 230 V nicht mehr als 10 % verloren gehen sollen (bei Höchstbelastung nach Aufgabe 125)?

127. Um wie viel Prozent nimmt der Spannungsverlust in einer Leitung zu, wenn bei gleich bleibender Stromstärke die Temperatur um 20 K steigt?

128. Aus welchem Material besteht eine 65 m lange und 3 mm dicke Doppelleitung, wenn bei der Eingangsspannung 120 V und 5 A Belastung 2,19 % der angelegten Spannung verloren gehen?

129. Um wie viel Prozent kann eine Leitung bei gleichem Spannungsverlust verlängert werden; wenn man die Strombelastung um 30 % verringert?

1.7 Reihenschaltung von Spannungsquellen

1.7.1 Spannungsquellen mit gleicher Quellenspannung

Formel:

$$I = \frac{nU_q}{nR_1 + R_a}$$

Größe	Zeichen	Einheit
Anzahl der Elemente	n	1
Quellenspannung des Einzelelementes	U_q	V

130. Welchen Strom liefern 12 in Reihe geschaltete Monozellen von je $U_q = 1{,}5$ V und $R_i = 1{,}8\ \Omega$ über einen äußeren Widerstand von 25 Ω? Wie groß ist die Klemmenspannung?

131. Zehn Elemente liegen in Reihenschaltung an einem äußeren Widerstand von 25 Ω. Verdoppelt man ihre Anzahl, so nimmt die Stromstärke um 48 % zu. Wie groß ist der Innenwiderstand eines Elementes?

132. Wie viel Elemente von je 1,5 V und 0,9 Ω sind in Reihe zu schalten, wenn sie bei einem äußeren Widerstand von 18 Ω den Strom 0,52 A liefern sollen?

133. Welcher Strom kann aus einer größeren Anzahl in Reihe geschalteter Elemente von je 1,1 V und 0,6 Ω höchstens entnommen werden?

134. Welcher Strom kann aus einer Batterie von 100 Elementen zu je 1,5 V und 2,5 Ω im Höchstfall entnommen werden?

135. Welcher Strom fließt aus einer Reihenschaltung von 3, 6, 9 bis 30 Elementen von je 1,5 V und 2,2 Ω über einen äußeren Widerstand von 30 Ω? Stellen Sie die Stromstärke in Abhängigkeit von der Zahl der Elemente grafisch dar. Welches ist die höchstmögliche Stromstärke?

136. Zehn galvanische Elemente liegen in Reihenschaltung an einem äußeren Widerstand von 40 Ω. Verdoppelt man ihre Anzahl, so nimmt die Stromstärke um 0,2 A zu. Wie groß ist der Innenwiderstand eines Elements, wenn die Quellenspannung 1,5 V beträgt?

1.7.2 Spannungsquellen mit ungleicher Quellenspannung

137. Die folgenden 3 galvanischen Elemente liegen in Reihe an dem äußeren Widerstand 25 Ω: $U_{q1} = 1{,}5$ V ($R_{i1} = 0{,}3\ \Omega$), $U_{q2} = 1{,}8$ V ($R_{i2} = 0{,}25\ \Omega$), $U_{q3} = 2{,}3$ V ($R_{i3} = 0{,}6\ \Omega$).

Berechnen Sie die Stromstärke, die gesamte Klemmenspannung und die der einzelnen Elemente.

138. Die folgenden 5 galvanischen Elemente liegen in Reihe an dem äußeren Widerstand 12 Ω: $U_{q1} = 2{,}8$ V ($R_{i1} = 0{,}08\ \Omega$); $U_{q2} = 2{,}2$ V ($R_{i2} = 0{,}2\ \Omega$); $U_{q3} = 1{,}8$ V ($R_{i3} = 0{,}3\ \Omega$); $U_{q4} = 1{,}5$ V ($R_{i4} = 0{,}1\ \Omega$); $U_{q5} = 1{,}2$ V ($R_{i5} = 0{,}05\ \Omega$). Wie groß sind Stromstärke und Klemmenspannung?

139. Berechnen Sie zu Aufgabe 138 die Leerlaufspannung und die Kurzschlussstromstärke.

140. Vier Elemente, davon 2 mit $U_{q1} = 1{,}5$ V ($R_{i1} = 0{,}8\ \Omega$) und 2 mit $U_{q2} = 1{,}8$ V ($R_{i2} = 0{,}4\ \Omega$), sind in Reihe geschaltet und betreiben einen kleinen Motor, der 2,4 W aufnimmt. Welche Werte haben Klemmenspannung, Widerstand und Stromstärke? (2 Lösungen!)

2 Verzweigter Stromkreis

2.1 Zwei parallele Widerstände

Formeln:

$$R = \frac{R_1 R_2}{R_1 + R_2}$$

$$\frac{I_1}{I_2} = \frac{R_2}{R_1}$$

$$I_1 = I \frac{R_2}{R_1 + R_2}$$

Größe	Zeichen
Ersatzwiderstand	R
Zweigwiderstände	R_1, R_2
Gesamtstromstärke	I
Zweigstromstärken	I_1, I_2

Stromteilerregel:

Die Ströme in zwei parallel geschalteten Widerständen stehen im *umgekehrten* Verhältnis wie die Beträge dieser Widerstände.

Der Teilstrom durch *einen* dieser Widerstände verhält sich zum Gesamtstrom wie der *andere* Widerstand zur Summe beider Widerstände.

141. Gegeben: $R_1 = 5\,\Omega$; $R_2 = 8\,\Omega$; $U = 10\,\text{V}$
Gesucht: R, I_1, I_2, I

142. Gegeben: $R_1 = 0{,}5\,\text{M}\Omega$; $R_2 = 1{,}5\,\text{M}\Omega$; $U = 120\,\text{V}$
Gesucht: R, I_1, I_2, I

143. Gegeben: $I = 5\,\text{A}$; $R_1 = 15\,\Omega$; $R_2 = 45\,\Omega$
Gesucht: R, I_1, I_2, U

144. Gegeben: $I = 10\,\text{mA}$; $R_1 = 300\,\Omega$; $R_2 = 700\,\Omega$
Gesucht: R, I_1, I_2, U

145. Gegeben: $I = 24{,}6\,\text{A}$; $R_1 = 1{,}85\,\Omega$; $R_2 = 9{,}15\,\Omega$
Gesucht: R, I_1, I_2, U

146. Gegeben: $R_1 : R_2 = 5 : 18$
Gesucht: $I_1 : I_2$

147. Gegeben: $I = 10\,\text{A}$; $U = 50\,\text{V}$; $R_1 = 8\,\Omega$
Gesucht: R_2, I_1, I_2, R

148. Gegeben: $I_1 = 5\,\text{mA}$; $U = 6{,}5\,\text{V}$; $R_2 = 5\,\text{k}\Omega$
Gesucht: I, I_2, R_1, R

149. Gegeben: $I_1 = 0{,}5\,\text{A}$; $I_2 = 0{,}09\,\text{A}$; $U = 120\,\text{V}$
Gesucht: I, R_1, R_2, R

150. Gegeben: $I = 8\,\text{A}$; $I_1 : I_2 = 3 : 10$; $U = 16\,\text{V}$
Gesucht: R, R_1, R_2, I_1, I_2

151. Gegeben: $I = 5\,\text{mA}$; $R_1 = 150\,\Omega$; $R = 80\,\Omega$
Gesucht: U, R_2, I_1, I_2

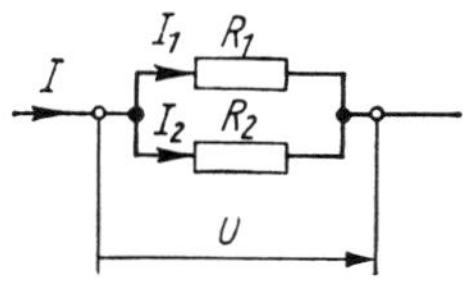

Bild 9: Schaltschema zu den Aufgaben 141 bis 151

152. (Bild 10) Bei geöffnetem Schalter S zeigt der Spannungsmesser die Spannung $U_1 = 58{,}8\,\text{V}$ und bei geschlossenem Schalter $U_2 = 53{,}6\,\text{V}$ an. Wie groß sind die Quellenspannung und der Innenwiderstand R_i der Spannungsquelle, wenn der Innenwiderstand des Instrumentes $R_\text{V} = 100\,\Omega$ und der Belastungswiderstand $R_\text{a} = 20\,\Omega$ beträgt?

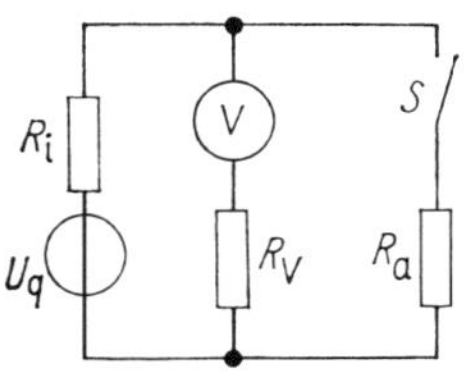

Bild 10: Aufgabe 152

153. Zwei Widerstände R_1 und $R_2 = R_1 + 32\,\Omega$ ergeben in Parallelschaltung $12\,\Omega$. Welche Werte haben R_1 und R_2?

154. Zu einem Widerstand von $250\,\Omega$ liegt parallel ein zweiter, der vom 20fachen Strom durchflossen wird. Wie groß ist der zweite Widerstand?

155. Zu einem Widerstand von $4{,}5\,\Omega$ liegt parallel ein zweiter, der von $3/5$ des Gesamtstromes durchflossen wird. Wie groß ist dieser zweite Widerstand?

156. Zu einem Widerstand von 15 Ω ist ein zweiter Widerstand parallel geschaltet. Vergrößert man den Wert des ersten auf 20 Ω, so sinkt die Stromstärke I bei gleicher Klemmenspannung um 10 %. Welchen Wert hat der zweite Widerstand?

157. Zu einem Widerstand von 650 Ω soll parallel ein zweiter gelegt werden, sodass bei der angelegten Spannung von 125 V ein Gesamtstrom von 0,2 A fließt. Wie groß sind dieser Widerstand und die Teilströme?

158. (Bild 11) Der Widerstand R_1 beträgt 50 Ω und liegt an einer Spannung von 100 V. Der im Nebenschluss liegende Widerstand R_2 ist von 0 Ω bis 100 Ω stetig veränderbar.

Stellen Sie grafisch dar: a) den Verlauf des Gesamtwiderstandes in Abhängigkeit von R_2, b) den Verlauf der Gesamtstromstärke in Abhängigkeit von R_2.

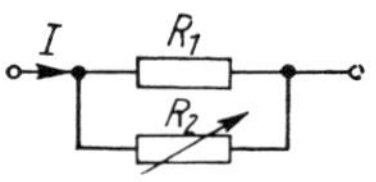

Bild 11: Aufgabe 158

159. Zwei gleich große Widerstände sind parallel geschaltet. Um wie viel Prozent ändert sich der Gesamtwiderstand, wenn der eine von ihnen um a) 10 %, b) 20 % und c) 50 % zunimmt? Stellen Sie die prozentuale Zunahme des Gesamtwiderstandes in Abhängigkeit von der prozentualen Zunahme des Widerstandes R_2 grafisch dar, desgl. die gleich laufende prozentuale Abnahme der Gesamtstromstärke.

160. (Bild 12) Trotz Umstellen des Schalters soll der Gesamtwiderstand der Schaltung konstant bleiben. a) Welchen Wert muss der Widerstand R_3 haben, wenn die beiden Widerstände R_1 und R_2 bekannt sind? b) Welchen Wert muss der Widerstand R_2 haben, wenn R_1 und R_3 bekannt sind? c) Welchen Wert muss der Widerstand R_1 haben, wenn R_2 und R_3 bekannt sind?

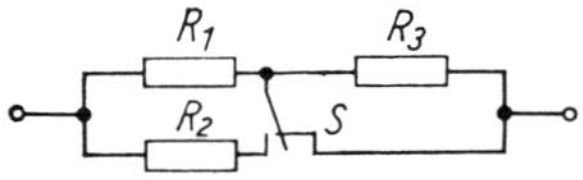

Bild 12: Aufgabe 160

161. Durch zwei parallel geschaltete Widerstände, von denen der eine $R_1 = 50\,\text{k}\Omega$ beträgt, fließt ein Gesamtstrom von 30 mA. Wird der Betrag des zweiten Widerstandes verdoppelt, so fließen nur noch 20 mA. Welchen Wert hat der zweite Widerstand R_2?

162. 2 Widerstände, von denen der eine 1 Ω beträgt, sollen in Reihenschaltung den 10fachen Widerstand ihrer Parallelschaltung ergeben. Wie groß muss der zweite Widerstand sein?

163. 2 Widerstände haben in Reihe einen Gesamtwiderstand von 12 Ω, parallel geschaltet einen Gesamtwiderstand von 3 Ω. Wie groß sind beide Widerstände?

164. Ein Normalwiderstand hat nach seiner Herstellung statt des Sollwertes 1,000 Ω den Wert 1,004 Ω. Was für ein Widerstand muss zur Korrektur parallel geschaltet werden?

2.2 Messung von Stromstärke und Spannung

Formeln:

$$R_N = \frac{I_I R_I}{I_N}$$

$$R_N = \frac{R_I}{n-1}$$

Größe	Zeichen
Widerstand des Nebenschlusses bzw. des Instrumentes	R_N R_I
Strom durch den Nebenschluss bzw. des Instrumentes	I_N I_I
Vervielfachung des Messbereiches	n
Empfindlichkeit	E
absoluter Messfehler	Δx
relativer Messfehler	$\Delta x/x$

Hinweis:

Nebenwiderstände von Strommessern, auch *Shunts* genannt, liegen an den Anschlussklemmen *parallel* zum Messgerät, das selbst einen Innenwiderstand hat.

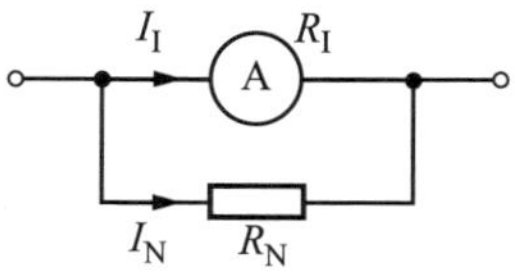

Bild 13: Schaltschema zu den Aufgaben 165 bis 175

165. Der Messbereich $I_I = 3$ mA eines Drehspulinstrumentes von $R_i = 20\,\Omega$ Innenwiderstand soll auf 7,5; 15; 30; 75; 150; 300 mA erweitert werden. Welche Nebenwiderstände sind anzuschließen?

166. Welche Messbereiche I hat das in Aufgabe 165 genannte Instrument bei Anschluss folgender Shunts? 0,040 08 Ω; 0,618 Ω; 1,277 Ω; 0,004 Ω; 0,000 8 Ω

167. Der Innenwiderstand eines Strommessers beträgt 10 Ω. Der Messbereich soll auf den 5-, 10-, 50-, 100-, 500-, 1 000fachen Weit erweitert werden. Welche Werte müssen die Nebenwiderstände haben?

168. Der Messbereich eines Instrumentes beträgt 1,5 A bei einem Innenwiderstand von 0,004 Ω. An seine Anschlussklemmen wird als Nebenschluss ein Kupferdraht ($\varrho = 0{,}018\,\Omega \cdot \mathrm{mm}^2/\mathrm{m}$) von 10 mm² Querschnitt und 20 cm Länge gelegt. Wie groß wird dadurch der Messbereich?

169. Ein Spiegelgalvanometer besitzt eine Empfindlichkeit von $1{,}73 \cdot 10^{-9}$ A (1 mm Ausschlag des Lichtzeigers bei 1 m Abstand) und einen Widerstand von 60 Ω.

Die Empfindlichkeit soll auf $5 \cdot 10^{-9}$ A; $1 \cdot 10^{-8}$ A; $1 \cdot 10^{-7}$ A herabgesetzt werden. Welche Nebenschlusswiderstände sind anzulegen?

170. Der Messbereich von 10 mA eines 10-Ω-Instrumentes soll auf 6 A erweitert werden. Welcher Nebenwiderstand ist erforderlich?

171. Der Zeiger eines Drehspulinstrumentes, das einen Spannungsabfall von 150 mV erzeugt, gibt bei Vollausschlag 2 mA an. Welcher Nebenwiderstand ist für einen Messbereich von 15 mA erforderlich?

172. Die Empfindlichkeit des in Aufgabe 169 genannten Instrumentes soll in 4 Stufen auf 0,1; 0,01; 0,001; 0,000 1 des ursprünglichen Wertes verringert werden. Welche Nebenschlusswiderstände sind nötig?

173. Welche Nebenschlusswiderstände sind nötig, um den Messbereich eines 1-Ω-Instrumentes auf das 10-, 100- und 1 000fache zu erweitern?

174. Welchen Gesamtwiderstand hat ein Strommesser, an dessen Messwerk von 5,5 Ω ein Shunt von 0,05 Ω liegt?

175. Zwei in Reihe geschaltete Spannungsmesser von je 300 V Messbereich und 6 kΩ bzw. 9 kΩ Widerstand sollen bei einer Gesamtspannung von 600 V voll ausschlagen. Wie kann das erreicht werden?

176. Ein Stromstärkemesser hat eine lineare Skala von $l = 8$ cm Länge. Bei 50 μA wird Vollausschlag erreicht. Welche Empfindlichkeit E besitzt das Gerät?

177. Welche Empfindlichkeit E in cm/V hat ein Spannungsmesser mit 6 cm Zeigerlänge, einer 120 °-Sektorskala und 150 mV Messbereich?

178. Vergleichen Sie zwei Spannungsmesser mit den Messbereichen von 300 V. Die Eingangswiderstände R_V der Geräte betragen 2,5 MΩ und 5 MΩ. Mit welchen Stromstärken belasten beide Geräte den angemessenen Stromkreis bei Vollausschlag?

179. (Bild 14) Berechnen Sie den absoluten und den relativen Fehler des Spannungsmessers in dem dargestellten Schaltkreis mit $U_e = 6$ V; $R_1 = R_2 = 0{,}5\,\Omega$; $R_3 = 50\,\Omega$; $R_i = 200\,\Omega$.

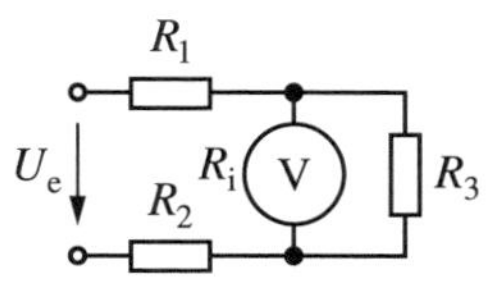

Bild 14: Aufgabe 179

180. (Bild 15) Berechnen Sie den absoluten und den relativen Fehler des Stromstärkenmessers in dem dargestellten Stromkreis mit einem Heizkörper. $U_e = 230$ V; $R = 0{,}5\,\Omega$; $R_V = 1{,}1\,\Omega$; $R_i = 0{,}2\,\Omega$; $P_H = 3$ kW; $U_H = 220$ V.

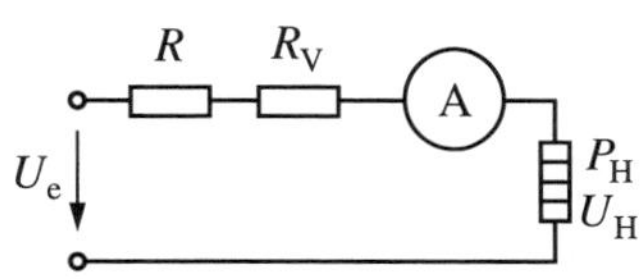

Bild 15: Aufgabe 180

181. Ein analoger Spannungsmesser mit einem Messbereich $MB = 10$ V zeigt einen Wert von

$U = 9{,}5 \pm 0{,}15$ V an. Berechnen Sie seine Genauigkeitsklasse *Gk* (genormte Genauigkeitsklassen: 0,1; 0,2; 0,5; 1; 1,5; 2,5; 5; 10).

182. (Bild 16) Ein Poggendorf-Komparator enthält die hochgenaue Spannungsquelle $U_N = 100$ V. Mit einem Potenziometer und einem Galvanometer ist die Spannung einer weiteren Quelle U_q zu bestimmen. Die Potenziometerablesung R_K erfolgt bei Stromlosigkeit des Galvanometers. $R_K = 100\,\Omega$; $R_V = 100\,\Omega$; $R_P = 800\,\Omega$.

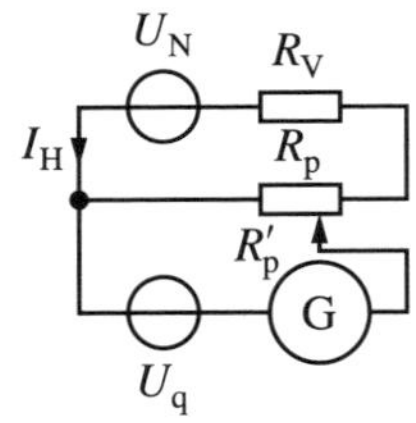

Bild 16: Aufgabe 182

183. (Bild 17). Berechnen Sie die angezeigten Stromstärke- und Spannungswerte in den vorliegenden Schaltungen. $U_E = 100$ V; $R_1 = 400\,\Omega$; $R_2 = 600\,\Omega$; $R_i = 1\,k\Omega$ (Spannungsmesser); R_i (Stromstärkemesser) vernachlässigbar.

184. Ein Stromstärkemesser besitzt einen Innenwiderstand $R_i = 0{,}16\,\Omega$ und zeigt mit dem parallel geschalteten Widerstand $R = 0{,}04\,\Omega$ den Wert von 8 A an. Wie groß ist die Stromstärke in der Hauptleitung?

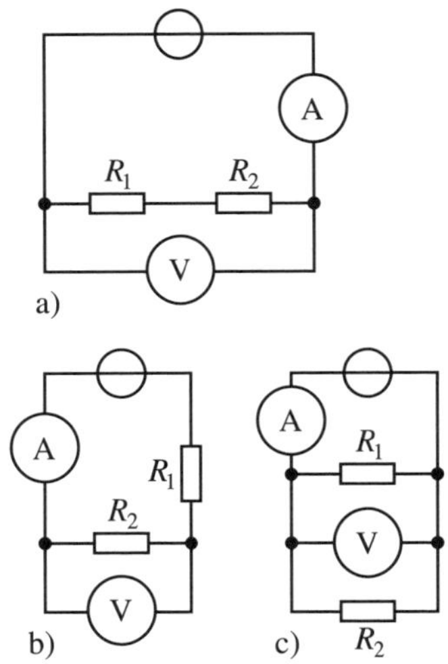

Bild 17: Aufgabe 183

185. Ein Vielfachspannungsmesser hat den höchsten Messbereich $U_{max} = 600$ V. Welcher Vorwiderstand R_V ist erforderlich, wenn bis 20 kV gemessen werden soll? Der Innenwiderstand beträgt $R_i = 300\,k\Omega$.

2.3 Mehr als zwei parallele Widerstände

Formeln:

$$\frac{1}{R} = \frac{1}{R_1} + \frac{1}{R_2} + \frac{1}{R_3} + \ldots$$

$$G = G_1 + G_2 + G_3 + \ldots$$

$$I_g = \sum I \qquad I = UG$$

Größe	Zeichen	Einheit
Leitwert	$G = \frac{1}{R}$	S = A/V
Ersatz-(Gesamt-) Widerstand	R	Ω
Einzelwiderstände	$R_1, R_2, \ldots$	Ω

Hinweis:

Der Ersatzwiderstand *R* kann auch durch Zusammenfassen von zunächst nur 2 Zweigwiderständen ermittelt werden. In einem weiteren Schritt wird deren Ersatzwiderstand mit dem 3. Zweigwiderstand zusammengefasst usw.

186. Gegeben: $R_1 = 15\,\Omega$; $R_2 = 20\,\Omega$; $R_3 = 50\,\Omega$; $U = 50$ V
Gesucht: G, R, I_1, I_2, I_3

187. Gegeben: $R_1 = 4\,k\Omega$; $R_2 = 6{,}5\,k\Omega$; $R_3 = 2{,}5\,k\Omega$; $U = 200$ V
Gesucht: G, R, I_1, I_2, I_3, I

188. Gegeben: $R_1 = 10\,\Omega$; $R_2 = 20\,\Omega$; $R_3 = 30\,\Omega$; $R_4 = 40\,\Omega$; $U = 65$ V
Gesucht: $I, I_1, \ldots, I_4, G, R$

189. Gegeben: $R_1 = 2{,}5\,M\Omega$; $R_2 = 3{,}5\,M\Omega$; $R_3 = 4{,}5\,M\Omega$; $R_4 = 5{,}5\,M\Omega$; $U = 400$ V
Gesucht: $G, I, I_1, \ldots, I_4$

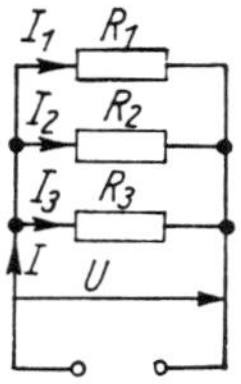

Bild 18:
Aufgaben 186 bis 192

190. Gegeben: $I = 12\,\text{A}$; $I_1 : I_2 : I_3 = 1 : 2 : 3$; $U = 60\,\text{V}$
Gesucht: G, R, I_1, I_2, I_3, R_1, R_2, R_3

191. Gegeben: $I_1 = 10\,\text{mA}$; $I_2 = 110\,\text{mA}$; $I_3 = 80\,\text{mA}$; $U = 350\,\text{V}$
Gesucht: I, R, G, R_1, R_2, R_3

192. Gegeben: $R_1 = 48\,\Omega$; $R_2 = 64\,\Omega$; $I = 12\,\text{A}$; $U = 80\,\text{V}$
Gesucht: R, G, G_3, R_3, I_1, I_2, I_3

193. (Bild 19) Wird der Widerstand R_3 abgeschaltet, so sinkt der durch die Schaltung fließende Strom I auf ein Drittel seines Betrages. Welchen Wert hat der Widerstand R_3, wenn R_1 und R_2 bekannt sind?

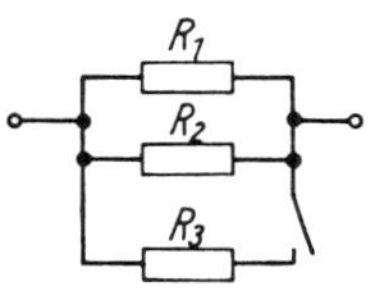

Bild 19:
Aufgabe 193

194. (Bild 20) Nach Umlegen des Schalters soll der Gesamtwiderstand konstant bleiben. Welchen Wert muss der Widerstand R_4 haben, wenn die übrigen Widerstände R_1, R_2 und R_3 bekannt sind?

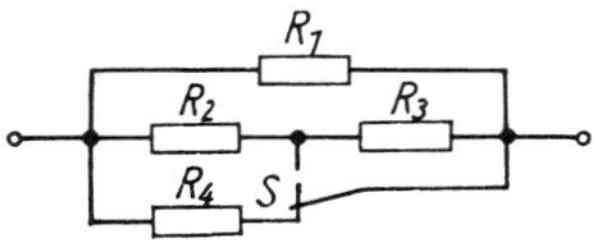

Bild 20:
Aufgabe 194

195. Ein Widerstand beträgt $75\,\Omega$. Welche 3 Widerstände müssen parallel dazu gelegt werden, wenn sich die Stromstärken in den 4 Einzelwiderständen wie $1 : 2 : 3 : 4$ verhalten sollen?

196. (Bild 21) Durch schrittweises Zuschalten von 2 weiteren Widerständen zu dem Widerstand $R_1 = 15\,\Omega$ soll die Gesamtstromstärke bei konstant bleibender Spannung im Verhältnis $1 : 5 : 25$ anwachsen. Wie groß müssen die Widerstände R_2 und R_3 sein?

197. (Bild 21) In welchem Verhältnis wächst die Gesamtstromstärke an, wenn die Spannung an $R_1 = 15\,\Omega$ angelegt und dann $R_2 = 5\,\Omega$ und schließlich noch $R_3 = 2{,}5\,\Omega$ zugeschaltet werden?

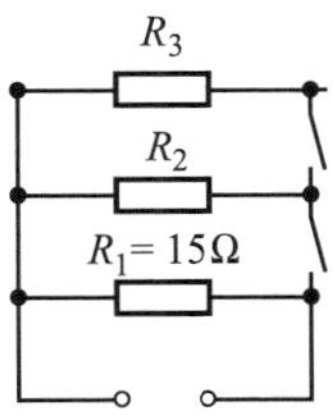

Bild 21:
Aufgaben 196 und 197

2.4 Gemischte Schaltung von Widerständen

Anleitung:

Eine Schaltung wird vereinfacht, indem zunächst alle kleineren, in sich geschlossenen Gruppen von parallel liegenden Widerständen zu Ersatzwiderständen zusammengefasst werden. Das Verfahren wird nötigenfalls so lange fortgesetzt, bis nur noch eine Reihenschaltung vorliegt.

Berechnen Sie den Ersatzwiderstand der in den Bildern 22 bis 35 gezeichneten Widerstandskombinationen zwischen den jeweils angegebenen Anschlussklemmen:

198. (Bild 22) $R_1 = 1\,\Omega$; $R_2 = 2\,\Omega$; $R_3 = 3\,\Omega$; $R_4 = 4\,\Omega$

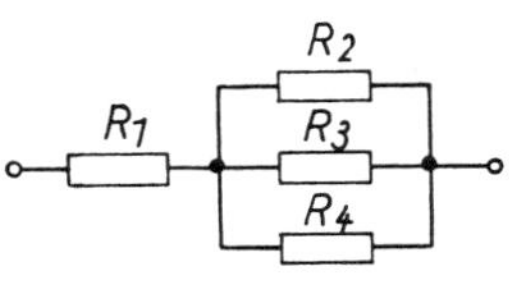

Bild 22:
Aufgabe 198

199. Bild 23

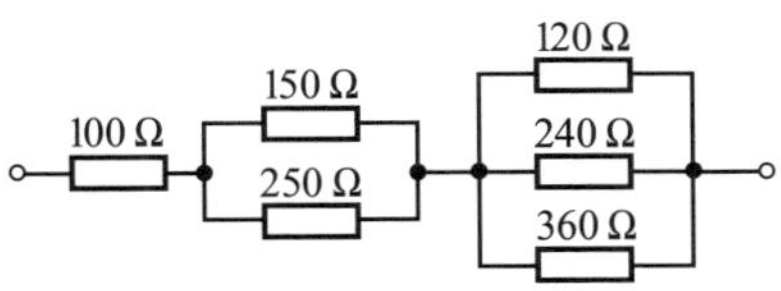

Bild 23: Aufgabe 199

200. Bild 24 ($R_a = R_b = 5\,\Omega$)

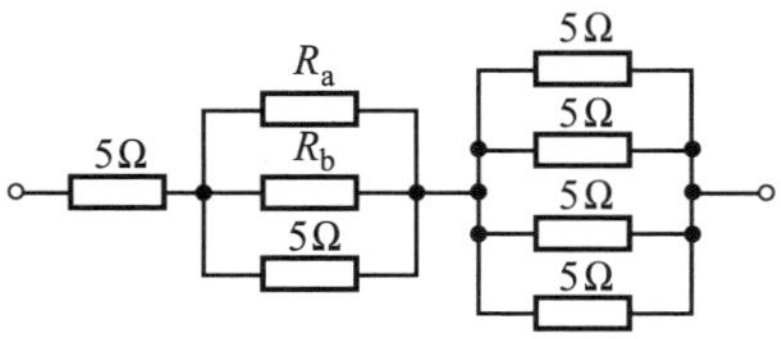

Bild 24: Aufgabe 200

201. Bild 25

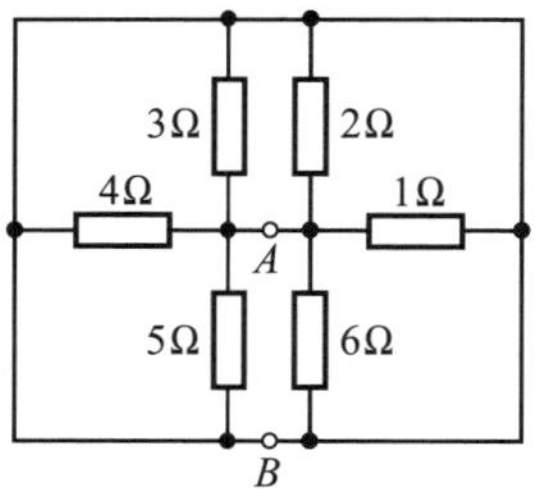

Bild 25: Aufgabe 201

202. Bild 26

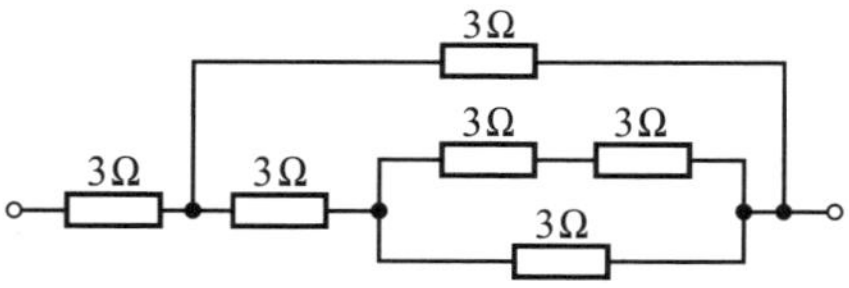

Bild 26: Aufgabe 202

203. Bild 27

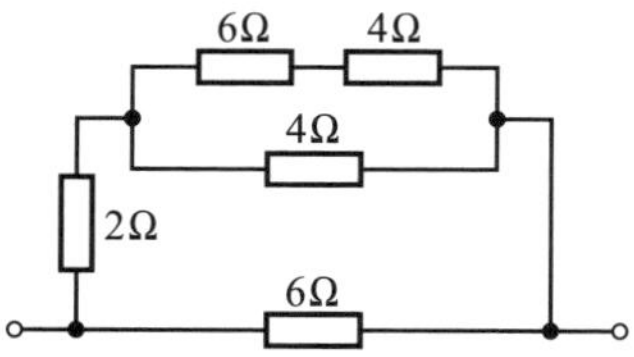

Bild 27: Aufgabe 203

204. Bild 28

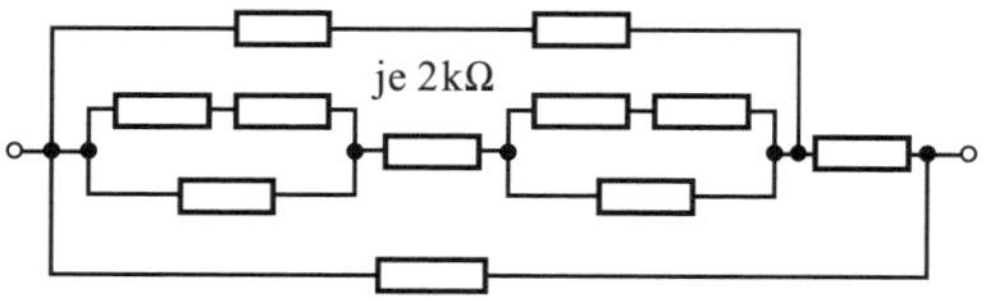

Bild 28: Aufgabe 204

205. Bild 29

206. Bild 30

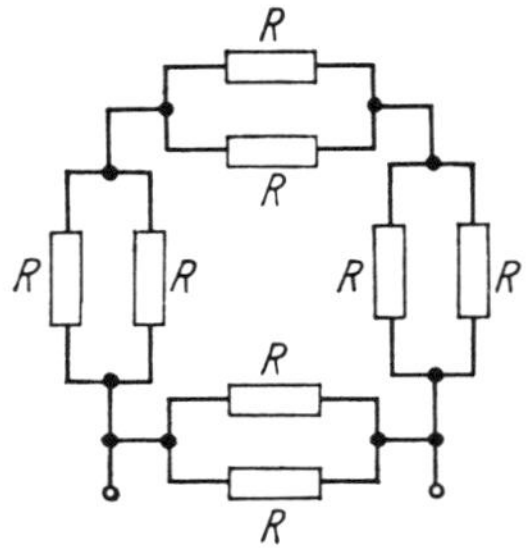

Bild 29: Aufgabe 205

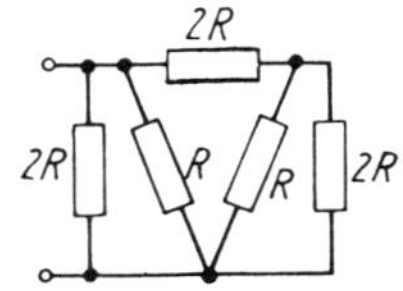

Bild 30: Aufgabe 206

207. Bild 31

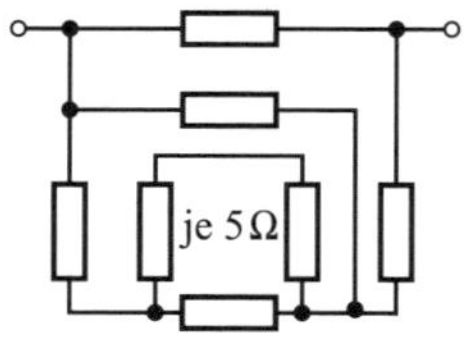

Bild 31: Aufgabe 207

208. Bild 32

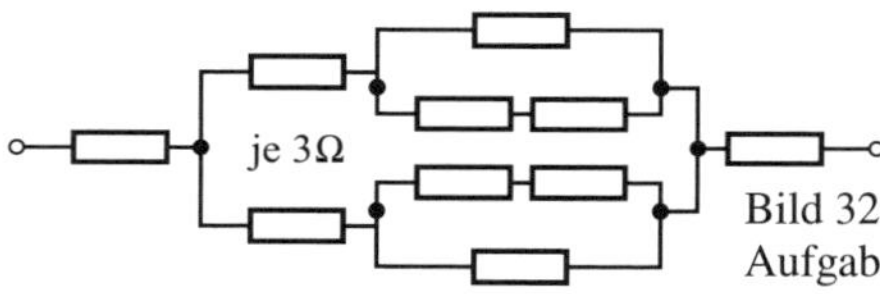

Bild 32: Aufgabe 208

209. Bild 33 (alle Widerstände gleich groß)

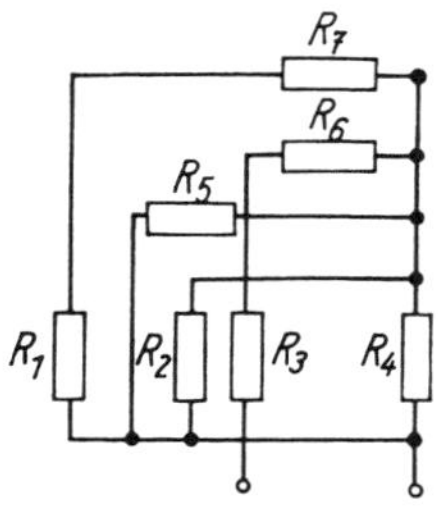

Bild 33: Aufgabe 209

210. Bild 34

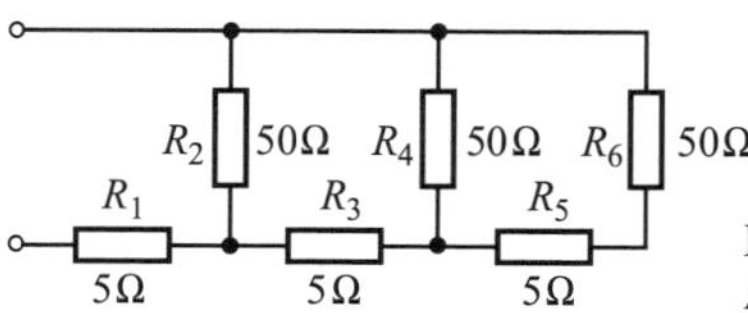

Bild 34: Aufgabe 210

211. Bild 35

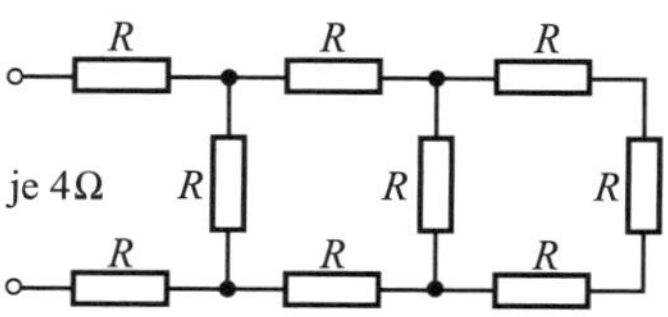

Bild 35: Aufgabe 211

212. (Bild 36) Wie groß muss jeder der gleich großen Widerstände R sein, damit der Gesamtwiderstand $R_g = 22\,\Omega$ beträgt?

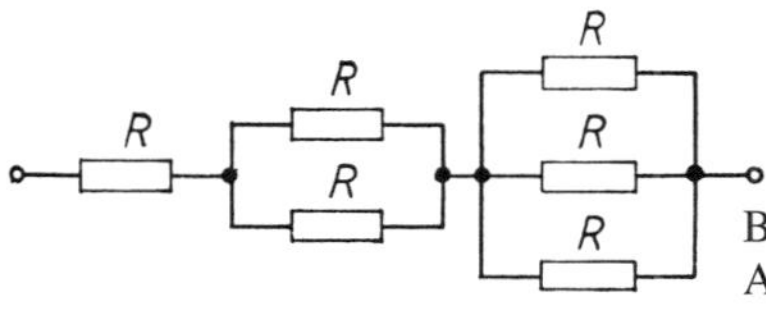

Bild 36: Aufgabe 212

213. (Bild 37) Wie groß muss jeder der gleich großen Widerstände R sein, damit der Gesamtwiderstand $R_g = 7{,}5\,\Omega$ beträgt?

214. Der Widerstand R_a in Aufgabe 200 soll weggelassen werden und R_b durch einen anderen ersetzt werden, sodass der Gesamtwiderstand $R_g = 10\,\Omega$ wird. Welchen Widerstand muss der Widerstand R_b haben?

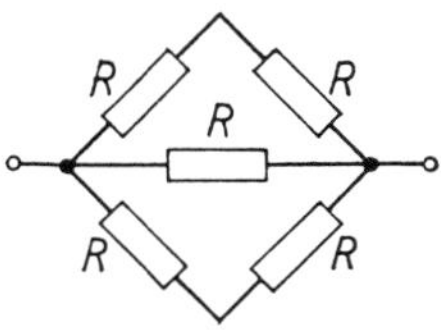

Bild 37: Aufgabe 213

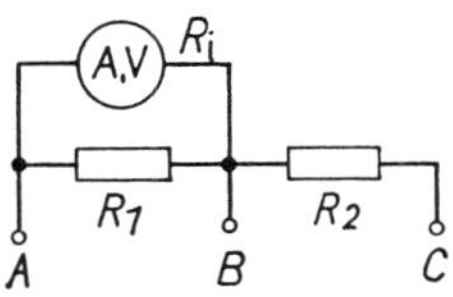

Bild 38: Aufgabe 215

215. (Bild 38) Das auf Bild 38 angegebene Messinstrument hat einen Widerstand von $15\,\Omega$ und schlägt bei 10 mA voll aus. Welche Werte müssen die beiden fest einzubauenden Widerstände R_1 und R_2 haben, wenn sich bei Anschluss an die Klemmen *A–B* ein Strommessbereich von 100 mA und bei Anschluss an die Klemmen *A–C* ein Spannungsmessbereich von 5 V ergeben soll?

216. Das auf Bild 38 angegebene Instrument hat den Widerstand $20\,\Omega$ und schlägt bei 3 mA voll aus. Die Widerstände R_1 und R_2 betragen $8{,}571\,\Omega$ bzw. $94{,}0\,\Omega$. Welcher Strommessbereich ergibt sich bei Anschluss an die Klemmen *A–B* und welcher Spannungsmessbereich bei Anschluss an die Klemmen *A–C*?

217. (Bild 39) Der Widerstand des auf Bild 39 angegebenen Strommessers, der bei $I_i = 10\,\text{mA}$ voll ausschlägt, beträgt $R_i = 80\,\Omega$. Welche Werte müssen die beiden fest einzubauenden Widerstände R_1 und R_2 haben, wenn sich bei Anschluss an die Klemmen *A–B* der Messbereich $I' = 0{,}5\,\text{A}$ bzw. bei Anschluss an die Klemmen *A–C* der Messbereich $I'' = 50\,\text{mA}$ ergeben soll?

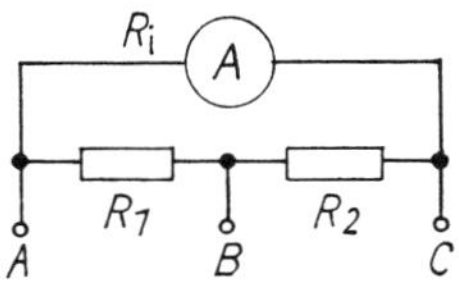

Bild 39: Aufgabe 217

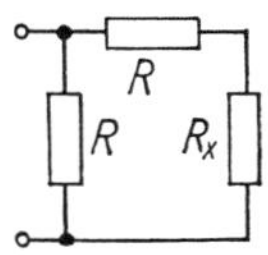

Bild 40: Aufgabe 218

218. (Bild 40) Der Widerstand R_x soll genauso groß sein wie der Gesamtwiderstand der Schaltung. Die beiden Widerstände R seien gleich groß. Den wievielfachen Wert von R muss der Widerstand R_x haben?

219. (Bild 41) Das Endglied R_x soll gleich dem Gesamtwiderstand der Schaltung sein. Die übrigen Widerstände R sind gleich. Den wie vielfachen Wert von R muss R_x haben?

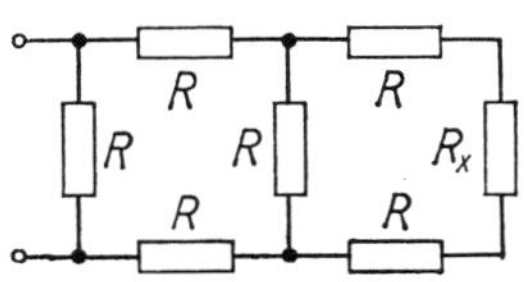

Bild 41: Aufgabe 219

2.5 Umwandlung einer Dreieckschaltung in eine Sternschaltung und umgekehrt

Sternersatzwiderstände einer Dreieckschaltung:

$$r_1 = \frac{R_2 R_3}{R_1 + R_2 + R_3} \qquad r_2 = \frac{R_1 R_3}{R_1 + R_2 + R_3} \qquad r_3 = \frac{R_1 R_2}{R_1 + R_2 + R_3}$$

Dreieckersatzwiderstände einer Sternschaltung:

$$R_1 = r_2 + r_3 + \frac{r_2 r_3}{r_1} \qquad R_2 = r_1 + r_3 + \frac{r_1 r_3}{r_2} \qquad R_3 = r_1 + r_2 + \frac{r_1 r_2}{r_3}$$

Hinweis:

Drei zu einem Dreieck zusammengesetzte Widerstände R_1, R_2, R_3 lassen sich durch drei andere, zu einem Stern zusammengesetzte und entsprechend berechnete Widerstände r_1, r_2, r_3 ersetzen, ohne dass sich der Widerstand zwischen zwei beliebigen Anschlussklemmen ändert. Die Umwandlung ist auch in umgekehrter Weise möglich und darf auch innerhalb eines größeren Netzwerkes vorgenommen werden.

220. Berechnen Sie die Sternersatzwiderstände, wenn folgende Dreieckwiderstände gegeben sind (Bild 42): a) $R_1 = R_2 = R_3 = 15\,\Omega$, b) $R_1 = 2\,\Omega$; $R_2 = 4\,\Omega$; $R_3 = 6\,\Omega$, c) $R_1 = 8\,\Omega$; $R_2 = 10\,\Omega$; $R_3 = 12\,\Omega$, d) $R_1 = R_2 = R_3 = 0{,}5\,\Omega$, e) $R_1 = 0{,}35\,\Omega$; $R_2 = 1{,}27\,\Omega$; $R_3 = 1{,}44\,\Omega$

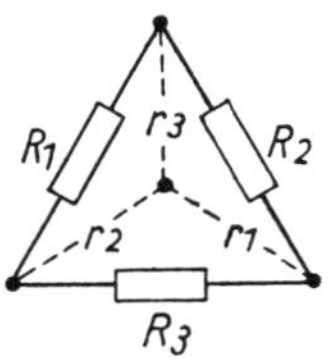

Bild 42: Aufgaben 220 und 221

221. Berechnen Sie die Dreieckersatzwiderstände, wenn folgende Sternwiderstände gegeben sind (Bild 42): a) $r_1 = r_2 = r_3 = 120\,\Omega$, b) $r_1 = 6\,\Omega$; $r_2 = 12\,\Omega$; $r_3 = 18\,\Omega$, c) $r_1 = 4{,}5\,\Omega$; $r_2 = 6\,\Omega$; $r_3 = 7{,}5\,\Omega$, d) $r_1 = 1\,\Omega$; $r_2 = 1/2\,\Omega$; $r_3 = 1/3\,\Omega$

222. Die Summe der 3 Sternwiderstände, von denen $r_1 = 10\,\Omega$ beträgt, ist $60\,\Omega$; von den entsprechenden Dreieckwiderständen ist $R_1 = 80\,\Omega$; wie groß sind r_2 und r_3 bzw. R_2 und R_3?

223. Die beiden Dreiecke auf Bild 43 sollen durch ein einziges Dreieck bzw. einen einzigen Stern ersetzt werden. Wie groß sind die entsprechenden Widerstände?

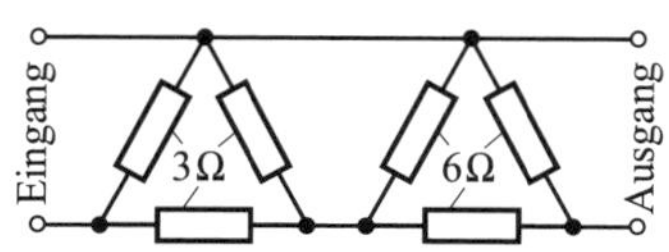

Bild 43: Aufgabe 223

224. (Bild 44) Wie groß ist der Widerstand zwischen den Klemmen A und B, wenn jeder Widerstand $R = 100\,\Omega$ beträgt?

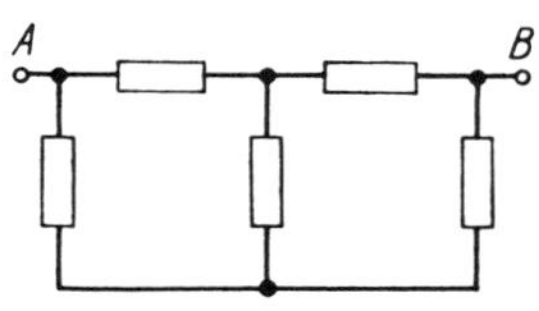

Bild 44: Aufgabe 224

225. (Bild 45) Wie groß ist der Widerstand zwischen den Klemmen A und B, wenn jeder Widerstand $R = 12\,\Omega$ beträgt?

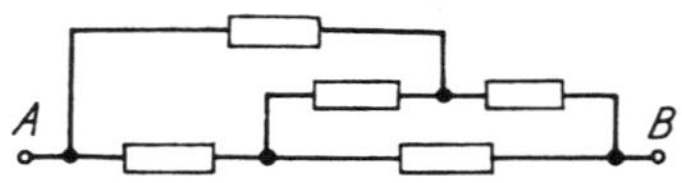

Bild 45: Aufgabe 225

226. (Bild 46) Wie groß ist der Widerstand zwischen den Klemmen A und B, wenn jeder Widerstand $R = 4\,\Omega$ beträgt?

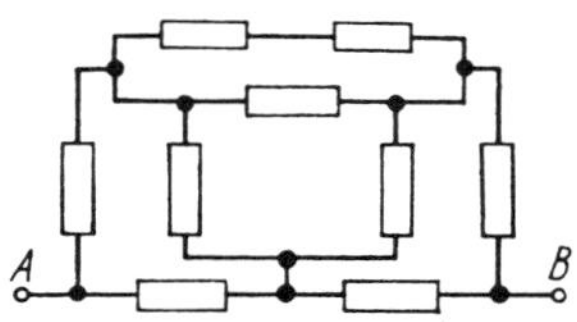

Bild 46: Aufgabe 226

227. (Bild 47) Wie groß ist der Widerstand zwischen den Klemmen A und B, wenn jeder Widerstand $R = 5\,\Omega$ beträgt?

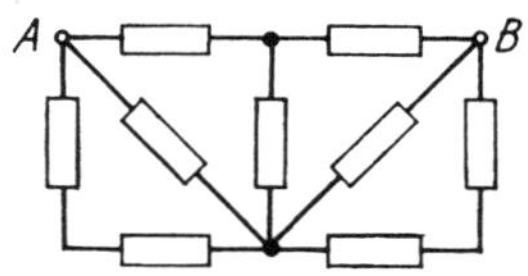

Bild 47: Aufgabe 227

228. (Bild 48) Wie groß ist der Widerstand zwischen den Klemmen A und B, wenn jeder Widerstand $R = 9\,\Omega$ beträgt?

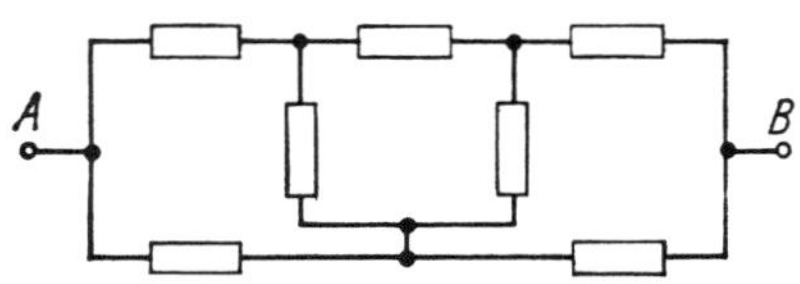

Bild 48: Aufgabe 228

229. (Bild 49) Wie groß ist der Widerstand zwischen den Klemmen A und B?

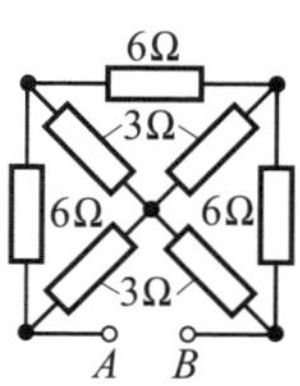

Bild 49: Aufgabe 229

230. (Bild 50) Wie groß ist der Widerstand a) zwischen den Klemmen *A* und *B* und b) zwischen den Klemmen *A* und *C*?

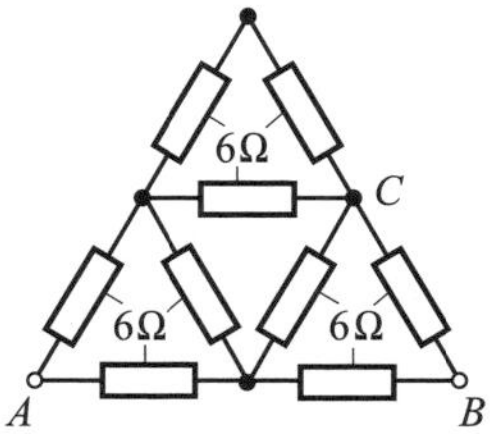

Bild 50: Aufgabe 230

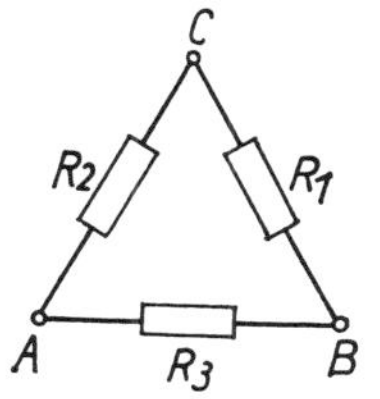

Bild 51: Aufgabe 231

231. (Bild 51) Eine Spannungsquelle von 6 V wird abwechselnd mit den Klemmen *A–B*, *A–C* und *B–C* verbunden und liefert dabei die Ströme $I_{AB} = 2{,}4$ A, $I_{AC} = 1{,}5$ A und $I_{BC} = 1{,}33$ A. Wie groß sind die Widerstände des Dreiecks?

232. (Bild 52) Wie groß ist der Widerstand a) zwischen den Klemmen *A* und *B* und b) zwischen den Klemmen *A* und *C*?

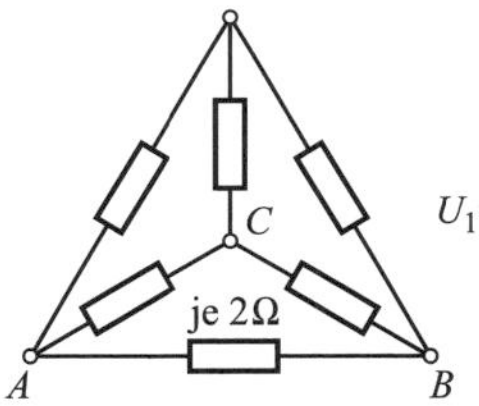

Bild 52: Aufgabe 232

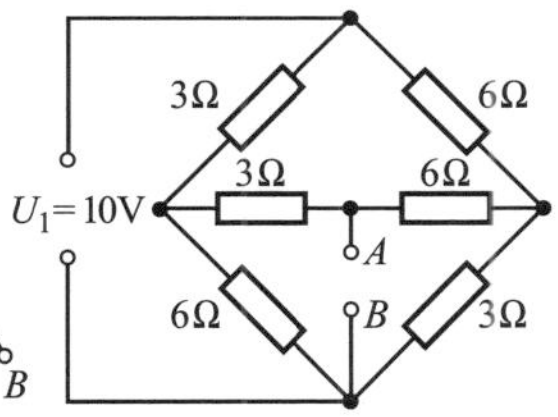

Bild 53: Aufgabe 233

233. (Bild 53) Wie groß ist die an den Klemmen *A* und *B* abgegriffene Spannung U_2?

234. (Bild 54) Zu berechnen ist der Ersatzwiderstand zwischen den Klemmen *A* und *B*.

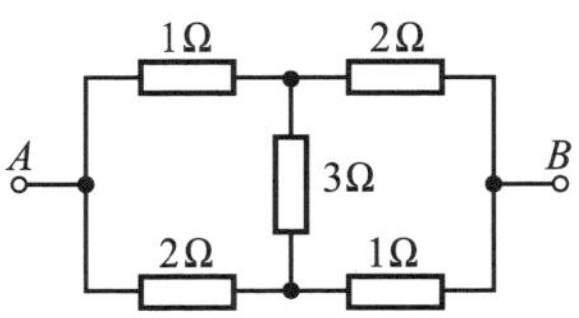

Bild 54: Aufgabe 234

235. (Bild 55) Zu berechnen ist der Widerstand zwischen den Klemmen *A* und *B*.

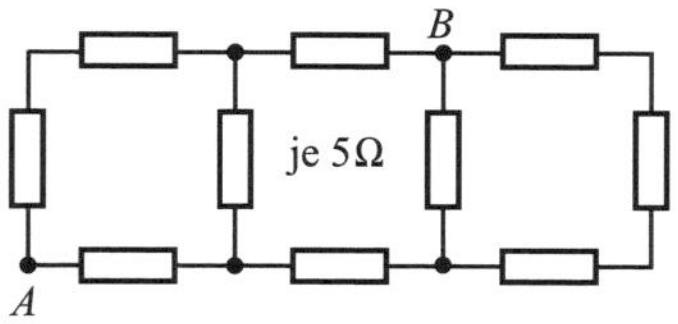

Bild 55: Aufgabe 235

236. (Bild 56) Zu berechnen ist der Widerstand zwischen den Klemmen *A* und *B*.

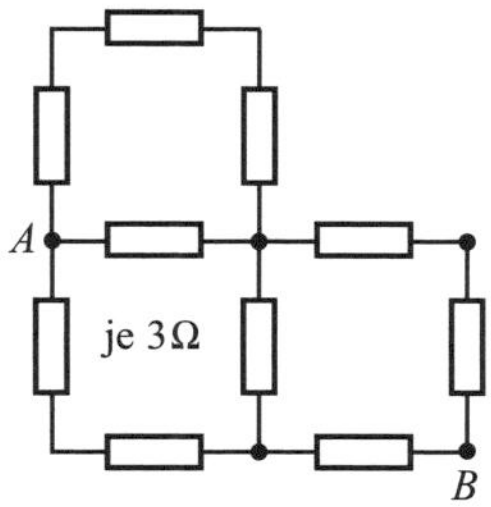

Bild 56: Aufgabe 236

237. (Bild 57) Zu berechnen ist der Widerstand zwischen den Klemmen *A* und *B*.

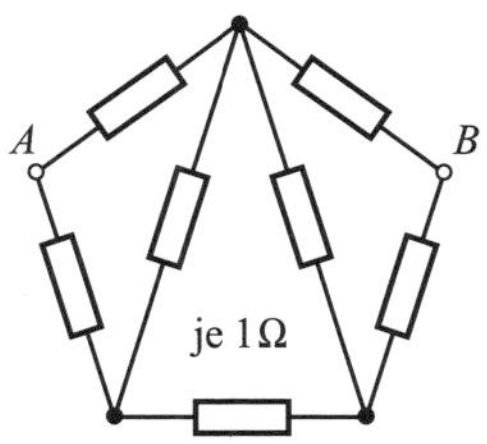

Bild 57: Aufgabe 237

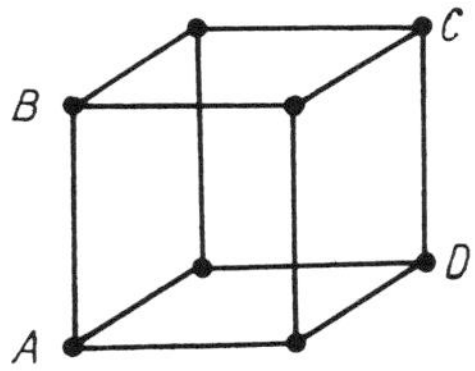

Bild 58: Aufgabe 238

238. (Bild 58) Jede Kante eines Würfels hat den Widerstand 1 Ω. Wie groß ist der Widerstand zwischen den gegenüberliegenden Eckpunkten *A* und *C*?

2.6 Ströme und Spannungen in verzweigten Stromkreisen

Formeln:

$$I_1 = I\frac{R_2}{R_1 + R_2} \qquad I_2 = I\frac{R_1}{R_1 + R_2}$$

239. (Bild 59) Gegeben: $U_q = 6\,V$; $R_i = 1{,}5\,\Omega$; $R_1 = 15\,\Omega$; $R_2 = 5\,\Omega$
Gesucht: I, I_1, I_2

240. (Bild 59) Gegeben: $R_i = 0{,}9\,\Omega$; $R_1 = 3{,}5\,\Omega$; $R_2 = 2{,}5\,\Omega$; $I_1 = 0{,}4\,A$
Gesucht: I, I_2, U_q

241. (Bild 59) Gegeben: $R_i = 0{,}5\,\Omega$; $R_1 = 10\,\Omega$; $I_1 = 2\,A$; $U_q = 28\,V$
Gesucht: I_2, R_2, I

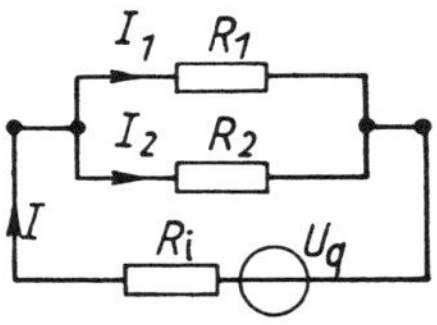

Bild 59: Aufgaben 239 bis 241

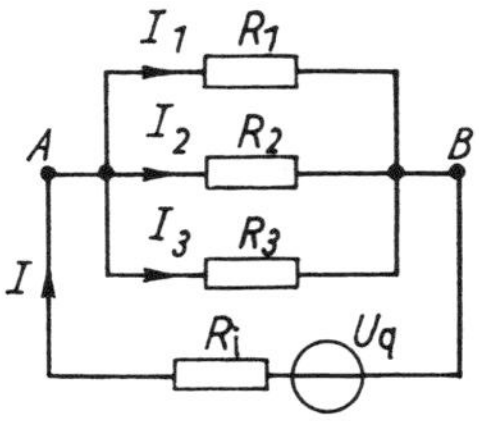

Bild 60: Aufgabe 242

242. (Bild 60) Gegeben: $U_q = 15\,V$; $R_i = 2{,}4\,\Omega$; $R_1 = 12\,\Omega$; $R_2 = 7\,\Omega$; $R_3 = 3\,\Omega$
Gesucht: I, U_{AB}, I_1, I_2, I_3

243. (Bild 61) Gegeben: $R_1 = 5\,\Omega$; $R_2 = 25\,\Omega$; $R_3 = 20\,\Omega$; $U_1 = 5\,V$
Gesucht: U_3

244. (Bild 61) Gegeben: $R_1 = 3\,\Omega$; $R_2 = 8\,\Omega$; $R_3 = 4\,\Omega$; $U_3 = 6\,V$
Gesucht: I_1, I_2, I

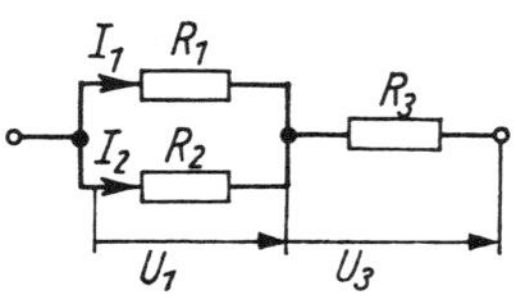

Bild 61: Aufgaben 243 und 244

245. (Bild 62) Gegeben: $R_1 = 3\,\Omega$; $U_3 = 3U_2$; $I_1 = 2I_2$
Gesucht: R_2, R_3

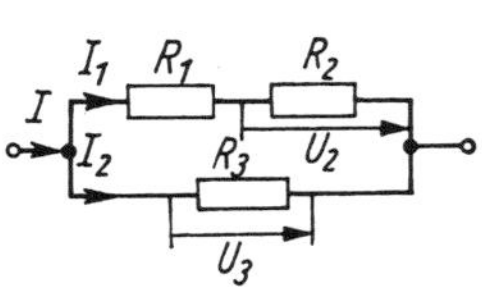

Bild 62: Aufgabe 245

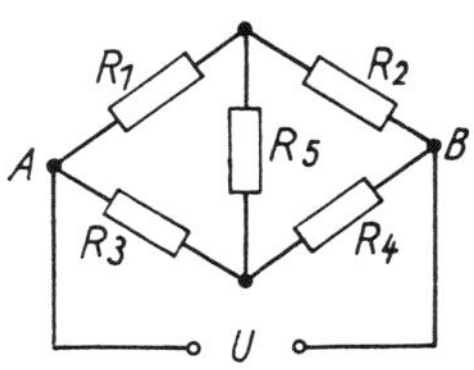

Bild 63: Aufgaben 246 und 247

246. (Bild 63) $R_1 = 10\,\Omega$; $R_2 = 15\,\Omega$; $R_3 = 25\,\Omega$; $R_4 = 5\,\Omega$; $R_5 = 15\,\Omega$; $U = 100\,V$
Berechnen Sie a) den Gesamtwiderstand, b) die Gesamtstromstärke, c) die Teilstromstärken, d) die Teilspannungen.

247. (Bild 63) Alle Widerstände seien gleich groß. Welchen Wert müssen sie haben, wenn der Gesamtwiderstand R_{AB} gegeben ist?

248. (Bild 64) Gegeben sind die Widerstände R_1, R_2 und R_3. Welchen Wert muss der Widerstand R_4 haben, damit der Spannungsabfall U_4 ebenso groß wird wie U_2?

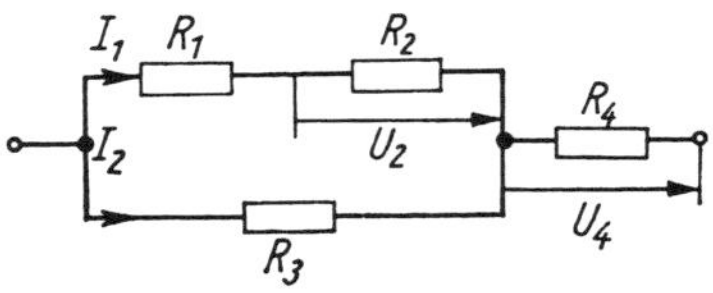

Bild 64: Aufgabe 248

249. (Bild 65) Gegeben sind die Widerstände R_1, R_2 und die gesamte Klemmenspannung U. Welchen Wert muss der Widerstand R_3 haben, damit die Spannung U_3 auf den halben Wert sinkt, wenn R_2 abgeschaltet wird?

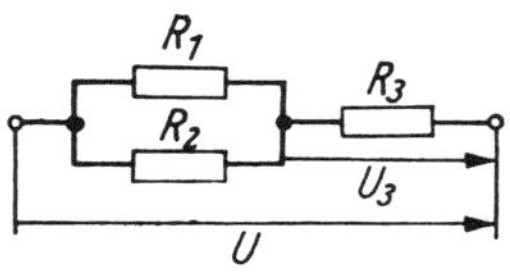

Bild 65: Aufgabe 249

250. (Bild 66) Welchen Wert muss der Widerstand R_5 haben, wenn die durch die Widerstände R_2 und R_4 fließenden Ströme gleich groß sein sollen?

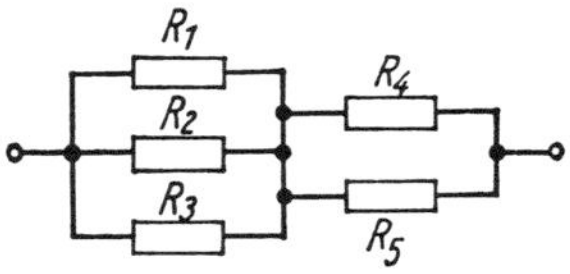

Bild 66: Aufgabe 250

251. (Bild 67) Gegeben sind die Widerstände R_1 bis R_4. a) Wie groß ist die am Widerstand R_4 liegende Teilspannung, wenn der durch den Widerstand R_3 fließende Strom I_3 bekannt ist? b) Wie groß ist der durch den Widerstand R_4 fließende Strom I_4?

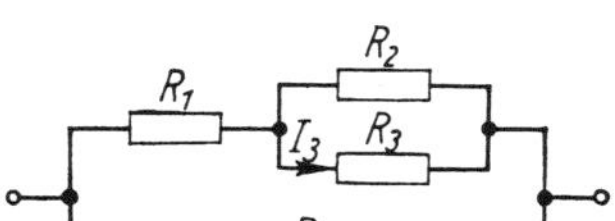

Bild 67: Aufgabe 251

252. (Bild 68) Gegeben sind die Widerstände R_1 bis R_5. Welche Klemmenspannung U liegt an der Schaltung, wenn am Widerstand R_3 die Teilspannung U_3 gemessen wird?

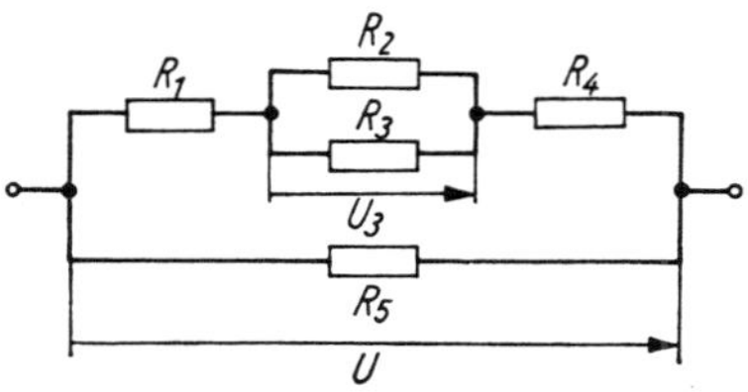

Bild 68: Aufgabe 252

253. (Bild 69) Gegeben sind R_1, R_2 und U_q. Wie groß ist die Leerlaufspannung U_{AB} zwischen den Punkten A und B?

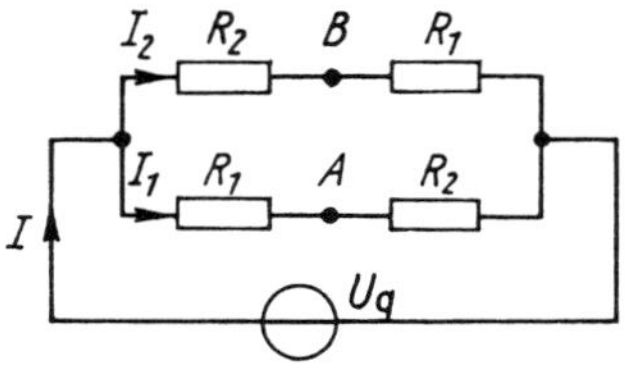

Bild 69: Aufgabe 253

254. (Bild 70) Der verstellbare Abgriff eines Potenziometers teilt den Gesamtwiderstand 500 kΩ im Verhältnis 1 : 4. Es ist die Spannung $U = 120\,\text{V}$ angelegt.

a) Wie groß ist das Verhältnis $U_1 : U_2$ im unbelasteten Zustand? b) Welche Ströme I, I_1 und I_2 fließen, wenn parallel zu R_1 ein Belastungswiderstand $R_b = 200\,\text{k}\Omega$ liegt? c) Wie groß ist das Verhältnis $U_1 : U_2$ im belasteten Zustand?

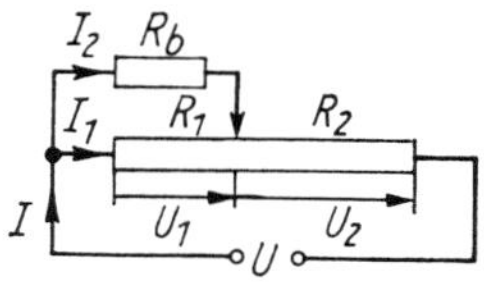

Bild 70: Aufgabe 254

255. (Bild 71) Welchen Wert muss der Widerstand R_x haben, damit durch die Lampe ein Strom von 2 A fließt?

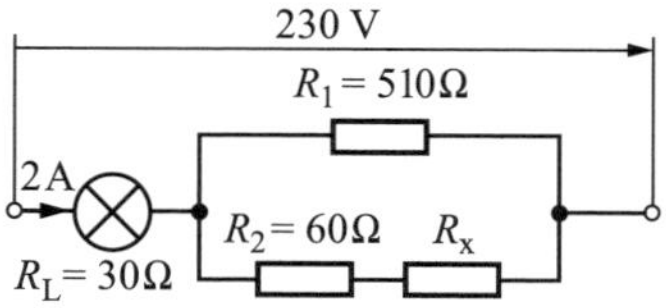

Bild 71: Aufgabe 255

256. (Bild 72) Welchen Wert muss der Widerstand R_x haben, damit ein Gesamtstrom von 0,2 A fließt?

257. (Bild 72) Wie groß sind der Widerstand R_x und die Gesamtstromstärke, wenn bei unveränderter Klemmenspannung von 12 V an R_x eine Teilspannung von $U_x = 9{,}6\,\text{V}$ gemessen wird?

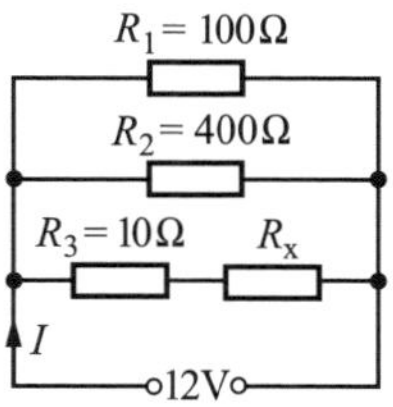

Bild 72: Aufgaben 256 und 257

2.7 Mehrfache Spannungs- und Stromteilung

Anleitung zu Aufgabe 258:

Das Spannungsverhältnis eines gestaffelten Spannungsteilers ist gleich dem Produkt der Spannungsverhältnisse der einzelnen Stufen. Die im Bild 73 zwischen den Knotenpunkten A und B liegende Spannung U_{AB} ist für beide Parallelzweige gleich groß.

Daher gilt für die Schaltung im Bild 73 $\dfrac{U_2}{U_1} = \dfrac{U_2}{U_{AB}} \dfrac{U_{AB}}{U_1}$. Dies entspricht dem Widerstandsverhältnis $\dfrac{R}{R+R} \dfrac{R_{AB}}{R+R_{AB}}$. R_{AB} ist der Ersatzwiderstand der gesamten zwischen den Klemmen A und B liegenden Gruppe von Widerständen.

258. bis **264.** Welchen Wert hat das Spannungsverhältnis U_1/U_2 in den auf den Bildern 73 bis 79 angegebenen Schaltungen?

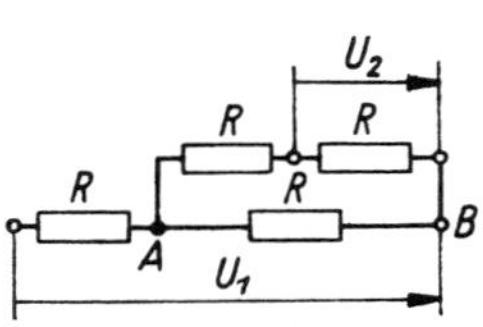

Bild 73: Aufgabe 258

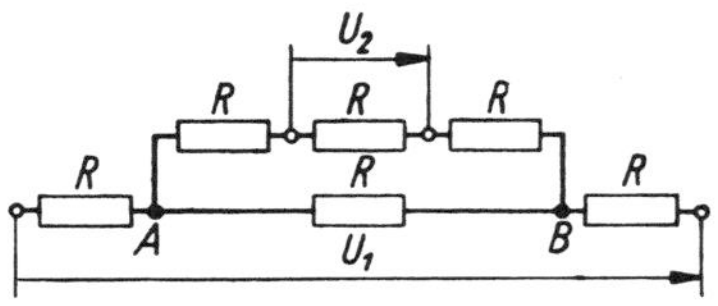

Bild 74: Aufgabe 259

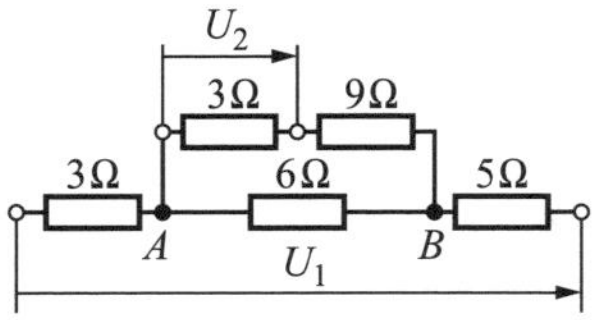

Bild 75: Aufgabe 260

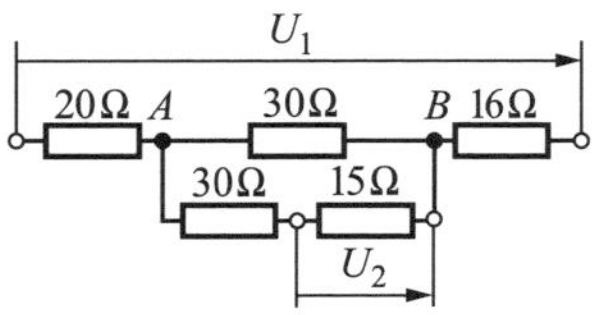

Bild 76: Aufgabe 261

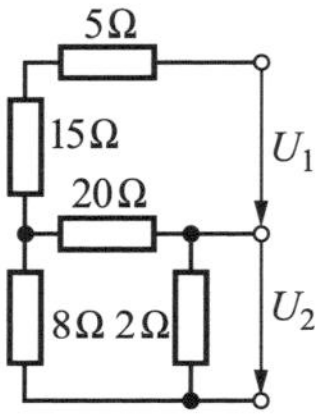

Bild 77: Aufgabe 262

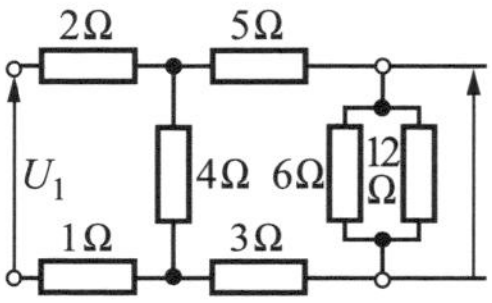

Bild 78: Aufgabe 263

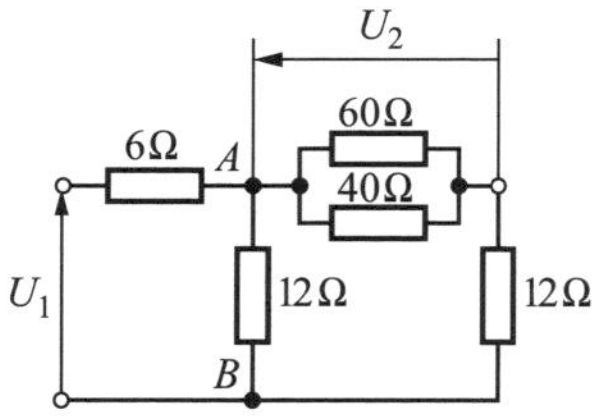

Bild 79: Aufgabe 264

265. Welche Spannung U_2 ergibt sich am Ausgang der auf Bild 80 angegebenen Schaltung?

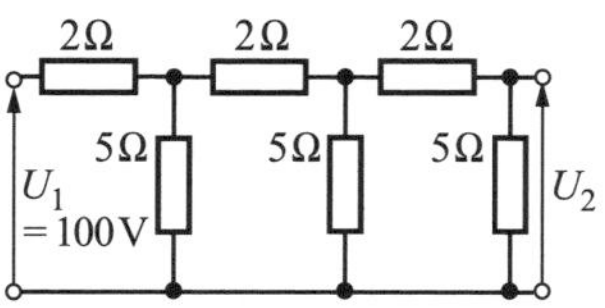

Bild 80: Aufgabe 265

266. (Bild 81) Welche Beträge haben die Spannungen U_2 bis U_4, wenn die Eingangsspannung $U_1 = 100\,\text{V}$ ist?

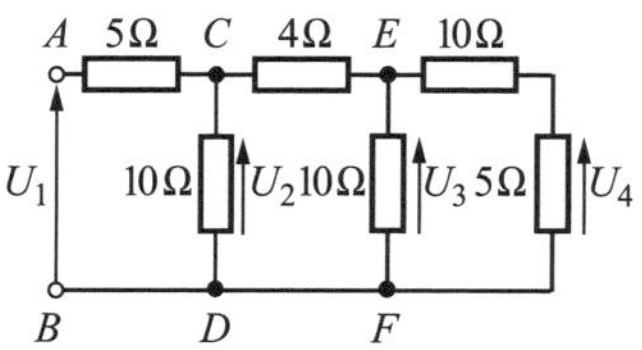

Bild 81: Aufgabe 266

267. (Bild 82) Wie groß ist das Stromstärkenverhältnis I_1/I_3?

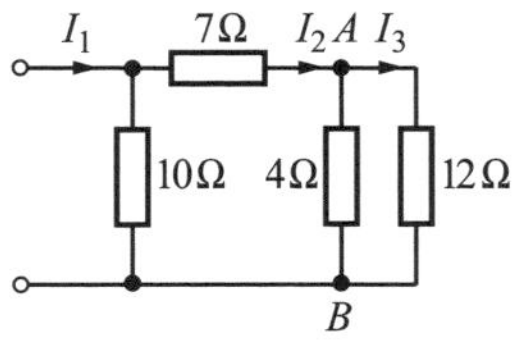

Bild 82: Aufgabe 267

268. (Bild 83) Wie groß ist das Stromstärkenverhältnis I_1/I_4?

269. (Bild 83) Wie groß ist das Spannungsverhältnis U_1/U_4 in der angegebenen Schaltung?

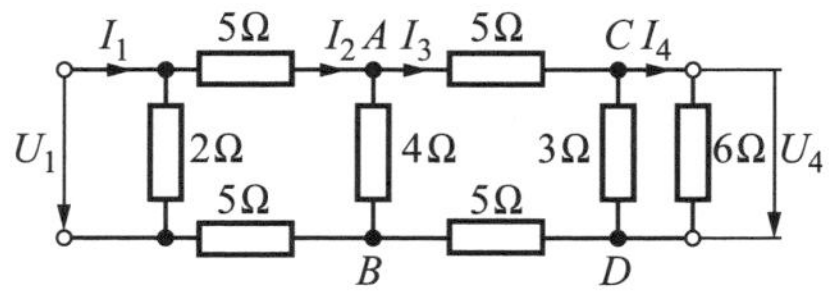

Bild 83: Aufgaben 268 und 269

270. (Bild 84) Welche Beträge haben die Ströme I_1 bis I_7?

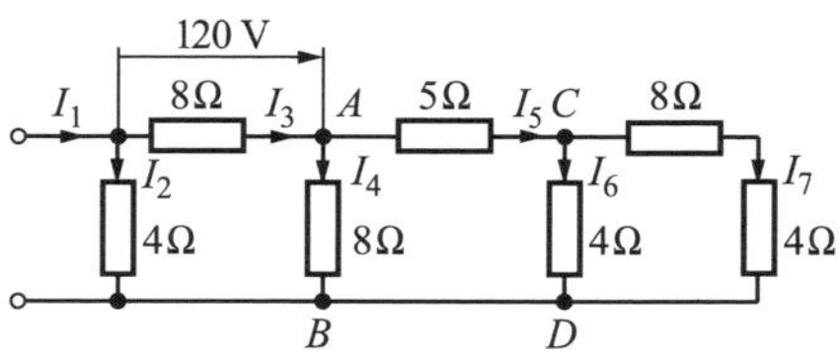

Bild 84: Aufgabe 270

271. Welchen Wert muss der auf Bild 85 angegebene Widerstand R haben, damit die Ausgangsspannung U_2 ein Fünftel der Eingangsspannung U_1 beträgt?

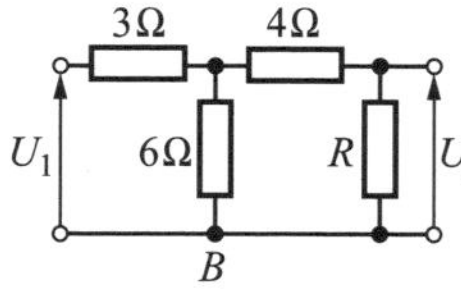

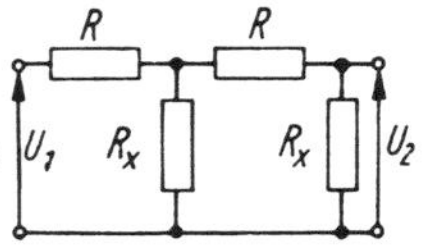

Bild 85: Aufgabe 271 Bild 86: Aufgabe 272

272. Welchen Wert müssen die beiden gleich großen Widerstände R_x auf Bild 86 haben, damit die Ausgangsspannung U_2 ein Zehntel von U_1 beträgt?

2.8 Messung von Widerständen

Formeln:

$$R_x = \frac{U}{I - I_V}$$ für spannungsrichtige Schaltung nach Bild 87

$$R_x = \frac{U}{I} - R_A$$ für stromrichtige Schaltung nach Bild 88

Größe	Zeichen
gemessene Spannung	U
gemessene Stromstärke	I
zu messender Widerstand	R_x
Stromstärke durch den Spannungsmesser	I_V
Widerstand des Strommessers	R_A
Widerstand des Spannungsmessers	R_V

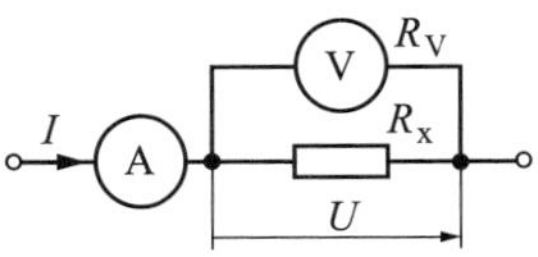

Bild 87: Spannungsrichtige Schaltung

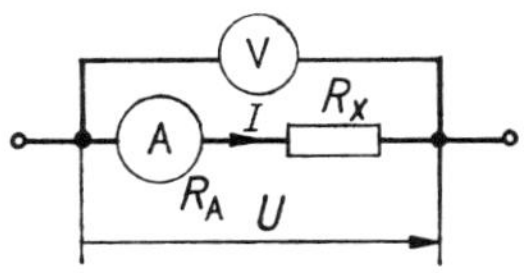

Bild 88: Stromrichtige Schaltung

Hinweis:

Nur bei relativ *kleinen* Widerständen, d. h., wenn $R_x \ll R_V$ ist, kann der in der 1. Formel stehende Strom I_V durch den Spannungsmesser vernachlässigt werden.

Nur bei relativ *großen* Widerständen, d. h., wenn $R_x \gg R_A$ ist, kann der in der 2. Formel stehende Eigenwiderstand R_A des Strommessers vernachlässigt werden.

273. Ein Widerstand wird nach Bild 87 gemessen. Der Strommesser zeigt 185 mA, der Spannungsmesser 14,3 V an. $R_V = 14{,}3\,\text{k}\Omega$. a) Berechnen Sie R_x. b) Wie groß ist der absolute Fehler ΔR_x, wenn der Spannungsmesserstrom nicht berücksichtigt wird? c) Berechnen Sie den relativen Fehler $\Delta R_x/R_x$ (in %).

274. Der genaue Wert eines Widerstandes beträgt $R = 80\,\Omega$. Wie groß wird der relative Fehler $\Delta R/R$, wenn der Spannungsmesserstrom nicht beachtet wird und der Spannungsmesser den Widerstand $R_V = 1\,\text{k}\Omega$ hat?

275. Es soll ein auf etwa 50 Ω geschätzter Widerstand nach Bild 87 gemessen werden. Der relative Fehler bei Vernachlässigung des Spannungsmesserstromes soll höchstens 3 % betragen. Welchen Widerstand muss der Spannungsmesser wenigstens haben?

276. Ein Widerstand soll mit einem Spannungsmesser von 500 Ω unter Nichtbeachtung des Spannungsmesserstromes gemessen werden. Wie groß darf der zu messende Widerstand höchstens sein, wenn der relative Fehler gegenüber einer korrekten Messung höchstens 2 % ausmachen soll?

277. Der Widerstand eines Spannungsmessers hat den 45fachen Wert des zu prüfenden Widerstandes. Mit wie viel Prozent wird bei Nichtbeachtung des Spannungsmesserstromes der Widerstand des Prüflings zu gering gemessen?

278. Ein Widerstand ergab sich durch einfache Stromstärke- und Spannungsmessung zu 352 Ω. Bei genauerer Messung unter Berücksichtigung des Spannungsmesserstromes stellte sich ein Wert von 365 Ω heraus. Welchen Widerstand hatte der Spannungsmesser?

279. Ein Widerstand wurde ohne Berücksichtigung des Spannungsmesserstromes zu 135 Ω bestimmt. Welchen Wert hätte man erhalten, wenn der Eigenstrom des Instrumentes, dessen Widerstand 6,5 kΩ beträgt, berücksichtigt worden wäre?

280. Wie groß ist ein Widerstand, wenn nach Bild 88 eine Spannung von 64 V und eine Stromstärke von 15 mA gemessen wurden und der Strommesser einen Widerstand von 10 Ω hat?

281. Es wird eine Spannung von 17,19 V sowie eine Stromstärke von 0,013 A gemessen (Bild 88). Als Strommesser dient ein Instrument von 10 Ω mit einem Nebenschlusswiderstand von 10/9 Ω. Welchen Wert hat der zu messende Widerstand?

282. Der genaue Wert des Widerstandes R_x ist 800 Ω. Welchen Fehler begeht man, wenn Stromstärke und Spannung nach Bild 87 gemessen werden und $R_A = 1\,\Omega$, $R_V = 80\,\text{k}\Omega$ sowie die Messspannung $U = 100\,\text{V}$ betragen?

283. Ein Widerstand wird nach Bild 87 gemessen, wobei $U = 3{,}1\,\text{V}$, $I = 82\,\text{mA}$, $R_V = 1{,}5\,\text{k}\Omega$ und $R_A = 0{,}5\,\Omega$ gemessen wird. Welche Werte zeigen die Instrumente an, wenn nach Bild 88 verfahren wird, und wie berechnet sich hieraus der Widerstand?

2.9 Nichtlineare Widerstände

Von den zahlreichen Arten nichtlinearer Widerstände werden in den folgenden Aufgaben nur Thermistoren (Heiß- und Kaltleiter), Varistoren und der ideale pn-Übergang behandelt. Ihr Widerstand ist keine konstante Größe und die Stromstärke keine lineare Funktion der Spannung.

Kaltleiter: Ihr Widerstand nimmt mit steigender Temperatur stark zu (Bild 89); sie haben einen sehr großen positiven Temperaturkoeffizienten.

Heißleiter: Ihr Widerstand nimmt mit steigender Temperatur ab. Sie haben im Arbeitsbereich einen sehr großen negativen Temperaturkoeffizienten (Bild 90).

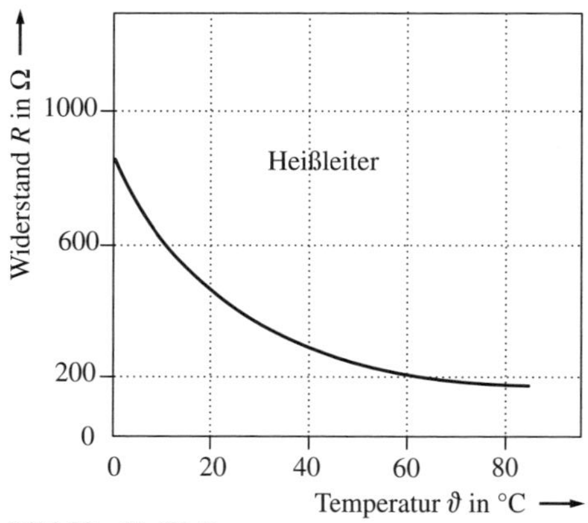

Bild 89: Heißleiter

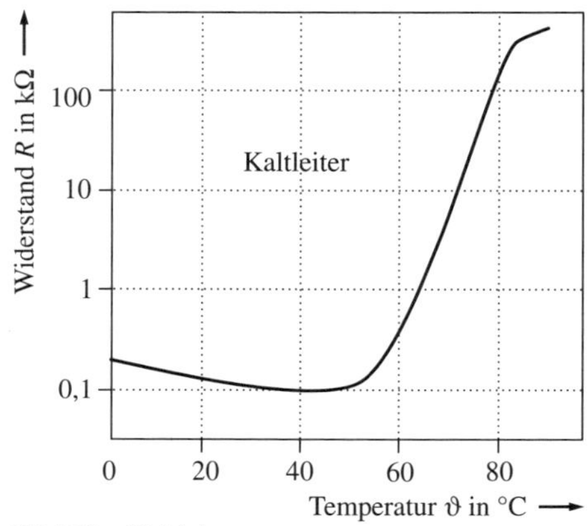

Bild 90: Kaltleiter

Varistoren: Ihr Widerstand nimmt mit steigender Spannung ab (Bild 91).

pn-Übergänge: Sie bilden die Grundlage aller Halbleiterdioden und Transistoren. Ihre *IU*-Kennlinie wird vom Leitungsmechanismus, nicht aber vom Materialwiderstand bestimmt (Bild 92).

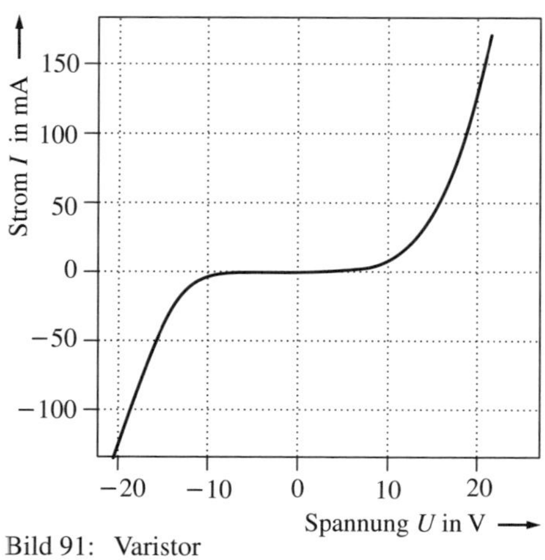

Bild 91: Varistor

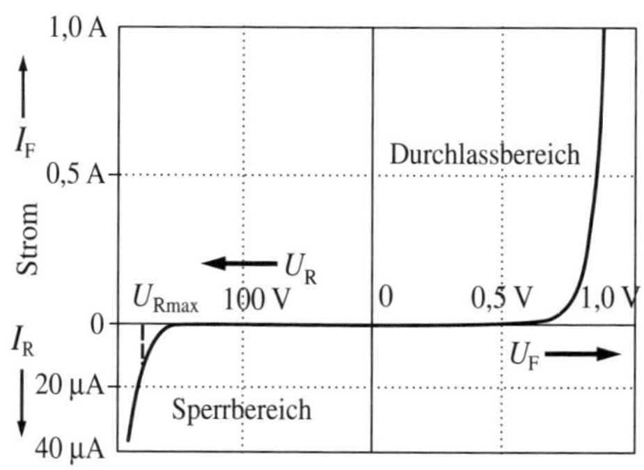

Bild 92: pn-Übergang (Strom-Spannungs-Kennlinie)

Formeln:

$R_T = R_N \cdot e^{b(1/T - 1/T_N)}$	Heißleiter
$R_T = R_N \cdot e^{\alpha(T - T_N)}$	Kaltleiter
$R = \dfrac{C}{I^{(1-\beta)}}$, $P = CI^{(1+\beta)}$, $U = CI^{\beta}$	Varistor
$I = I_S\left(e^{U/U_T} - 1\right)$	pn-Übergang
$\alpha = \dfrac{1}{R}\dfrac{dR}{dT}$	Temperaturkoeffizient

Größe	Zeichen	Einheit
Nennwiderstand (i. Allg. bei 293 K)	R_N	Ω
Materialkonstante	b	K
absolute Temperatur	T	K
Temperaturkoeffizient	α	1/K
Varistorkonstante	C	$V \cdot A^{-\beta}$
Nichtlinearitätskoeffizient	β	1
Sperrstrom	I_S	A
Temperaturspannung bei Raumtemperatur	U_T	25 mV

284. Welchen Temperaturkoeffizienten α im etwa geradlinigen Teil der Kurve hat der auf Bild 93 dargestellte Kaltleiter?

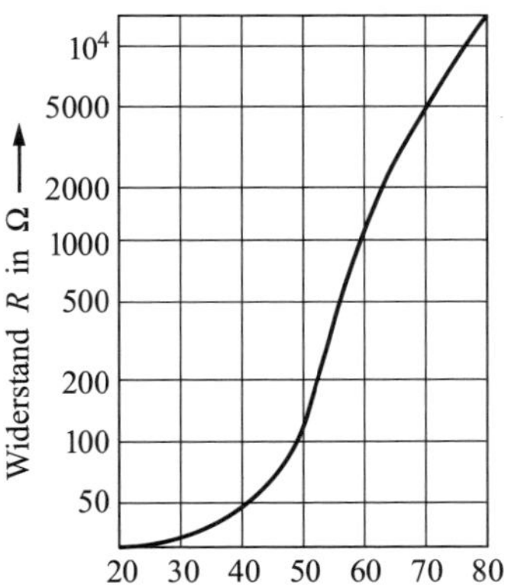

Bild 93: Aufgabe 284

285. Auf das Wievielfache steigt der Widerstand eines Kaltleiters mit dem Temperaturkoeffizienten $\alpha = 0{,}5\ 1/K$, wenn seine Temperatur von 60 auf 100 °C zunimmt (bei etwa linearem Verlauf)?

286. Welcher Ausdruck für die Materialkonstante b eines Heißleiters ergibt sich, wenn die Widerstände R_1 und R_2 bei den Temperaturen T_1 und T_2 bekannt sind?

287. Welchen Wert hat die Materialkonstante b eines Heißleiters, wenn bei den Temperaturen 20 °C und 50 °C die Widerstände 120 Ω und 30 Ω gemessen werden?

288. Wie groß ist der Widerstand eines Heißleiters bei 150 °C, wenn er bei 20 °C 100 Ω beträgt ($b = 3\,400$ K)?

289. Welchen Wert hat der Nennwiderstand R_N eines Heißleiters, wenn der Widerstand bei 100 °C 200 Ω beträgt und die Energiekonstante $b = 2\,000$ K ist?

290. Welchen mittleren Temperaturkoeffizienten α haben die Kompensationsheißleiter a) und b) nach Bild 94 im Temperaturbereich 20...80 °C?

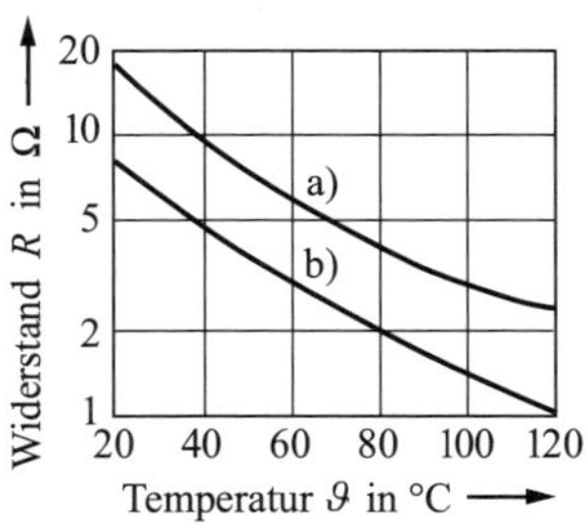

Bild 94: Aufgabe 290

291. Welcher Ausdruck für den Temperaturkoeffizienten α folgt, wenn der Ansatz $\alpha = dR/(R dT)$ auf den Widerstand eines Heißleiters $R = R_N \cdot e^{b/T}$ angewendet wird?

292. Berechnen Sie mithilfe des Ausdruckes für α von Aufgabe 291 die Temperaturkoeffizienten des Heißleiters auf Bild 95 für die Temperaturen 50 und 120 °C.

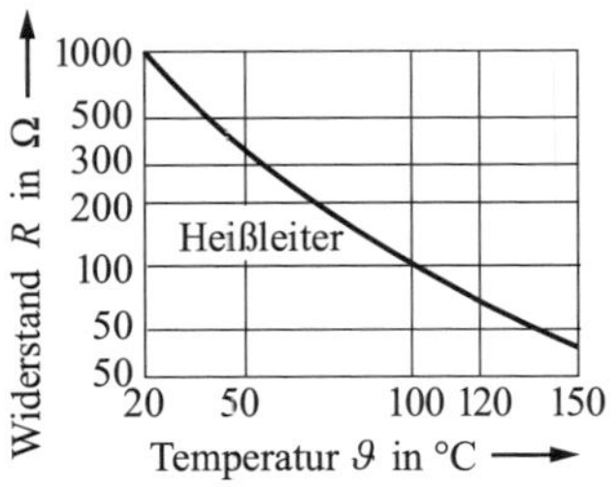

Bild 95: Aufgabe 292

293. Aus der Gleichung für den Widerstand eines Varistors $R = C/I^{1-\beta}$ ist die Funktion $U = f(I)$ herzuleiten!

294. Zeichnen Sie die Spannungs-Strom-Kennlinie $U = CI^{\beta}$ eines Varistors mit den Konstanten $C = 400\,\text{V} \cdot \text{A}^{-\beta}$ und $\beta = 0{,}2$ von $I = 0$ bis 15 mA in linearem Maßstab.

295. Aus der Gleichung $R = C/I^{1-\beta}$ ist der Ausdruck für die Leistung $P = f(I)$ des Varistors herzuleiten!

296. Aus der gleichen Gleichung ist der Ausdruck für die Leistung des Varistors $P = f(U)$ herzuleiten.

297. Aus der in Aufgabe 293 gewonnenen Funktion $U = f(I)$ ist der Ausdruck für den Nichtlinearitätskoeffizienten $\beta = f(U, I)$ des Varistors herzuleiten.

298. Welche Werte ergeben sich mit der zuletzt gewonnenen Gleichung für β aus den Kennlinien der Varistoren auf Bild 96?

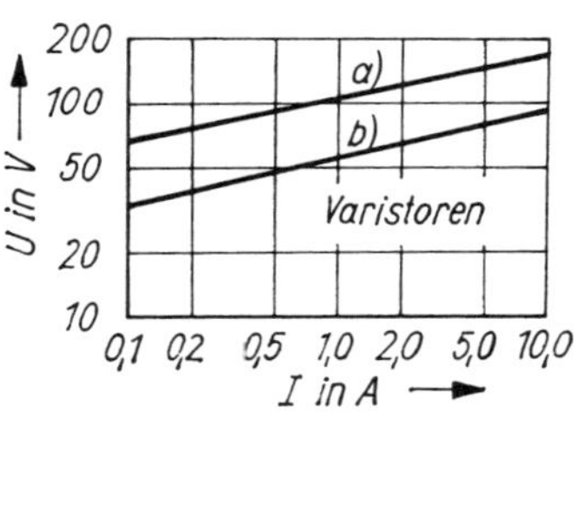

Bild 96: Aufgabe 298

299. Welche Werte ergeben sich für den Koeffizienten C der in Aufgabe 298 behandelten Varistoren mit $\beta = 0{,}19$? (*Hinweis:* Man gehe von $P = UI$ sowie einem Wertepaar U, I in Bild 96 aus und vergleiche mit $P = CI^{1+\beta}$.

300. Welchen Spannungsabfall hat ein Varistor mit den Koeffizienten $C = 250\,\text{V} \cdot \text{A}^{-\beta}$ und $\beta = 0{,}25$ bei der maximal zulässigen Belastung $P_{\text{max}} = 2{,}0\,\text{W}$?

301. Welchen Spannungsabfall und Widerstand hat ein Varistor mit den Koeffizienten $C = 390\,\text{V} \cdot \text{A}^{-\beta}$ und $\beta = 0{,}19$ bei einem Strom von 2 mA?

302. Zeichnen Sie die Strom-Spannungs-Kennlinie des idealen pn-Überganges mit $I_S = 1\,\text{mA}$ von $U_1 = -100\,\text{mV}$ bis $U_2 = +60\,\text{mV}$.

303. Bei welcher Spannung hat der Strom der idealen Diode in Flussrichtung den gleichen Betrag wie der Sperrstrom I_S?

304. Bei welcher Spannung wird der Strom einer Diode gleich dem 10^6fachen des Sperrstromes von 1 µA, wenn der Bahnwiderstand 0,5 Ω beträgt?

305. Bei welchem Betrag der Sperrspannung erreicht der Sperrstrom einer idealen Diode 90 % des Sättigungswertes?

306. Ein Kaltleiter besitzt die tabellierte Widerstands-Temperatur-Kennlinie:

ϑ in °C	20	50	100	130	150	160	165	170
R in kΩ	0,2	0,18	0,15	0,14	0,20	0,45	1,5	4,0

Er hat einen Wärmeleitwert gegenüber ruhender Luft von $\Lambda_{\text{th}} = 2{,}5\,\text{mW/K}$. Die Umgebungstemperatur beträgt $\vartheta_U = 20\,°\text{C}$. Bestimmen Sie zunächst über $\Delta T = \vartheta - \vartheta_U$ sowie $P = \Delta T\, \Lambda_{\text{th}}$ nummerisch die Spannungs-Strom-Kennlinie des Kaltleiters und zeichnen Sie beide Kennlinien.

3 Berechnung von Netzwerken

3.1 Einzelne Netzmaschen

Formeln:

$\boxed{\sum I = 0}$ Knotenpunktsatz

In jedem Knotenpunkt eines Stromkreises ist die Summe der zufließenden gleich der Summe der abfließenden Ströme.

$\boxed{\sum U = 0}$ Maschenpunktsatz

Beim gleichsinnigen Umläufen ist die Summe aller Spannungen innerhalb einer Masche gleich.

Anleitung:

Bei Anwendung des Knotenpunktsatzes werden die dem Knoten zufließenden Ströme mit positivem und die vom Knoten wegfließenden Ströme mit negativem Vorzeichen eingesetzt. Bei Anwendung des Maschenpunktsatzes ist vor Beginn der Rechnung eine willkürlich wählbare Umlaufrichtung festzulegen. Der in den Aufgaben eingetragene Pfeil im Schaltschema gibt die in der Lösung angenommene Umlaufsrichtung an. Dieser Richtung entsprechend setzt man zunächst alle Stromstärken und auch Teilspannungen mit positivem Vorzeichen ein. Die Richtung jeder Quellenspannung verläuft vom Pluspol zum Minuspol der jeweiligen Spannungsquelle. Negative Stromrichtung im Ergebnis gibt an, dass in dem betreffenden Zweig der Strom der ursprünglich angenommenen Richtung entgegenläuft.

307. (Bild 97) Gegeben: $I_A = 2$ A (zufließend); $I_B = 3$ A (abfließend); $R_1 = 2\,\Omega$; $R_2 = 5\,\Omega$; $R_3 = 1\,\Omega$; $U_{q1} = 5$ V; $U_{q2} = 10$ V
Gesucht: I_1, I_2, I_3, I_C, U_1, U_2, U_3

308. (Bild 97) Gegeben: $I_1 = 4$ A; $I_2 = 4{,}8$ A (beide im Sinne des Schaltbildes); $U_{q1} = 12$ V; $U_{q2} = 24$ V; $R_1 = R_2 = R_3 = 6\,\Omega$
Gesucht: alle übrigen Größen

309. (Bild 97) Gegeben: $I_A = 3$ A; $I_1 = 2{,}5$ A; $I_2 = 5$ A; $U_{q1} = 12$ V; $U_{q2} = 8$ V; $R_1 = 2\,\Omega$; $R_2 = 4\,\Omega$
Gesucht: alle übrigen Größen

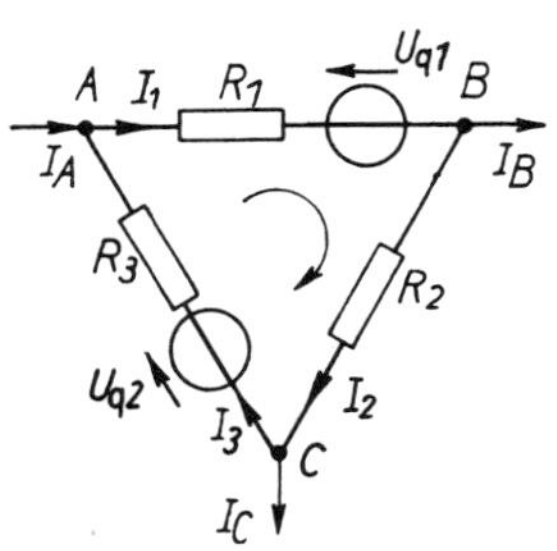

Bild 97: Aufgaben 307 bis 309

310. (Bild 98) Gegeben: $I_A = 10$ A; $I_B = 4$ A; $R_1 = 10\,\Omega$; $R_2 = 15\,\Omega$; $R_3 = 20\,\Omega$
Gesucht: I_C, I_1, I_2, I_3

311. (Bild 98) Gegeben: $U_1 = 20$ V; $U_2 = 15$ V (Richtung der Spannungen im Sinne der Pfeilrichtung); $R_1 = 20\,\Omega$; $R_2 = 25\,\Omega$; $R_3 = 50\,\Omega$
Gesucht: I_A, I_B, I_C, I_1, I_2, I_3

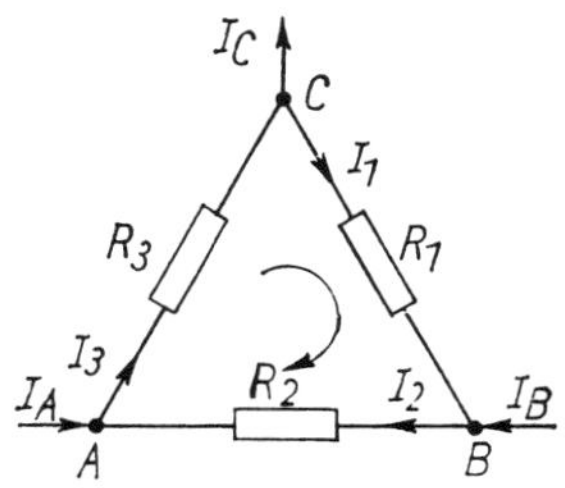

Bild 98: Aufgaben 310 und 311

312. (Bild 99) Gegeben: $U_{q1} = 12$ V; $U_{q2} = 8$ V; $R_1 \ldots R_4 = 4\,\Omega$; $I_A = 6$ A; $I_B = 8$ A
Gesucht: I_C, I_1 bis I_4

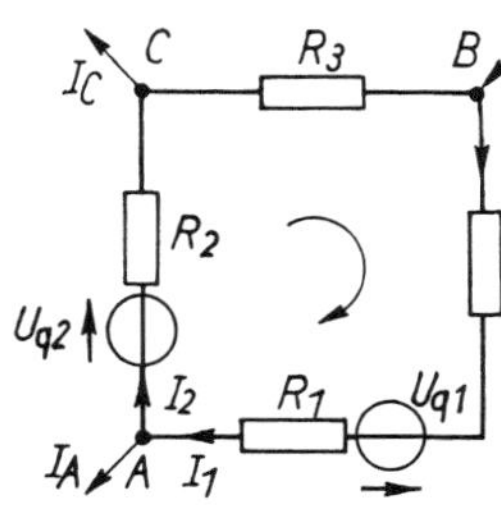

Bild 99: Aufgabe 312

313. (Bild 100) Gegeben: $I_A = 6\,A$; $I_B = 8\,A$; $I_C = 2\,A$; $R_1 = 4\,\Omega$; $R_2 = 6\,\Omega$; $R_3 = 5\,\Omega$; $R_4 = 2\,\Omega$
Gesucht: I_D, I_1 bis I_4

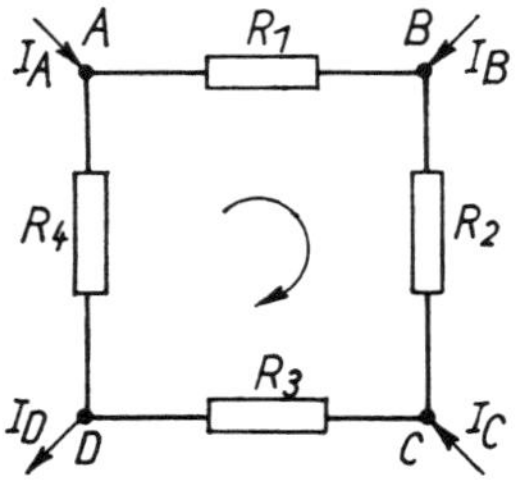

Bild 100: Aufgabe 313

314. (Bild 101) Gegeben: $I_A = 10\,A$; $I_B = 2\,A$; $R_3 = 5\,\Omega$; $R_2 = 6\,\Omega$; $R_1 = 3\,\Omega$; $U_{q1} = 6\,V$; $U_{q2} = 4\,V$; $U_{q3} = 2\,V$
Gesucht: I_1, I_2, I_3, I_C

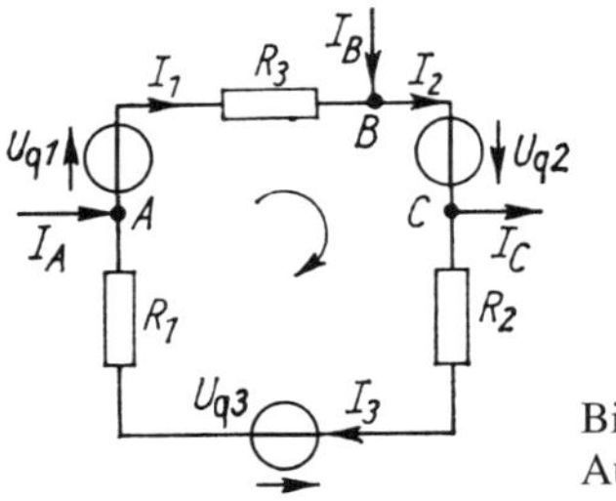

Bild 101: Aufgabe 314

315. (Bild 102) Gegeben: $U_{q1} = 4\,V$; $U_{q2} = 6\,V$; $R_1 = 5\,\Omega$; $R_2 = 10\,\Omega$; $R_3 = 3\,\Omega$; $I_A = 4\,A$; $I_B = 2\,A$
Gesucht: I_C, I_1 bis I_3

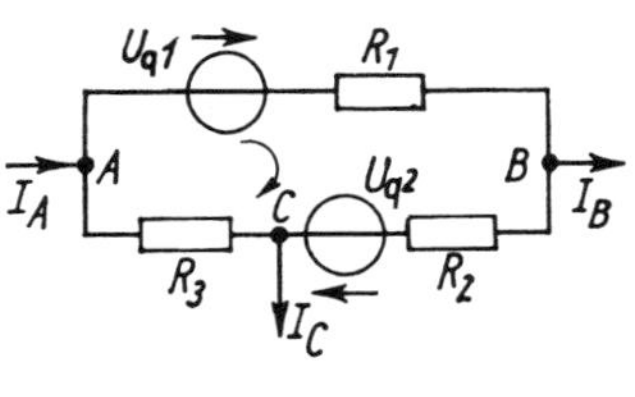

Bild 102: Aufgabe 315

316. (Bild 103) Gegeben: $I_A = 12\,A$; $I_B = 8\,A$; $R_1 = 6\,\Omega$; $R_2 = 10\,\Omega$; $R_3 = 8\,\Omega$
Gesucht: I_C, I_1, I_2, I_3

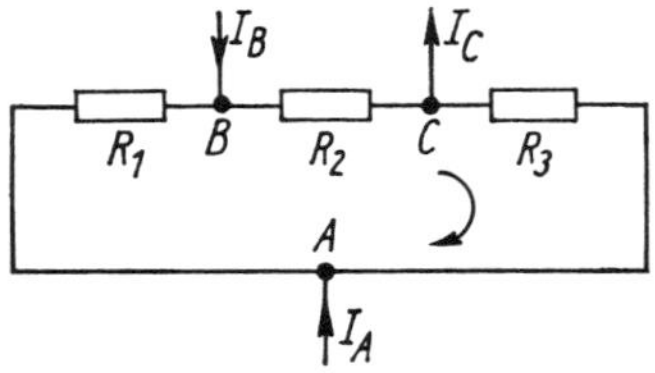

Bild 103: Aufgabe 316

317. Jedes der auf Bild 104 angegebenen Elemente hat die Quellenspannung U_q, die Widerstände haben die Werte R bzw. $2R$. Wie groß ist die Leerlaufspannung U zwischen den Punkten A und B?

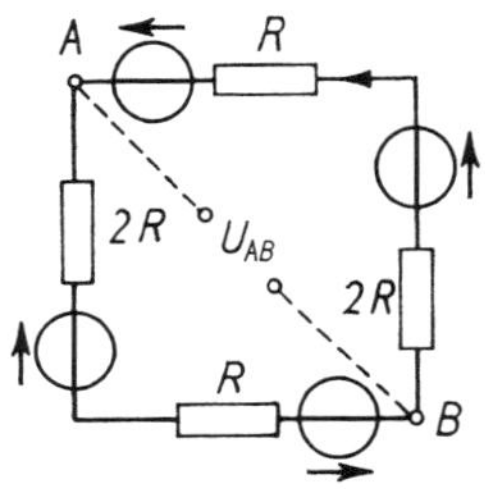

Bild 104: Aufgabe 317

318. (Bild 105) Welche Spannungen bestehen zwischen den Punkten A und B bzw. C und D?

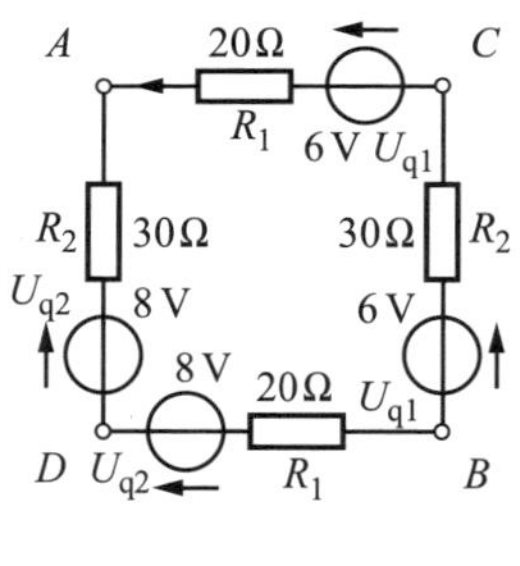

Bild 105: Aufgabe 318

3.2 Geschlossene Netze

3.2.1 Berechnung nach dem Knotenpunkt- und Maschensatz

Hinweise:

Enthält das Netzwerk m Zweigströme, so sind zu deren Berechnung m unabhängige Gleichungen notwendig. Da n Knotenpunkte $(n - 1)$ unabhängige Gleichungen liefern, sind noch $m - (n - 1)$ voneinander unabhängige Maschengleichungen aufzustellen. Maschengleichungen sind voneinander unabhängig, wenn jede Gleichung mindestens ein Glied enthält, das in den übrigen Gleichungen nicht enthalten ist. Die in den folgenden Schaltskizzen angegebenen Umlaufrichtungen der Maschen und Stromrichtungen sind zunächst willkürlich angenommen und entsprechen den in den Lösungen gemachten Ansätzen.

319. (Bild 106) Zu berechnen ist der Strom I_4 durch den Widerstand R_4, wenn alle Widerstände und die Quellenspannung bekannt sind.

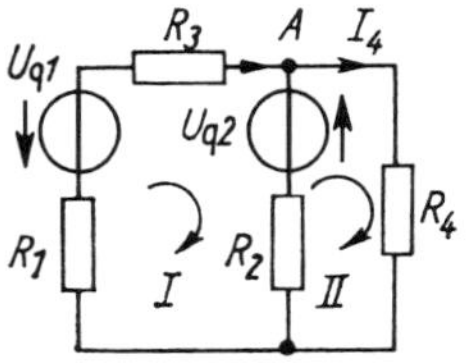

Bild 106: Aufgabe 319

320. (Bild 107) Zu berechnen ist der Strom I_2 durch den Widerstand R_2, wenn alle Widerstände und die Quellenspannung bekannt sind.

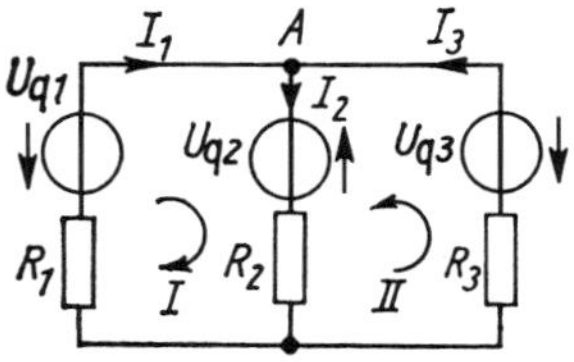

Bild 107: Aufgabe 320

321. (Bild 108) Gegeben: $U_{q1} = 10\,\text{V}$; $U_{q2} = 15\,\text{V}$; $U_{q3} = 20\,\text{V}$; R_1 bis $R_6 = 10\,\Omega$
Gesucht: $I_1, I_2, \ldots, I_6$

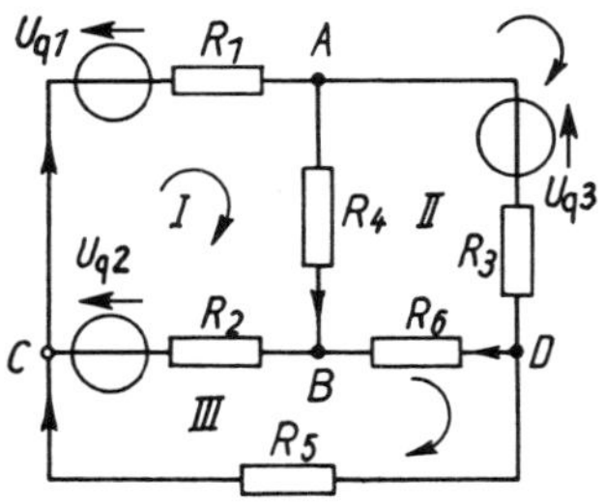

Bild 108: Aufgabe 321

322. (Bild 109) Gegeben: $U_{q1} = 18\,\text{V}$; $U_{q2} = 16\,\text{V}$; $U_{q3} = 14\,\text{V}$; $R_1, R_2, \ldots, R_6 = R = 5\,\Omega$
Gesucht: alle Zweigströme

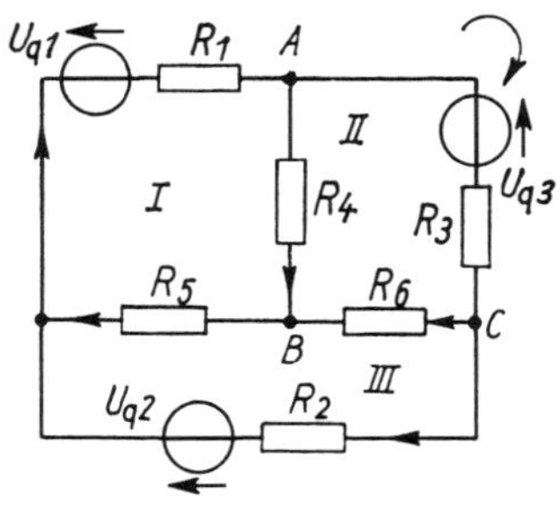

Bild 109: Aufgabe 322

323. (Bild 110) Gegeben: $U_{q1} = U_{q2} = U_{q3} = U_q = 210\,\text{V}$; $R_1, R_2, \ldots, R_7 = R = 5\,\Omega$
Gesucht: alle Zweigströme

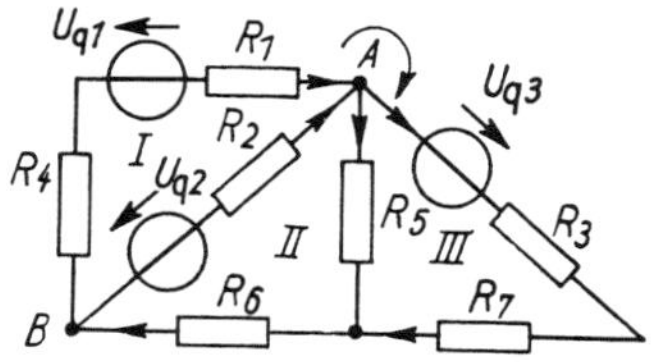

Bild 110: Aufgabe 323

324. (Bild 111) Gegeben: $U_{q1} = U_{q2} = U_{q3} = U_q$; $R_1, R_2, \ldots, R_7 = R$
Gesucht: alle Zweigströme

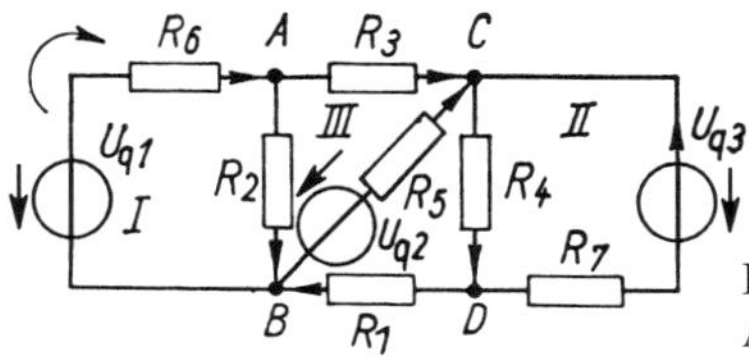

Bild 111: Aufgabe 324

325. (Bild 112) Gegeben: $U_{q1} = U_{q2} = 60\,\text{V}$; $R_1 = R_2 = 3\,\Omega$; $R_3 = R_4 = 5\,\Omega$; $R_5 = 10\,\Omega$
Gesucht: alle Zweigströme

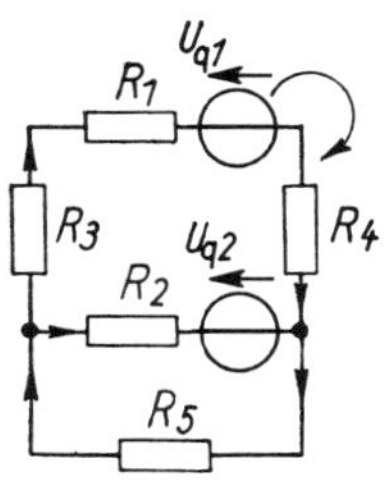

Bild 112: Aufgabe 325

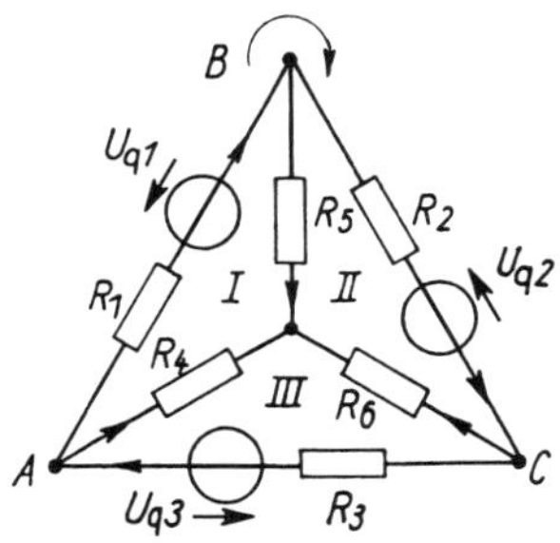

Bild 113: Aufgaben 326 und 327

326. (Bild 113) Gegeben: $U_{q1} = U_{q2} = U_{q3} = U_q = 12\,\text{V}$; $R_1, R_2, R_3 = R = 3\,\Omega$; $R_4, R_5, R_6 = 2R = 6\,\Omega$.

Beweisen Sie rechnerisch, dass der Stern in der Mitte stromlos bleibt.

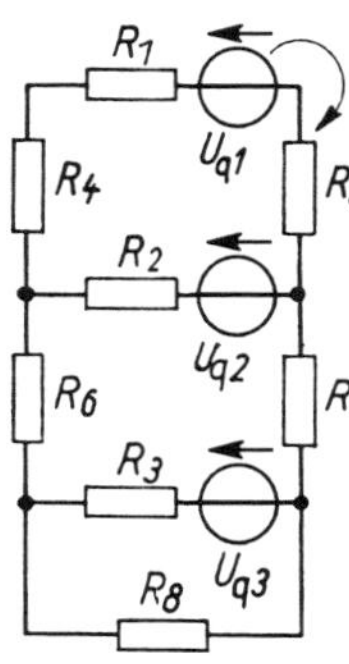

Bild 114: Aufgabe 328

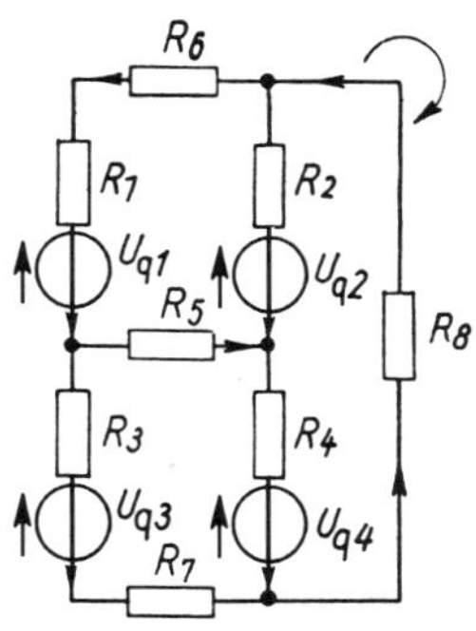

Bild 115: Aufgabe 329

327. Welche Zweigströme I_1 bis I_6 ergeben sich in der letzten Aufgabe, wenn bei gleichen sonstigen Daten U_{q3} nur 10 V beträgt, die Symmetrie also gestört ist?

328. (Bild 114) Gegeben: $U_{q1} = U_{q2} = U_{q3} = U_q = 50\,\text{V}$; $R_1 = R_2 = R_3 = 2\,\Omega$, $R_4, \ldots, R_7 = 5\,\Omega$; $R_8 = 40\,\Omega$
Gesucht: alle Zweigströme

329. (Bild 115) Gegeben: $U_{q1}, U_{q2}, \ldots, U_{q4} = 1{,}5\,\text{V}$; $R_1, R_2, \ldots, R_4 = 0{,}5\,\Omega$; $R_5 = R_8 = 10\,\Omega$; $R_6 = R_7 = 1\,\Omega$
Gesucht: alle Zweigströme

3.2.2 Berechnung nach dem Helmholtz'schen Überlagerungssatz

Anleitung:

Man schließt alle Spannungsquellen bis auf eine kurz und berechnet die Teilströme der gesuchten Zweigströme (bzw. des gesuchten Zweigstromes) so, als ob diese Spannungsquellen nicht vorhanden wären. Dann schließt man alle Spannungsquellen bis auf eine zweite kurz, berechnet die neuen Teilströme und fährt in gleicher Weise fort. Die Summe aller berechneten Teilströme eines Zweiges ist gleich dem betreffenden Zweigstrom. Bei der Addition der Teilströme ist das Vorzeichen ihrer Stromrichtungen zu berücksichtigen.

330. (Bild 116) Gegeben: $U_{q1} = 60\,\text{V}$; $U_{q2} = 80\,\text{V}$; $R_1 = 0{,}2\,\Omega$; $R_2 = 0{,}4\,\Omega$; $R_3 = R_4 = R_5 = 25\,\Omega$
Gesucht: I_5

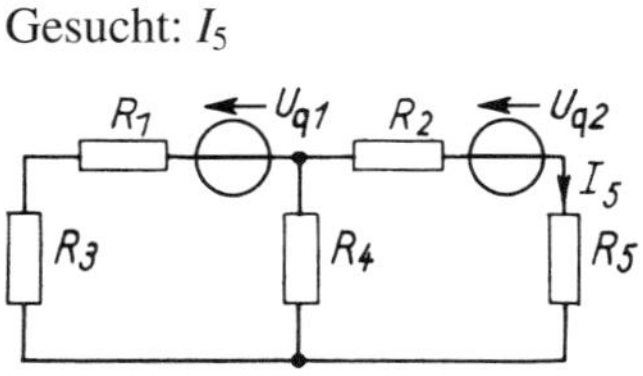

Bild 116: Aufgabe 330

331. (Bild 117) Gegeben: $U_{q1} = 4{,}5\,\text{V}$; $U_{q2} = 6\,\text{V}$; $U_{q3} = 7{,}5\,\text{V}$; $R_1 = 3\,\Omega$; $R_2 = 5\,\Omega$; $R_3 = 4\,\Omega$; $R_4 = 1\,\Omega$
Gesucht: I_4

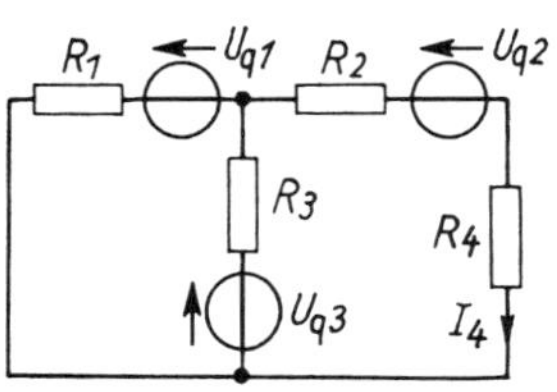

Bild 117: Aufgabe 331

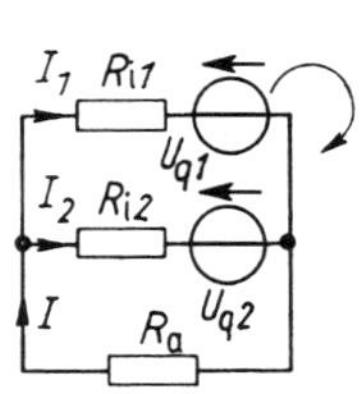

Bild 118: Aufgabe 332

332. (Bild 118) Gegeben: $U_{q1} = U_{q2} = 65\,\text{V}$; $R_{i1} = 0{,}5\,\Omega$; $R_{i2} = 0{,}3\,\Omega$; $R_a = 5\,\Omega$
Gesucht: Zweigströme I, I_1 und I_2

333. (Bild 119) Gegeben: $U_{q1} = U_{q2} = U_{q3} = 1{,}5\,\text{V}$; $R_1 = R_2 = R_3 = 1{,}5\,\Omega$; $R_4, R_5, \ldots, R_7 = 0{,}5\,\Omega$; $R_8 = 4\,\Omega$
Gesucht: I_8

334. (Bild 119) Gegeben: $U_{q1} = U_{q2} = U_{q3} = 1{,}5\,\text{V}$; jeder Widerstand $R = 1\,\Omega$
Gesucht: I_8

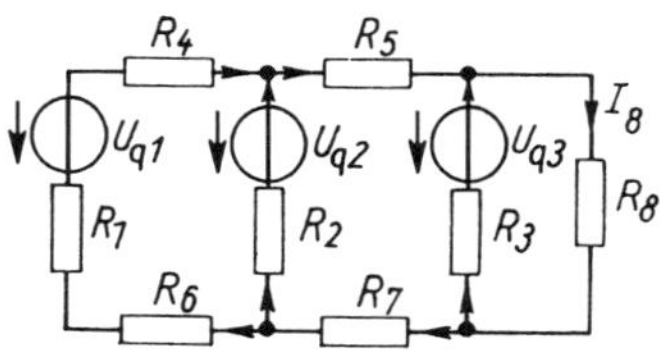

Bild 119: Aufgaben 333 und 334

335. (Bild 120) Gegeben: $U_{q1} = U_{q2} = U_{q3} = U_{q4} = 6\,\text{V}$; $R_1 = R_2 = R_3 = R_4 = 2\,\Omega$; $R_5 = R_6 = 10\,\Omega$
Gesucht: I_5 und I_6

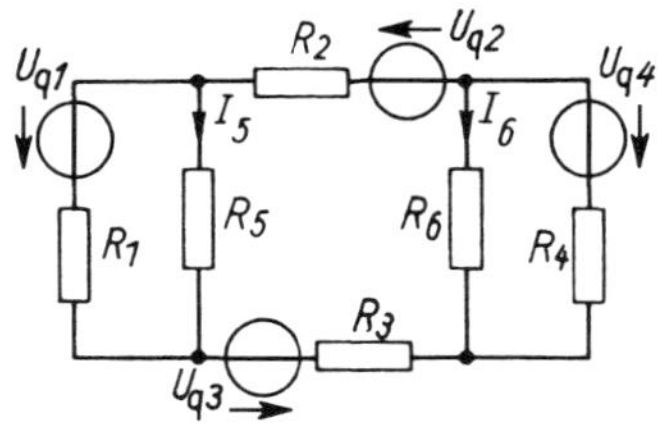

Bild 120: Aufgabe 335

336. (Bild 121) Gegeben: die in Bild 121 verzeichneten Daten
Gesucht: I_x

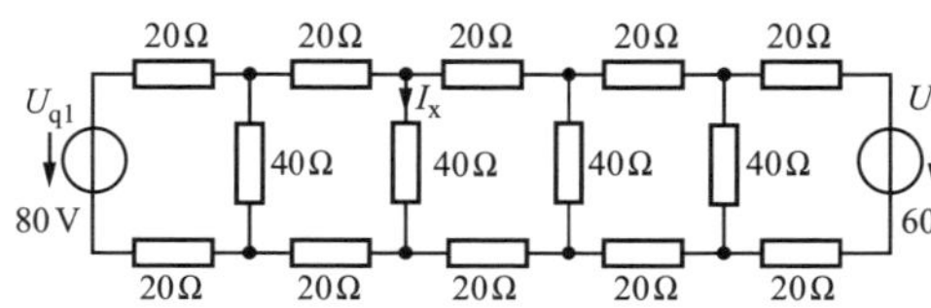

Bild 121: Aufgabe 336

3.2.3 Berechnung nach dem Maschenstromverfahren

Anleitung:

Man zerlegt das Netzwerk, das aus m Zweigen und n Knoten besteht, in $m - (n-1) = m - n + 1$ voneinander unabhängige Maschen (siehe S. 34). Innerhalb jeder Masche wird ein Umlaufstrom y angenommen, dessen Richtung zweckmäßig gegenläufig zu der in der Masche wirkenden Quellenspannung festzulegen ist.

Mit diesen Umlaufströmen wird für jede Masche der Maschensatz formuliert. Die wirklichen Ströme I ergeben sich durch vorzeichengerechte Addition der an der interessierenden Stelle fließenden Umlaufströme. In den folgenden Schaltskizzen sind die in den Lösungen benutzten Umlaufrichtungen eingetragen.

337. (Bild 122) Zu berechnen ist der Strom I_4 durch den Widerstand R_4.

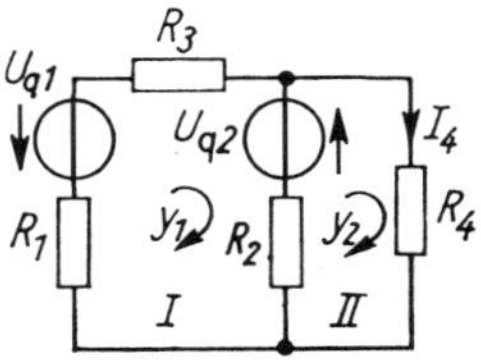

Bild 122: Aufgabe 337

338. (Bild 123) Zu berechnen ist der Strom I_3 durch den Widerstand R_3.

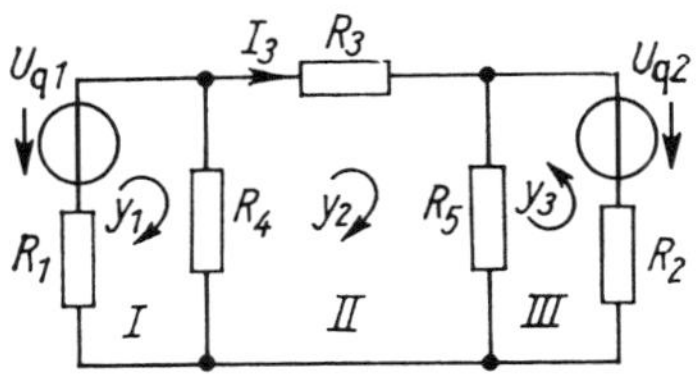

Bild 123: Aufgabe 338

339. (Bild 124) Zu berechnen ist der Strom I_3 durch den Widerstand R_3.

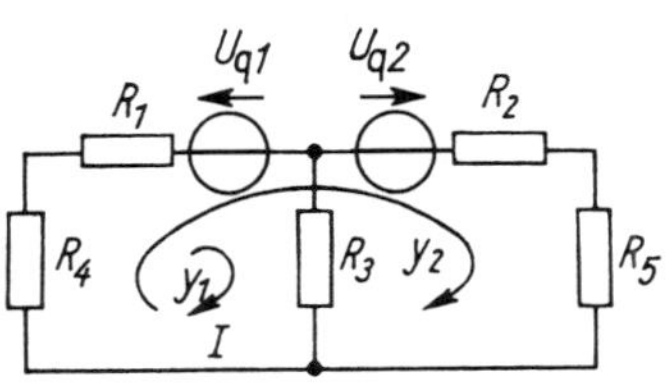

Bild 124: Aufgabe 339

340. (Bild 125) Alle Widerstände der Schaltung sind gleich groß. Zu berechnen ist der Strom I_6 durch den Widerstand R_6.

341. (Bild 126) Alle Widerstände der Schaltung sind gleich groß. Zu berechnen ist der Strom I_6 durch den Widerstand R_6.

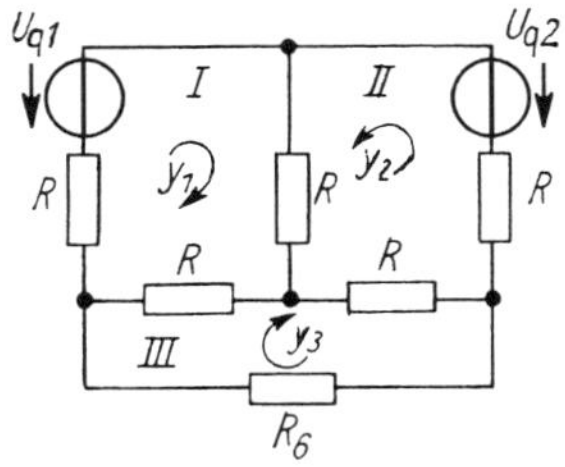

Bild 125: Aufgabe 340

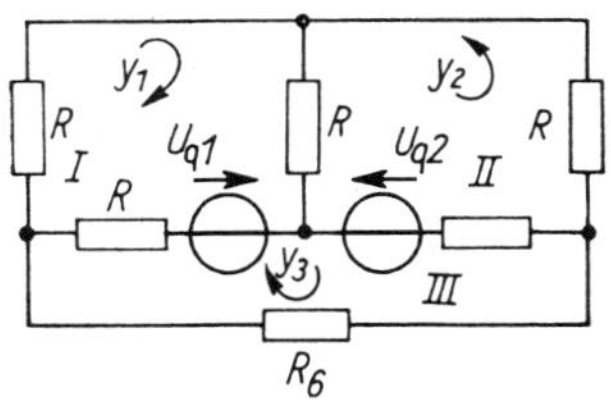

Bild 126: Aufgabe 341

342. (Bild 127) Zu berechnen sind die Ströme I_1 durch den Widerstand $R_1 = R$ und I_6 durch den Widerstand $R_6 = 3R$.

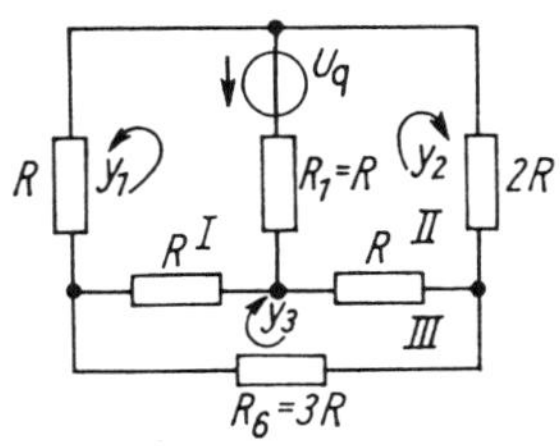

Bild 127: Aufgabe 342

343. (Bild 128) Zu berechnen sind die Ströme I_1 durch den Widerstand $R_1 = R$ und I_6 durch den Widerstand $R_6 = 3R$.

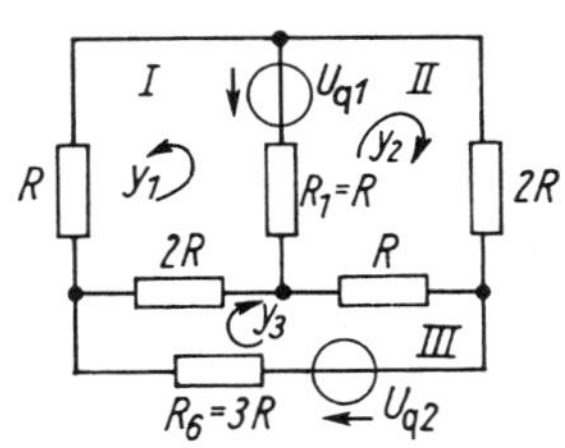

Bild 128: Aufgabe 343

3.2.4 Berechnung nach dem Satz von der Ersatzspannungsquelle (Zweipoltheorie)

Anleitung:

Die gegebene Schaltung wird in einen aktiven Zweipol zerlegt, der die Spannungsquellen enthält und einen passiven Zweipol, der nur Widerstände enthält. Sind z. B. Stromstärke I und Klemmenspannung U_a eines einzelnen Widerstandes R_a gesucht, so löst man diesen aus der Schaltung heraus und betrachtet den Rest des Netzwerkes als eine Spannungsquelle mit der Ersatz-Quellenspannung U_l (Leerlaufspannung) und einem inneren (Ersatz-)Widerstand R_i. Dann fließt durch R_a der Strom $I = U_l/(R_i + R_a)$, und die Teilspannung am Widerstand R_a ist $U_a = IR_a$.

Berechnung des Ersatzwiderstandes R_i des aktiven Zweipols:

Nach Kurzschluss der vorhandenen Spannungsquellen wird der Ersatzwiderstand zwischen den freien Klemmen A, B berechnet.

Berechnung der Leerlaufspannung U_l:

1. Weg: U_l ist die Teilspannung an demjenigen Widerstand des aktiven Zweipols, der den Klemmen (A, B) des Widerstandes R_a parallel liegt.

2. Weg: Berechnung des Kurzschlussstroms I_k, der bei kurzgeschlossenen Klemmen (A, B) zwischen (A) und (B) fließen würde. Dann ist wegen $I_k = U_l/R_i$ die Leerlaufspannung $U_l = I_k R_i$.

344. (Bild 129) Berechnen Sie für die Klemmen A–B des aktiven Zweipols die Leerlaufspannung U_l, den Innenwiderstand R_i, den Kurzschlussstrom I_k und weisen Sie nach, dass $I_k = U_l/R_i$ ist. $U_{q1} = 1\,\text{V}$; $U_{q2} = 4\,\text{V}$; $R_1 = 5\,\Omega$; $R_2 = 10\,\Omega$; $R_3 = 20\,\Omega$

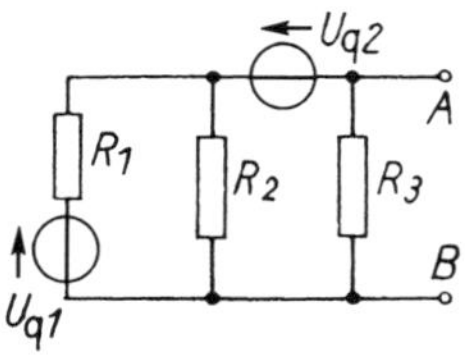

Bild 129: Aufgabe 344

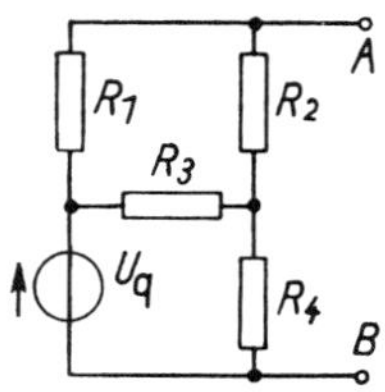

Bild 130: Aufgabe 345

345. (Bild 130) Berechnen Sie für die Klemmen A–B des aktiven Zweipols die Leerlaufspannung U_l, den Innenwiderstand R_i und den Kurzschlussstrom I_k.

346. (Bild 131) Berechnen Sie Strom I_4 und Spannung U_4 am Widerstand R_4. $R_1 = 100\,\Omega$; $R_2 = 300\,\Omega$; $R_3 = 500\,\Omega$; $R_4 = 800\,\Omega$; $U_q = 80\,\text{V}$

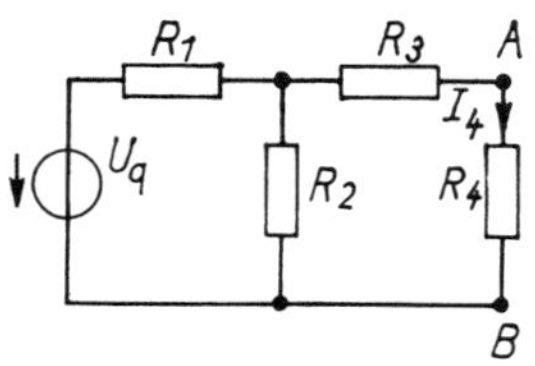

Bild 131: Aufgaben 346 und 347

347. (Bild 131) Berechnen Sie zur gleichen Schaltung I_2 und U_2 am Widerstand R_2.

348. (Bild 132) Berechnen Sie I_4 und U_4 am Widerstand R_4. $R_1 = 0{,}5\,\Omega$; $R_2 = 0{,}8\,\Omega$; $R_3 = 6\,\Omega$; $R_4 = 4\,\Omega$; $U_{q1} = 4{,}5\,\text{V}$; $U_{q2} = 3\,\text{V}$

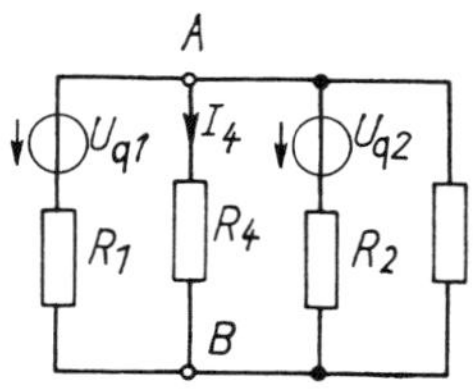

Bild 132: Aufgabe 348

349. (Bild 133) Berechnen Sie Strom I_6 und Spannung U_6 am Widerstand R_6.

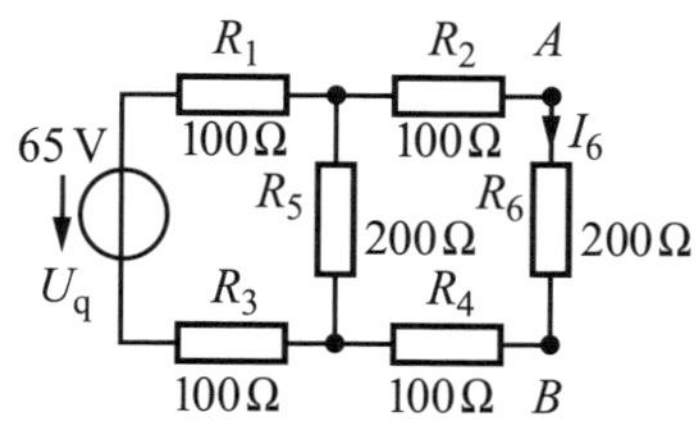

Bild 133: Aufgabe 349

350. (Bild 134) Berechnen Sie Strom I_4 und Spannung U_4 am Widerstand R_4.

351. (Bild 135) Berechnen Sie Klemmenspannung und Strom zwischen A und B.

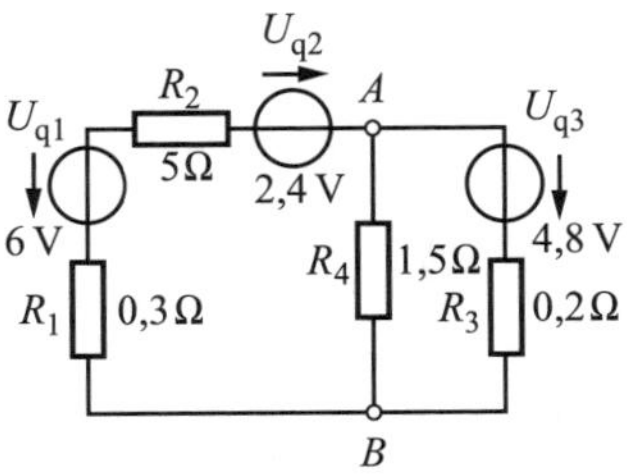

Bild 134: Aufgabe 350

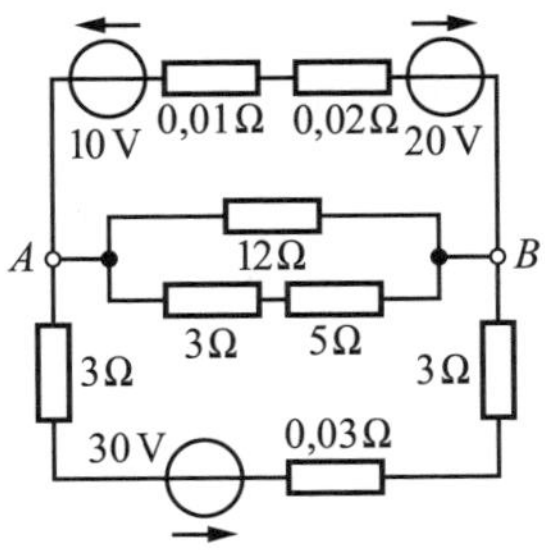

Bild 135: Aufgabe 351

352. (Bild 136) Wie groß ist der Strom I, wenn folgende Werte gegeben sind? $U_{q1} = 2\,\text{V}$; $U_{q2} = 8\,\text{V}$; $U_{q3} = 4\,\text{V}$; $R_1 = R_2 = R_3 = 5\,\Omega$; $R_4 = 7\,\Omega$; $R_5, R_6, \ldots, R_9 = 6\,\Omega$

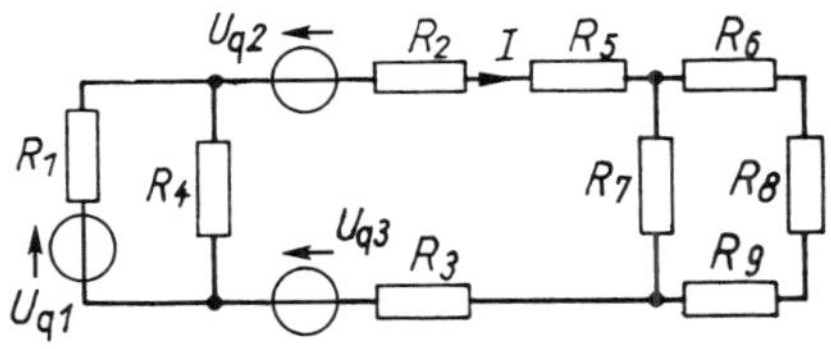

Bild 136: Aufgabe 352

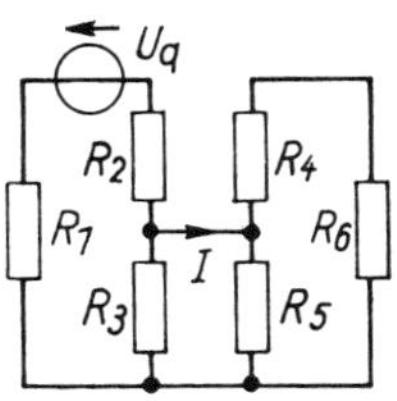

Bild 137: Aufgabe 353

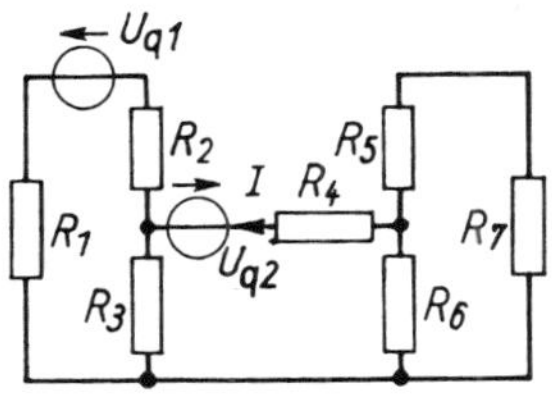

Bild 138: Aufgabe 354

353. (Bild 137) Berechnen Sie den Strom I, wenn gegeben sind: $U_q = 60\,\text{V}$; $R_1 = 4\,\Omega$; $R_2 = 6\,\Omega$; $R_3 = 8\,\Omega$; $R_4 = R_5 = R_6 = 3\,\Omega$

354. (Bild 138) Berechnen Sie den Strom I, wenn gegeben sind: $U_{q1} = 60\,\text{V}$; $U_{q2} = 40\,\text{V}$; $R_1 = 4\,\Omega$; $R_2 = 6\,\Omega$; $R_3 = 8\,\Omega$; $R_4, R_5, \ldots, R_7 = 3\,\Omega$

355. (Bild 139) Welcher Strom I_5 fließt durch das Messinstrument R_5 der Wheatstone'schen Brücke bei Vernachlässigung des Innenwiderstandes der Spannungsquelle?

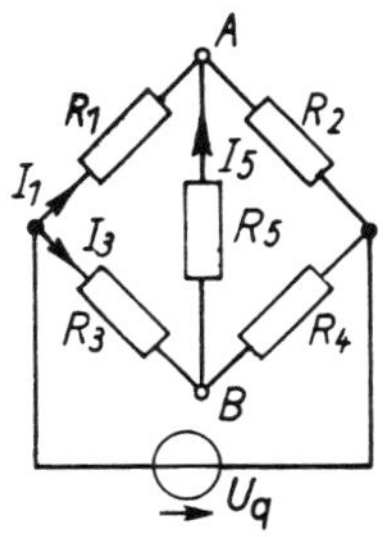

Bild 139: Aufgabe 355

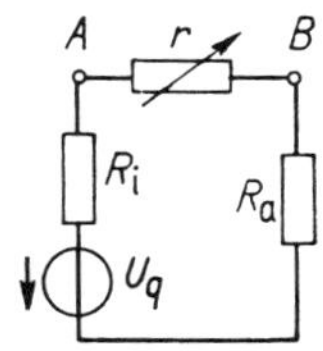

Bild 140: Aufgabe 356

356. (Bild 140) Berechnen Sie den Strom I_r durch den regelbaren Vorschaltwiderstand r nach der Zweipoltheorie.

357. (Bild 141) Der durch R_a fließende Strom I_a wird durch den Parallelwiderstand r stetig verändert. Berechnen Sie I_a und I_r nach der Zweipoltheorie.

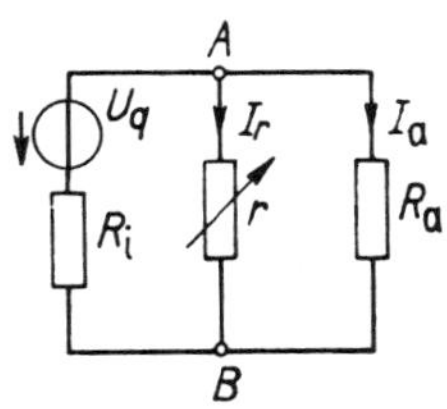

Bild 141: Aufgabe 357

3.3 Spannungsquellen in Gegenreihenschaltung

Formeln:

Knotenpunkt A: $I_1 = I + I_2$

Masche: $U_{q1} - U_{q2} = I_1 R_{i1} + I_2 R_{i2}$

Nach Einsetzen der ersten in die zweite Gleichung entsteht:

$$I_2 = \frac{U_{q1} - U_{q2}}{R_{i1} + R_{i2}} - \frac{I R_{i1}}{R_{i1} + R_{i2}}$$

358. (Bild 142) Zwei parallel geschaltete Generatoren haben die Quellenspannung $U_{q1} = 110\,\text{V}$ und $U_{q2} = 109\,\text{V}$. $R_{i1} = R_{i2} = 20\,\text{m}\Omega$. Berechnen Sie den nutzlos fließenden Strom I_2 sowie I_1, wenn a) $I = 0\,\text{A}$ und b) $I = 10\,\text{A}$.

359. Wie liegen die Verhältnisse, wenn $U_{q2} = 109{,}9\,\text{V}$ ist?

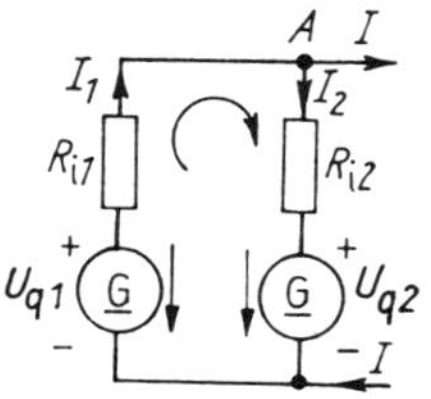

Bild 142: Aufgaben 358 und 359

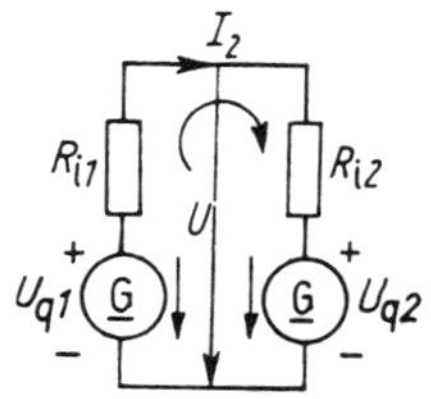

Bild 143: Aufgaben 360 bis 362

360. (Bild 143) Zwei Spannungsquellen $U_{q1} = 60\,\text{V}$ und $U_{q2} = 55\,\text{V}$ sind gegeneinander geschaltet. U_{q1} wirkt als Generator, U_{q2} als Motor. Welcher Strom I_2 fließt, und wie groß ist die gemeinsame Klemmenspannung U? $R_{i1} = 0{,}3\,\Omega$; $R_{i2} = 0{,}5\,\Omega$

361. (Bild 143) Welche Quellenspannung und Klemmenspannung hat der Motor U_{q2}, wenn ein Strom von 15 A fließt? $U_{q1} = 60\,\text{V}$; $R_{i1} = 0{,}3\,\Omega$; $R_{i2} = 0{,}5\,\Omega$

362. (Bild 143) Es wird eine Klemmenspannung von 50 V gemessen. Wie groß ist die Quellenspannung U_{q2} und welcher Strom I_2 fließt? $U_{q1} = 60\,\text{V}$; $R_{i1} = 0{,}3\,\Omega$; $R_{i2} = 0{,}5\,\Omega$

363. (Bild 144) $U_{q1} = 60\,\text{V}$; $U_{q2} = 55\,\text{V}$; $R_{i1} = 0{,}3\,\Omega$; $R_{i2} = 0{,}5\,\Omega$; $R_1 = 20\,\Omega$; $R_2 = 30\,\Omega$. Welcher Strom fließt, und welches sind die Klemmenspannungen U_1 und U_2?

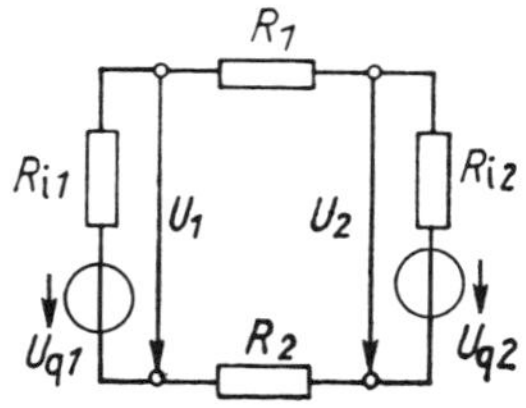

Bild 144: Aufgabe 363

364. Ein Bleiakkumulator mit einem Innenwiderstand von $0{,}05\,\Omega$ wird mit einem Generator der Quellenspannung 3 V ($R_i = 0{,}5\,\Omega$) von 2,2 bis 2,7 V Quellenspannung geladen. Wie groß sind der Ladestrom und die Klemmenspannung bei a) Beginn und b) Beendigung des Ladevorganges?

365. Zwei Bleiakkumulatoren von $U_{q1} = 1{,}95\,\text{V}$ ($R_{i1} = 0{,}015\,\Omega$) und $U_{q2} = 1{,}90\,\text{V}$ ($R_{i2} = 0{,}008\,\Omega$) werden parallel geschaltet. Wie groß sind Klemmenspannung und Ausgleichsstrom?

366. Der in Aufgabe 365 genannten Batterie wird ein Strom von 5 A entnommen. Wie groß sind die Teilströme und die Klemmenspannung?

367. Zwei Stromquellen von 120 V ($R_{i1} = 150\,\Omega$) und 116 V ($R_{i2} = 180\,\Omega$) sind parallel geschaltet. Wie groß sind a) die Klemmenspannung und der Ausgleichsstrom I_2 im Leerlauf, b) die Klemmenspannung und Teilströme bei Entnahme von 150 mA? c) Bei welcher Stromentnahme ist I_2 gerade gleich null?

368. (Bild 145) Mit einer Glühlampe von 40 W in Reihe liegt an der Spannung 230 V eine Pufferbatterie von 4 V. a) Wie groß ist der Ladestrom I_2, wenn der Batterie kein Strom entnommen wird? b) Welcher Strom I_2' fließt, wenn 3 A aus der Batterie entnommen werden? Der Innenwiderstand der Batterie und der des Generators werden vernachlässigt.

369. Die Lichtmaschine eines Motorrades hat die Betriebsspannung 12,5 V ($R_{i1} = 0{,}5\,\Omega$) und speist mit einer Batterie von 12 V ($R_{i2} = 0{,}01\,\Omega$) einen 40-W-Scheinwerfer. Wie groß sind a) der Ladestrom, b) die Teilströme und Klemmenspannung bei eingeschalteter Lampe?

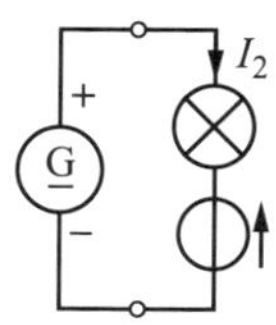

Bild 145: Aufgabe 368

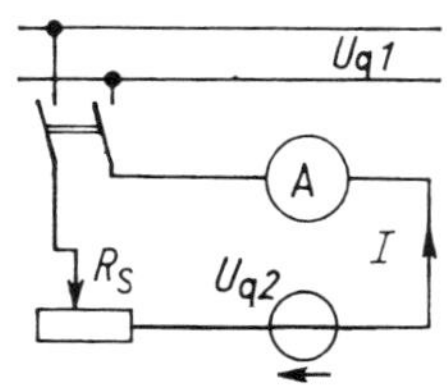

Bild 146: Aufgabe 370

370. (Bild 146) 15 Bleizellen von je 1,8 V und 30 mΩ sollen mit maximal 3 A an einer Gleichstromquelle mit konstanter Spannung $U_{q1} = 110\,\text{V}$ geladen werden. Auf welchen Wert muss der Vorschaltwiderstand R_S eingestellt werden?

371. Zwei nach Bild 142 parallel geschaltete Spannungsquellen von $U_{q1} = 20\,\text{V}$ und $R_{i1} = 0{,}1\,\Omega$ bzw. $U_{q2} = 30\,\text{V}$ und $R_{i2} = 0{,}2\,\Omega$ sollen durch eine einzige ersetzt werden, die denselben Strom $I = 5\,\text{A}$ liefert. Wie groß müssen deren

Quellenspannung und innerer Widerstand sein, und welchen Wert hat die Klemmenspannung?

372. (Bild 147) Zwei parallel geschaltete Spannungsquellen liegen an einem gemeinsamen äußeren Widerstand R_a. Gegeben: $U_{q1} = 230\,V$; $U_{q2} = 229\,V$; $R_{i1} = 0{,}5\,\Omega$; $R_{i2} = 0{,}7\,\Omega$. Berechnen Sie I, I_1 und I_2, wenn a) $R_a = 15\,\Omega$; b) $R_a = 50\,\Omega$; c) $R_a = 200\,\Omega$ ist.

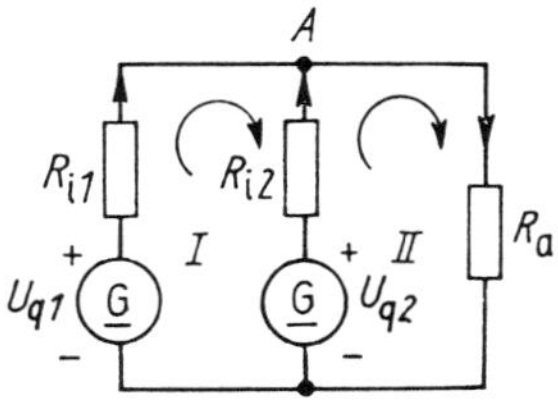

Bild 147: Aufgaben 372 bis 375

373. (Bild 147) a) Wie liegen die Verhältnisse in Aufgabe 372, wenn der äußere Widerstand $R_a = \infty$ ist (Leerlauf)? b) Wie liegen die Verhältnisse, wenn $R_a = 0$ ist (Kurzschluss)?

374. (Bild 147) Welchen Wert muss in Aufgabe 372 der äußere Widerstand R_a haben, damit der Ausgleichsstrom $I_2 = 0$ wird?

375. (Bild 147) Die Lichtmaschine eines PKW hat den Innenwiderstand $0{,}3\,\Omega$ und speist eine Batterie von der Quellenspannung $12{,}9\,V$ und dem Innenwiderstand $4\,m\Omega$. Welche Werte haben der Batteriestrom I_2, der Verbraucherstrom I und die Verbraucherspannung, wenn die Quellenspannung der Maschine zwischen a) 15 V und b) 20 V schwankt und der Außenwiderstand $R_a = 0{,}3\,\Omega$ beträgt?

4 Leistung und Arbeit des Gleichstroms

4.1 Elektrische Leistung

Formeln:

$$P = UI$$

$$P = I^2 R$$

$$P = \frac{U^2}{R}$$

$$\eta = \frac{P_N}{P_N + P_V}$$

Größe	Zeichen	Einheit
Leistung	P	W, kW
Wirkungsgrad	η	1
Nutzleistung	P_N	W, kW
Verlustleistung	P_V	W, kW

376. Von welchen Strömen werden folgende 230-V-Lampen durchflossen: a) 25 W, b) 40 W, c) 60 W, d) 75 W?

377. Ein elektrischer Heizofen mit dem Widerstand 52,9 Ω liegt an einer Spannung von 230 V. Wie groß ist seine Leistung?

378. Welche Leistung geht in einem 200 m langen Kupferdraht von 1,5 mm² Querschnitt, durch den ein Strom von 8,5 A fließt, durch Erwärmung verloren?

379. Welche Leistung wird in einem Rundfunkgerät bei 25 mA Stromaufnahme und 500 Ω Gerätewiderstand verbraucht?

380. Ein Gefrierschrank nimmt bei der Spannung 230 V die Leistung 115 W auf. Wie groß ist die Stromstärke?

381. Welche Leistung setzt eine Lichtbogenschweißmaschine für 25 V Spannung bei einem Strom von 240 A um?

382. Eine Solarzelle liefert die Leerlaufspannung 0,48 V und den Kurzschlussstrom 0,8 A. Welche Leistung und welchen Strom gibt sie ab, wenn $R_a = R_i$ ist?

383. Eine 150-W-Projektionslampe für 125 V wird über einen Vorschaltwiderstand mit der Netzspannung von 230 V gespeist. Welche Leistung P_V setzt der Vorschaltwiderstand um?

384. Welche Leistung wird infolge des inneren Widerstandes von 1,4 Ω eines Generators nutzlos in Wärme umgesetzt? Die Klemmenspannung beträgt 78 V und die Quellenspannung 85 V.

385. Bei längerem Gebrauch zerstäubt der Wolframdraht einer Glühlampe teilweise. Wie ändert sich dadurch die Leistungsaufnahme der Lampe?

386. Welche Gesamtleistung darf hinter einer Sicherung von 10 A bzw. 15 A, 20 A höchstens installiert werden, und zwar a) bei einer Netzspannung von 230 V, b) bei einer Netzspannung von 125 V?

387. Mit wie viel Watt wird ein an einer Spannung von 3 000 V liegender Spannungsteiler (bzw. jeder einzelne Widerstand) belastet, der aus 10 in Reihe geschalteten Widerständen von je 10 kΩ besteht?

388. Wie groß muss jeder einzelne dieser 10 Widerstände bei gleicher Spannung sein, wenn die Belastung je Widerstand höchstens 2 W betragen darf?

389. Berechnen Sie den zulässigen Höchststrom folgender Widerstände, deren Belastbarkeit in Watt vorgeschrieben ist:

	a)	b)	c)	d)	e)	f)
Widerstand	1 Ω	20 Ω	10 kΩ	200 kΩ	2 MΩ	5 MΩ
Belastbarkeit	0,25 W	0,5 W	2 W	3 W	4 W	10 W

390. Welche zulässige Höchstspannung darf an folgende Schichtwiderstände angelegt werden?

	a)	b)	c)	d)	e)
Widerstand	1 MΩ	1,125 MΩ	0,5 MΩ	375 kΩ	2,5 MΩ
Nennlast	0,25 W	0,5 W	2 W	6 W	10 W

391. Welche Leistung nimmt ein frei ausgespannter Chromnickeldraht, der bei 20 °C eine Länge von 20 cm hat, bei der Temperatur 800 °C und der Stromstärke 14,8 A auf? (Der Widerstand beträgt bei 20 °C je Meter 1,4 Ω. $\alpha = 0{,}000\,7\ {}^1/\text{K}$, $\beta = 0$)

392. Um wie viel Prozent sinkt die Leistung eines Heizgerätes, wenn die Netzspannung von 230 V auf 225 V sinkt?

393. Die Leistung eines Heizgerätes soll verdoppelt werden. Um das Wie vielfache muss man die angelegte Spannung erhöhen?

394. In einer Kochplatte befinden sich 2 Heizwiderstände von je $R = 132{,}25\ \Omega$ (Netzspannung 230 V), die wahlweise a) einzeln, b) hintereinander oder c) parallel geschaltet werden können. Welchen Leistungsaufnahmen entsprechen die verschiedenen Schaltungen?

395. Eine 230-V-Kochplatte enthält 2 Heizwiderstände, von denen der eine 40 Ω und der andere 120 Ω beträgt. Welche 4 verschiedenen Leistungen ergeben die verschiedenen Schaltungen?

396. Die beiden Einzelwiderstände R_1 und R_2 eines Heizgerätes geben einzeln bzw. zusammengeschaltet 4 verschiedene Leistungen P_1 bis P_4 ab, wobei die Zahlenwerte von P_1 bis P_4 eine geometrische Reihe (Quotient zweier aufeinanderfolgender Glieder ist konstant) bilden. Wie groß sind die beiden Widerstände R_1 und R_2, wenn die größte Leistung $P_4 = 1\,200$ W ist, und wie groß sind die Leistungen P_1, P_2 und P_3? ($U = 230$ V)

397. Einzeln bzw. zusammengeschaltet ergeben die beiden Heizwiderstände eines Gerätes 4 verschiedene Leistungen P_1 bis P_4, von denen die kleinste $P_1 = 132{,}25$ W und die größte $P_4 = 705{,}33$ W beträgt. Wie groß sind die beiden Widerstände R_1 und R_2 und die Leistungen P_2 und P_3, wenn die Netzspannung 230 V beträgt?

398. Einer Spannungsquelle von der Quellenspannung 60 V und einem Innenwiderstand von 1,5 Ω soll eine Leistung von 60 W entnommen werden. Welchen Widerstand muss der Verbraucher haben? Wie groß sind Klemmenspannung und Stromstärke? (2 Lösungen)

399. Berechnen Sie den Gesamtwiderstand zweier parallel geschalteter 230-V-Lampen von 60 W und 100 W und hieraus den Gesamtstrom sowie zur Probe die Gesamtleistung.

400. Zu einer Lampe (230 V/40 W) wird eine weitere Lampe parallel geschaltet, wodurch der Widerstand um 945 Ω abnimmt. Wie viel Watt verbraucht die zweite Lampe?

401. Werden zwei für je 12 V bestimmte Lampen L_1 und L_2 in Reihe geschaltet und an 12 V angeschlossen, so fließt ein Strom von $I' = 0{,}6$ A. Durch L_1 allein fließt beim Anlegen von 12 V ein Strom von $I = 1{,}5$ A. Welche Leistungen nehmen die Lampen bei Nennspannung auf, wenn von der Temperaturabhängigkeit ihres Widerstandes abgesehen wird?

402. An einer Spannung von 230 V liegen 85 Glühlampen von je 40 W. Beim Abschalten einer Gruppe steigt der Gesamtwiderstand um $\Delta R = 15\ \Omega$. Wie viel Lampen leuchten noch?

403. Durch Ausfall einer Anzahl parallel geschalteter Glühlampen von je 60 W und 230 V steigt der Gesamtwiderstand um 40 % an und die Gesamtleistung beträgt nur noch 3,3 kW. Wie viel Lampen leuchteten ursprünglich und wie viel sind ausgefallen?

404. Eine Lampe setzt bei der Spannung 125 V die Leistung 60 W um. Mit welcher Leistung leuchtet sie bei der Spannung 230 V, wenn sie mit einem Vorschaltwiderstand in Reihe geschaltet wird, der bei 230 V allein die Leistung 87,4 W verbraucht?

405. Zwei in Reihe an die Spannung 230 V geschaltete Widerstände setzen die Leistungen 80 W und 20 W um. Wie groß sind diese Widerstände?

406. Die beiden auf Bild 148 angegebenen Lampen L_1 und L_2 sollen, in Reihe an eine Spannung von 6 V gelegt, mit den vorgeschriebenen Betriebsdaten leuchten. Dies soll durch Verwendung eines Widerstandes erreicht werden. Wie ist dieser zu schalten und welchen Wert muss er haben?

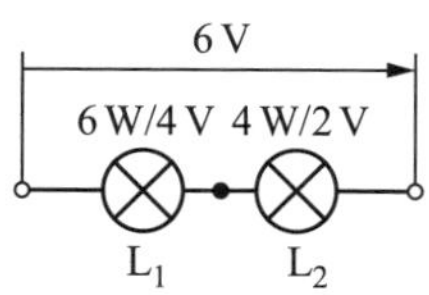

Bild 148: Aufgabe 406

407. Eine Lampe, die bei der Nennspannung 125 V 40 W verbraucht, wird über einen Widerstand R_V an die Spannung 230 V angeschlossen. Dabei setzt der Widerstand 20 W um. Mit welcher Leistung leuchtet die Lampe? (2 Lösungen)

408. Eine Lampe, die bei der Nennspannung von 125 V 60 W verbraucht, wird über einen Vorschaltwiderstand R_V an die Spannung 230 V angeschlossen. Welchen Wert hat der Widerstand, wenn die Lampe dann nur noch 20 W umsetzt?

409. Ein Gleichstrommotor nimmt 12,86 kW auf. Welche Nutzleistung gibt er bei einem Wirkungsgrad von 85 % ab?

410. Weil ein Motor 0,4 kW weniger Leistung abgibt, als er aufnimmt, beträgt sein Wirkungsgrad nur 92 %. Welche Leistung gibt er ab?

411. Aus einer Lehmgrube sollen bei täglich 6-stündiger Arbeitszeit 12 000 m³ Wasser innerhalb von 3 Tagen über eine Förderhöhe von 8,5 m abgepumpt werden. Der Wirkungsgrad der Kreiselpumpe beträgt 70 %, derjenige des Antriebsmotors 89 %. Welche Leistung nimmt der Motor auf?

412. Mittels einer Winde wird eine Masse von 4,5 t in 2,5 min um 9,3 m hoch gehoben. Der Antriebsmotor nimmt eine Leistung von 3,5 kW auf. Welchen Gesamtwirkungsgrad hat die Anlage?

413. Welche Wassermenge kann ein mit einer Druckpumpe gekoppelter Motor von 15 kW Leistungsaufnahme stündlich aus einem 140 m tiefen Bergwerksschacht fördern, wenn der Wirkungsgrad der Pumpe 65 % und der des Motors 92 % beträgt?

4.2 Leistungsverlust auf Leitungen

Formeln:

$$A = \frac{200 l P_e}{\varkappa p U_e^2}$$

$$P_V = \frac{2 l I^2}{\varkappa A}$$

$$p = \frac{100 P_V}{P_e}$$

Größe	Zeichen	Einheit
Leitungsquerschnitt	A	mm²
Länge der einfachen Leitung	l	m
Leitfähigkeit	$\varkappa$	$\mathrm{S \cdot m/mm^2}$
Leistung und Spannung am Verbrauchsort	P_e, U_e	W, V
Leistungsverlust	P_V	W
prozentualer, auf die Leistung am Verbraucherort bezogener Verlust	p	1
Wirkungsgrad	η	1

414. Berechnen Sie den Leistungsverlust, wenn eine Leistung von 15 kW über eine Entfernung von 500 m (Kupfer) übertragen wird, und zwar a) bei einer Verbraucherspannung von 230 V (Leitungsquerschnitt 16 mm²), b) bei einer Verbraucherspannung von 2 300 V (Leitungsquerschnitt 16 mm²), c) desgl. bei einem Leitungsquerschnitt von nur 1 mm².

415. Der Leistungsverlust bei der Übertragung von 1 kW ist bei einer Verbraucherspannung von 230 V und einem Leitungsquerschnitt von 10 mm² gleich 550 W. Wie groß ist dieser a) bei der 3fachen Spannung (gleiche Übertragungsleistung) und gleichem Leitungsquerschnitt, b) bei ebenfalls 3facher Spannung, aber einem Querschnitt von 4 mm²?

416. Welchen Querschnitt muss eine Kupferleitung von 600 m Einfachlänge mindestens haben, wenn bei 418 V am Verbrauchsort eine Leistung von 30 kW mit höchstens 5 % Verlust übertragen werden soll? (Kupfer: $\varkappa = 57\ \mathrm{S \cdot m/mm^2}$)

417. Wie viel Prozent der am Verbrauchsort zur Verfügung stehenden Leistung von 20 kW gehen in einer 2,4 km langen Kupferleitung von 8 mm Durchmesser verloren, wenn die Spannung beim Verbraucher 440 V beträgt? ($\varkappa = 57\ \mathrm{S \cdot m/mm^2}$)

418. Die Berechnung des erforderlichen Querschnittes ergibt für eine Kupferleitung 23 mm². Welchen Durchmesser müsste eine Aluminiumleitung haben, wenn der Verlust nicht größer sein darf?

419. An eine 2-Leiter-Freileitung von 0,6 km Länge ist ein Motor von 20 kW bei 230 V angeschlossen ($\eta = 0{,}85$). Welchen Querschnitt muss die Kupferleitung aufweisen, wenn ein Leistungsverlust von 10 % zugelassen wird? ($\varkappa = 57\ \text{S} \cdot \text{m}/\text{mm}^2$)

420. Der 25-kW-Motor einer Baustelle ($\eta = 0{,}80$) nebst 30 Lampen zu je 60 W benötigt eine Spannung von 230 V. Für die 1,6 km betragende Entfernung steht Kupferdraht von 6 mm Durchmesser zur Verfügung. a) Wie viel Prozent der Motorleistung gehen bei der Übertragung verloren? b) Wie viel Kilowatt gehen verloren? c) Wie groß ist der Spannungsabfall in der Leitung? d) Welche Spannung U_a muss am Anfang der Leitung bestehen?

421. Eine 3 km entfernte Wasserpumpe benötigt zum Antrieb einen 460-V-Motor von 2 kW, dessen Wirkungsgrad 80 % beträgt. Wie groß muss der Leitungsquerschnitt (Kupfer) mindestens sein, wenn der Leistungsverlust 5 % nicht übersteigen soll?

422. Ein Windmotor soll am Verbrauchsort bei der Spannung 250 V eine Leistung von 3,5 kW erzeugen. a) Wie viel Prozent der Leistung gehen in der angeschlossenen Aluminiumleitung von 500 m Einfachlänge und 4 mm Durchmesser ($\varrho = 0{,}029\ \Omega \cdot \text{mm}^2/\text{m}$) verloren? b) Wie viel Watt gehen verloren? c) Welche Spannung muss der Generator erzeugen?

423. Welchen Querschnitt müsste eine Kupferleitung von 400 m einfacher Länge mindestens haben, wenn nicht mehr als 6 % der abgegebenen Leistung von 4,5 kW verloren gehen sollen? Es soll eine Spannung von 230 V zur Verfügung stehen.

4.3 Elektrische Arbeit

Formeln:

$$W = Pt$$

$$P = \frac{W}{t}$$

$$W = \frac{z}{n}$$

Größe	Zeichen	Einheit
Energie, elektrische Arbeit	W	kW · h
auf dem Zählerschild angegebene Anzahl der Umdrehungen je kW · h	n	1/(kW · h)
abgelesene Anzahl der Umdrehungen	z	1
Zeit	t	s, h

424. Wie viel kostet der Betrieb eines elektrischen Kühlschrankes mit der Motorleistung 450 W für 15 h bei einem Preis von 24 ct/(kW · h)?

425. Auf dem Typenschild des Zählers steht: „1 800 Ankerumdrehungen $\mathrel{\widehat{=}}$ 1 kW · h“. Beim Anschluss einer Lampe dauert eine Umdrehung 75 s. Welche Leistung ergibt sich?

426. Beim Anschluss eines Motors an den gleichen Zähler werden je Minute 25 Umdrehungen festgestellt. Wie groß ist die Leistung des Motors?

427. Wie groß ist die Leistung, wenn bei dem gleichen Zähler 8 Umdrehungen in 5 min stattfinden?

428. Wie viel kosten bei diesem Zähler 300 Ankerumdrehungen bei einem Preis von 24 ct je kW · h?

429. Wie viel kostet der Betrieb von 4 Lampen zu je 40 W, 2 Lampen zu je 60 W und 1 Lampe zu 100 W bei täglich 5 h Betriebsdauer während eines Monats (24 ct/(kW · h))?

430. Wie viel kostet der monatliche Betrieb eines Rundfunkgerätes von 40 W bei täglich 6-stündiger Benutzungsdauer im Monat (24 ct/(kW · h))?

431. Wie viel Kilowattstunden kann eine Akkumulatorenbatterie mit 20 Zellen speichern, von denen jede eine Kapazität von 60 A · h bei einer Klemmenspannung von 1,8 V aufweist?

432. Um einen Zähler zu kalibrieren, wird die Leistung eines Verbrauchers gemessen und bei einem Spannungsabfall von 225 V ein Strom von 0,156 A festgestellt. Der Anker macht dabei 29 Umdrehungen in 30 min. Wie viel Umdrehungen je Kilowattstunde macht der Zähler?

433. Beim Anschluss eines elektrischen Gerätes macht der Zähler bei 228 V Spannung in 15 min 1 350 Umdrehungen. Berechnen Sie hieraus die Stromstärke ($n = 1\,800/\text{kW}\cdot\text{h}$).

434. Auf einem Gleichstrom-Motorzähler ist angegeben: 110 V, 35 A, 900 Umdr. $\widehat{=} 1\,\text{kW}\cdot\text{h}$. Bei einem Kontrollversuch wird für 150 Umdrehungen die Zeit 4 min 5,6 s gestoppt sowie $U = 115$ V und $I = 19{,}8$ A gemessen. Wie groß ist der prozentuale, auf den angezeigten Betrag bezogene Fehler des Zählers?

4.4 Stromwärme

Formeln:

$$Q = mc(\vartheta_1 - \vartheta_2)$$

$$1\,\text{W}\cdot\text{s} = 1\,\text{J (Joule)}$$
$$1\,\text{kW}\cdot\text{h} = 3\,600\,\text{kJ}$$

$c_{\text{Wasser}} = 4{,}19\,\text{kJ}/(\text{kg}\cdot\text{K})$

Größe	Zeichen	Einheit
Wärmemenge	Q	kJ (Kilojoule)
spezifische Wärmekapazität	c	kJ/(kg · K)
Masse	m	kg
Anfangs- bzw. Endtemperatur	ϑ_1, ϑ_2	°C

435. Wie viel kostet die Bereitung von 5 l siedendem Wasser (Anfangstemperatur 12 °C) bei einem Preis von 24 ct/kWh und einem angenommenen Wirkungsgrad von 100 %?

436. Wie viel Liter Wasser lassen sich mit 15 kW · h von 15 °C auf 80 °C erwärmen? ($\eta = 100\,\%$)

437. Welche Wärmemenge erzeugt eine 60-W-Lampe bei 6-stündigen Betrieb (die geringe Lichtleistung werde vernachlässigt)?

438. Ein Teich enthält 10 000 m^3 Wasser, das sich während der Nacht um 2 K abkühlt. Welche Wärmemenge, ausgedrückt in Kilowattstunden, gibt das Wasser dabei ab?

439. Eine Kochplatte von 1 kW hat einen Wirkungsgrad von 70 %. Wie viel Wasser von 18 °C kann man in 15 min zum Sieden (100 °C) bringen?

440. Wie lange dauert es, um 5 l Wasser von 15 °C mit einer Kochplatte von 800 W ($\eta = 75\,\%$) zum Sieden (100 °C) zu bringen?

441. Welche elektrische Leistung nimmt ein Kessel auf, der 300 l Wasser innerhalb von 2 h von 10 °C zum Sieden erhitzen soll? ($\eta = 85\,\%$)

442. Um eine bestimmte Wassermenge mit einem Tauchsieder zum Sieden zu bringen, braucht man bei 214 V Spannung 2 min länger als bei der vollen Netzspannung von 230 V. Welche Zeit wird bei 230 V hierfür benötigt?

443. Wie viel Liter Wasser können stündlich mit einem Heißwasserbereiter von 2,4 kW von 10 °C auf 60 °C erwärmt werden? ($\eta = 90\,\%$)

444. Wie viel kostet die Bereitung eines Wannenbades von 150 l Inhalt, wenn das Wasser von 14 °C auf 42 °C bei einem Preis von 24 ct/(kW · h) elektrisch erwärmt wird? ($\eta = 80\,\%$)

445. Welche Wärmemenge gibt eine 100 m lange Doppelleitung (Kupfer, 1 mm^2 Querschnitt), die von 6 A durchflossen wird, stündlich an die Umgebung ab?

446. Welchen Widerstand hat der Heizkörper eines Kochgerätes (230 V), in dem 2 l Wasser von 12 °C innerhalb einer Viertelstunde zum Sieden gebracht werden? ($\eta = 78\,\%$)

447. Welche Wärmemenge entwickelt stündlich ein Vorschaltwiderstand, an dem eine Spannung von 230 V bei einer Stromstärke von 5 A abfällt?

448. Ein Heißwasserspeicher enthält 120 l Wasser von 12 °C. Wie viel Kilowatt setzt dieser um, wenn bis zum ersten Abschalten bei 85 °C eine Zeit von 1,5 h vergangen ist? ($\eta = 90\,\%$)

4.5 Leistung in Stromkreisen

Hinweis:

Jeder beliebige elektrische Widerstand gibt je nach Stromstärke bzw. anliegender Spannung Leistung in nichtelektrischer Form – meist durch Wärmeentwicklung – ab.

449. (Bild 149) Der Gesamtleistungsumsatz der Schaltung ist 80 W. Zu berechnen sind die Leistungen der einzelnen Widerstände $R_1 = 4\,\Omega$, $R_2 = 6\,\Omega$, $R_3 = 8\,\Omega$ und $R_4 = 2\,\Omega$.

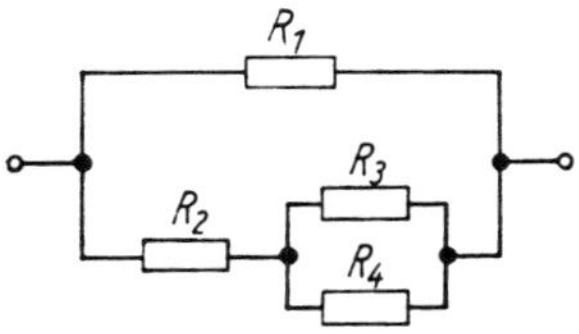

Bild 149: Aufgabe 449

450. In welchem Verhältnis stehen zwei parallel geschaltete Widerstände R_1 und R_2 zueinander, wenn die in ihnen umgesetzten Leistungen P_1 und P_2 bekannt sind?

451. (Bild 150) Gegeben: $U_q = 60$ V; $U_k = 58$ V; $P_a = 2{,}4$ kW
Gesucht: R_i, R_a, I

452. (Bild 150) Gegeben: $U_q = 4{,}5$ V; $P_a = 6$ W; $I = 1{,}4$ A
Gesucht: R_i, R_a, U_k

453. (Bild 150) Gegeben: $U_q = 10$ V; $P_i = 10$ W; $P_a = 100$ W
Gesucht: I, R_i, R_a, U_k

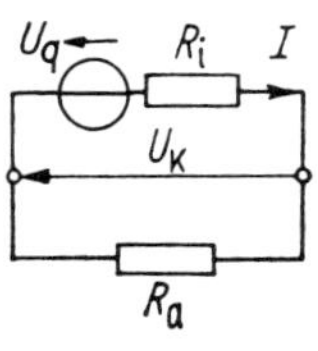

Bild 150: Aufgaben 451 bis 453

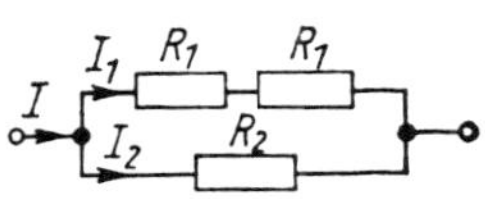

Bild 151: Aufgabe 454

454. (Bild 151) Welche Werte müssen die beiden gleich großen Widerstände R_1 sowie R_2 haben, wenn bei einer Gesamtstromstärke von 2 A jeder Widerstand 6 W umsetzen soll?

455. (Bild 152) Der Widerstand R_1 setzt 12 W um. Welche Leistung setzt der Widerstand R_3 um, wenn die Widerstände $R_1 = 3\,\Omega$, $R_2 = 4\,\Omega$ und $R_3 = 5\,\Omega$ gegeben sind?

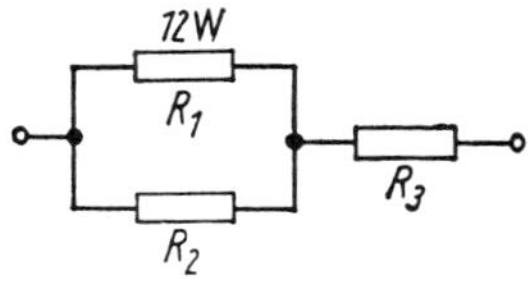

Bild 152: Aufgabe 455

456. (Bild 153) Gegeben sind die Widerstände $R_2 = 10\,\Omega$ und $R_3 = 20\,\Omega$. Welchen Wert muss der Widerstand R_1 haben, wenn er zusammen mit dem Widerstand R_2 die gleiche Leistung umsetzen soll wie der Widerstand R_3?

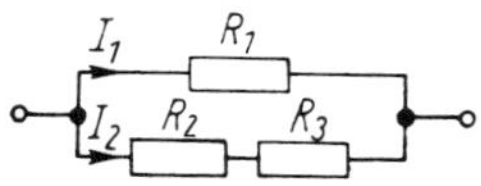

Bild 153: Aufgabe 456

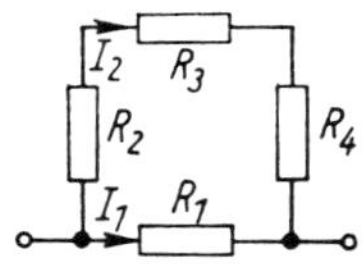

Bild 154: Aufgaben 457 und 458

457. (Bild 154) Gegeben sind die Widerstände $R_1 = 12\,\Omega$ und $R_3 = 3\,\Omega$. R_3 soll die gleiche Leistung umsetzen wie R_1. Wie groß müssen dann die beiden gleich großen Widerstände R_2 und R_4 sein?

458. (Bild 154) Gegeben sind die Widerstände $R_2 = R_4 = 2\,\Omega$ und $R_3 = 5\,\Omega$. Nach Vertauschung von R_1 mit R_3 beträgt der gesamte Leistungsumsatz der Schaltung nur noch die Hälfte. Welchen Wert muss der Widerstand R_1 haben?

459. (Bild 155) Gegeben sind die Widerstände $R_1 = 10\,\text{k}\Omega$, $R_2 = 15\,\text{k}\Omega$, $R_3 = 20\,\text{k}\Omega$ und $R_4 = 25\,\text{k}\Omega$ sowie der durch R_3 fließende Strom $I_3 = 4$ mA. Welche Leistungen setzen die einzelnen Widerstände und die gesamte Schaltung um?

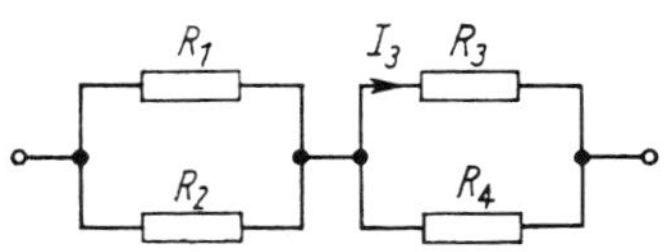

Bild 155: Aufgabe 459

460. (Bild 156) Gegeben sind die Widerstände $R_1 = 3\,\text{k}\Omega$, $R_2 = 6\,\text{k}\Omega$, $R_3 = 10\,\text{k}\Omega$, $R_4 = 0{,}5\,\text{k}\Omega$, $R_5 = 1\,\text{k}\Omega$ und der gesamte Leistungsumsatz der Schaltung $P = 0{,}5$ W. Zu berechnen sind die gesamte Spannung U, die Spannungsabfälle in den einzelnen Widerständen und die von diesen umgesetzten Leistungen.

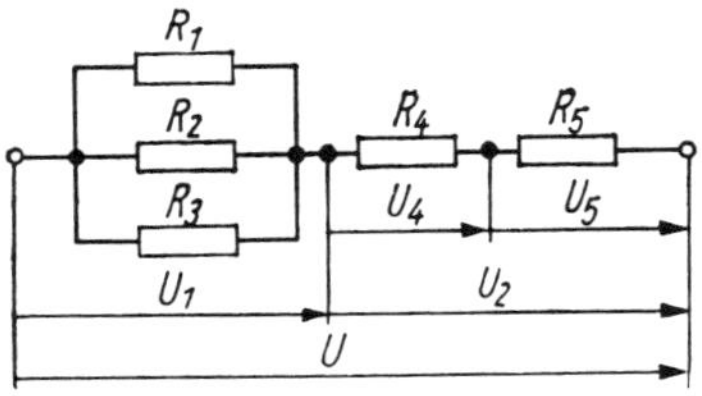

Bild 156:
Aufgabe 460

461. (Bild 157) Gegeben sind die Widerstände $R_1 = 5\,\text{k}\Omega$, $R_2 = 8\,\text{k}\Omega$, $R_3 = 10\,\text{k}\Omega$, $R_4 = 1{,}5\,\text{k}\Omega$ sowie der durch den Widerstand R_2 fließende Strom $I_2 = 4\,\text{mA}$. Wie groß sind die gesamte an der Schaltung liegende Spannung U und die gesamte umgesetzte Leistung P?

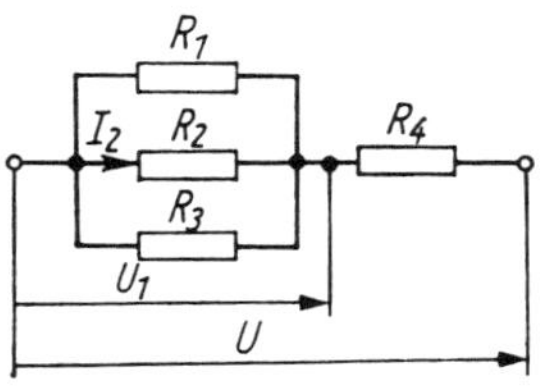

Bild 157:
Aufgabe 461

462. (Bild 158) Gegeben sind die Quellenspannung $U_q = 6{,}3\,\text{V}$ und der Innenwiderstand $R_i = 0{,}5\,\Omega$.

a) Wie groß ist die Stromstärke, wenn der Arbeitswiderstand R_a die Leistung 10 W umsetzt? (2 Lösungen). b) Durch welche beiden Werte von R_a wird dieser Fall realisiert? c) Welche Leistung kann der Arbeitswiderstand R_a im Höchstfall abgeben? d) Welchen Wert hat der Arbeitswiderstand R_a im Fall maximaler Leistung?

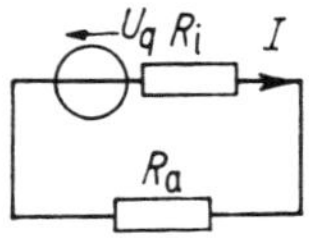

Bild 158:
Aufgabe 462

463. (Bild 159) Wird der eine der beiden äußeren Widerstände R abgeschaltet, so setzt der verbleibende Widerstand die gleiche Leistung um wie vorher beide zusammen.

a) Welchen Wert haben sie, wenn der Innenwiderstand der Spannungsquelle R_1 und deren Quellenspannung U_q gegeben sind; b) wie groß ist die abgegebene Leistung und c) wie groß sind die Stromstärken vor und nach dem Abschalten?

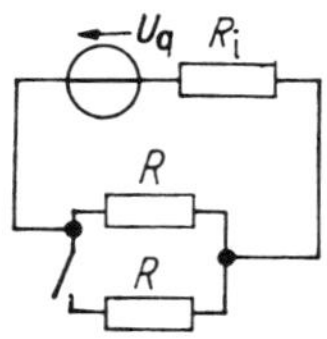

Bild 159:
Aufgabe 463

5 Grundgrößen des magnetischen Feldes

5.1 Das magnetische Feld in eisenlosen Spulen

Formeln:

$$H = \frac{IN}{l}$$

$$B = \mu_0 \mu_r H$$

$$\Phi = BA$$

$$\Phi = \frac{\mu_r \mu_0 A I N}{l}$$

Größe	Zeichen	Einheit
magnetische Feldstärke	H	$\mathrm{A/m}$
magnetische Flussdichte (Induktion)	B	$\mathrm{V \cdot s/m^2 = Wb/m^2 = T}$
magnetischer Fluss	Φ	$\mathrm{V \cdot s = Wb}$
Flussquerschnitt	A	$\mathrm{m^2}$
mittlere Länge der Feldlinien	l	m
Windungszahl	N	1
magnetische Feldkonstante	μ_0	$1{,}257 \cdot 10^{-6}\ \mathrm{V \cdot s/(A \cdot m)}$
Permeabilitätszahl	μ_r	1
für Luft und eisenfreie Stoffe ist praktisch $\mu_r = 1$		

Hinweis:

Die 1. und 4. Gleichung gelten genau nur für das Innere von Ringspulen (Bild 160) sowie näherungsweise für das Innere von Zylinderspulen, wenn $l > 5d$ ist (Bild 161).

464. (Bild 160) Ein Keramikring, dessen äußerer Durchmesser $d_1 = 60$ mm und innerer Durchmesser $d_2 = 50$ mm beträgt, ist mit 300 Windungen CuL-Draht von 0,8 mm äußerem Durchmesser bewickelt. Stromstärke 1,5 A. Zu berechnen sind a) die Feldstärke, b) die magnetische Flussdichte in T, c) der magnetische Fluss in Wb.

465. Desgl., jedoch $d_1 = 45$ mm, $d_2 = 38$ mm, Drahtdurchmesser 1,2 mm, 80 Windungen, Stromstärke $I = 2{,}4$ A.

466. Desgl., jedoch $d_1 = 66$ mm, $d_2 = 46$ mm, Drahtdurchmesser 1,5 mm, 75 Windungen, $I = 3{,}5$ A.

467. Desgl., jedoch $d_1 = 120$ mm, $d_2 = 85$ mm, äußerer Drahtdurchmesser 1,6 mm. Der Kern soll einlagig möglichst dicht bewickelt werden, sodass die Windungen sich an der Innenseite des Rings berühren. a) Wie viel Windungen können untergebracht werden? Wie groß ist b) die magnetische Feldstärke bei $I = 2{,}2$ A, c) die Flussdichte, d) der magnetische Fluss?

468. Eine Ringspule von 3,5 cm² Ringquerschnitt und 35 cm mittlerer Kraftlinienlänge weist einen magnetischen Fluss von $65 \cdot 10^{-8}$ Wb auf. Welcher Strom fließt durch die 250 Windungen?

469. Wie viel Stromwindungen muss eine Ringspule von 2,85 cm² Ringquerschnitt tragen, wenn ein magnetischer Fluss von $8{,}2 \cdot 10^{-7}$ Wb erzeugt werden soll? Mittlere Länge der Feldlinien 42 cm.

470. Mit wie viel Windungen muss eine Ringspule bewickelt werden, wenn ein Strom von 0,2 A eine magnetische Flussdichte von 0,65 mT erzeugen soll? Mittlere Feldlinienlänge 28,5 cm.

471. Der magnetische Fluss der in Aufgabe 464 berechneten Ringspule soll nur 60 nWb betragen. Wie viel Windungen darf die Spule unter sonst gleichen Verhältnissen nur noch tragen?

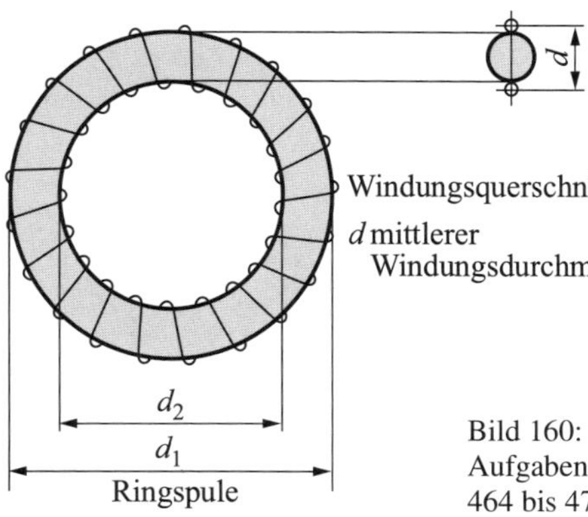

Bild 160: Aufgaben 464 bis 471

472. (Bild 161) Eine Zylinderspule von $l = 23$ cm Länge und $d = 2{,}5$ cm mittlerem Windungsdurchmesser trägt 210 Windungen. Stromstärke 1,8 A. Wie groß sind a) die Feldstärke, b) die magnetische Flussdichte, c) der magnetische Fluss?

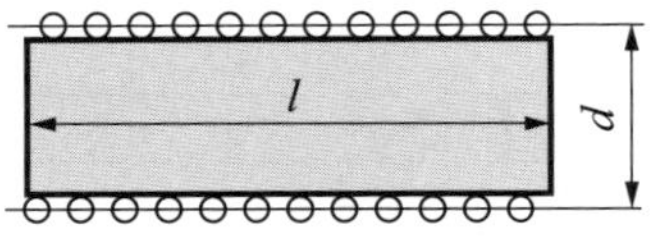

d mittlerer Windungsdurchmesser

Bild 161: Aufgabe 472

473. Eine Kunststoffhülse von 40 mm Länge und 6,5 mm Durchmesser ist einlagig lückenlos mit CuL-Draht von 0,1 mm Durchmesser bewickelt. Wie groß sind magnetische Flussdichte und Fluss bei 50 mA?

474. Durch Vergrößerung des Durchmessers soll der magnetische Fluss der in Aufgabe 473 berechneten Spule bei sonst gleichen Verhältnissen auf 30 nWb erhöht werden. Wie groß ist der neue Durchmesser der Hülse?

475. Es soll eine Zylinderspule einlagig und lückenlos bewickelt werden, sodass sie bei einer Stromstärke von 2 A und einem äußeren Drahtdurchmesser von 1,2 mm einen Fluss von 3 µWb erzeugt. Welche Abmessungen muss die Spule haben, wenn der Fehler der Berechnung 2 % nicht überschreiten soll?

476. Eine Zylinderspule von 3 cm mittlerem Windungsdurchmesser trägt je Zentimeter 15 Windungen, durch die ein Strom von 120 mA fließt. Wie groß sind a) die magnetische Flussdichte und b) der magnetische Fluss?

477. Wie viel Windungen je Zentimeter enthält eine lange Zylinderspule, die bei einem Durchmesser von 2,5 cm und einer Stromstärke von 1,4 A den Fluss 180 nWb erzeugt?

478. Welche Länge hat eine Zylinderspule, die bei einem Querschnitt von 5,12 cm^2, einer Stromstärke von 2,5 A und einer Lage von 350 Windungen einen Fluss von 0,75 µWb erzeugt?

479. Eine einlagige Spule von 1,8 cm Durchmesser trägt je Zentimeter 12 Windungen. Welchen Durchmesser muss eine zweite Spule haben, die bei der gleichen Stromstärke mit 8 Windungen je Zentimeter den gleichen magnetischen Fluss erzeugt?

480. Eine lange Zylinderspule hat einen Durchmesser von 2,5 cm. Welchen Durchmesser muss eine zweite Spule gleicher Länge haben, wenn sie bei gleicher Windungszahl mit der halben Stromstärke einen um 20 % stärkeren magnetischen Fluss erzeugen soll?

5.2 Magnetisches Feld im Innern und in der Umgebung von Leitungen

Formeln:

$$|\boldsymbol{H}| = \frac{I}{2\pi r} \qquad |\boldsymbol{B}| = \frac{\mu_0 I}{2\pi r}$$

außerhalb des Leiters

$$|\boldsymbol{H}| = \frac{Ir}{2\pi r_0^2} \qquad |\boldsymbol{B}| = \frac{\mu_0 I r}{2\pi r_0^2}$$

innerhalb des Leiters

Größe	Zeichen	Einheit
Betrag der magnetischen Feldstärke	$\|\boldsymbol{H}\|$	A/m
Betrag der magnetischen Flussdichte	$\|\boldsymbol{B}\|$	$V \cdot s/m^2 = T$
Abstand vom Leitermittelpunkt	r	m
Radius des Leiters	r_0	m
magnetische Feldkonstante	μ_0	$1{,}257 \cdot 10^{-6}\ V \cdot s/(A \cdot m)$ $4\pi \cdot 10^{-7}\ V \cdot s/(A \cdot m)$

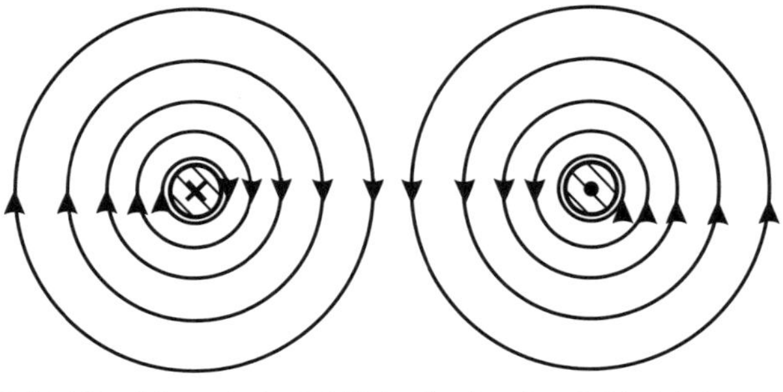

Bild 162: Magnetische Feldlinien in einer Paralleldrahtleitung (× Stromeintritt, • Stromaustritt)

Anleitung:

Die magnetische Feldstärke ***H*** und die magnetische Flussdichte ***B*** sind vektorielle, d. h. gerichtete Größen. Überlagern sich in einem Feldpunkt die von mehreren elektrischen Strömen induzierten Feldstärken, so ergibt sich die Resultierende wie bei der Addition von Kräften als Diagonale des aus den Komponenten gebildeten Parallelogramms. In den Aufgaben 481 bis 491 sind Feldstärke und Flussdichte als gerichtete Größen (Vektoren) zu behandeln.

481. Ein dünner gerader Leiter wird von 3,5 A durchflossen. Welche magnetische Feldstärke herrscht in einer Entfernung von a) 5 cm, b) 10 cm, c) 18 cm vom Mittelpunkt des Leiters?

482. Welche magnetische Flussdichte besteht in der Entfernung a) 2 cm, b) 8 cm, c) 12 cm vom Mittelpunkt eines dünnen geraden Leiters, der von 7,5 A durchflossen wird?

483. Welche magnetische Feldstärke und Flussdichte herrschen im Inneren folgender Leiter von kreisförmigem Querschnitt?

	a)	b)	c)	d)
Stromstärke in A	30	80	200	350
Drahtdurchmesser in mm	4	9	11	35
Abstand vom Mittelpunkt in mm	1,5	4	3	17,5

484. Stellen Sie den Verlauf der magnetischen Feldstärke für Aufgabe 483d) in Abhängigkeit vom Mittelpunktsabstand *r* innerhalb und außerhalb des Leiters grafisch dar.

485. (Bild 163) Zwei parallele Drähte (Hin- und Rückleitung) im Abstand 35 cm führen je 25 A. Welche magnetische Feldstärke besteht in den Punkten *A*, *B* und *C* der Skizze?

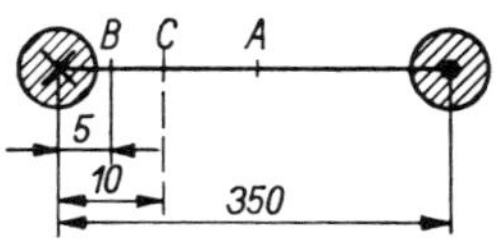

Bild 163: Aufgabe 485 (Maße in mm)

486. (Bild 164) Zwei parallele Drähte im Abstand 45 cm führen je 18 A. Die Stromrichtung ist in beiden Leitern die gleiche. Welche Feldstärke besteht in den Punkten *A*, *B* und *C* der Skizze?

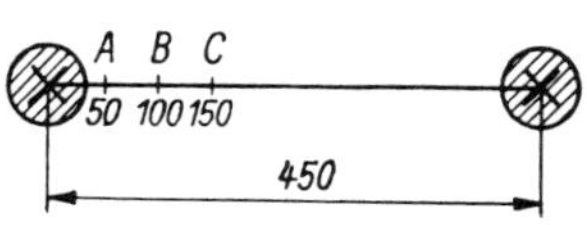

Bild 164: Aufgabe 486 (Maße in mm)

487. (Bild 165) Zwei Leiter laufen parallel (Hin- und Rückleitung) in 30 cm Entfernung und führen je 15 A. Wie groß sind die in den Punkten *A* und *B* der Skizze bestehenden Feldstärken?

488. (Bild 166) Drei parallele Leiter bilden ein gleichseitiges Dreieck von 35 cm Seitenlänge. (*1*) und (*2*) führen je 40 A, (*3*) führt 80 A. Die in den Punkten *A*, *B*, *C* und *D* bestehende magnetische Flussdichte ist auf grafischem Wege zu ermitteln.

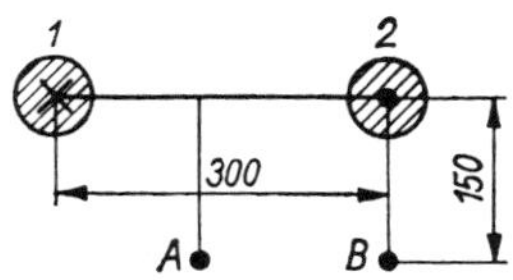

Bild 165: Aufgabe 487 (Maße in mm)

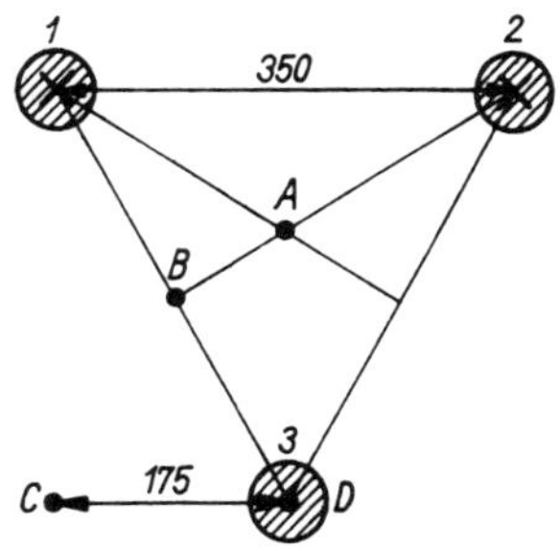

Bild 166: Aufgabe 488 (Maße in mm)

489. (Bild 167) Berechnen Sie die magnetische Flussdichte in den Punkten *A*, *B* und *C* zwischen den vier parallelen Leitern, von denen jeder den Strom 20 A führt.

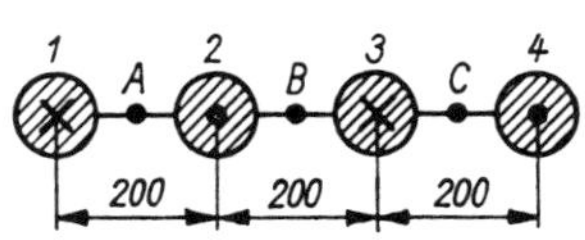

Bild 167: Aufgabe 489 (Maße in mm)

490. (Bild 168) Drei parallele Leiter mit je 5 A liegen in einer Ebene (Drahtdurchmesser 8 mm). Stellen Sie den Verlauf der magnetischen Flussdichte in einer Querschnittskizze grafisch dar.

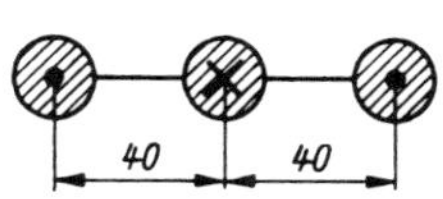

Bild 168: Aufgabe 490 (Maße in mm)

491. (Bild 169) Berechnen Sie für die angegebene Leiteranordnung die in den Punkten A, B und C bestehende magnetische Flussdichte und ermitteln Sie auf grafischem Wege die Resultierende. Jeder Leiter führt 8 A.

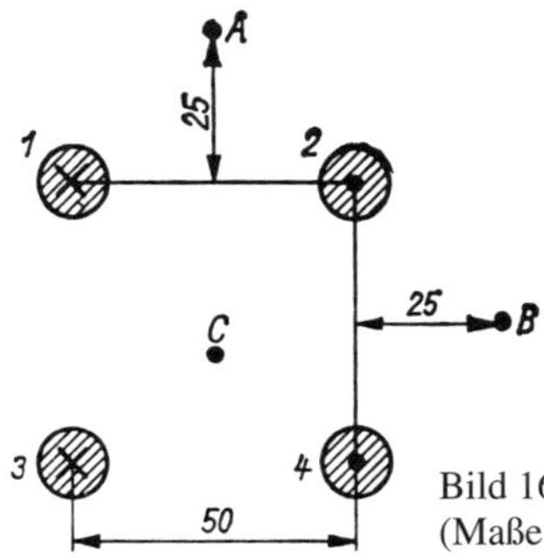

Bild 169: Aufgabe 491 (Maße in mm)

5.3 Magnetisierungskennlinie

Formeln:

$$B = \mu_0 \mu_r H$$

$$\mu_r = \frac{B}{\mu_0 H}$$

Größe	Zeichen	Einheit
magnetische Feldstärke	H	A/m
magnetische Flussdichte	B	$V \cdot s/m^2 = T$
magnetische Feldkonstante	μ_0	$1{,}257 \cdot 10^{-6}\ V \cdot s/(A \cdot m)$
Permeabilitätszahl	μ_r	1

Hinweis:

Da jede Eisen- bzw. Blechsorte ein arteigenes magnetisches Verhalten zeigt, werden in den folgenden Aufgaben nur die auf Bild 170 wiedergegebenen typischen Magnetisierungskennlinien verwendet. Das Maximum von μ_r wird durch den Schnittpunkt der durch den Nullpunkt verlaufenden Geraden mit der Magnetisierungskennlinie angezeigt.

492. Welchen magnetischen Feldstärken in A/m entsprechen folgende magnetische Flussdichten in Dynamoblech? a) 1,5 T; b) 1,2 T; c) 0,6 T; d) 0,2 T; e) 0,85 T; f) 1,22 T

493. Welchen magnetischen Flussdichten in T entsprechen folgende magnetischen Feldstärken in Grauguss? a) 150 A/m; b) 250 A/m; c) 1 500 A/m; d) 143 A/cm; e) 183 A/cm; f) 9,75 A/cm

494. Welchen magnetischen Feldstärken in A/m entsprechen folgende magnetischen Flussdichten in legiertem Blech? a) $16 \cdot 10^{-2}$ T; b) 1,15 T; c) 1,625 T; d) 2,2 T

495. Welche magnetische Feldstärke in A/m und Permeabilitätszahl hat Dynamoblech bei folgenden magnetische Flussdichten? a) 0,4 T; b) 0,8 T; c) 1,55 T; d) 1,8 T; e) 2,3 T

496. Wie groß ist die Permeabilitätszahl, wenn in Grauguss eine Feldstärke von a) 600 A/m; b) 1 250 A/m; c) 1 650 A/m; d) 18 000 A/m besteht?

497. Stellen Sie die Permeabilitätszahl μ_r von Stahlguss in Abhängigkeit von der magnetischen Flussdichte im Bereich 0,1 T bis 1,5 T grafisch dar.

498. Stellen Sie die magnetische Flussdichte in Grauguss in Abhängigkeit von der Permeabilitätszahl grafisch dar.

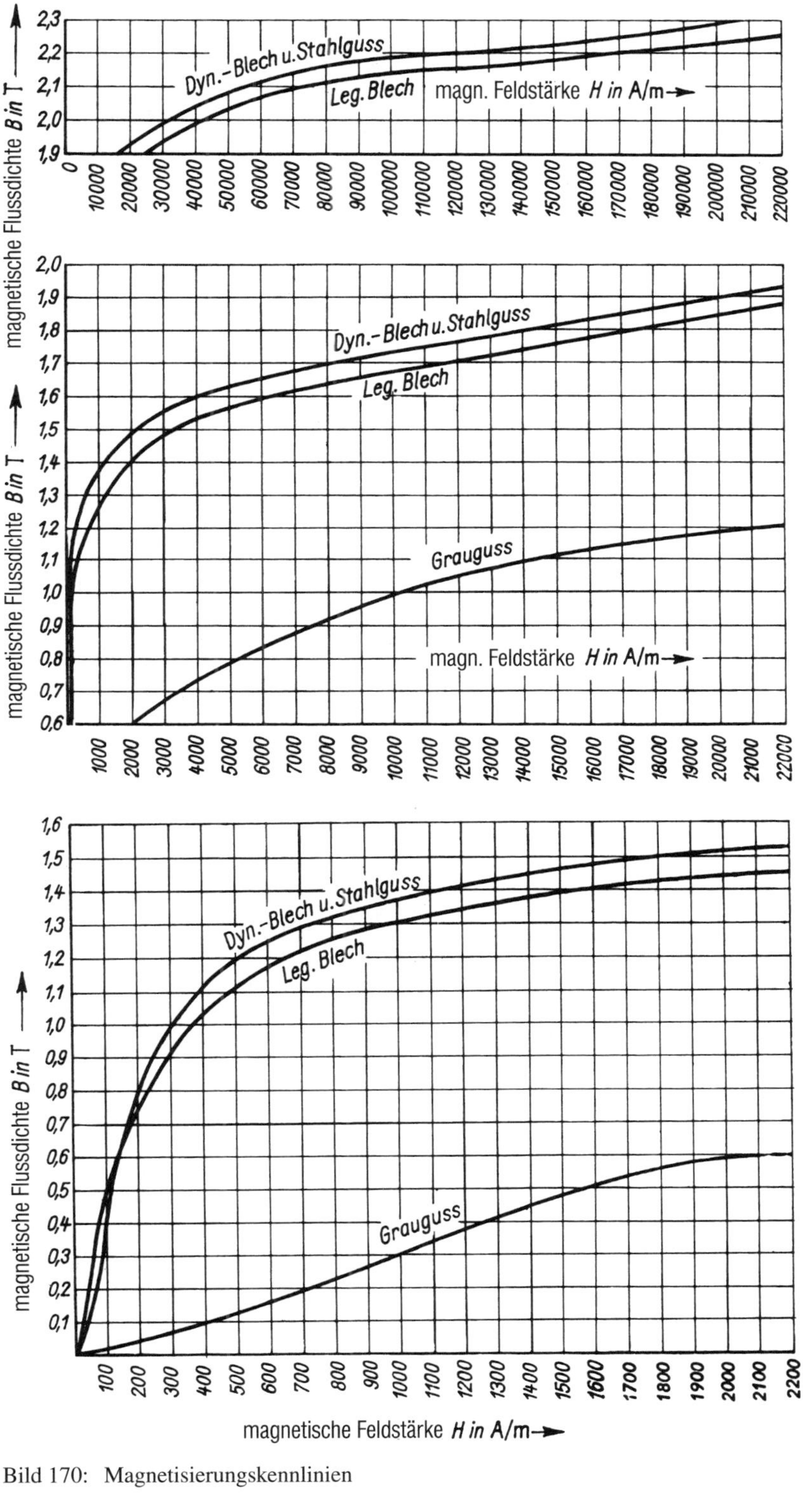

Bild 170: Magnetisierungskennlinien

5.4 Magnetische Flussdichte, magnetischer Fluss und Streuung

Formeln:

$$B = \mu_0 \mu_r H$$

$$\Phi = BA$$

$$\sigma = \frac{\Phi_\sigma}{\Phi_n}$$

Größe	Zeichen	Einheit
Permeabilitätszahl	μ_r	1
Streugrad	σ	1
Gesamtfluss	Φ	$V \cdot s = Wb$
Streufluss	Φ_σ	$V \cdot s = Wb$
Nutzfluss	Φ_n	$V \cdot s = Wb$
Feldquerschnitt	A	m^2
magnetische Feldkonstante	μ_0	$1{,}257 \cdot 10^{-6}\ V \cdot s/(A \cdot m)$

Hinweis:

Da die magnetischen Feldlinien, insbesondere in der Umgebung von Luftspalten, z. T. auf Nebenwegen verlaufen, ist der nutzbare Fluss Φ_n in manchen Teilen eines magnetischen Kreises kleiner als erwartet. Der Unterschied wird als Streufluss Φ_σ rechnerisch berücksichtigt.

499. Berechnen Sie den magnetischen Fluss für folgende Querschnitte A und magnetische Flussdichten B:

	a)	b)	c)	d)	e)
A in cm²	4	16,5	0,4	3,5	11,2
B in T	1,25	0,82	0,055	0,0068	1,24

500. Berechnen Sie die magnetischen Flussdichten (T) für folgende Feldstärken und Permeabilitätszahlen:

	a)	b)	c)	d)	e)
H in mA/m	20	40	65	4	32
μ_r	700	800	2 200	1 920	2 100

501. Welcher magnetische Fluss herrscht in folgenden lamellierten Eisenkernen?

	a)	b)	c)	d)	e)
Brutto-Eisenquerschnitt A in cm²	2,55	3,25	7,8	16	34
Eisenfüllfaktor k_{Fe}	0,85	0,85	0,95	0,95	0,95
μ_r	350	2 000	700	700	850
H in A/m	2	2	2	2,5	2,65

502. In dem in Bild 171 gezeichneten Stahlgusskegel mit kreisförmigem Querschnitt herrscht ein magnetischer Fluss von 0,2 mWb. Welche magnetischen Flussdichten bestehen a) an der Basis, b) am verjüngten Ende?

503. Stellen Sie den Verlauf der magnetischen Flussdichte längs der Achse eines Kegels grafisch dar.

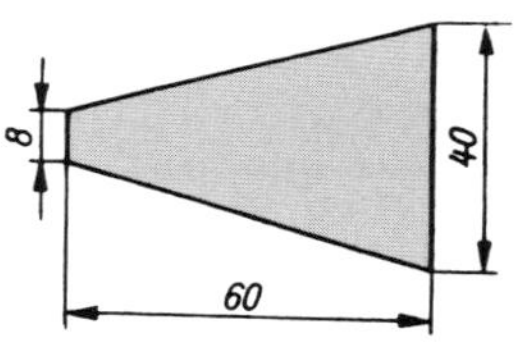

Bild 171: Aufgaben 502 und 503 (Maße in mm)

504. Ein Transformatorenkern vom Querschnitt 22 mm × 18 mm hat einen Luftspalt, in dem eine magnetische Flussdichte von 0,95 T festgestellt wird. Welcher magnetische Fluss herrscht im übrigen Eisenkreis bei einem Streugrad von 0,15?

505. Welche magnetische Flussdichte steht in einem Luftspalt mit kreisförmigem Querschnitt ($d = 15$ mm) nutzbar zur Verfügung, wenn im übrigen Eisenkern ein Fluss von 0,108 mWb herrscht (Streugrad 0,12)?

506. Im Kern eines Topfmagneten ($d = 1{,}5$ cm) wird ein Fluss von 0,175 mWb erzeugt. a) Wie viel Weber fließen durch die übrigen Teile, wenn der Streugrad 23 % beträgt? b) Wie groß ist der Streuverlust?

507. Nach Maßgabe der Erregung sollte sich in einem Eisenkern ein Fluss von 0,24 mWb ergeben. In dem Luftspalt von 2,1 cm×4,5 cm wird jedoch nur eine magnetische Flussdichte von 0,23 T gemessen. Wie groß ist der Streugrad?

508. (Bild 172) Ein Lautsprechermagnet hat einen ringförmigen Spalt von $d_1 = 24\,\text{mm}$, $d_2 = 22\,\text{mm}$ und 8 mm Höhe zur Aufnahme der Schwingspule. Im Spalt soll eine magnetische Flussdichte von 0,75 T herrschen. Welcher Fluss muss erzeugt werden, wenn der Streuverlust mit 15 % veranschlagt wird?

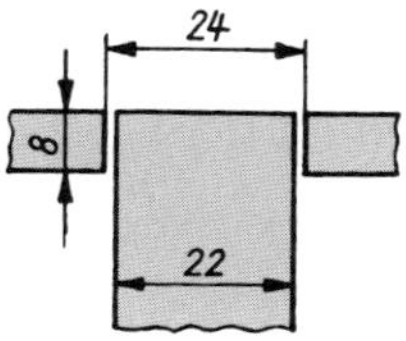

Bild 172: Aufgabe 508 (Maße in mm)

509. Die Luftspaltinduktion eines Lautsprechermagneten soll durch Verkleinerung des Durchmessers des ringförmigen Spaltes ($d_m = 2{,}8\,\text{cm}$) um 50 % erhöht werden. Berechnen Sie den neuen Durchmesser.

510. Zwischen den 2 kegelstumpfförmigen Polen eines Elektromagneten, dessen gegenüberliegende Polflächen je 12 mm Durchmesser haben, herrscht eine magnetische Flussdichte von 1,25 T und ein Gesamtfluss von $\Phi = 0{,}17\,\text{mWb}$. Bei Vergrößerung des Poldurchmessers auf 22 mm beträgt die magnetische Flussdichte bei unverändertem Gesamtfluss noch 0,42 T. Um wie viel Prozent hat sich die Streuung verringert?

511. (Bild 173) a) Welcher magnetische Fluss besteht im Querschnitt A des angegebenen Dauermagneten aus Cobaltstahl für ein Drehspulinstrument, wenn im Luftspalt eine magnetische Flussdichte von 0,178 T festgestellt wurde? Das Verhältnis Nutzfluss/Gesamtfluss ist mit 0,4 veranschlagt. b) Wie groß ist der Streufluss? c) Wie groß ist die magnetische Flussdichte im Querschnitt A?

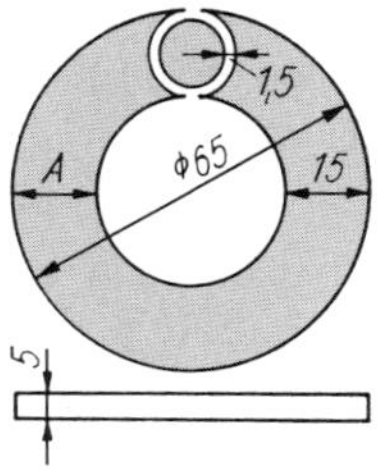

Bild 173: Aufgabe 511 (Maße in mm)

512. (Bild 174) In dem um 30° geneigten Spalt in einem Eisenkreis herrscht eine magnetische Flussdichte von 0,155 T. a) Welcher magnetische Fluss und b) welche magnetische Flussdichte herrschen im Eisenkreis bei einem Streugrad von $\sigma = 0{,}15$?

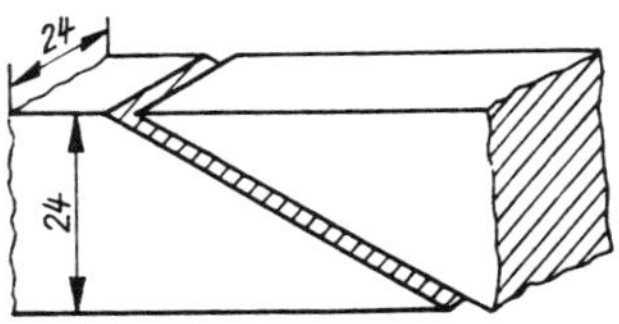

Bild 174: Aufgabe 512 (Maße in mm)

5.5 Magnetischer Widerstand und das Ohm'sche Gesetz des Magnetismus

Formeln:

$$R_m = \frac{\Theta}{\Phi}$$

$$V = Hl$$

$$\Theta = IN$$

$$\Theta = \sum V$$

$$R_m = \frac{l}{\mu_0 \mu_r A}$$

$$\Lambda = \frac{1}{R_m}$$

$$\Phi = \Theta \Lambda$$

Größe	Zeichen	Einheit
magnetischer Fluss	Φ	$\text{V} \cdot \text{s} = \text{Wb}$
elektrische Durchflutung	Θ	A
magnetische Feldstärke	H	A/m
magnetischer Widerstand	R_m	$\text{A}/(\text{V} \cdot \text{s}) = 1/\text{H}$
magnetischer Leitwert	Λ	$\text{V} \cdot \text{s}/\text{A} = \text{H}$
Windungszahl	N	1
mittlere Länge der Feldlinien	l	m
magnetische Spannung	V	A
magnetische Feldkonstante	μ_0	$1{,}257 \cdot 10^{-6}\,\text{V} \cdot \text{s}/(\text{A} \cdot \text{m})$

Hinweis:

Der Quotient aus der elektrischen Durchflutung Θ (früher auch magnetische Urspannung, Stromwindungszahl IN) und dem magnetischen Fluss Φ wird als magnetischer Widerstand R_m bezeichnet, dessen reziproker Wert der magnetische Leitwert Λ ist. Damit besteht eine enge Analogie zum elektrischen Stromkreis.

513. Welcher magnetische Widerstand ergibt sich nach der Magnetisierungskennlinie in Bild 170 für einen Graugussring von 8,5 cm mittlerem Durchmesser und einem Querschnitt von 4,8 cm^2 bei einer magnetischen Flussdichte von 0,8 T?

514. Der Ring von Aufgabe 513 hat einen Luftspalt von $\delta = 1$ mm Breite. Wie groß sind der magnetische Widerstand des Luftspaltes und des Eisens?

515. Welchen a) magnetischen Widerstand und b) magnetischen Leitwert hat ein Luftspalt von 5 mm Breite und 8 cm^2 Querschnitt?

516. Ein Ring aus Dynamoblech von 25 cm mittlerem Durchmesser und quadratischem Querschnitt von 3 cm×3 cm trägt 500 Windungen und soll einen Fluss von 1,5 mWb erhalten. Berechnen Sie a) den magnetischen Widerstand, b) die erforderliche Durchflutung und c) die Stromstärke.

517. Welche Durchflutung ist erforderlich, um in einem Luftspalt von 2 mm Breite und 5 cm^2 Querschnitt einen Fluss von 0,28 mWb zu erzeugen?

518. Nach Beseitigung eines Luftspaltes von 6,5 cm^2 konnten $\Theta = 850$ A eingespart werden, um einen Fluss von 0,5 mWb aufrechtzuerhalten. Wie breit war der Spalt?

519. Ein Eisenkern von 4 cm × 3,5 cm Querschnitt aus Dynamoblech trägt 350 Windungen, die einen Fluss von 0,6 mWb erzeugen. Um welchen Betrag muss bei unverändertem Fluss die Stromstärke erhöht werden, wenn der Kern einen Luftspalt von 2 mm Breite erhält ?

520. Nach dem festen Anziehen der Montageschrauben stieg der magnetische Fluss in einem Stahlgussrahmen von 1,5 cm×2,6 cm Querschnitt von 0,6 mWb auf 0,65 mWb. Welche Breite hatten die Stoßfugen insgesamt? (Mittlere Länge der Feldlinien $l = 28$ cm.)

521. Welchen magnetischen Fluss erzeugen folgende Stromwindungslinien: a) $IN = 1\,350$ A, b) 750 A und c) 28 A bei einem magnetischen Widerstand von $R_m = 0{,}075 \cdot 10^8$ 1/H?

522. Welchen magnetischen Leitwert haben folgende eisenlose lange Zylinderspulen?

a) $l = 35$ cm; $d = 2{,}5$ cm

b) $l = 18{,}5$ cm; $d = 1{,}8$ cm

c) $l = 5{,}6$ cm; $d = 9$ mm

523. Welche Stromstärke ist bei 2 300 Windungen erforderlich, um bei einem magnetischen Widerstand von $R_m = 0{,}12 \cdot 10^8$ 1/H einen Fluss von a) 15 µWb; b) 0,12 mWb; c) 0,3 mWb zu erzeugen?

524. Nach Einbringen eines Massekerns in eine lange Spule verminderte sich der magnetische Widerstand der Spule auf den 2 500sten Teil. Welche magnetische Flussdichte entstand dadurch bei einer Feldstärke von 700 A/m?

525. Der magnetische Widerstand eines Eisenkerns von kreisförmigem Querschnitt soll um 20 % verringert werden. Um wie viel Prozent muss der Durchmesser bei gleich bleibender Länge vergrößert werden?

526. Ein Spulenkern von konstanter Permeabilitätszahl und einer magnetischen Flussdichte von 0,45 T hat einen Luftspalt von 1,5 mm Breite. Die Windungszahl beträgt 850.

Um wie viel Ampere muss der Spulenstrom erhöht werden, wenn die Breite des Luftspaltes verdoppelt wird und die magnetische Flussdichte unverändert bleiben soll?

527. Auf das Wievielfache des ursprünglichen Wertes steigt der magnetische Widerstand eines geschlossenen Graugussrahmens, wenn die Feldstärke von 2 800 A/m auf 18 000 A/m gesteigert wird?

6 Berechnung magnetischer Kreise

6.1 Unverzweigte magnetische Kreise

6.1.1 Berechnung der elektrischen Durchflutung bei gegebener magnetischen Flussdichte

Formel:

Durchflutungssatz:

$$\sum Hl = \sum V$$

Größe	Zeichen	Einheit
magnetische Feldstärke	H	A/m
magnetischer Fluss	Φ	$V \cdot s = Wb$
magnetische Flussdichte	B	$V \cdot s/m^2 = T$
Feldlinienlänge	l	m
elektrische Durchflutung	Θ	A
magnetische Spannung	V	A
magnetische Feldkonstante	μ_0	$1{,}257 \cdot 10^{-6}\, V \cdot s/(A \cdot m)$

Anleitung:

Der magnetische Kreis wird in einzelne Abschnitte zerlegt, in denen die Feldstärke H konstant ist. Diese wird mit der zugehörigen Länge der Feldlinien l multipliziert. Die Summe dieser Produkte, der magnetischen Spannungen, ist gleich der elektrischen Durchflutung (Stromwindungszahl), die den Kreis durchsetzt. Da (von Streufeldern abgesehen) der magnetische Fluss im ganzen Kreis von gleicher Größe ist, ergibt sich die magnetische Flussdichte in den einzelnen Abschnitten als Quotient aus dem Fluss Φ und dem jeweiligen Feldquerschnitt A. Zur Ermittlung der Feldstärke H im Eisen dienen die Magnetisierungskennlinien (S. 53) und in den Luftzwischenräumen die Beziehung $H = B/\mu_0$ (S. 49).

528. (Bild 175) In die Fensterfläche des angegebenen Eisenrahmens aus legiertem Blech treten 580 von 0,2 A durchflossene Windungen ein. Wie groß sind a) die magnetische Feldstärke und b) die magnetische Flussdichte?

529. (Bild 175) Der angegebene Eisenrahmen wird an der Stelle A–A quer durchgesägt und erhält dadurch einen Luftspalt von 4 mm Breite. Bei welcher Stromstärke liefert die Erregerspule von 580 Windungen die magnetische Flussdichte 0,87 T?

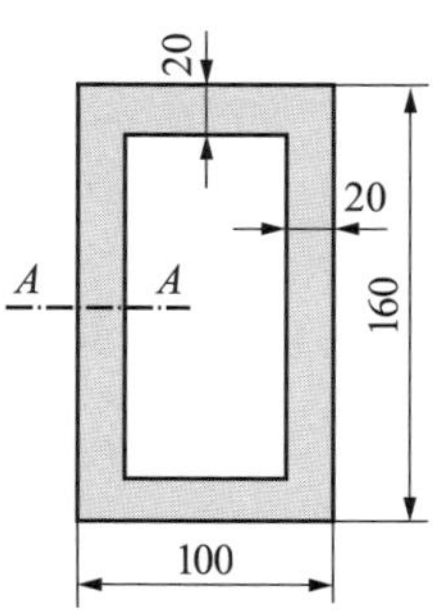

Bild 175: Aufgaben 528 und 529 (Maße in mm)

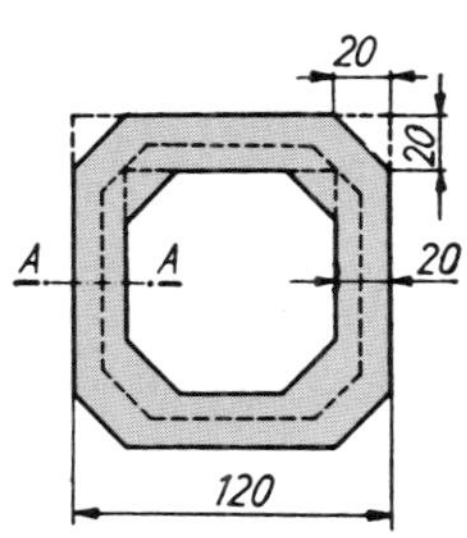

Bild 176: Aufgaben 530 und 531 (Maße in mm)

530. (Bild 176) Der angegebene Graugussrahmen hat eine überall als konstant angenommene magnetische Flussdichte von 1,1 T. a) Welche Durchflutung ist hierzu nötig? b) Weshalb trifft die Annahme einer konstanten magnetischen Flussdichte nicht genau zu?

531. (Bild 176) Der in Aufgabe 530 angegebene Eisenrahmen erhält an der Stelle A–A einen Luftspalt. Wie breit ist dieser, wenn hierfür bei der magnetischen Flussdichte 1,1 T zusätzlich $IN = 2\,200$ A benötigt werden?

532. (Bild 177) Welche elektrische Durchflutung ist nötig, um in dem dargestellten Eisenring (Grauguss) von kreisförmigem Querschnitt den magnetischen Fluss 0,2 mWb zu erregen?

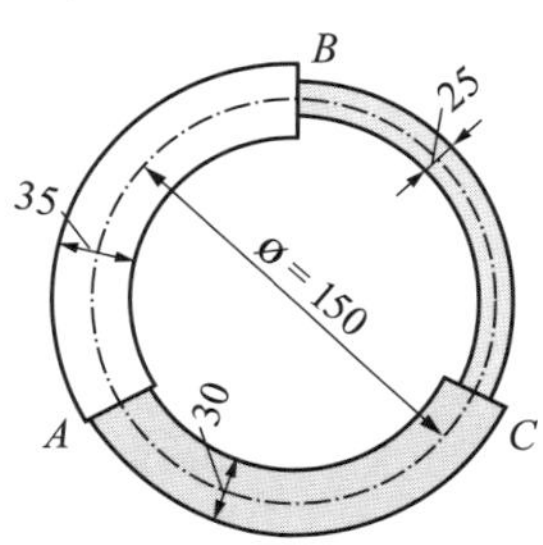

Bild 177: Aufgaben 532 und 533 (Maße in mm)

533. (Bild 177) Welche magnetischen Spannungen bestehen zwischen den Punkten *AB*, *BC*, *CD* und *DA* des in der vorigen Aufgabe berechneten Ringes, wenn die magnetische Flussdichte in den dicken Teilen 0,44 T und in den dünnen Teilen 0,99 T beträgt?

534. Welche magnetische Spannung besteht zwischen den Enden eines lamellierten Spulenkerns (Dynamoblech) von 1,9 cm × 2,4 cm Querschnitt und einer Länge von a) 25 cm, b) 4,5 cm, c) 38,2 cm bei der magnetischen Flussdichte 1,75 T?

535. An das Ende eines zylindrischen Eisenkerns, in dem der magnetische Fluss 80 mWb besteht, wird ein Gusseisenstab von 8,75 cm^2 Querschnitt und 8 cm Länge angesetzt. Wie viel beträgt die magnetische Spannung zwischen den Enden des angesetzten Teils, wenn die Streuung nicht beachtet wird?

536. (Bild 178) Wie groß ist die Stromstärke in der Erregerspule von 800 Windungen, wenn der magnetische Fluss an allen Stellen des Kreises 0,35 mWb betragen soll? Der Kernquerschnitt ist an der gezeichneten Stelle auf die Hälfte verringert (Dynamoblech).

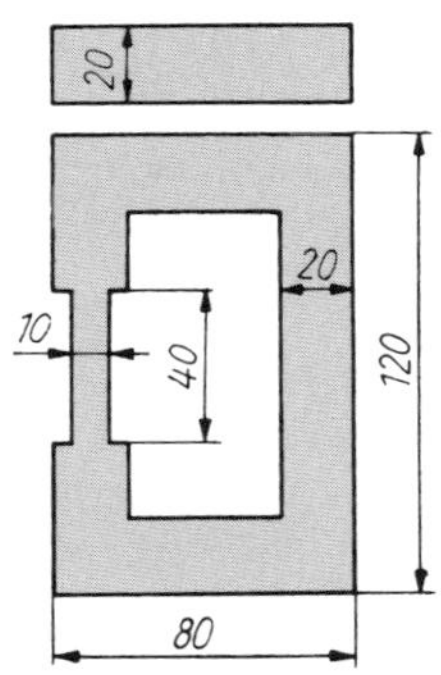

Bild 178: Aufgabe 536 (Maße in mm)

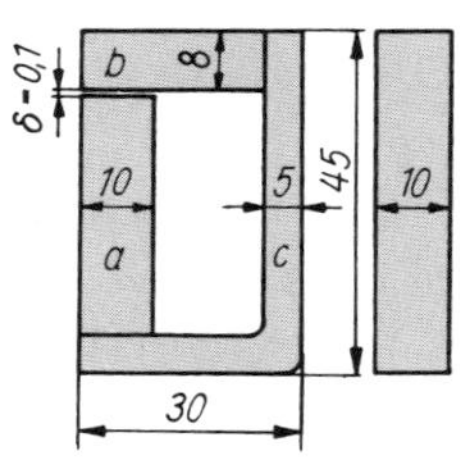

Bild 179: Aufgabe 537 (Maße in mm)

537. (Bild 179) Welche elektrische Durchflutung ist notwendig, um (unter Vernachlässigung der Streuung) einen magnetischen Fluss von 50 µWb zu erzeugen (legiertes Blech)?

538. (Bild 180) Welcher Strom muss durch die insgesamt 1 400 Windungen der beiden Erregerspulen des magnetischen Kreises fließen, damit ein magnetischer Fluss von 30 µWb entsteht (Stahlguss)? Die Streuung wird nicht berücksichtigt. Die Teile *b* sind 3 mm dick.

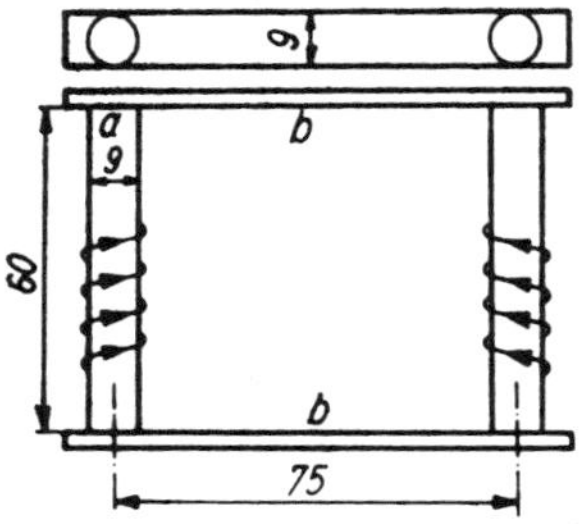

Bild 180: Aufgabe 538 (Maße in mm)

Die Aufgaben 539 bis 544 beziehen sich auf Mantelschnitte (Bild 181); Maße in mm:

	M 42	M 65	M 85
a	42	65	85
b	42	65	85
c	6	10	14,5
e	30	45	56
f	12	20	29
g	9	12,5	13,5
δ	0,5	1,0	2,0
Schichthöhe	15	27	35
Eisenfüllfaktor	0,95	0,85	0,85

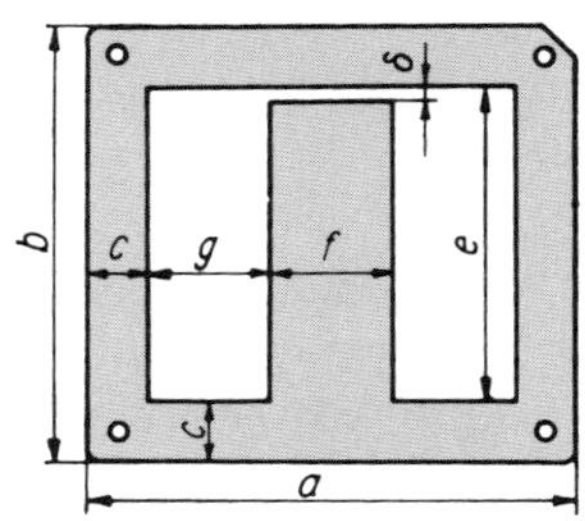

Bild 181: Aufgaben 539 bis 544

539. Berechnen Sie die bei einer Luftspaltflussdichte von 1,2 T erforderliche Stromwindungszahl für den Mantelkern M 42 (Dynamoblech).

540. Desgleichen für einen Kern nach M 65 bei einer Eisenflussdichte von 1,6 T (Dynamoblech).

541. Welche Eisenflussdichte wird im letzten Beispiel erzielt, wenn bei der gleichen elektrischen Durchflutung der Luftspalt geschlossen wird?

542. Ein Kern nach M 85, jedoch ohne Luftspalt, trägt auf dem Mittelsteg 1500 Stromwindungen. Wie groß sind die magnetische Flussdichte und der Fluss in den beiden anderen Stegen (Dynamoblech)?

543. Der magnetische Fluss durch den Mittelsteg eines Kerns nach M 85 soll 1,8 mWb betragen. Welche Durchflutung ist erforderlich (Dynamoblech)?

544. Berechnen Sie für einen Kern nach M 65 die zur Erzeugung einer Luftspaltflussdichte von 0,2 T bis 2 T erforderliche Durchflutung und stellen Sie die magnetische Flussdichte in Abhängigkeit von der elektrischen Durchflutung grafisch dar (je eine Kurve für die Luft-, Eisen- und gesamte Durchflutung).

Material: massiver Stahlguss

Die folgenden Aufgaben 545 bis 547 beziehen sich auf EI-Schnitte (Bild 182); Maße in mm: (Luftspalt durch Einlegen eines unmagnetischen Streifens)

	EI 48	EI 84	EI 150
a	48	84	150
b	32	56	100
c	8	14	20
e	24	42	80
f	16	28	40
g	8	14	35
Schichthöhe	16	28	50
Eisenfüllfaktor	0,85	0,90	0,95

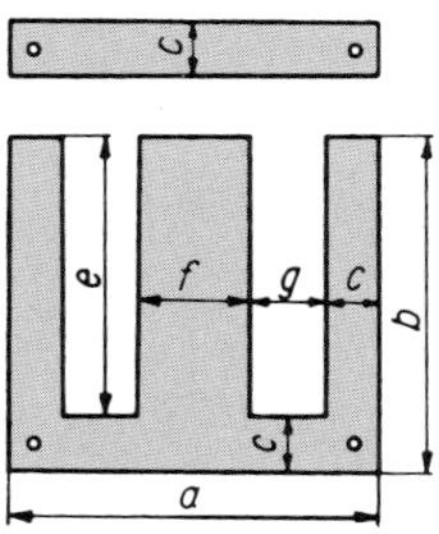

Bild 182: Aufgaben 545 bis 547

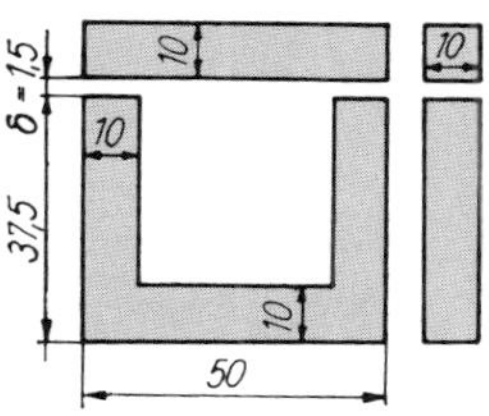

Bild 183: Aufgaben 548 bis 554 (Maße in mm)

545. Berechnen Sie die für eine Luftspaltflussdichte von 0,82 T erforderliche Durchflutung für den Kern EI 48 (legiertes Blech), Luftspalt 0,8 mm; Streugrad 0,1.

546. Der Anker von Aufgabe 545 wird ohne Zwischenlage fest aufgeschraubt, wobei eine auf 0,1 mm geschätzte Stoßfuge verbleibt. Die Streuung werde vernachlässigt. Welche Durchflutung ist jetzt noch erforderlich?

547. Die Bleche nach Muster EI 84 (Dynamoblech) werden wechselseitig geschichtet, sodass kein Luftspalt entsteht. Welchen Fluss im Anker ruft eine Durchflutung von 700 A hervor?

Zu den Aufgaben 548 bis 554

Bei geringer Sättigung des Eisens (kleine Feldstärke) und geringer Streuung (kleiner Luftspalt) genügt es oft, bei Berechnung der Durchflutung allein den Luftweg zu berücksichtigen, wobei der magnetische Widerstand des Eisenkreises vernachlässigt wird.

548. Welche Durchflutung ist nötig, um im Luftspalt des in Bild 183 dargestellten Stahlgusskerns eine magnetische Flussdichte von 0,2 T zu erzeugen?

549. Um wie viel Prozent weicht das Ergebnis der Aufgabe 548 gegenüber einer genauen Berechnung, d. h. bei Berücksichtigung des Eisenweges, ab?

550. Welche magnetische Flussdichte kann in einem 3 mm breiten Luftspalt näherungsweise a) mit $IN = 850\,\text{A}$ und b) mit 1 500 A erzeugt werden?

551. Stellen Sie für den in Bild 183 angegebenen Stahlgusskern die magnetische Flussdichte in Abhängigkeit von der gesamten und allein für den Luftspalt benötigten Durchflutung für 0,3, 0,6, ..., 1,8 T tabellarisch und grafisch dar.

552. (Bild 183) Wie groß ist der Fehler der Näherungsrechnung, wenn im Kern der Aufgabe 548 eine Luftspaltflussdichte von 0,65 T erzielt werden soll?

553. Bei welcher magnetische Flussdichte erreicht der Fehler der näherungsweisen Berechnung der Durchflutung für den Kern nach Bild 183 gegenüber einer Mitberücksichtigung des Eisenweges 10 %?

554. (Bild 183) Stellen Sie die magnetische Flussdichte in Abhängigkeit von der gesamten und der allein für den Luftspalt benötigten Durchflutung bis 1,2 T tabellarisch und grafisch dar, wenn der Kern aus Grauguss besteht.

555. (Bild 184) Wie viel Stromwindungen sind auf die Pole der schematisch dargestellten Gleichstrommaschine aufzubringen, wenn im Luftspalt zwischen Polen und Anker eine magnetische Flussdichte von 0,75 T herrschen soll? (Stahlguss für Gehäuse und Pole bzw. Dynamoblech für den Anker). Die Stoßfugen zwischen Gehäuse und Polen werden auf 0,1 mm geschätzt. Streugrad des Stators $\sigma = 0{,}1$.

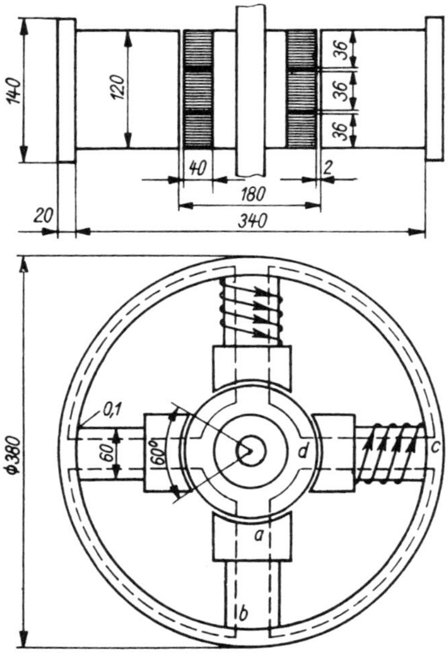

Bild 184: Aufgabe 555 (Maße in mm)

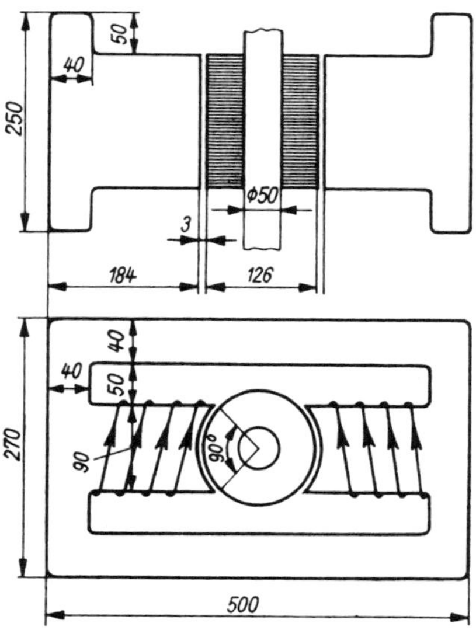

Bild 185: Aufgabe 556 (Maße in mm)

556. (Bild 185) Der Ständer des schematisch angegebenen Gleichstrommotors besteht aus Grauguss, der Läufer aus Dynamoblech, wobei 12 % seiner Tiefe auf Papierzwischenlagen entfällt. Die Breite des Luftspaltes wird mit 3 mm angenommen. Welche Durchflutung ist notwendig, wenn in der unteren und oberen Ankerhälfte ein Fluss von je 5,5 mWb entstehen soll? Streuung beim Übertritt des Flusses in den Anker 15 %.

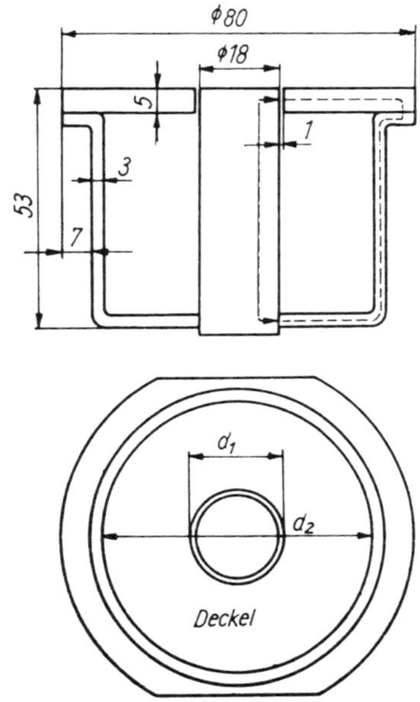

Bild 186: Aufgabe 557 (Maße in mm)

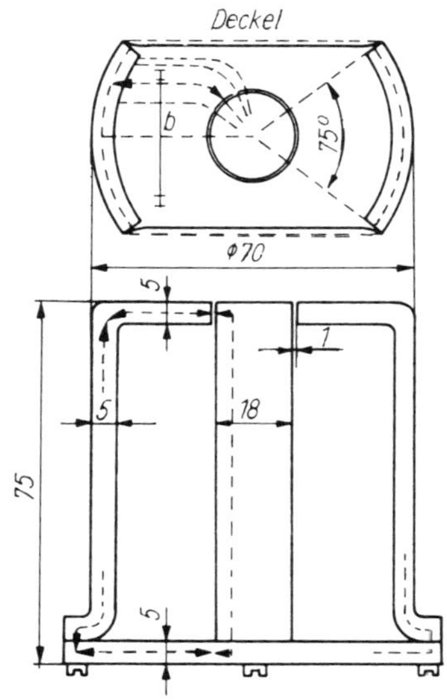

Bild 187: Aufgabe 558 (Maße in mm)

557. (Bild 186) Welche Durchflutung ist für den Lautsprechermagneten notwendig, um im Luftspalt eine magnetische Flussdichte von 1 T zu erzeugen? Zur Berücksichtigung der Streuung werde die Ringfläche des Luftspaltes rechnerisch um 10 % vergrößert. Als mittlerer Durchmesser der unteren und oberen Kreisscheibe werde $(d_1 + d_2)/3$ angenommen. Magnetisierungskennlinie für Dynamoblech.

558. (Bild 187) Welche Durchflutung ist zur Erregung des Lautsprechermagneten erforderlich, wenn im Luftspalt eine magnetische Flussdichte von 0,8 T herrschen soll? Die mittlere Feldlinienlänge im Deckel und Boden werde geschätzt und die mittlere Breite b des von den Feldlinien durchflossenen Querschnitts mit 25 mm bzw. 30 mm angenommen. Zur Berücksichtigung der Streuung werden auf die errechnete Durchflutung 15 % zugeschlagen. Magnetisierungskennlinie für Dynamoblech.

6.1.2 Berechnung der magnetischen Flussdichte bzw. des magnetischen Flusses bei gegebener elektrischer Durchflutung

Formeln:

$$IN = H_E l + \frac{B_E \delta}{\mu_0} \quad (1)$$

$$B_E = f(H_E) \quad (2)$$

(laut Magnetisierungskennlinie)

Größe	Zeichen	Einheit
magnetischer Fluss	Φ	$V \cdot s = Wb$
magnetische Feldstärke im Eisen	H_E	A/m
magnetische Flussdichte im Eisen	B_E	$V \cdot s/m^2 = T$
Luftspaltbreite	δ	mm
Eisenweg	l	m

Anleitung:

1. Einsetzen von $H_E = 0$ in Gleichung (1) ergibt
$$B_0 = \frac{\mu_0 IN}{\delta}.$$
2. Einsetzen von $B_E = 0$ in Gleichung (1) ergibt
$$H_0 = \frac{IN}{l}.$$
3. Man trage B_0 auf der Ordinatenachse und H_0 auf der Abszissenachse der Magnetisierungskennlinie (S. 53) ein und verbinde beide Punkte durch eine Gerade.
4. Die Koordinaten des Schnittpunktes dieser „Luftspaltgeraden" mit der Magnetisierungskennlinie (2) sind die gesuchten Werte B_E und H_E.

559. Eine Ringspule mit Stahlgusskern besitzt einen mittleren Umfang von 24 cm und einen Luftspalt von 0,5 mm. Die Erregerwicklung hat 500 Windungen, die von 2,4 A durchflossen werden. Berechnen Sie a) die magnetische Flussdichte im Eisen, b) die auf den Eisenweg und c) die auf den Luftweg entfallende elektrische Durchflutung.

560. Welche magnetische Feldstärke und Flussdichte besteht in einem Stahlgusskern mit 0,5 mm Luftspalt und 24 cm mittlerer Feldlinienlänge bei der Durchflutung a) 600 A und b) 800 A?

561. Eine Drosselspule mit 18 cm Eisenweg (Dynamoblech) und dem Luftspalt $\delta = 0{,}8$ mm trägt 2 000 Stromwindungen ($IN = 2\,000$ A). Welche magnetische Flussdichte entsteht im Eisenkern?

562. Welche Breite muss der Luftspalt in einem Eisenkreis (Dynamoblech) von 35 cm Eisenweg haben, damit bei einer Durchflutung von 7 000 A eine magnetische Flussdichte von 1,7 T entsteht?

563. Der Luftspalt des vorigen Beispiels wird bei derselben Durchflutung auf 2,8 mm verengt. Welche magnetische Flussdichte entsteht dann?

564. Die Stromstärke in Aufgabe 563 wird auf die Hälfte herabgesetzt. Wie groß ist nunmehr die magnetische Flussdichte?

565. Der Luftspalt eines magnetischen Kreises beträgt 1 mm, die mittlere Feldlinienlänge 42 cm. Bestimmen Sie grafisch die für eine magnetische Flussdichte von 1,81 T erforderliche Durchflutung.

566. Konstruieren Sie die Magnetisierungskennlinie für einen Kern nach M 85 (Bild 181, S. 58) (Dynamoblech, Eisenweg $l = 19{,}7$ cm).

Anleitung: Zeichnen Sie die Magnetisierungskennlinie des betr. Materials und eine dem gegebenen Steigungsverhältnis $\delta / \mu_0 l$ entsprechende Gerade, welche die Abszissenachse bzw. die Magnetisierungskennlinie in P_1 und P_2 schneidet. Der Schnittpunkt der durch P_1 gehenden Senkrechten und der durch P_2 laufenden Waagerechten ist ein Punkt der gesuchten Magnetisierungskennlinie. Die zu der ursprünglichen Geraden gezeichneten Parallelen liefern weitere Kurvenpunkte.

567. Welche magnetischen Flussdichten ergeben sich anhand der nach der letzten Aufgabe gezeichneten Kurve für eine Durchflutung von a) 3 500 A; b) 2 500 A; c) 850 A?

568. Konstruieren Sie die Luftspaltgeraden und Magnetisierungskennlinien für einen Kern nach M 65 mit den Luftspaltbreiten a) 0,5 mm und b) 1 mm.

569. Welche Flüsse ergeben sich im Mittelsteg anhand der nach der letzten Aufgabe gezeichneten Luftspaltgeraden bei folgenden Durchflutungen für die Luftspalte 0,5 mm und 1 mm: a) 2 500 A; b) 1 500 A; c) 500 A?

570. Bestimmen Sie für eine Feldstärke von 10 000 A/m die Gleichstrom-Flussdichten einer Drosselspule (Dynamoblech) bei verschiedener Breite des Luftspaltes ($\delta = 0{,}5$ mm bis 8 mm) und stellen Sie die magnetische Flussdichte in Abhängigkeit von der Luftspaltbreite grafisch dar. (Mittlere Länge der Feldlinien 30 cm.)

6.2 Verzweigte magnetische Kreise

Anleitung:

Verzweigte magnetische Kreise lassen sich nach den Gesetzen eines verzweigten elektrischen Stromkreises berechnen. Es gilt für einen Knotenpunkt $\Phi = \Phi_1 + \Phi_2$ und für eine Masche $\Theta = \sum Hl$.

571. (Bild 188) Im mittleren Steg II des Transformatorkerns (Dynamoblech) soll ein Fluss von 2 mWb erzeugt werden. Welche elektrische Durchflutung ist auf Steg I erforderlich?

572. (Bild 188) Wie viel Stromwindungen muss Steg I tragen, wenn die magnetische Flussdichte in Steg III 0,8 T betragen soll?

573. (Bild 188) Schenkel III trägt 200 Stromwindungen. Im mittleren Steg II soll ein Fluss von 2 mWb erzeugt werden. Welche elektrische Durchflutung bei gleichem Wicklungssinn wie bei III muss Schenkel I jetzt erhalten?

574. (Bild 188) Ein Fluss von 1,5 mWb durch den Mittelsteg II soll allein durch Bewickeln von Steg III erzeugt werden. Welche elektrische Durchflutung ist in diesem Fall nötig?

575. (Bild 188) Der gleiche Fluss von 1,5 mWb durch den Mittelsteg II sowie gleichzeitig 0,9 mWb durch Steg I soll allein durch Bewickeln von Steg II erzeugt werden. Welche elektrische Durchflutung ist dann erforderlich?

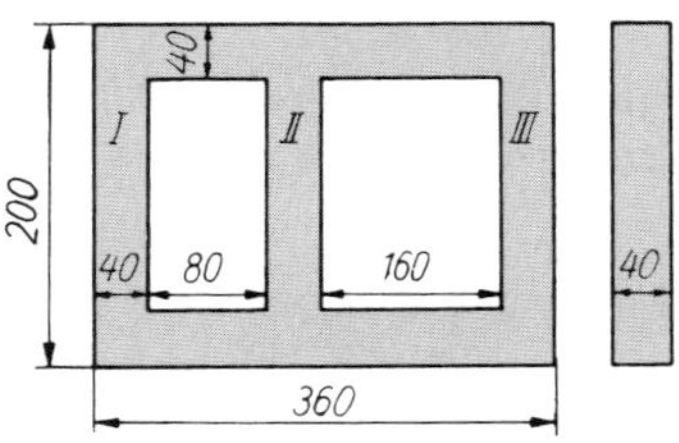

Bild 188: Aufgaben 571 bis 575 (Maße in mm)

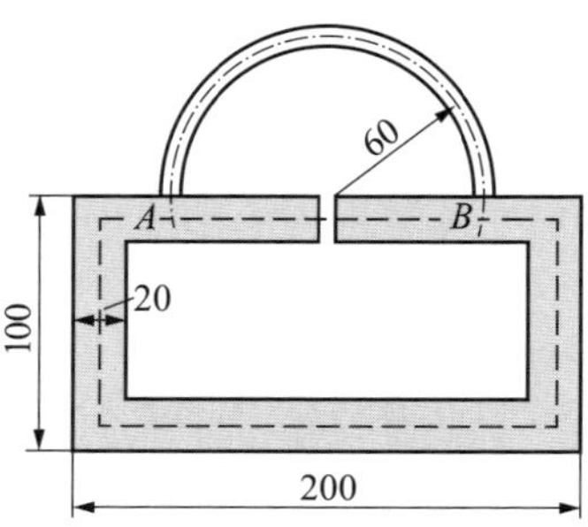

Bild 189: Aufgabe 576 (Maße in mm)

576. (Bild 189) Der 0,5 mm breite Luftspalt des angegebenen magnetischen Kreises (Querschnitt 4 cm²) hat einen Nebenschluss in Form eines halbkreisförmigen Bügels (Querschnitt 0,5 cm²) aus gleichem Material (Stahlguss).

Im Luftspalt soll eine magnetische Flussdichte von 0,75 T herrschen. Wie groß ist die erforderliche Durchflutung a) ohne und b) mit Nebenschluss?

577. (Bild 190) Der abgebildete Rahmen aus Stahlguss hat einen Mittelsteg (II) aus legiertem Blech. Mit welchem Strom muss die auf dem Schenkel I befindliche Spule von 800 Windungen gespeist werden, wenn der magnetische Fluss im Schenkel III 0,4 mWb betragen soll?

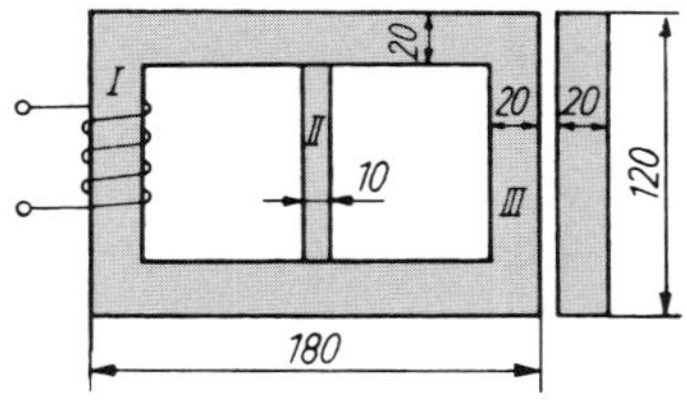

Bild 190: Aufgabe 577 (Maße in mm)

6.3 Berechnung von Spulen

Formeln:

$$J = \frac{I}{A}$$

$$A_w = lh$$

$$NA = k_{Cu} A_w$$

$$J \approx 1{,}09 \sqrt{\frac{\vartheta_ü}{h}}$$ (Zahlenwertgleichung)

$$IN = J k_{Cu} A_w$$

$$U = J \varrho N l_m$$

$$P = \frac{(IN)^2 \varrho l_m}{k_{Cu} A_w}$$

Größe	Zeichen	Einheit
elektrische Stromdichte	J	A/mm²
Klemmenspannung	U	V
umgesetzte Leistung	P	W
Drahtquerschnitt	A	mm²
Windungszahl	N	1
Wicklungsquerschnitt	A_w	mm²
Wicklungslänge	l	mm
Wicklungshöhe	h	mm
Kupferfüllfaktor	k_{Cu}	1
Übertemperatur [1]	$\vartheta_ü$	K
mittlere Windungslänge	l_m	m
Kupferquerschnitt	NA	mm²
spezifischer Widerstand (Kupfer, warm)	$\varrho = 0{,}02$	$\Omega \cdot mm^2/m$

[1] Temperaturdifferenzen in K (Kelvin) sind zahlenmäßig gleich den Differenzen entsprechender Temperaturen in °C

578. Welche Stromdichten ergeben sich für folgende Drähte:

Querschnitt in mm²	1,5	2,5	4	6
höchstzulässige Stromstärke in A	16	21	27	35

579. Welchen Querschnitt müssen folgende Drähte haben:

Stromstärke in A	65	57	49	34
höchste Stromdichte in A/mm²	4,06	9,5	12,25	13,6

580. Welche Stromdichten bestehen in folgenden Flachkupferleitungen:

Maße in mm	12×2	15×3	20×5	40×5
Belastung in A	140	210	370	670

581. Wie viel Windungen Draht von 0,5 mm Durchmesser lassen sich auf einer Spule bei 3 cm² nutzbarem Wicklungsquerschnitt und einem Füllfaktor von 0,62 aufbringen?

582. 1 500 Windungen CuL-Draht sollen auf einem nutzbaren Wicklungsquerschnitt von 2,5 cm × 0,8 cm untergebracht werden. Welchen Außendurchmesser darf der (wild gewickelte) Draht bei einem Füllfaktor von 0,4 höchstens haben?

583. Welche Wicklungshöhe beanspruchen 2 400 Windungen CuLS-Draht von 0,4 mm

Durchmesser bei einer nutzbaren Wicklungslänge von 4,4 cm und einem Füllfaktor von 0,54?

584. Mit welcher Stromdichte darf eine Zylinderspule von a) 2,2 cm; b) 3,5 cm; c) 5,8 cm Wicklungshöhe höchstens belastet werden, wenn die Übertemperatur 50 K nicht übersteigen soll?

585. Mit wie viel Ampere darf der a) 0,35 mm; b) 0,5 mm dicke Draht einer Spule von 2,5 cm Wicklungshöhe bei einer zulässigen Übertemperatur von 60 K höchstens belastet werden?

586. Wie viel Stromwindungen IN können auf eine Spule von 3 cm Länge und 2 cm Wicklungshöhe bei einem Füllfaktor von 0,55 aufgebracht werden ($\vartheta_{ü} = 60\,K$)?

587. Welche Wickelhöhe h beanspruchen 1 500 Stromwindungen IN bei einer zulässigen Stromdichte von $2\,A/mm^2$, einer nutzbaren Spulenlänge von 6,5 cm und einem Füllfaktor von 0,65?

588. a) Welchen Außendurchmesser hat eine auf 8 mm dickem und 45 mm langem Kern gewickelte Spule, wenn sie mit einer Stromdichte von $3{,}5\,A/mm^2$ belastet wird und $IN = 1\,250\,A$ aufnehmen soll ($k_{Cu} = 0{,}44$)? b) Welche Spannung ist bei einer Drahtdicke von 0,6 mm anzulegen? c) Welcher Strom fließt und d) welche Leistung wird umgesetzt?

589. Zur Bewicklung einer Spule stehen eine nutzbare Länge von 42 mm und für die Wicklungshöhe 19 mm zur Verfügung. Welche Drahtdicke und Windungszahl sind zu wählen, wenn ein Strom von 65 mA fließen soll ($k_{Cu} = 0{,}59$; $\vartheta_{ü} = 55\,K$)?

590. Zur Berechnung des Drahtdurchmessers bei Kleintransformatoren wird die Formel $d = \sqrt{I/2}$ angegeben. Wie kommt die Formel zustande und welche Stromdichte wird dabei zugrunde gelegt?

591. Eine Spule von 12 mm innerem und 36 mm äußerem Durchmesser und 80 mm Länge wird mit Draht von 0,5 mm Durchmesser bewickelt ($k_{Cu} = 0{,}4$). Es ist die Stromdichte $2{,}5\,A/mm^2$ zugelassen. a) Wie viel Windungen trägt die Spule, b) welche Spannung kann angelegt werden, c) welcher Strom fließt und d) welche Leistung setzt die Spule um?

592. Eine Spule von den Abmessungen: $d_1 = 4{,}5\,cm$, $d_2 = 8{,}9\,cm$ und $l = 14\,cm$ trägt 850 Windungen und soll nicht mehr als 8 W umsetzen ($k_{Cu} = 0{,}45$). Berechnen Sie a) die Stromstärke, b) die Drahtdicke, c) die Stromdichte, d) den Spannungsabfall.

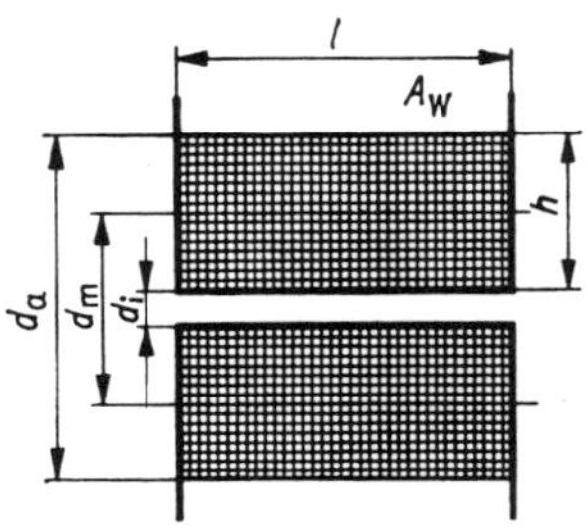

Bild 191: Aufgaben 581 bis 592

593. Durch die beiden parallel geschalteten Spulen (je 7 000 Windungen, 0,2 mm Drahtdurchmesser) eines Morseschreibers fließt ein Strom von je 13 mA. Ihr Widerstand beträgt je 280 Ω. Welches ist a) die Betriebsspannung, b) der mittlere Windungsdurchmesser, c) die Stromdichte, d) der gesamte Leistungsumsatz bei geschlossenem Stromkreis?

594. Ein Relais hat 19 700 Windungen Draht von 0,1 mm Durchmesser und einen Widerstand von 2 kΩ. Berechnen Sie a) die Stromstärke bei einer Spannung von 60 V, b) die Stromdichte, c) den mittleren Windungsdurchmesser, d) die Wickelhöhe und den Kerndurchmesser bei einer Spulenlänge von 60 mm und e) den Leistungsumsatz. ($k_{Cu} = 0{,}6$, $\varrho = 0{,}0178\,\Omega \cdot mm^2/m$)

595. Die Magnetwicklung einer elektrischen Tochteruhr besteht aus 2 hintereinander geschalteten Spulen von je 12 000 Windungen und 1,4 kΩ bei einer Spulenlänge von 40 mm, einem äußeren Wicklungsdurchmesser von 23 mm und einem Kerndurchmesser von 10 mm. Berechnen Sie a) die Drahtdicke, b) die Stromstärke bei 12 V und c) die Stromdichte. ($\varrho = 0{,}0178\,\Omega \cdot mm^2/m$)

596. Der Magnet eines Schaltrelais hat 1 400 Windungen Draht von 0,34 mm Durchmesser. Der Kern hat eine Länge von 30 mm und einen Durchmesser von 10 mm. Füllfaktor $k_{Cu} = 0{,}6$. Berechnen Sie a) die Wickelhöhe, b) den Widerstand ($\varrho = 0{,}02\,\Omega \cdot mm^2/m$) und c) die Stromdichte bei einer Spannung von 24 V.

597. Wie viel Windungen hat ein Relais von 1 kΩ und 0,12 mm Drahtdurchmesser, wenn die Wicklung 6 cm lang ist und der Kern einen Durchmesser von 8 mm hat ($k_{Cu} = 0{,}6$, $\varrho = 0{,}0178\,\Omega \cdot mm^2/m$)?

6.4 Berechnung von Erregerwicklungen

Formeln:

die Formeln des vorangehenden Abschnittes sowie auch

$$N = \frac{U A_w k_{Cu}}{\Theta \varrho l_m}$$

Größe	Zeichen
Windungszahl	N
Durchflutung (Stromwindungszahl)	Θ
an der Wicklung liegende Spannung	U

598. Wie viel Stromwindungen IN können auf dem Mittelsteg eines Kerns nach Muster EI 84 (S. 59) günstigstenfalls untergebracht werden und welche magnetische Flussdichte in Dynamoblech ist damit im Höchstfall erreichbar? (Wechselseitige Schichtung der Bleche ohne Luftspalt, zulässige Übertemperatur 60 K, Kupferfüllgrad 0,6)

599. Ein Kern nach EI 150 (S. 59) (Luftspalt 0,3 mm) soll eine Eisenflussdicht von 1,7 T erhalten (Dynamoblech). Wie viel Stromwindungen und welche Stromdichte ist erforderlich, wenn der zur Verfügung stehende Wickelraum zu 60 % ausgenützt wird? (Kupferfüllgrad 0,54; als Ausgleich für die Streuung werden 10 % der Durchflutung zugeschlagen.)

600. Welcher Fluss kann in einem Kern nach EI 150 (S. 59) (ohne Luftspalt geschichtet) erzeugt werden, wenn bei 75 %iger Ausnutzung des zur Verfügung stehenden Wickelraums eine Übertemperatur von 40 K zulässig ist? Die Wickelhöhe betrage 80 % des Zwischenraumes g (legiertes Blech, Kupferfüllgrad 0,55).

601. Welche magnetische Flussdichte entsteht in einem ohne Luftspalt geschichteten Kern EI 150, wenn er mit Draht von 0,8 mm Nettodurchmesser bewickelt und eine Spannung von 12 V angelegt wird (für warmes Kupfer $\varrho = 0{,}02\,\Omega \cdot \text{mm}^2/\text{m}$, mittlere Windungslänge 21,4 cm) ?

602. Mit welcher Übertemperatur muss gerechnet werden, wenn der Mittelsteg eines Kerns M 42 (Dynamoblech) $IN = 540$ A trägt, die den Wickelraum mit 28 mm × 8 mm voll ausnutzen ($k_{Cu} = 0{,}65$)?

603. (Bild 179) Der angegebene magnetische Kreis wird durch eine Spule von 20 mm × 10 mm nutzbarem Wickelquerschnitt mit 68 A erregt. a) Wie viel Windungen sind bei einer Stromstärke von 0,5 A erforderlich? b) Prüfen Sie, ob bei einem Drahtdurchmesser von 0,6 mm und einem Kupferfüllgrad von 0,5 der Wickelraum ausreicht. c) Welche maximale Stromstärke kann bei voller Ausnutzung der Wickelhöhe und Verwendung von 1 mm dickem Draht gewählt werden, wenn die Übertemperatur 40 K betragen darf?

604. Welche magnetische Flussdichte kann im Kern nach M 65 (S. 58) bei guter Ausnutzung des Wickelraumes (40 mm × 10 mm) und einer zulässigen Übertemperatur von 50 K erzielt werden? (Es ist die in Aufgabe 544 ermittelte Magnetisierungskennlinie zu nutzen [$k_{Cu} = 0{,}6$].)

605. Welche Stromstärke ist für die zur Erregung eines Kerns EI 48 errechnete Durchflutung von 162 A zu wählen, wenn mit Draht von 1 mm Durchmesser der zur Verfügung stehende Wickelraum mit 21 mm × 6 mm gut ausgenützt wird ($k_{Cu} = 0{,}6$)? Welche Übertemperatur entsteht in diesem Fall?

606. Eine mit $\Theta = 478$ A berechnete Magnetwicklung ($A_w = 27\text{ mm} \times 20\text{ mm}$) wird an eine Spannung von 12 V angelegt. a) Welchen Querschnitt muss der Draht bei einer mittleren Windungslänge von 11 cm haben? Wie groß sind b) Windungszahl bei $k_{Cu} = 0{,}6$, c) Stromdichte, d) Stromstärke, e) Übertemperatur? ($\varrho = 0{,}02\,\Omega \cdot \text{mm}^2/\text{m}$)

607. Die Erregerspule von Aufgabe 606 wird an eine Spannung von 5 V angeschlossen. Es sind dieselben Daten zu berechnen.

608. Die Wicklung eines Graugusskerns besteht aus 1 000 Windungen Draht von 0,5 mm Durchmesser und 6,5 cm mittlerer Windungslänge. Welche magnetische Flussdichte wird erzielt, wenn sie an eine Spannung von 3 V angeschlossen wird? ($\varrho = 0{,}02\,\Omega \cdot \text{mm}^2/\text{m}$)

609. An der mit 7 780 A berechneten Erregerwicklung eines Nebenschlussmotors liegt die Spannung 65 V. Die Stromdichte beträgt 2,8 A/mm² (Kupfer). a) Welche Drahtdicke ist zu wählen (mittlere Windungslänge 54 cm)? b) Welcher Strom fließt? c) Wie hoch ist der Leistungsumsatz? ($\varrho = 0{,}02\,\Omega \cdot \text{mm}^2/\text{m}$)

610. Die Erregerwicklung eines Lautsprechermagneten ist mit 878 A berechnet und an die Spannung 230 V angeschlossen. Berechnen Sie für den Wickelraum 42 mm × 16 mm, den Füllgrad $k_{\text{Cu}} = 0{,}6$ und die mittlere Windungslänge 11,3 cm: a) die erforderliche Windungszahl, b) die Stromstärke, c) den Widerstand, d) die Drahtdicke und e) den Leistungsumsatz.

7 Induktionsvorgänge

7.1 Induktionsgesetz

Formeln:

$$u_q = N\frac{\Delta\Phi}{\Delta t}$$ ruhende Spule

$$u_q = Blv$$ bewegter Leiter

$$\Delta Q = \frac{N\,\Delta\Phi}{R}$$

Größe	Zeichen	Einheit
Augenblickswert der induzierten Quellenspannung	u_q	V
magnetische Flussänderung	$\Delta\Phi$	$V \cdot s = Wb$
magnetische Flussdichte	B	$V \cdot s/m^2 = T$
Geschwindigkeit des bewegten Leiters	v	m/s
wirksame Leiterlänge	l	m
Windungszahl der Induktionsspule	N	1
im Leiter verschobene Ladungsmenge	ΔQ	$A \cdot s = C$
Widerstand der Induktionsspule	R	Ω

Hinweis:

Die induzierte Quellenspannung u_q bildet bei der Flusszunahme $\Delta\Phi/\Delta t$ mit der Flussrichtung eine Rechtsschraube, bei Flussabnahme dagegen eine Linksschraube. Der von der Quellenspannung angetriebene Induktionsstrom ist dieser entgegen gerichtet. Bei rechtsschraubiger Zuordnung haben in den Diagrammen u_q und Φ positives Vorzeichen. Negatives Vorzeichen von u_q bedeutet linksschraubige Zuordnung (bei Flussabnahme).

611. Welche Quellenspannung entsteht in einem Draht, der sich mit der Geschwindigkeit 8 cm/s quer durch ein homogenes Feld von 0,5 T magnetischer Flussdichte und 4 cm Breite bewegt?

612. Ein Uhrwerk zieht innerhalb von 17 s einen Draht quer durch ein 5 cm×4 cm großes homogenes Magnetfeld von 0,62 T. Welche Quellenspannung entsteht dabei im Draht?

613. Ein Draht bewegt sich mit einer Geschwindigkeit von 4 cm/s durch ein 3 cm breites Magnetfeld, wobei das angeschlossene Galvanometer von 10 Ω einen Strom von 0,1 mA anzeigt. Welche magnetische Flussdichte hat das Feld?

614. (Bild 192) Eine Kupferscheibe von 12 cm Radius rotiert mit der Drehzahl $n = 25\ ^1/s$ in einem Magnetfeld der Flussdichte $B = 0{,}3$ T, das die Scheibe rechtwinklig durchsetzt. Welche Spannung wird zwischen den Schleifkontakten bei A und B abgegriffen?

615. Eine quadratische Spule von $a = 5$ cm Seitenlänge und $N_2 = 50$ Windungen rotiert mit 250 ¹/min um ihre Symmetrieachse im Innern einer langen Zylinderspule, die je Zentimeter 8 Windungen trägt und von 6 A durchflossen wird. Welchen Höchstwert erreicht die induzierte Quellenspannung nach je 1/2 Umdrehung?

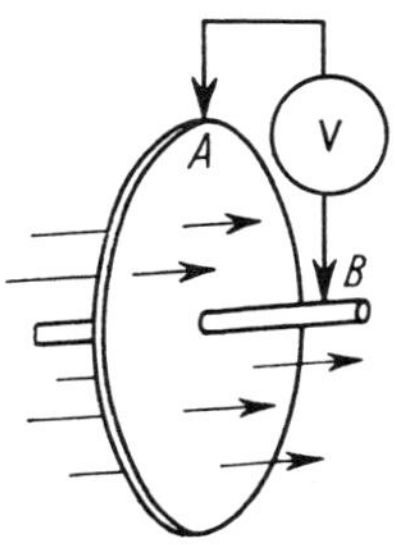

Bild 192:
Aufgabe 614

616. Mit welcher Drehzahl müsste die Spule in Aufgabe 615 rotieren, wenn die induzierte Quellenspannung einen Scheitelwert von 10 mV haben soll?

617. Auf dem 12 cm langen Trommelanker (8 cm Durchmesser) einer Gleichstrommaschine liegen 450 Drähte. In jedem Augenblick befinden sich 4/5 von ihnen in dem als homogen vorausgesetzten Feld von 0,68 T. a) Welche Spannung wird induziert, wenn alle Drähte hintereinander geschaltet sind und der Anker mit 800 ¹/min umläuft? b) Welche Leistung wird erzeugt, wenn der Gesamtwiderstand des Stromkreises 40 Ω beträgt? c) Welcher Strom fließt hierbei?

618. bis **622.** Der eine einfache Stromschleife durchsetzende Fluss Φ hat den auf den Bildern 193 bis 197 angegebenen zeitlichen Verlauf. Welchen zeitlichen Verlauf hat die induzierte Quellenspannung u_q und wie groß sind ihre Maximalwerte?

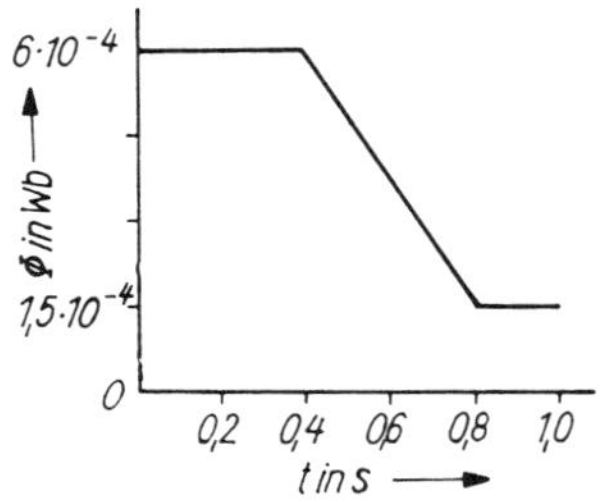

Bild 193: Aufgabe 618

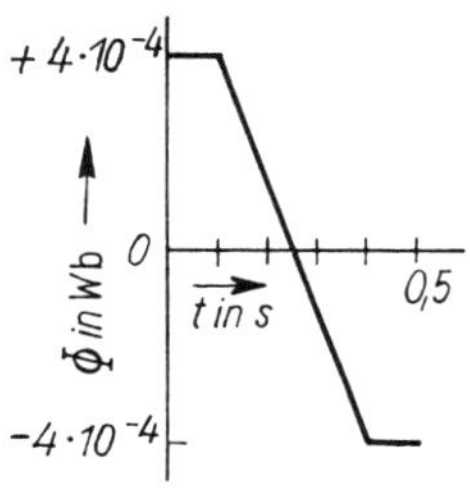

Bild 194: Aufgabe 619

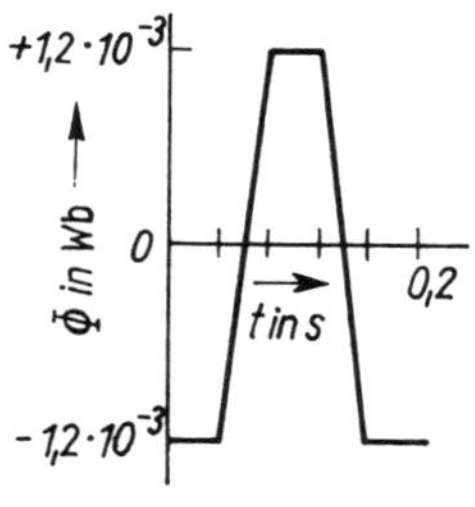

Bild 195: Aufgabe 620

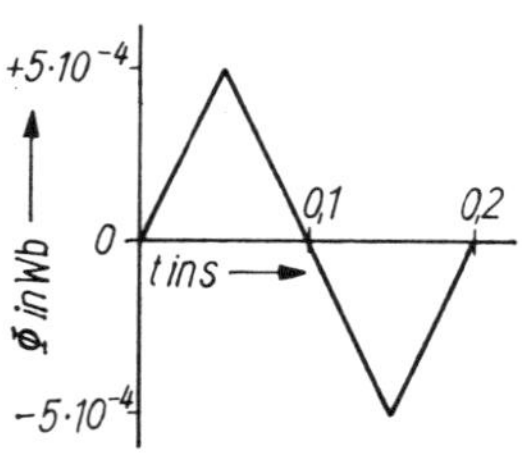

Bild 196: Aufgabe 621

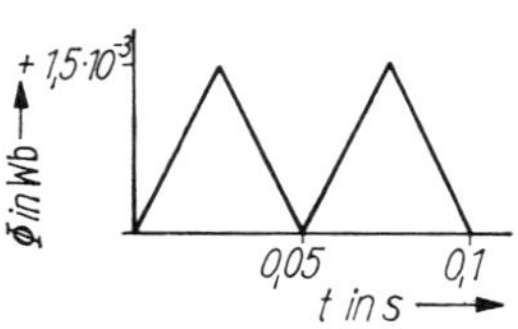

Bild 197: Aufgabe 622

Auf den Bildern 198 bis 201 (Aufgaben 623, 624, 625, 626) sind Größe und zeitlicher Verlauf der in einer Stromschleife induzierten Quellenspannung u_q angegeben. Welchen Betrag und welchen zeitlichen Verlauf hat der die Stromschleife durchsetzende magnetische Fluss Φ?

623. (Bild 198) Anfangswert des Flusses ist nicht angegeben.

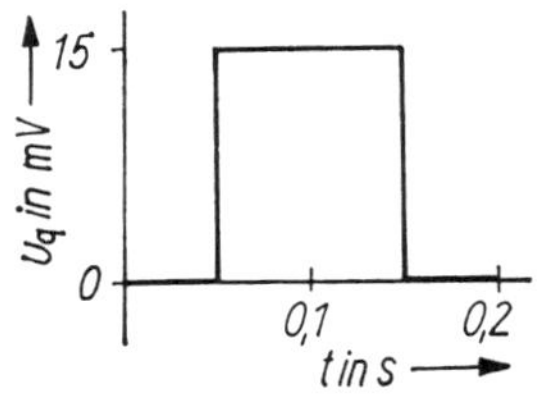

Bild 198: Aufgabe 623

624. (Bild 199) Anfangswert des Flusses $\Phi_0 = 0$.

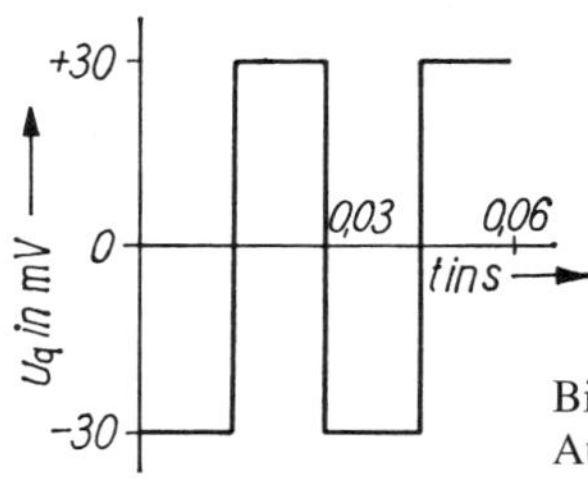

Bild 199: Aufgabe 624

625. (Bild 200) Anfangswert des Flusses $\Phi_0 = -1\,\mathrm{mWb}$.

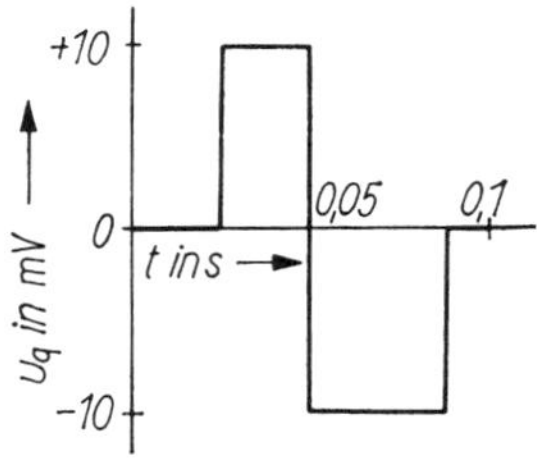

Bild 200: Aufgabe 625

626. (Bild 201) Anfangswert des Flusses $\Phi_0 = +0{,}4\,\mathrm{mWb}$.

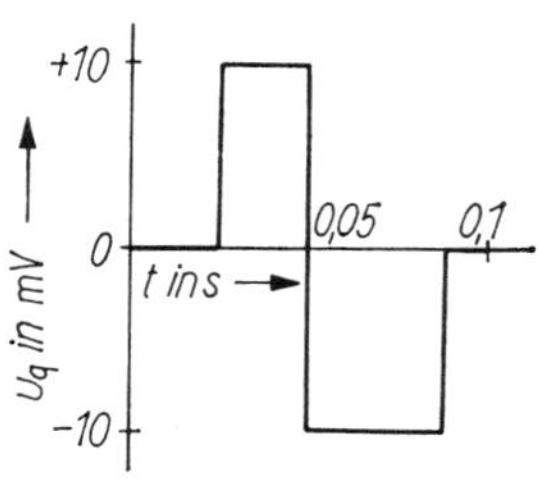

Bild 201: Aufgabe 626

627. Eine Gleichstrommaschine von gleichen Abmessungen wie in Aufgabe 617, jedoch mit der Luftspalt-Flussdichte 0,75 T, liefert bei einem Gesamtwiderstand von 250 Ω einen Strom von 1,2 A. a) Welche Quellenspannung u_q wird im Anker induziert, b) mit welcher Drehzahl läuft die Maschine?

628. Ein in Richtung Ost–West liegender Metallstab von 2 m Länge fällt aus 15 m Höhe zu Boden. Welche Spannung zwischen seinen Enden wird vom erdmagnetischen Feld (20 μT) induziert, wenn der Stab den Boden erreicht?

629. Der Erregerstrom eines Ringmagneten von 1 cm^2 Querschnitt wird so reguliert, dass die magnetische Flussdichte innerhalb von 25 s gleichförmig von 0,1 auf 1,2 T anwächst. Welche Spannung wird dadurch in der Sekundärwicklung von 200 Windungen induziert?

630. Eine Zylinderspule von 40 cm Länge und 5 cm Durchmesser trägt als Primärwicklung 800 Windungen und eine bedeutend kürzere Sekundärwicklung von 2 000 Windungen. Den Primärstrom lässt man innerhalb von 3 s gleichförmig von 0,1 A auf 5 A anwachsen. Welche Spannung wird während dieser Zeit induziert?

631. Welche Ladung wird in einer Spule von 40 Windungen verschoben, wenn der sie durchsetzende Fluss von 0,1 auf 2,5 mWb zunimmt? Die Spule bildet mit dem Messinstrument einen Stromkreis von 50 Ω.

632. Beim Herausziehen eines permanenten Stabmagneten aus einer Spule von 85 Windungen zeigt ein ballistisches Galvanometer einen Stoßausschlag von 150 μC an. Der Gesamtwiderstand des Stromkreises beträgt 35 Ω. Welchen Fluss besitzt der Magnet?

633. Ein ballistisches Galvanometer gibt in 1 m Entfernung einen Ausschlag des Lichtzeigers von 1 mm je 10 nC. Welcher Flussänderung entspricht dies bei Verwendung einer Probespule von 10 Windungen und einem Widerstand des Instruments einschl. Messspule von 33 Ω?

634. Die Probespule von 10 Windungen wird um eine stromdurchflossene Zylinderspule gelegt und dann heruntergezogen. Das ballistische Instrument zeigt einen Stoßausschlag von 0,45 μC an. Welcher Strom floss durch die Zylinderspule? ($l = 30$ cm; $d = 4$ cm; 400 Windungen; Gesamtwiderstand 33 Ω)?

635. Während dieses Versuches (Aufgabe 634) trat bei ruhender Probespule eine plötzliche Stromschwankung auf, die einen Stoßausschlag von 0,12 μC hervorrief. Um welchen Betrag hatte sich der Strom geändert?

636. Welchen Ausschlag wird das ballistische Galvanometer (Widerstand einschl. Messspule 350 Ω) zeigen, wenn eine in Nord–Süd-Richtung vertikal stehende Induktionsspule von 500 Windungen und 30 cm Durchmesser (Erdinduktor) eine rasche Drehung um 90° um ihre Vertikalachse ausführt? (Horizontalintensität des Erdfeldes = 20 μT)

637. Ein Stahlgussring von 12 cm mittlerem Durchmesser trägt 350 Windungen von 2,2 cm mittlerem Windungsdurchmesser. Die Stromstärke beträgt 0,5 A. Die Sekundärwicklung besitzt 5 Windungen, die an ein ballistisches Galvanometer angeschlossen sind. Wie viel Coulomb muss das Galvanometer bei jeweiligem Öffnen des Stromkreises anzeigen? Der Widerstand des Galvanometerkreises beträgt 50 Ω.

638. Je ein Ring von den in Aufgabe 637 genannten Abmessungen wird mit einem Eisenkern und mit einem Holzkern hergestellt. Welche Permeabilität hat das Eisen, wenn bei gleicher Durchflutung das ballistische Galvanometer in einem Fall $198{,}8 \cdot 10^{-8}$ C und im anderen Fall $0{,}71 \cdot 10^{-8}$ C anzeigt?

639. An einem Gleichstrommotor liegt eine Spannung von 110 V. Der Anker hat einen Widerstand von 0,3 Ω und wird von 6 A durchflossen. a) Welche Quellenspannung wird im Anker induziert? b) Welchen Wert nimmt diese an, wenn das Feld bei gleicher Drehzahl um 1,5 % geschwächt wird? c) Welchen Betrag hat dann die Stromstärke im Anker bei unveränderter Klemmenspannung?

640. Im Stromkreis eines Elektromagneten mit aufgelegtem Anker liegt ein mit normaler Helligkeit brennendes Lämpchen. Welche Vorgänge spielen sich ab, wenn der Anker plötzlich abgehoben wird?

7.2 Induktivität bei konstanter Permeabilitätszahl

7.2.1 Induktivität eisenfreier Spulen

Formeln:

$$L = \frac{N^2 \mu_0 \mu_r A}{l}$$

Für kurze mehrlagige Spulen (Bild 203) gilt:

$$L = \frac{21 \mu_0 \mu_r N^2 R}{4\pi} \left(\frac{R}{l+h} \right)^n$$

$n = 0{,}75$ wenn $\frac{R}{l+h} < 1$

$n = 0{,}5$ wenn $1 < \frac{R}{l+h} \leq 3$

Größe	Zeichen	Einheit
Induktivität (Selbstinduktivität)	L	$\text{H} = \text{V} \cdot \text{s/A}$
Windungszahl	N	1
mittlere Feldlinienlänge	l	m
Windungsquerschnitt	A	m^2
Permeabilitätszahl	μ_r	1
mittlerer Spulendurchmesser	d_m	m
mittlerer Spulenradius	R	m
Spulenlänge	l	m
Wickelhöhe	h	m
magnetische Feldkonstante	μ_0	$1{,}257 \cdot 10^{-6}\,\text{V} \cdot \text{s/(A} \cdot \text{m)}$

Hinweis:

Die 1. Formel gilt nur für Ringspulen (Bild 202) und näherungsweise für lange einlagige Zylinderspulen, wobei für l die Spulenlänge gesetzt werden kann. Für andere Spulenformen können ebenfalls nur Näherungsformeln angegeben werden.

641. Welche Induktivität hat eine Ringspule mit Holzkern und den Durchmessern $d_1 = 8\,\text{cm}$, $d_2 = 6\,\text{cm}$ sowie 210 Windungen?

642. Welche Induktivität hat eine Ringspule mit Metallkern ($\mu_r = 35$) und den Durchmessern $d_1 = 65\,\text{mm}$, $d_2 = 40\,\text{mm}$ sowie $N = 125$?

643. Wie viel Windungen muss ein Keramikring von $d_1 = 64\,\text{mm}$ und $d_2 = 48\,\text{mm}$ erhalten, um eine Induktivität von $12\,\mu\text{H}$ zu erzielen?

644. Anstatt der unmagnetischen Füllung wird in Aufgabe 643 ein Manifer-220-Kern ($\mu_r = 25$) verwendet. Wie viel Windungen genügen dann?

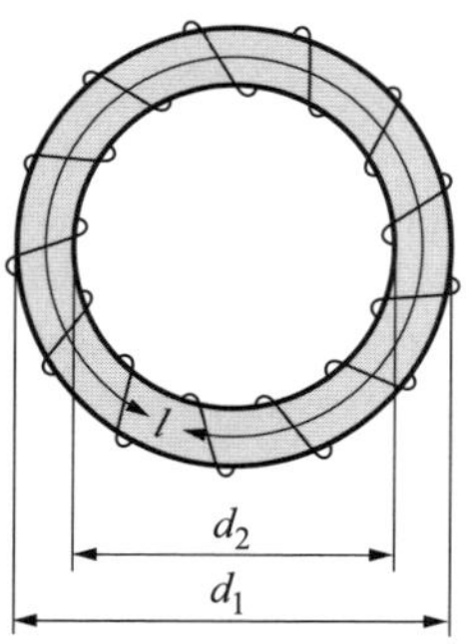

Bild 202: Aufgaben 641 bis 644

645. Welche Permeabilitätszahl hat der Füllstoff, wenn bei 49 Windungen die gleiche Induktivität gemessen wurde wie in Aufgabe 643?

646. Berechnen Sie die Induktivitäten folgender einlagiger, eisenloser Zylinderspulen:

	a)	b)	c)	d)
l	35 cm	6 cm	15 cm	50 cm
d_m	4,5 cm	0,8 cm	2,9 cm	5 cm
N	250	450	280	500

647. Welche Windungszahlen benötigen folgende einlagige Zylinderspulen?

	a)	b)	c)
L	54 mH	8,5 mH	15 mH
μ_r	26	32	142
l	7,5 cm	4,8 cm	5,9 cm
d_m	1,4 cm	0,6 cm	0,75 cm

648. Die Länge einer Zylinderspule soll um 20 % verkürzt werden. Um wie viel Prozent muss der Durchmesser vergrößert werden, wenn die Windungszahl je Zentimeter und die Induktivität unverändert bleiben sollen?

649. Ein eisenfreier Spulenkern von 18 cm Länge und 3 cm Durchmesser wird mit Draht von folgenden Durchmessern einlagig lückenlos eng bewickelt: a) 0,2 mm; b) 1,5 mm und c) 2,5 mm. Welche Induktivitäten ergeben sich bei Berücksichtigung der Drahtdicke?

650. Berechnen Sie die Induktivitäten folgender kurzer Luftspulen:

	a)	b)	c)	d)
N	600	350	433	1 450
R in cm	3	5	6,4	2,5
l in cm	3	1	0,5	5
h in cm	2	1,5	1,8	1,5

651. Mit wie viel Windungen müssen die in Aufgabe 650 genannten Spulen bei gleichen Abmessungen bewickelt werden, wenn folgende Induktionen erhalten werden sollen? a) 25 mH; b) 12 mH; c) 35 mH und d) 373 mH

652. Wie viel Windungen müssen folgende Zylinderspulen (Massekern) aufnehmen?

	a)	b)
R in cm	1,5	2,8
l in cm	4,0	1,0
h in cm	0,5	0,3
μ_r	4,2	3,5
L in mH	30	40

653. Eine einlagige Zylinderspule hat 200 Windungen, den Querschnitt 2 cm² und ist 16 cm lang. Um welchen Betrag nimmt die Induktivität ab, wenn 50 Windungen entfernt werden?

654. Welche Induktivität hat eine mit Draht von a) 0,8 mm, b) 1,2 mm und c) 2,4 mm Außendurchmesser bewickelte Spule (Bild 203) von $h = 2{,}4$ cm, $l = 6$ cm, $R = 2$ cm? Jeder Draht beanspruche als Wickelraum ein Quadrat seines Durchmessers.

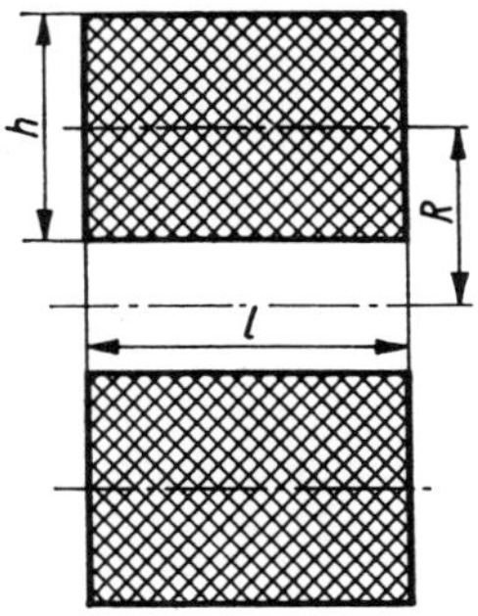

Bild 203:
Aufgaben 650 bis 654

655. Es stehen 50 m Draht von 1,5 mm äußerem Durchmesser zur Verfügung. Welche Induktivität entsteht, wenn ein Pappzylinder von 3 cm Durchmesser damit einlagig bewickelt wird?

656. Eine Spule soll mit $l_D = 50$ m Draht von $D = 1{,}5$ mm Durchmesser so gewickelt werden, dass das Verhältnis Spulenlänge (l) : Kerndurchmesser (d) = 8 : 1 beträgt. Welche Kernabmessungen und Induktivität ergeben sich?

7.2.2 Induktivität bei Anwesenheit von Eisen

Formeln:

$$L = \frac{\Phi}{I} N$$

$$L = \frac{\mu_0 \mu_r N^2 A}{l}$$

Größe	Zeichen	Einheit
Induktivität	L	H
magnetischer Fluss	Φ	V · s = Wb
Windungszahl	N	1
Querschnitt des magnetischen Feldes	A	m²
mittlere Feldlinienlänge	l	m
Permeabilitätszahl	μ_r	1
magnetische Feldkonstante	μ_0	$1{,}257 \cdot 10^{-6}$ V · s/(A · m)

Anleitung:

Die Induktivität von Spulen mit Eisenkern ist keine Konstante, sondern von der Permeabilitätszahl μ_r abhängig, die von Fall zu Fall aus der Magnetisierungskennlinie zu entnehmen ist (S. 53). Bei zusammengesetzten magnetischen Kreisen ist vom Fluss Φ auszugehen.

657. Berechnen Sie für eine Ringspule (Stahlgusskern) von 175 Windungen, 12 cm mittlerem Durchmesser und 2 cm² Windungsfläche die Permeabilitätszahlen und hieraus die Induktivitäten für folgende Stromstärken:
a) 0,1 A; b) 0,2 A; c) 0,4 A;
d) 0,6 A; e) 0,8 A; f) 1,0 A;
g) 1,2 A; h) 1,4 A.

658. Stellen Sie den Verlauf der Induktivität in Abhängigkeit von der Stromstärke für Aufgabe 657 grafisch dar.

659. Berechnen Sie für eine Ringspule (Graugusskern) die Permeabilitätszahlen und hieraus die Induktivitäten für folgende magnetische Flussdichten (Abmessungen: 85 Windungen; $l_m = 16{,}5\,\text{cm}$; $A = 0{,}8\,\text{cm}^2$): a) 0,05 T; b) 0,1 T; c) 0,2 T; d) 0,4 T; e) 0,5 T; f) 0,6 T; g) 0,7 T; h) 0,8 T.

660. Stellen Sie die Induktivität dieser Spule in Abhängigkeit von der magnetischen Flussdichte grafisch dar.

661. Wie groß ist die Induktivität einer Spule mit Eisenkern bei einem magnetischen Fluss von 50 µWb, einer Durchflutung von 68 A und 136 Windungen?

662. Wie groß ist die Induktivität einer eisengefüllten Spule bei einem magnetischen Fluss von 20 µWb, einer Stromstärke von 0,13 A und 3 700 Windungen?

663. Wie groß ist die Induktivität einer eisengefüllten Spule von 1 000 Windungen, 1 cm^2 Querschnitt, der magnetischen Flussdichte 0,19 T und der Stromstärke 0,45 A?

664. Welche Induktivität hat die Erregerwicklung eines Lautsprechermagneten von 11,2 kΩ, die an der Spannung 230 V liegt und bei der Durchflutung von 878 A einen magnetischen Fluss von 0,33 mWb erzeugt?

665. Die Erregerspule eines Lautsprechermagneten hat 18 300 Windungen, den Widerstand 1,402 kΩ, setzt die Leistung 2,57 W um und erzeugt den Fluss 0,12 mWb. Wie groß ist ihre Induktivität?

666. Ermitteln Sie die Induktivitäten des in Aufgabe 544 berechneten magnetischen Kreises für die einzelnen magnetischen Flussdichten, und stellen Sie diese in Abhängigkeit von der Durchflutung grafisch dar ($N = 1\,000$ Windungen).

667. Welchen magnetischen Fluss erzeugt eine eisengefüllte Spule von 2 000 Windungen, deren Durchflutung 162 A und Induktivität 13 H betragen?

668. In einem als streuungslos angenommenen magnetischen Kreis von 10 cm^2 Querschnitt und 45 cm Eisenweg herrscht eine magnetischen Flussdichte von 1,4 T (Stahlguss). Welche Windungszahl und Stromstärke sind erforderlich, um eine Induktivität von 5,83 H zu erzielen?

669. Der Kreis von Aufgabe 668 soll bei einer magnetischen Flussdichte von 0,9 T eine Induktivität von 20 H ergeben. Wie groß sind Windungszahl und Stromstärke?

670. Welchen Querschnitt muss ein als streuungslos angenommener magnetischer Kreis von 35 cm Eisenweg aufweisen, wenn bei einer magnetischen Flussdichte von 0,8 T die Induktivität 15 H betragen soll? a) Stahlguss, b) Grauguss. Die Erregerspule habe in beiden Fällen 14 000 Windungen. Berechnen Sie außerdem die Stromstärke.

671. Ein magnetischer Kreis soll bei größtmöglicher Materialersparnis in Form eines quadratischen Rahmens aus Grauguss hergestellt werden. Gemäß der sich ergebenden Strombelastung muss der Draht einen Durchmesser von 0,3 mm haben. Berechnen Sie zunächst den sich ergebenden Wicklungsquerschnitt ($k_{Cu} = 0{,}6$; 14 000 Windungen), wobei für den Raumbedarf des Spulenkörpers usw. 20 % zuzuschlagen sind, und die Seitenlänge des sich ergebenden quadratischen Fensters. Welche Abmessungen muss der Rahmen bei quadratischem Eisenquerschnitt haben, wenn die Induktivität 15 H und die magnetische Flussdichte 0,8 T betragen soll?

672. Eine Drosselspule hat bei den Luftspaltbreiten 1,5 mm bzw. 3 mm die magnetischen Flussdichten 1,6 T bzw. 1,2 T. Wie groß sind die Induktivitäten, wenn die Windungszahl 1000, die Durchflutung 3 000 A und der Flussquerschnitt 8 cm^2 betragen?

673. Berechnen Sie die Induktivitäten der in Aufgabe 551 (S. 59) berechneten Drosselspule mit Luftspalt bei einer magnetischen Flussdichte von 0,3 T; 0,6 T bis 2,1 T. Die Erregerspule hat 4 000 Windungen, der Eisenquerschnitt beträgt 1 cm^2 (Stahlguss).

674. Stellen Sie die Induktivität des letzten Beispiels in Abhängigkeit von der Durchflutung grafisch dar.

675. Berechnen Sie die Induktivitäten der in Aufgabe 554 (S. 59) berechneten Drosselspule mit Luftspalt bei einer magnetischen Flussdichte von 0,2 T; 0,4 T bis 1,2 T; 4 000 Windungen und 1 cm^2 Eisenquerschnitt (Grauguss). Stellen Sie das Ergebnis grafisch dar.

7.3 Induktivität von Leitungen

Formeln:

Für eine Doppelleitung (Bild 204) (Hin- und Rückleitung):

$$L = \frac{\mu_0}{\pi} l \left(\ln \frac{a}{r} + 0{,}25 \right)$$

Für konzentrische Kabel mit dünnem Innenleiter:

$$L = \frac{\mu_0}{2\pi} l \left(\ln \frac{r_a}{r_i} + 0{,}25 \right)$$

Gesamtinduktivität einer 3-Phasen-Leitung (Bild 205):

$$L = \frac{\mu_0}{2\pi} l \left(\ln \frac{a}{r} + 0{,}25 \right)$$

Größe	Zeichen	Einheit
Induktivität	L	$\mathrm{H} = \mathrm{V} \cdot \mathrm{s}/\mathrm{A}$
einfache Länge der Doppelleitung	l	m
Abstand der Leitermittelpunkte	a	m
Radien der Leiter	r	m
Außenleiter	r_a	m
Innenleiter	r_i	m

$\ln a = \ln 10 \cdot \lg a = 2{,}3026 \lg a$

676. Welche Induktivität haben folgende Doppelleitungen?

	a)	b)	c)	d)
Länge l	30 m	500 m	3 km	40 km
r in mm	1,5	2,5	1,8	2
a in cm	5	25	30	50

677. Welche Induktivität je Kilometer hat eine Doppelleitung aus 2 mm dickem Draht bei folgenden Abständen? a) 15 cm; b) 20 cm; c) 25 cm; d) 30 cm

678. Stellen Sie die in Aufgabe 677 berechnete Induktivität in Abhängigkeit von 10 cm bis 3 m Leiterabstand grafisch dar.

679. Welche Induktivität je Kilometer hat eine Doppelleitung von 20 cm Abstand bei folgenden Drahtdicken? a) 1,5 mm; b) 2 mm; c) 3 mm; d) 4 mm

680. Stellen Sie die Induktivität je Kilometer von Aufgabe 679 in Abhängigkeit von der Drahtdicke grafisch dar.

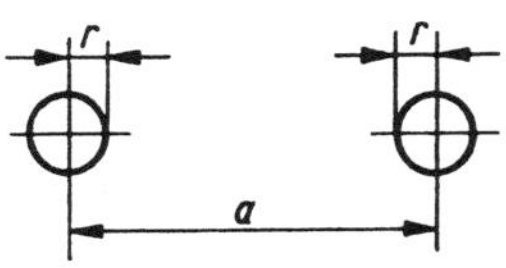

Bild 204: Aufgaben 676 bis 681

681. Welche Länge hat eine Doppelleitung von 30 cm Abstand und 2,5 mm Drahtdicke, deren Induktivität 4,5 mH beträgt?

682. Welche Induktivität hat ein koaxiales Antennenkabel von 25 m Länge, dessen Außenleiter 8 mm und Innenleiter 1 mm Durchmesser hat?

683. Welchen Durchmesser müsste der Außenleiter dieses Kabels haben, wenn die Induktivität den doppelten Wert haben soll, wie sich aus Aufgabe 682 ergibt?

684. Welche Gesamtinduktivität je Kilometer weist eine Einphasenleitung von 4,5 mm Drahtdurchmesser bei folgenden Abständen auf? a) 30 cm; b) 40 cm; c) 60 cm; d) 80 cm

685. Um wie viel Prozent verringert sich die Gesamtinduktivität je Kilometer einer Doppelleitung, wenn der Drahtdurchmesser von 3,55 mm auf 5,6 mm erhöht, der Leiterabstand von 50 cm jedoch beibehalten wird?

686. Bei welchem Verhältnis von Leiterabstand/Drahtdurchmesser beträgt die Gesamtinduktivität einer Einphasenleitung je Kilometer 2 mH?

687. Der Drahtabstand einer 3-Phasen-Leitung beträgt $a = 60$ cm bei einem Drahtdurchmesser von 3 mm. Wie groß ist die Gesamtinduktivität je Kilometer?

688. Um wie viel Meter je Kilometer ist eine 3-Phasen-Leitung kürzer, wenn bei gleicher Induktivität je Kilometer und demselben Drahtdurchmesser wie in Aufgabe 687 der Leiterabstand $a = 80\,\text{cm}$ beträgt?

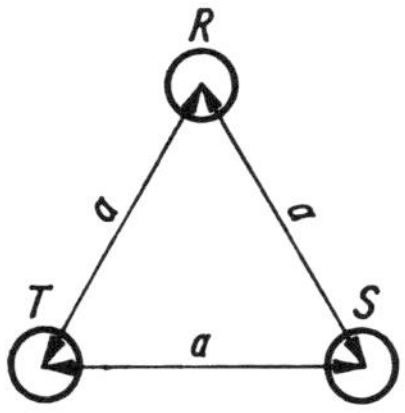

Bild 205: Aufgaben 687 und 688

689. Welchen Leiterabstand hat eine Doppelleitung vom Drahtdurchmesser 3 mm, wenn die Induktivität 2 mH je Kilometer beträgt?

690. Bei näherungsweiser Berechnung kann in der Formel für Doppelleitungen der Summand 0,25 weggelassen werden. Von welchem Verhältnis a/r an wird der Fehler kleiner als 5 %?

691. Um welchen Betrag nimmt die Induktivität eines Kabels je Kilometer ab, wenn der Durchmesser des Innenleiters verdoppelt wird?

692. Um welchen Betrag nimmt die Induktivität einer Doppelleitung je Kilometer zu, wenn der Leiterabstand auf das 1,5fache vergrößert wird?

693. Nach Vergrößerung des Leiterabstandes nimmt die Induktivität einer Doppelleitung je Kilometer um 0,35 mH zu. Wie groß ist der neue Abstand, wenn der bisherige 25 cm betrug?

694. (Bild 206) Eine einfache kreisringförmige Leitung vom Radius R und dem Leiterradius r hat die Induktivität

$$L = \mu_0 R \left(\ln \frac{R}{r} + 0{,}25 \right).$$

Wie groß ist die Induktivität bei einem Ringradius von a) 10 cm und b) 100 m und dem Drahtdurchmesser 1 mm?

695. (Bild 206) Welchen Radius hat eine einfache Ringleitung aus Draht von 2 mm Durchmesser bei der Induktivität 2 µH? (Näherungsrechnung!)

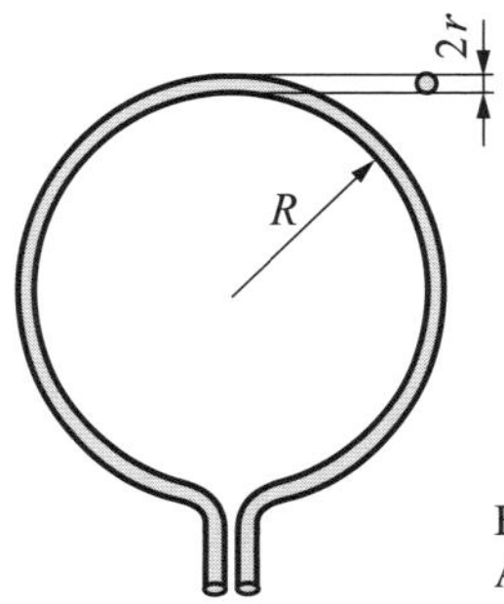

Bild 206: Aufgaben 694 bis 696

696. (Bild 206) Um wie viel Prozent nimmt die Induktivität einer kreisringförmigen Leitung ($R/r = 1\,000$) zu, wenn der Ringradius verdoppelt wird?

7.4 Gegeninduktivität und Kopplung von eisenlosen Spulen

Formeln:

$$M = k\sqrt{L_1 L_2}$$

Für 2 koaxial ineinander liegende lange Zylinderspulen (Bild 208), gilt für $l_1 \gg l_2$:

$$M = \frac{\mu_0 N_1 N_2 d_2^2 \pi}{4 l_1}$$

Für 2 lange einlagige, auf gemeinsamen Zylinder gewickelte Spulen gleicher Länge (Bild 207) gilt:

$$M = \frac{\mu_0 N_1 N_2 \pi d^2}{4 l}$$

Größe	Zeichen	Einheit
Gegeninduktivität	M	H
Induktivität	L	H
Kopplungsgrad	k	1
Windungszahlen	N_1, N_2	1
Durchmesser der größeren bzw. kleineren Spule	d_1, d_2	m
Spulenlänge	l_1, l_2	m

697. Zwei Spulen haben einzeln die Induktivität $L_1 = L_2 = 20\,\text{mH}$ und miteinander gekoppelt die Gegeninduktivität $M = 10\,\text{mH}$. Wie groß ist der Kopplungsgrad k?

698. Welche Gegeninduktivitäten haben folgende Spulenpaare?

	a)	b)	c)
L_1	15 μH	3,2 μH	4,5 μH
L_2	24 μH	1,6 μH	8,2 μH
k	0,1	0,4	1

699. (Bild 207) Auf einem PVC-Rohr von 3 cm Durchmesser befinden sich übereinander $N_1 = 80$ bzw. $N_2 = 60$ Windungen von je 18 cm Wicklungslänge. Wie groß ist die Gegeninduktivität?

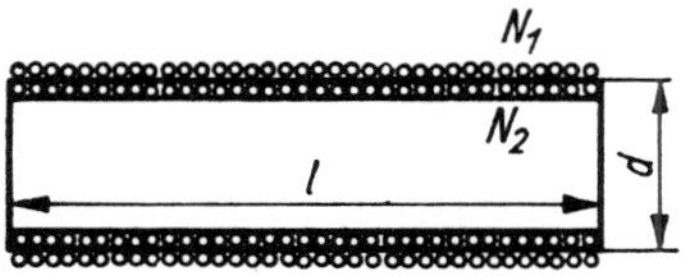

Bild 207: Aufgabe 699

700. Die Gegeninduktivität der letzten Anordnung soll durch Vergrößerung der Windungszahl N_2 auf 28 μH erhöht werden. Wie viel Windungen muss die zweite Spule dann tragen?

701. Um wie viel Prozent erhöht sich die Selbstinduktivität dieser Wicklung durch die vorgenommene Vergrößerung der Windungszahl?

702. Auf einen Pappzylinder von 2,5 cm Durchmesser werden übereinander 2 getrennte Lagen von 1 mm (Außendurchmesser) starkem Draht gewickelt, sodass eine Gegeninduktivität von 300 μH entsteht. Wie viel Windungen je Wicklung sind erforderlich?

703. Die Induktivitäten zweier Spulen verhalten sich wie 1 : 3, ihre Gegeninduktivität beträgt 55 mH. Welches sind ihre Induktivitäten bei Annahme fester Kopplung?

704. (Bild 208) In einer Spule von 65 Windungen und 8 cm Länge steckt konzentrisch eine zweite, jedoch kürzere Spule von 25 Windungen und 1,8 cm Durchmesser. Welche Gegeninduktivität entsteht dadurch?

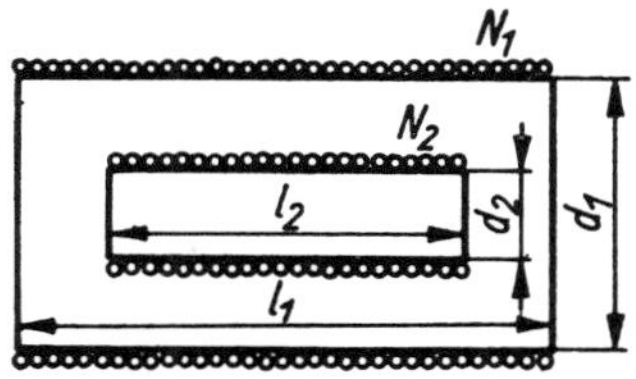

Bild 208: Aufgabe 704

705. Die Windungszahlen zweier Spulen von gleichen äußeren Abmessungen verhalten sich wie 1 : 4. Ihre Gegeninduktivität beträgt bei ideal fester Kopplung 150 mH. Welches sind ihre Selbstinduktivitäten?

706. Um den Kopplungsgrad zweier Spulen zu bestimmen, werden diese einmal hintereinander und einmal gegeneinander geschaltet. Im ersten Fall misst man die Gesamtinduktivität L', im zweiten Fall den Wert L''. Dann ist $k = (L' - L'')/(4\sqrt{L_1 L_2})$. Bestätigen Sie die Richtigkeit dieser Formel. Der magnetische Leitwert Λ beider Spulen wird als gleich groß angenommen.

707. Nach Aufgabe 706 wurden zwei Spulen von $L_1 = 25\,\text{mH}$ und $L_2 = 44\,\text{mH}$ in der angegebenen Weise miteinander verbunden und dabei die Werte $L' = 50\,\text{mH}$ und $L'' = 12\,\text{mH}$ gemessen. Welcher Kopplungsgrad liegt vor?

708. Welche Induktivitäten L' und L'' werden für den Fall vollständiger Kopplung gemessen, wenn wie in der vorigen Aufgabe $L_1 = 25\,\text{mH}$ und $L_2 = 44\,\text{mH}$ ist?

709. Welcher Kopplungsgrad k liegt vor, wenn zwei Spulen einzeln die Induktivitäten von 26,3 und 39 mH haben, gemeinsam aber eine Gegeninduktivität M von a) 32 mH; b) 15,8 mH; c) 10 mH und d) 0,4 mH?

710. Zwei auf gemeinsamem Zylinder gewickelte Spulen ergeben hinter- bzw. gegeneinander geschaltet die Induktivitäten von 8 mH bzw. 2 mH. Welche Gegeninduktivität hat das Wicklungspaar (feste Kopplung)?

711. Die Induktivitäten zweier Spulen verhalten sich wie 2 : 5. Bei einem Kopplungsgrad von 0,03 beträgt ihre Gegeninduktivität 6 mH. Welches sind ihre Induktivitäten?

7.5 Gegeninduktivität von Freileitungen

Formeln:

Anordnung *1* nach Bild 209:

$$M = \frac{\mu_0 l}{2\pi} \ln\left(1 + \frac{a^2}{b^2}\right)$$

Anordnung *2* nach Bild 210:

$$M = \frac{\mu_0 l}{2\pi} \ln \frac{a_{14} a_{23}}{a_{13} a_{24}}$$

Größe	Zeichen	Einheit
Gegeninduktivität	M	H
Leitungslänge	l	m
Leiterabstand	a	m
Abstand zur anderen Doppelleitung	b	m

712. Zwei 180 m lange Doppelleitungen von je 30 cm Drahtabstand (a) sind in 50 cm gegenseitigem Abstand (b) nach Anordnung *1* parallel zueinander verlegt. Berechnen Sie die Gegeninduktivität des Leitungspaares.

713. In welchem gegenseitigen Abstand b müssen die beiden Leitungen der Aufgabe 712 verlegt werden, wenn die Gegeninduktivität höchstens 6 µH betragen darf?

714. Welche Werte hat die Gegeninduktivität je Kilometer, wenn nach Anordnung *1* der Abstand $a = 25$ cm und b folgende Werte hat: a) 40 cm; b) 80 cm und c) 120 cm?

715. Welche Gegeninduktivität je Kilometer hat eine Anordnung, bei der die 4 Drähte in den Eckpunkten eines Quadrates liegen?

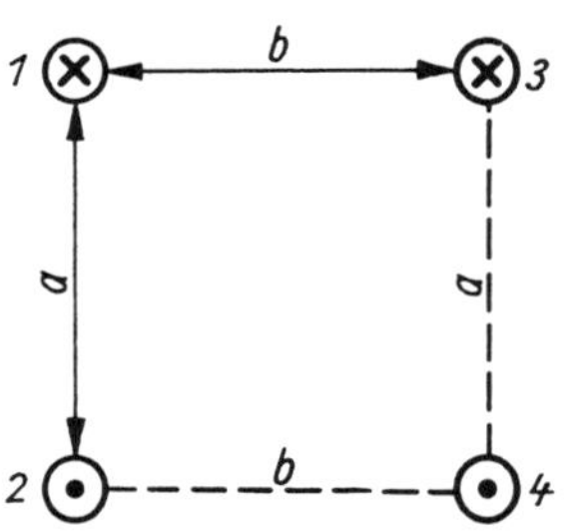

Bild 209: Aufgaben 712 bis 717

716. Um welchen Faktor ändert sich die Gegeninduktivität der Anordnung *1*, wenn a) die Abstände a doppelt so groß wie b, b) die Abstände b doppelt so groß wie a sind und c) beide Abstände a und b gleichzeitig verdoppelt werden?

717. Die 4 Drähte liegen in den Eckpunkten eines Rechteckes, dessen Seitenverhältnis $a : b = 1 : 3$ beträgt. Welche Gegeninduktivität je Kilometer ergibt sich für den Fall, dass a) je eine Doppelleitung die kurze und b) die lange Rechteckseite bilden?

718. Berechnen Sie die Gegeninduktivität je Kilometer nach der für die allgemeine Anordnung *2* angegebenen Formel im Fall, dass die 4 Drähte in den Eckpunkten eines Quadrates liegen.

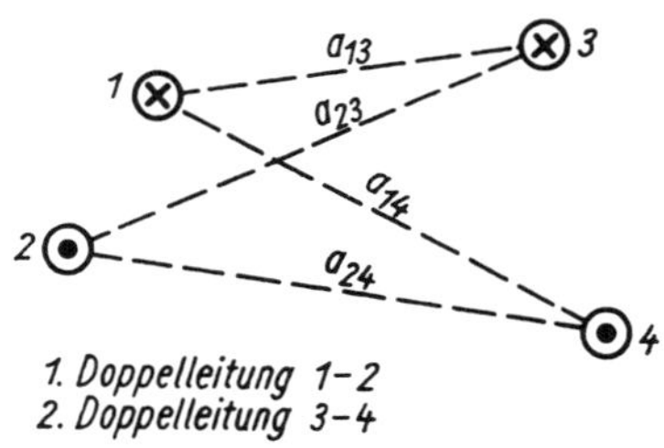

Bild 210: Aufgabe 718

719. Die beiden Doppelleitungen sind nach Bild 211 trapezförmig angeordnet. Welche Gegeninduktivität je Kilometer ergibt sich für den Fall, dass a) je 1 Doppelleitung je einen Schenkel und b) je 1 Doppelleitung je eine Grundlinie des Trapezes bilden?

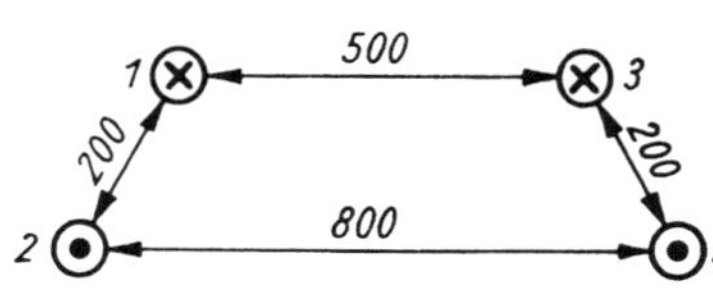

Bild 211: Aufgabe 719 (Maße in mm)

720. Ist es möglich, dass bei geeigneter Anordnung der Drähte die Gegeninduktivität verschwindet?

7.6 Ein- und Ausschaltvorgänge mit Induktivitäten

Formeln:

$$\tau = \frac{L}{R}$$

Stromstärke zur Zeit t nach dem Einschalten:

$$i = I\left(1 - e^{-\frac{t}{\tau}}\right)$$

Stromstärke zur Zeit t nach dem Ausschalten:

$$i = Ie^{-\frac{t}{\tau}}$$

Größe	Zeichen	Einheit
Zeitkonstante	τ	s
Augenblickswert der Stromstärke	i	A
Anfangs- bzw. Endwert der Stromstärke	I	A
Zeit	t	s
Basis der natürlichen Logarithmen	e	

Anleitung:

Eine Induktivität bewirkt beim Anschluss einer Spannungsquelle ein allmähliches Anwachsen und beim Abschalten ein allmähliches Abklingen des Stromes.

721. Welche Zeitkonstanten haben folgende Drosselspulen?

	a)	b)	c)
R in Ω	300	85	20
L in H	6,5	0,01	1,8

722. An einer Drosselspule von 12 Ω und 0,6 H liegt eine Spannung von 30 V. Welche Stärke hat der Strom a) 0,01 s; b) 0,05 s; c) 0,1 s; d) 0,15 s; e) 0,20 s und f) 0,25 s nach dem Einschalten?

723. Stellen Sie den Verlauf des Einschaltstromes in Abhängigkeit von der Zeit grafisch dar.

724. Welchen Wert hat die Stromstärke eine halbe Sekunde nach dem Einschalten, wenn die Induktivität einer Drosselspule 2,5 H, ihr Widerstand 20 Ω und die Klemmenspannung 24 V beträgt?

725. Welche Werte hat die Stromstärke (Anfangswert $I = 1{,}2$ A) a) 0,01 s; b) 0,05 s; c) 0,1 s und d) 0,2 s nach dem Abschalten in einer kurzgeschlossenen Spule, deren Zeitkonstante 0,15 s beträgt?

726. Wann erreicht die Stromstärke in einer Spule von 15 Ω und 1,9 H nach dem Einschalten 65 % ihres Endwertes?

727. Welche Induktivität hat eine Drosselspule von 35 Ω, wenn der Strom 0,5 s nach dem Einschalten 3/4 seines Höchstwertes erreicht hat?

Zur Lösung der folgenden Aufgaben kann das in Bild 212 angegebene Diagramm benutzt werden.

728. Welche Werte hat die Stromstärke durch eine Drosselspule von 15 H und 150 Ω a) 1/100 s, b) 5/100 s, c) 10/100 s und d) 15/100 s nach dem Einschalten bei einer Klemmenspannung von 230 V?

729. Die an einer Drosselspule von 2 H und 2,1 Ω liegende Spannung von 4 V wird abgeschaltet und die Spule kurzgeschlossen. Welche Werte hat der abklingende Strom nach a) 0,1 s; b) 0,3 s; c) 0,5 s und d) 2 s?

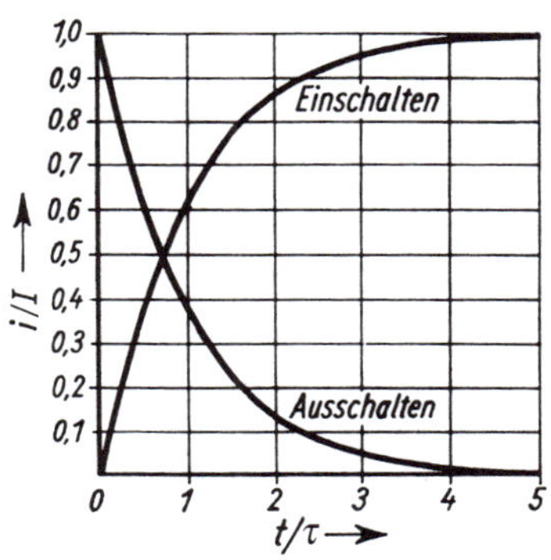

Bild 212: Aufgaben 728 bis 732

730. In dem geschlossenen Stahlgusskern von 8 cm² Querschnitt einer Spule von 1 000 Windungen entsteht eine magnetische Flussdichte 0,87 T. Die mittlere Feldlinienlänge beträgt 28 cm, der Widerstand 5 Ω. Nach welcher Zeit erreicht die

Stromstärke beim Einschalten die Hälfte ihres Endwertes?

731. Ein Relais hat 10 000 Windungen, den Widerstand 500 Ω und die Induktivität 4,8 H. Welche Anzugszeit ergibt sich, wenn der Kontakt bei der Spannung 30 V nach Erreichen der Durchflutung von 450 A geschlossen wird?

732. In einer Drosselspule wächst der Strom innerhalb von 0,3 s nach dem Einschalten auf Dreiviertel seines Maximalwertes an. Welchen Wert hat die Zeitkonstante?

8 Kraftwirkungen und Energieverhältnisse des magnetischen Feldes

8.1 Kraftwirkung auf Stromleiter im Magnetfeld

Formeln:

Kraft auf einen Stromleiter im Magnetfeld:

$$F = BIl$$

Kraft zwischen zwei parallelen Stromleitern:

$$F = \frac{\mu_0 I_1 I_2 l}{2\pi a}$$

Größe	Zeichen	Einheit
Kraft	F	N
Stromstärke	I	A
wirksame Länge des Leiters	l	m
Abstand der Stromleiter	a	m
magnetische Flussdichte	B	$\mathrm{V \cdot s/m^2 = T}$
magnetische Feldkonstante	μ_0	$1{,}257 \cdot 10^{-6}\,\mathrm{V \cdot s/(A \cdot m)}$

Hinweis:

Die 1. Formel gilt nur, wenn Kraftrichtung, Feldrichtung und die Richtung des Stromleiters rechtwinklig zueinander stehen.

733. Mit welcher Kraft weicht ein von a) 50 mA; b) 0,1 A; c) 1 A; d) 30 A durchflossener Draht seitlich aus, der rechtwinklig durch das 5 cm breite Feld eines Hufeisenmagneten von 85 mT läuft?

734. Ein Bündel aus 45 Drähten, in denen je 5 A fließen, läuft durch ein 2,5 cm breites Feld von 0,4 T. Welche Kraft greift an dem Bündel an?

735. An einer Waage hängt ein von 2,4 A durchflossener Drahtbügel, der mit einer Breite von 3 cm quer in ein Magnetfeld taucht. Die Waage muss zum Ausgleich der wirkenden Kraft mit einem 2-g-Stück belastet werden. Welche Stärke hat das Feld?

736. Ein von 6 A durchflossener Leiter läuft unter dem Winkel α durch ein 3,5 cm breites homogenes Magnetfeld von 0,54 T. Welche quer gerichtete Kraft wirkt auf den Leiter?

737. Ein von 8,5 A durchflossenes Leiterstück von 2,5 cm Länge befindet sich unter einem Winkel von a) 0°; b) 30°; c) 45°; d) 60° und e) 90° in einem magnetischen Feld von 0,48 T. Welche Kraft wirkt auf den Leiter?

738. Im Luftspalt des in Bild 187 gezeichneten Lautsprechermagneten mit der magnetischen Flussdichte von 0,8 T befindet sich die von 150 mA durchflossene Schwingspule mit 45 Windungen. Welche Kraft wirkt auf die Membran?

739. Welche Kraft wirkt auf die 60 Windungen einer im Luftspalt des Lautsprechermagneten (Bild 186) befindlichen Schwingspule, in der ein Strom von 0,35 A fließt, wenn die magnetische Flussdichte 1 T beträgt?

740. In dem 0,85 T starken Feld eines Drehspulinstrumentes befindet sich eine Ablenkspule mit 150 Windungen. Spulenbreite $d = 12$ mm, im Feld liegende Spulenhöhe $h = 8$ mm. Welches Drehmoment wirkt auf die Spule, wenn das Instrument 5 mA anzeigt?

741. Am Ende des $l = 6{,}4$ cm langen Zeigers dieses Drehspulinstrumentes wirkt eine Kraft von 4 mN. Welche Stromstärke herrscht in der Drehspule?

742. Der Trommelanker von $2r = 44$ cm Durchmesser einer Gleichstrommaschine besitzt ein Drehmoment von 150 N · m. Am Ankerumfang liegen unter den Polen 200 Drähte von je 20 cm Länge. Von welchem Strom werden die Drähte durchflossen, wenn die magnetische Flussdichte 0,72 T beträgt?

743. (Bild 213) Mit welcher Kraft stoßen sich Hin- und Rückleitung einer 120 A führenden

Doppelleitung von 50 m Länge gegenseitig ab, wenn ihr Abstand $a = 50$ cm beträgt?

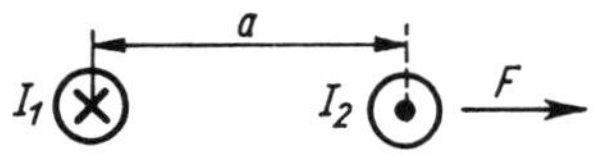

Bild 213: Aufgaben 743 und 744

744. Welche Querkraft entsteht in dieser Leitung im Moment eines Kurzschlusses, wenn dabei ein Strom von 5 000 A fließt?

745. Zwei Ringe von je 18 cm Durchmesser bestehen aus je 25 Windungen, und hängen parallel zueinander in 5 cm Abstand. Mit welcher Kraft ziehen sie sich an, wenn sie in gleicher Richtung von je 6 A durchflossen werden?

746. Im Moment eines Kurzschlusses wurde eine 3 m lange Sammelschiene, die im Abstand von 10 cm parallel zur zweiten Schiene verlief, von ihrer Befestigung losgerissen. Die Kraft wurde auf 2,5 kN geschätzt. Welcher Stromstärke entspricht dies?

747. Der Trommelanker eines Elektromotors (Durchmesser 28 cm) hat 51 Nuten, deren jede 40 Drähte von je 17 cm Länge enthält, die von 14 A durchflossen werden. Es befindet sich stets die Hälfte aller Drähte in einem Feld von 0,7 T. Der Einfachheit halber wird angenommen, dass die Wicklung auf dem Umfang des Ankers liegt. Berechnen Sie a) die Kraft am Ankerumfang, b) das Drehmoment und c) die Leistung des Motors bei einer Drehzahl von 960 1/min.

748. Ein beweglicher, stromdurchflossener Leiter wird in einem Magnetfeld zur Seite bewegt. Was geschieht, wenn man den Leiter an der Bewegung hindert?

8.2 Energie des magnetischen Feldes

Formeln:

$$W = \frac{L}{2} I^2$$

Homogenes Feld bei konstanter Permeabilitätszahl:

$$W = \frac{HBV}{2}$$

$$W = V \oint_0^B H \, \mathrm{d}B$$

bei gegebener Magnetisierungskennlinie

Größe	Zeichen	Einheit
Energie des Magnetfeldes, Arbeit	W	$\mathrm{W \cdot s = J}$
Volumen des Magnetfeldes	V	$\mathrm{m^3}$
magnetische Feldstärke	H	A/m
magnetische Flussdichte	B	$\mathrm{V \cdot s/m^2 = T}$
Induktivität	L	H
Leistung	P	W

Das Umlaufintegral in der letzten Formel stellt die Fläche unter der Magnetisierungskennlinie des betreffenden Materials bzw. den Flächeninhalt der Hysteresisschleife dar.

749. Welche Energie ist zum Aufbau des magnetischen Feldes einer eisenlosen Ringspule von folgenden Abmessungen notwendig: mittlerer Durchmesser 28 cm, 800 Windungen, mittlerer Windungsdurchmesser 6 cm, $I = 3$ A.

750. Welche Energie enthält das magnetische Feld einer Spule a) mit der Induktivität 0,02 mH und der Stromstärke 2,5 A sowie b) mit der Induktivität 0,51 mH und der Stromstärke 1,4 A?

751. Welche Energie ist in einer Ringspule von 2 m mittlerem Durchmesser, 500 cm² Windungsfläche und 6 000 Windungen bei einem Strom von 4 A enthalten?

752. Welche Energie befindet sich im Luftspalt eines Kerns nach M 65 (S. 58) bei einer magnetischen Flussdichte von 1,9 T?

753. Durch ein dünnwandiges Kupferrohr von 1,5 cm Durchmesser wurde zu Versuchszwecken ein kurzzeitiger Stromstoß von 200 000 A geleitet, wobei sich das Rohr auf 4 mm zusammenschnürte. Wie groß war der auf die Rohrwandung ausgeübte mechanische Druck in Pa ($\mathrm{N/m^2}$)?

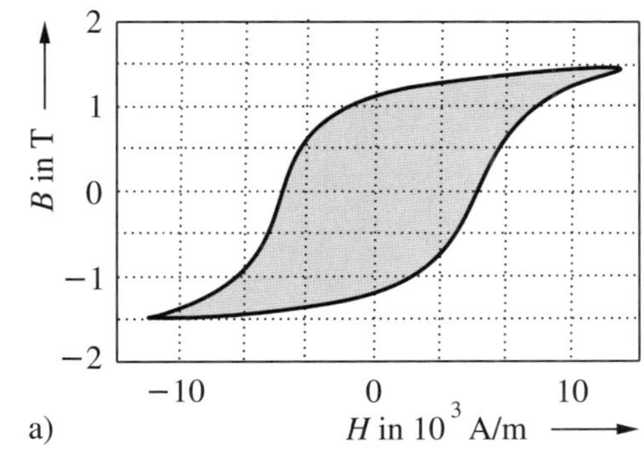

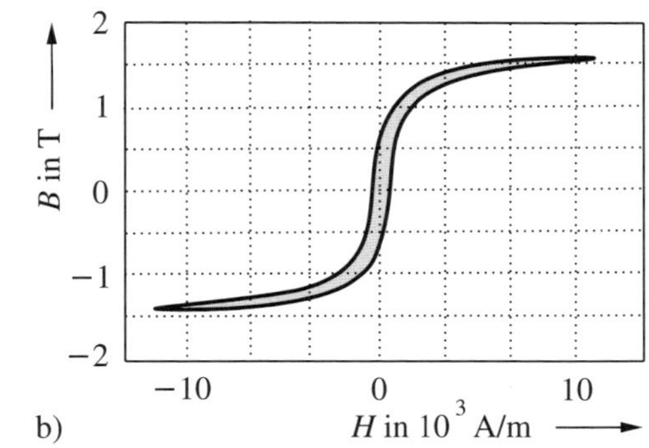

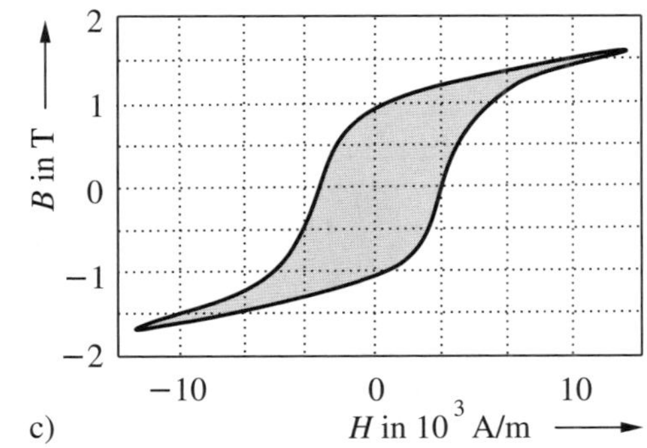

Bild 214:
Aufgabe 760

754. Welche Breite muss ein als streuungslos angenommener Luftspalt von 60 mm × 50 mm haben, wenn er bei einer magnetischen Flussdichte von 1,2 T die Energie 8,6 J speichern soll?

755. Welche magnetische Flussdichte muss in einem Luftspalt vorhanden sein, wenn er die Energie 0,5 J speichern soll ($V = 5\,\text{cm}^2 \times 0{,}3\,\text{cm}$)?

756. Welche Arbeit wird zur Magnetisierung von 1 cm^3 (Energiedichte) Dynamoblech verbraucht, wenn eine magnetische Flussdichte von 1,2 T entstehen soll? (Auszählen der Kästchen in der Magnetisierungskennlinie S. 53)

757. Welche Arbeit ist zur Erzeugung des magnetischen Feldes von 1,3 T in einem Kern von 95 cm^3 Dynamoblech aufzuwenden?

758. Welche Energie ist nötig, um im Feld des in Bild 183 (S. 59) dargestellten Stahlgusskerns einschließlich eines Luftspaltes von 1 mm Breite eine magnetische Flussdichte von 1,4 T zu erzeugen?

759. Welche Energieverhältnisse ergeben sich, wenn bei gleich bleibender Durchflutung der Luftspalt eines Elektromagneten auseinandergezogen wird?

760. Welche Ummagnetisierungsarbeit ergibt sich bei einmaligem Durchlaufen der Magnetisierungsschleife von a) magnetisch hartem Eisen (Bild 214a), b) magnetisch weichem Eisen (Bild 214b) und c) gehärtetem Silberstahl (Bild 214c) je cm^3?

761. Berechnen Sie mit den Daten der von Aufgabe 760 ermittelten Werte die Hysteresisarbeit je Kilogramm bei einer Dichte des Materials von $7{,}8\,\text{kg/dm}^3$.

762. Berechnen Sie zu Aufgabe 761 die Ummagnetisierungsleistungen je Kilogramm bei der Frequenz des technischen Wechselstroms von 50 Hz.

8.3 Zugkraft von Magneten

Formeln:

$$F = \frac{B^2 A}{2\mu_0}$$

$$F = \frac{\Phi^2}{2\mu_0 A}$$

Größe	Zeichen	Einheit
Zugkraft	F	N
gesamte wirksame Polfläche	A	m^2
magnetische Flussdichte im Raum zwischen Pol und Anker	B	$V \cdot s/m^2 = T$
magnetischer Fluss	Φ	$V \cdot s = Wb$
magnetische Feldkonstante	μ_0	$1{,}257 \cdot 10^{-6}\,V \cdot s/(A \cdot m)$

763. An den beiden Polen von je 15 mm × 18 mm eines Elektromagneten herrscht eine magnetische Flussdichte von je 0,64 T. Mit welcher Kraft wird der an beiden Polen hängende Anker angezogen?

764. Wie groß ist die magnetische Flussdichte, wenn der Anker des in Aufgabe 763 genannten Magneten mit 120 N festgehalten wird?

765. Welche magnetische Flussdichte herrscht vor dem Anker eines Relais, das eine Zugkraft von 3,5 N aufweist (Polfläche $A = 0{,}25\,cm^2$)?

766. (Bild 182) Der Anker eines Kerns nach EI 150 (S. 59, Dynamoblech) soll unter Zwischenlage eines Aluminiumstreifens von 0,8 mm Dicke mit einer Kraft von 500 N festgehalten werden. a) Welche magnetische Flussdichte ist an den Polen herzustellen, b) welche Durchflutung ist hierzu notwendig, c) welche Leistung wird bei einer mittleren Windungslänge von 20 cm und einer Stromdichte von $3{,}5\,A/mm^2$ dabei umgesetzt?

767. Welche größte Tragkraft ist in diesem Magneten bei 80%iger Ausnutzung des Wickelraumes und bei einer Stromdichte von $4\,A/mm^2$ zu erzielen ($k_{Cu} = 0{,}65$)?

768. Beim Prüfen eines Fernhörers durch schrittweises Belasten eines angehängten Ankers löste sich dieser bei 6,4 N ab. Welcher magnetischen Flussdichte entspricht dies? (2 anziehende Polflächen zu $48\,mm^2$)

769. Der in Bild 215 angegebene Hubmagnet (Stahlguss) soll in 5 mm Entfernung von den Polen auf den Anker eine Anziehungskraft von 15 N entwickeln, Betriebsspannung 230 V, $k_{Cu} = 0{,}65$. Die für den Eisenweg erforderliche Durchflutung werde vernachlässigt (großer Luftzwischenraum!). Berechnen Sie a) die Windungszahl, b) die Drahtdicke, c) die Stromstärke mit $\varrho = 0{,}02\,\Omega \cdot mm^2/m$.

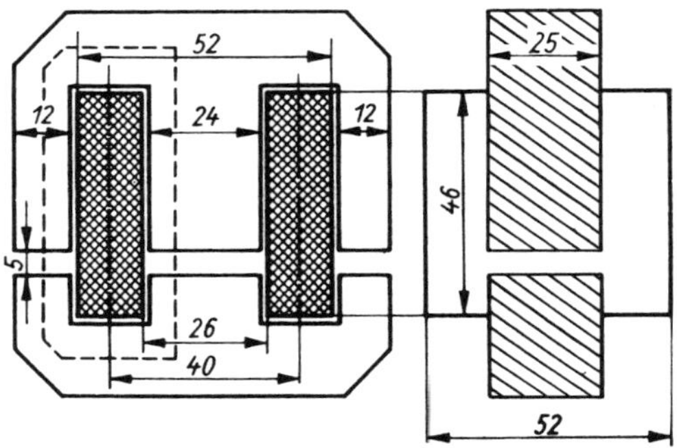

Bild 215: Aufgaben 769 und 770 (Maße in mm)

770. Nach dem Anheben des Ankers beträgt der durch die Unebenheiten der Ankerflächen bedingte Luftspalt noch 0,2 mm. Wie groß ist nunmehr die Zugkraft bei unveränderter Durchflutung?

771. Der in Bild 216 im Querschnitt angegebene Lasthebemagnet (Topfmagnet aus Stahlguss) soll einen Stahlblock von 35 kN tragen. Die Feldlinienwege sind aus der Skizze zu entnehmen. Für den Querschnitt des Kraftflusses durch den Stahlblock ist man das Mittel aus F_1 und F_2 zu nutzen. Die Erregerwicklung besteht aus oxidiertem Aluminiumdraht ($\varrho_{warm} = 0{,}04\,\Omega \cdot mm^2/m$, Füllgrad 0,85). Die anzulegende Spannung beträgt 230 V. Berechnen Sie a) notwendige Durchflutung Θ, b) Windungszahl, c) Drahtdurchmesser, d) Stromdichte, e) Stromstärke und f) Leistung der Erregerwicklung.

772. Der in Bild 217 angegebene Magnet (Stahlguss) von quadratischem Joch- und Ankerquerschnitt wird mit der Durchflutung $\Theta = 500\,A$ erregt. Berechnen Sie die Zugkraft bei folgen-

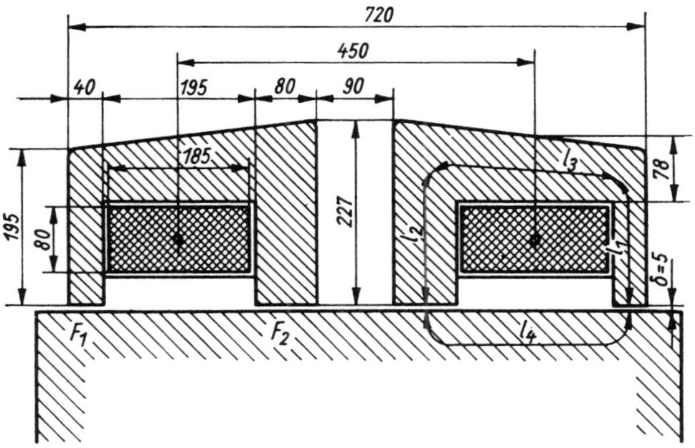

Bild 216: Aufgabe 771 (Maße in mm)

den Ankerabständen und stellen Sie die Zugkraft in Abhängigkeit vom Ankerabstand grafisch dar. Ankerabstände a) 0,05 mm; b) 0,1 mm; c) 0,15 mm; d) 0,25 mm; e) 0,5 mm und f) 1 mm. (Die Windungszahl sei konstant!)

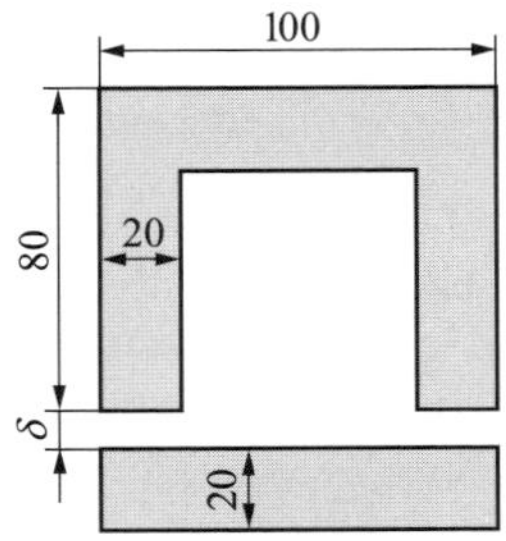

Bild 217: Aufgabe 772 (Maße in mm)

773. Welche Zugkraft hat der Anker eines Relais, durch dessen kreisförmige Polfläche von 1,5 cm Durchmesser ein magnetischer Fluss von a) 85 µWb, b) 50 µWb, c) 19,65 µWb tritt?

774. Wie groß ist der Erregerstrom des auf Bild 218 angegebenen Relais, wenn folgende Werte zugrunde gelegt werden? Zugkraft 1,76 N, Windungszahl 10 000, Permeabilitätszahl des Eisens 3 000, Querschnitt von Anker und Kern 0,4 cm², Luftspalt und Polplatte 1,4 cm², Joch 0,625 cm².

775. Ein Wählermagnet mit einer kreisförmigen Polfläche von 1,8 cm Durchmesser soll eine Zugkraft von 25 N entwickeln. Welche magnetische Flussdichte und welcher magnetische Fluss sind hierzu erforderlich?

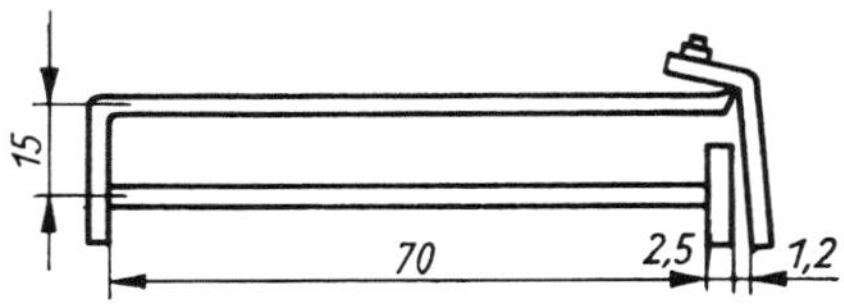

Bild 218: Aufgabe 774 (Maße in mm)

776. Welche Induktivität hat ein Relais von 18 000 Windungen bei einer Stromstärke von 30 mA, das eine Zugkraft von 4,5 N entwickelt? Die kreisförmige Polfläche hat einen Durchmesser von 1,75 cm.

777. Welche Zugkraft entwickelt ein Wählermagnet bei der Stromstärke 1,6 A an der 2 cm² großen Polfläche, wenn er mit 1 400 Windungen die Induktivität 0,1 H hat?

778. Wie ändert sich die Zugkraft eines Elektromagneten, wenn die Polflächen bei unveränderter Stromstärke auf das Doppelte vergrößert werden?

779. a) Wenn der an einem permanenten Magneten hängenden Anker abgezogen wird, ist mechanische Arbeit aufzuwenden. Wo bleibt der Gegenwert dieser Energie? b) Wenn ein permanenter Magnet ein Stück Eisen anzieht, verrichtet dieser Arbeit. Woher stammt die entsprechende Energie?

9 Elektrisches Feld

9.1 Elektrische Feldstärke

Formeln:

Für das homogene Feld:

$$E = \frac{U}{d}$$

Für den Zylinderkondensator:

$$E = \frac{U}{r \ln \frac{r_a}{r_i}}$$

Für die Umgebung einer geladenen Kugel:

$$E = \frac{U r_0}{r^2}$$

Größe	Zeichen	Einheit
elektrische Feldstärke	E	V/m
elektrische Spannung	U	V
Länge der Feldlinien	d	m
Radius des Außen- bzw. Innenleiters bzw. der Kugel	r_a r_i r_0	m m m
Abstand des Feldpunktes vom Mittelpunkt	r	m

780. Welche Feldstärke besteht in einem auf 230 V geladenen Zweiplattenkondensator bei folgenden Plattenabständen? a) 1 mm; b) 5 mm; c) 1 cm; d) 3,5 cm; e) 5 cm und f) 0,01 mm

781. Die Feldstärke in einem Plattenkondensator beträgt 58 kV/m. Welche Spannung besteht zwischen zwei auf der gleichen Feldlinie liegenden Punkten mit folgenden Abständen? a) 0,1 mm; b) 0,95 mm; c) 2,34 mm; d) 0,5 cm und e) 2 cm

782. Welche elektrische Feldstärke besteht in einer Kupferleitung von 1,5 mm Durchmesser, durch die ein Strom von 6 A fließt?

783. Welche elektrische Feldstärke besteht in dem Draht einer Spule von 10 000 Windungen und einem mittleren Windungsdurchmesser von 6,5 cm, an deren Enden eine Spannung von 7,9 V liegt?

784. In einem Kupferdraht von 3 mm Durchmesser herrscht in Längsrichtung eine Feldstärke von 45 mV/m; welcher Strom fließt?

785. Welchen Abstand müssen die auf 135 V geladenen Platten eines Kondensators haben, zwischen denen die Feldstärke 8,5 kV/m bestehen soll?

786. Welche Dicke muss ein Aluminiumdraht haben, wenn im Innern bei einem Strom von 1 A eine Feldstärke von 10 mV/m herrschen soll ($\varrho = 0{,}029\,\Omega \cdot \mathrm{mm}^2/\mathrm{m}$)?

787. Die Spannung zwischen dem Heizdraht einer Katodenröhre und der ihn zylindrisch umgebenden Anode beträgt 120 V. Der Durchmesser des Anodenzylinders ist 2 cm. Welche Feldstärke besteht an der Oberfläche des 0,06 mm dicken Heizdrahtes?

788. Berechnen Sie die Feldstärke im Raum zwischen Heizdraht und Anode einer Röhrendiode in folgenden Entfernungen von der Heizdrahtmitte: Durchmesser des Heizdrahtes 0,1 mm, Durchmesser des Anodenzylinders 8 mm, Anodenspannung 150 V. Stellen Sie die Feldstärke in Abhängigkeit von der Entfernung von der Heizdrahtmitte grafisch dar: a) Heizdrahtoberfläche, b) 0,06 mm, c) 0,08 mm, d) 0,1 mm, e) 1 mm und f) Anodenoberfläche.

789. Ein konzentrisches Kabel hat die Halbmesser $r_a = 2{,}4$ cm und $r_i = 1$ mm. Zwischen Innen- und Außenleiter besteht eine Spannung von 5,8 kV. Welche Feldstärke herrscht an der Oberfläche des Innenleiters?

790. Ein Plattenkondensator ist mit einer Spannungsquelle von 450 V verbunden. Bei welchem Plattenabstand wird die Luftstrecke durchschlagen, wenn die Durchschlagsfestigkeit der Luft 20 kV/cm beträgt?

791. Welche Feldstärke herrscht an der Oberfläche einer isoliert aufgehängten Kugel von 10 cm Durchmesser, deren Spannung gegen Erde 3,5 kV beträgt?

792. Welchen Durchmesser muss die völlig glatte Kugel einer Hochspannungsanlage mindestens haben, wenn bei einer Spannung von 10^6 V gegen Erde keine Sprühentladung eintreten soll? (Durchschlagsfestigkeit der Luft = 20 kV/cm)

793. An einzelnen Stellen eines auf 230 V geladenen Gegenstandes treten Sprühverluste auf. Welchen Krümmungsradius haben diese Stellen, wenn man sie als Teile kleiner Kugeloberflächen auffasst?

794. Zwischen zwei ebenen Elektroden befindet sich eine Schicht aus a) Papier, imprägniert b) Polyamid (P 466) c) Polyacetal POM.

Welche Schichtdicke wird von einer Spannung von 3,8 kV durchschlagen, wenn die Durchschlagsfestigkeit a) 160 kV/cm, b) 400 kV/cm, c) 700 kV/cm beträgt?

795. Die Ecken eines auf 18 kV geladenen Leiters (in Luft) sollen zur Vermeidung von Sprühverlusten abgerundet werden. Wie groß muss der Krümmungsradius an diesen Stellen mindestens sein?

9.2 Elektrische Flussdichte und verschobene Ladung

Formeln:

$$D = \varepsilon_o \varepsilon_r E$$

$$Q = DA$$

Größe	Zeichen	Einheit
elektrische Feldstärke	E	V/m
elektrische Flussdichte (Ladungsdichte)	D	C/m^2
verschobene elektrische Ladung (Ladungsmenge)	Q	$C = A \cdot s$
Permittivitätszahl	ε_r	1
Fläche	A	m^2
Dicke des Dielektrikums	d	m
elektrische Feldkonstante	ε_0	$8{,}854 \cdot 10^{-12}$ A · s/(V · m) oder F/m

796. In einen Plattenkondensator von 250 cm² Oberfläche werden nacheinander folgende Scheiben aus Isoliermaterial eingebracht:

	d in mm	ε_r
a) Teflon	2	2,0
b) Glimmer	0,2	7,0
c) Quarzglas	2,5	4,2
d) Polydialyllphthalat	1	5,2

Welche Ladungsmengen befinden sich auf den Platten bei einer Spannung von 900 V?

797. Die Ladung einer frei stehenden Kugel von 8 cm Durchmesser wurde zu 5 nC bestimmt. Berechnen Sie a) die Ladungsdichte, b) die Feldstärke an der Kugeloberfläche, c) die Spannung gegen Erde (Potenzial).

798. Ein Plattenkondensator von 78 cm² Oberfläche enthält bei einer angelegten Spannung von 600 V folgende elektrische Ladungen:

	a)	b)	c)	d)
Q in nC	41,5	25,9	663	340
d in cm	0,5	0,8	0,04	0,1

Welche Werte hat die Permittivitätszahl des zwischen den Platten befindlichen Materials?

799. In keramischen Isolierstoffen wurden folgende Durchschlagsfestigkeiten E_d gemessen:

	E_d in kV/cm	ε_r
a) Hartporzellan	360	5,0
b) Steatit	250	5,5
c) Quarzglas	350	4,0

1. Bei welcher Spannung wird eine Schicht von 4 mm Dicke durchschlagen? 2. Welche Ladung befindet sich im Höchstfall auf 2 kreisförmigen Elektroden von 2 cm Durchmesser, die in den Prüfkörper eingearbeitet sind?

800. Ein Plattenkondensator wird in Luft auf eine Spannung von 230 V geladen. Wie ändert sich die Spannung, wenn der Zwischenraum mit a) Paraffinöl ($\varepsilon_r = 2{,}1$) und b) mit Nitrobenzol ($\varepsilon_r = 36{,}45$) gefüllt wird?

801. Welche elektrische Ladung enthält ein Kondensator von 15 cm Plattendurchmesser und 1 mm Abstand, wenn die Platten a) in Benzol ($\varepsilon_r = 2{,}3$) und b) in Azeton ($\varepsilon_r = 21{,}5$) getaucht sind? Die Platten sind während des Eingetauchtseins mit den Polen einer Batterie von 120 V verbunden.

802. Zwei Metallplatten, von je 60 cm² sind durch eine Schicht aus Phenolharz ($\varepsilon_r = 7{,}5$) getrennt, die bei einer elektrischen Ladung von 1,99 µC durchschlagen wird. Wie groß ist die Durchschlagsfestigkeit?

9.3 Zusammenschaltung von Kapazitäten

Formeln:

Parallelschaltung:

$$C = C_1 + C_2 + C_3$$

2 Kapazitäten in Reihe:

$$C = \frac{C_1 C_2}{C_1 + C_2}$$

Reihenschaltung:

$$C = \frac{1}{\frac{1}{C_1} + \frac{1}{C_2} + \frac{1}{C_3}}$$

n gleiche Kapazitäten in Reihe:

$$C = \frac{C_1}{n}$$

803. bis **809.** Berechnen Sie die Gesamtkapazität folgender Schaltungen (Bilder 219 bis 225):

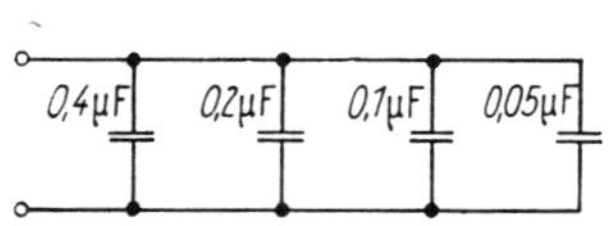

Bild 219: Aufgabe 803

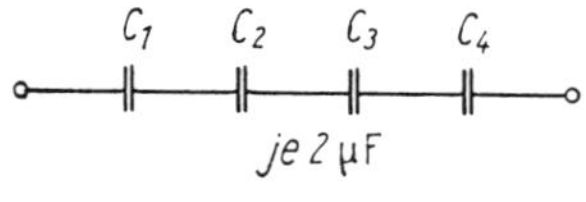

Bild 220: Aufgabe 804

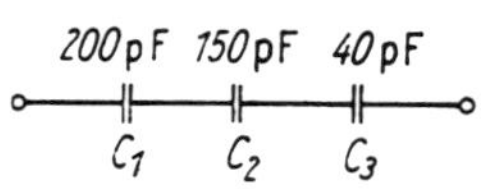

Bild 221: Aufgabe 805

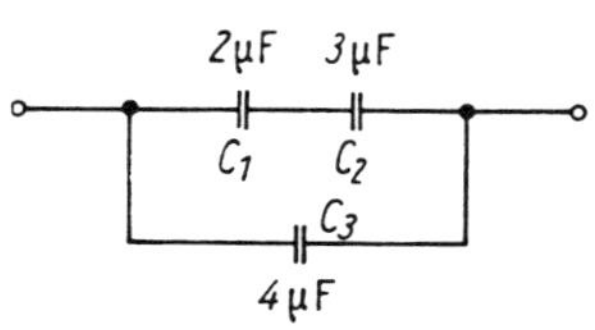

Bild 222: Aufgabe 806

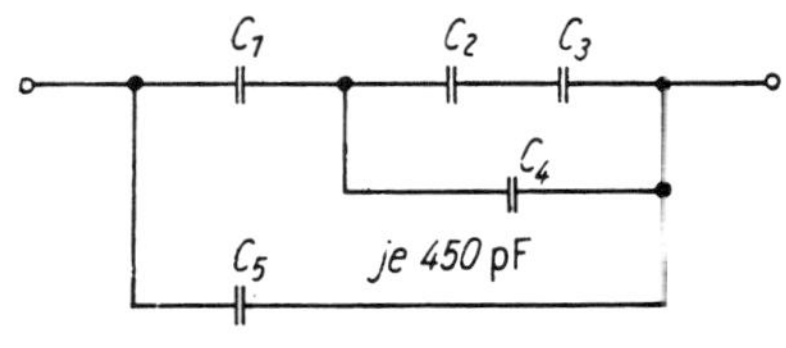

Bild 223: Aufgabe 807

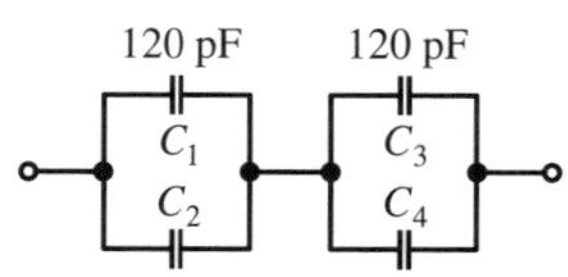

Bild 224: Aufgabe 808

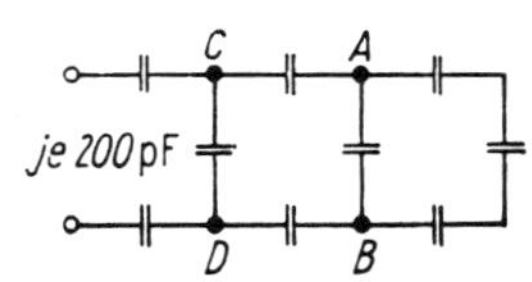

Bild 225: Aufgabe 809

810. Berechnen Sie die Kapazitäten nebenstehender Schaltung (Bild 226) bei Anschluss an die Klemmen a) *AB*, b) *BC*, c) *CD*, d) *DA*, e) *AC* und f) *BD*.

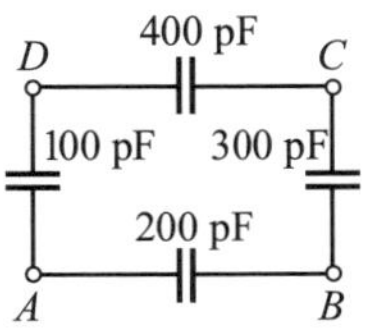

Bild 226: Aufgabe 810

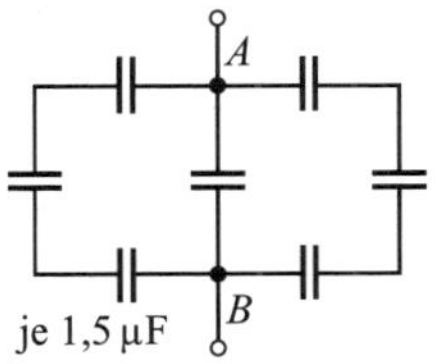

Bild 227: Aufgabe 811

811. (Bild 227) Berechnen Sie die Kapazität zwischen den Klemmen *A* und *B*.

812. Welche Kapazitätswerte haben zwei Kondensatoren, die parallel 300 pF und in Reihe geschaltet 50 pF ergeben?

813. Ein Kondensator von 350 pF soll durch Zuschalten eines zweiten auf den Wert von 270 pF gebracht werden. Welche Kapazität muss dieser haben und wie ist er anzuschließen?

814. Eine gegebene Kapazität von 35 µF soll um 20 % vergrößert werden. Welche Kapazität ist anzuschließen? Schaltung?

815. Von 3 in Reihe geschalteten Kondensatoren von 150 pF, 250 pF und 480 pF ist der letztgenannte durchgeschlagen. Um a) welchen Wert und b) um wie viel Prozent ist die Kapazität dadurch angewachsen?

816. Welche Kapazitätswerte lassen sich durch verschiedene Schaltmöglichkeiten dreier Kondensatoren von 1 000 pF, 2 000 pF und 5 000 pF herstellen?

817. Drei gleich große, im Dreieck geschaltete Kondensatoren haben zwischen je 2 Klemmen eine Kapazität von 2 500 pF. Welche Kapazität hat jeder einzelne Kondensator?

818. Die Kapazität eines Drehkondensators hat einen Anfangs- bzw. Endwert von 30 pF bzw. 500 pF. a) Welchen Wert hat das Kapazitätsverhältnis und b) wie ändert sich dieses, wenn ein Blockkondensator von 200 pF in Reihe dazugeschaltet wird?

819. Die beiden in Bild 228 angegebenen Kondensatoren von $C_1 = 3\,\mu F$ bzw. $C_2 = 5\,\mu F$ sind mit einer Batterie verbunden, deren Pole eine Spannung von $U = 100\,V$ bzw. $-100\,V$ gegen Erde aufweisen. Welche Ladungsmenge fließt zu, wenn auch die Verbindung der Kondensatoren geerdet wird?

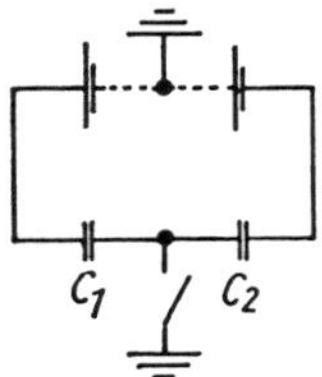

Bild 228: Aufgabe 819

820. Zwei in Reihe geschaltete Kondensatoren von 0,6 µF bzw. 0,3 µF sind auf insgesamt 230 V geladen. a) Welche Ladungen sitzen auf den Platten und b) welches sind die Teilspannungen?

821. Zwei in Reihe geschaltete Kondensatoren gleicher Kapazität sind mit einer Batterie der Spannung *U* verbunden. Um welchen Betrag ändert sich die an jedem der beiden Kondensatoren liegende Spannung, wenn der eine Kondensator mit einem Dielektrikum (ε_r) gefüllt wird?

822. (Bild 229) Am Kondensator C_2 wird die Spannung $U_2 = 48\,V$ gemessen. Wie groß sind die Spannungen U_1, U_3 und die an der Schaltung liegende Gesamtspannung U_{AB}? Gegeben sind $C_1 = 3\,\mu F$, $C_2 = 5\,\mu F$ und $C_3 = 1{,}5\,\mu F$.

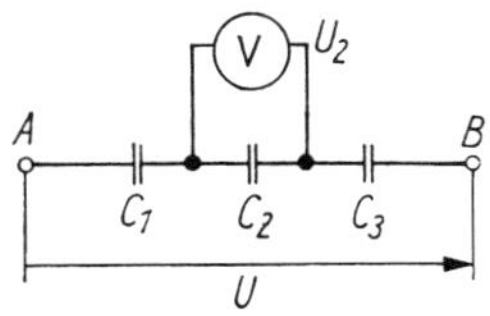

Bild 229: Aufgabe 822

823. (Bild 230) Am Kondensator C_5 wird die Spannung $U_5 = 24\,V$ gemessen. Welche Spannungen liegen an den übrigen Kondensatoren und an den Klemmen *A* und *B*?

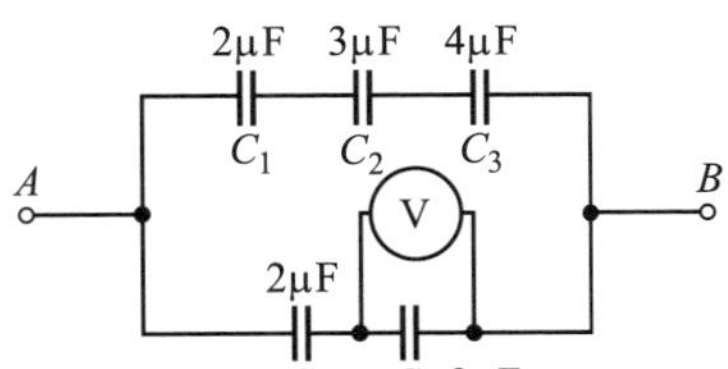

Bild 230: Aufgabe 823

824. Ein Kondensator $C_1 = 8\,\mu F$ ist mit der Spannung $U_1 = 60\,V$ und ein zweiter $C_2 = 5\,\mu F$ mit der Spannung $U_2 = 80\,V$ geladen. Welche gemeinsame Spannung *U* entsteht und wie groß ist die vorhandene elektrische Gesamtladung *Q*, wenn a) beide Kondensatoren nach erfolgter

Aufladung mit gleichen Vorzeichen parallel und b) mit entgegengesetzten Vorzeichen parallel geschaltet werden?

825. (Bild 231) Welche Spannungen U_1, U_2, U_3 liegen an den Kondensatoren, wenn anfänglich nur der Kondensator C_1 mit $U = 100\,\text{V}$ geladen ist und anschließend der Schalter geschlossen wird?

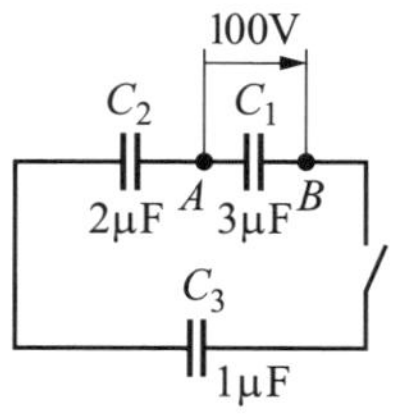

Bild 231: Aufgabe 825

9.4 Berechnung der Kapazität von Kondensatoren

Formeln:

$$Q = UC$$

Zweiplattenkondensator:

$$C = \frac{\varepsilon_0 \varepsilon_r A}{d}$$

Kondensator mit $(n-1)$ Metallfolien und n Isolierplatten:

$$C = (n-1)\frac{\varepsilon_0 \varepsilon_r A}{d}$$

Wickelkondensator:

$$C = \frac{2\varepsilon_0 \varepsilon_r A}{d}$$

Röhrchenkondensator:

$$C = \frac{2\varepsilon_0 \varepsilon_r \pi l r}{d}$$

Einzelne freie Kugel in Luft:

$$C = 4\pi\varepsilon_0 r$$

Größe	Zeichen	Einheit
elektrische Ladung	Q	$\text{C} = \text{A} \cdot \text{s}$
elektrische Spannung	U	V
Kapazität	C	$\text{F} = \text{A} \cdot \text{s}/\text{V}$ $1\,\text{pF} = 10^{-12}\,\text{F}$
Dicke des Dielektrikums	d	m
Oberfläche	A	m^2
mittlerer Röhrchenradius	r	m
Länge	l	m
Kugelradius	r	m
elektrische Feldkonstante	ε_0	$8{,}854 \cdot 10^{-12}\,\text{A} \cdot \text{s}/(\text{V} \cdot \text{m})$

826. Welche elektrischen Ladungen nehmen folgende Kondensatoren auf:

	a)	b)	c)	d)	e)	f)
Spannung	230 V	115 V	440 V	50 V	3 V	10 V
Kapazität	500 pF	350 pF	1,2 μF	4,5 μF	10 nF	10 μF

827. Welche Kapazitäten haben folgende Kondensatoren:

	a)	b)	c)	d)	e)
Spannung	1 V	60 V	50 kV	100 kV	180 V
Ladung	0,5 μC	0,35 μC	3,4 mC	15 mC	0,36 mC

828. Ein Blockkondensator besteht aus 18 Aluminiumfolien mit einer wirksamen Oberfläche von je 14 mm×28 mm und Glimmerscheiben von je 0,06 mm Dicke ($\varepsilon_r = 7{,}0$). Wie groß ist seine Kapazität?

829. Nach einer Reparatur hatte der in der letzten Aufgabe genannte Kondensator eine Kapazität von nur noch 4 850 pF. Wie viel Metallfolien waren entfernt worden?

830. Ein Wickelkondensator enthält 2 paraffinierte Papierstreifen ($\varepsilon_r = 2{,}16$) von 0,025 mm Dicke und 2 Metallfolien von je 12 m Länge und 5 cm Breite. Wie groß ist seine Kapazität?

831. Wie viel Meter Wickelband sind erforderlich, um eine Kapazität von 2 μF zu erzielen? Das

Band besteht aus 2 paraffinierten Papierstreifen ($\varepsilon_r = 2{,}16$) von 0,032 mm Dicke und 2 Aluminiumfolien von 38 mm Breite.

832. Ein aus n Aluminiumfolien und $(n+1)$ Glasplatten aufgebauter Kondensator ($\varepsilon_r = 8$) soll eine Kapazität von 2,22 nF haben. Die Folien sind 0,1 mm dick und 125 mm × 70 mm groß. Die gesamte Dicke des Pakets darf 38 mm betragen. Wie viel Platten und Folien sind aufeinanderzulegen, und wie groß ist die Dicke einer Glasplatte?

833. Der in Aufg. 832 genannte Kondensator wird mit 11 Folien und 12 je 3 mm dicken Glasplatten angefertigt ($\varepsilon_r = 8$). a) Kapazität in nF? b) Masse des Pakets, wenn die Dichte des Aluminiums $2{,}7\,\text{g/cm}^3$ und die des Glases $2{,}6\,\text{g/cm}^3$ beträgt? Die Glasplatten überragen die Folien allseitig um 5 mm.

834. Die Belegungen eines Röhrchenkondensators sind 15 mm lang, der Außendurchmesser beträgt 5 mm, die Dicke des Dielektrikums 0,16 mm ($\varepsilon_r = 55$). Wie groß ist die Kapazität?

835. Wie dick muss das Dielektrikum ($\varepsilon_r = 82$) eines Röhrchenkondensators von 20 mm wirksamer Belagslänge sein, wenn bei einem Außendurchmesser von 6 mm die Kapazität 2 nF betragen soll?

836. Wie groß muss der äußere Durchmesser des in Aufgabe 835 genannten Kondensators sein, wenn bei gleicher Schichtdicke die Kapazität 3 nF betragen soll?

837. Ein Röhrchenkondensator von 25 mm wirksamer Belagslänge, 8 mm äußerem Durchmesser und einer Kerafarschicht von 0,4 min ($\varepsilon_r = 64$) soll zu einem Plattenkondensator mit einer Schichtdicke von 0,1 mm umgestaltet werden. Welchen Durchmesser müssen die beiden kreisförmigen Platten bei gleicher Kapazität haben?

838. Welche Kapazität hat eine Kugel von 1 cm Radius?

839. Welche Kapazität hat die Oberfläche der Erde? (Erdradius $r = 6\,378$ km)

840. Auf den wievielfachen Wert steigt die Kapazität eines Kondensators mit n Platten, wenn alle linearen Abmessungen verdoppelt werden?

841. Auf den wie vielfachen Wert steigt die Kapazität eines Röhrchenkondensators, wenn die linearen Abmessungen verdoppelt werden, die Schichtdicke jedoch dieselbe bleibt?

842. Ein Röhrchenkondensator hat einen Außendurchmesser von 10 mm und eine Schichtdicke von 0,2 mm. Welche Dicke muss das Dielektrikum haben, wenn sich bei halbem Außendurchmesser und 3facher Länge dieselbe Kapazität ergeben soll?

843. Welche Oberfläche müsste ein Zweiplattenkondensator haben, wenn er bei einer Spannung von 230 V und einem Plattenabstand von 1 mm die Ladung 1 C tragen soll?

9.5 Kapazität von Kabeln und Leitungen

Formeln:

Konzentrisches Kabel:

$$C = \frac{2\pi\varepsilon_0\varepsilon_r l}{\ln\frac{r_a}{r_i}}$$

Einzelleitung:

$$C = \frac{2\pi\varepsilon_0\varepsilon_r l}{\ln\frac{2h}{r}}$$

Doppelleitung:

$$C = \frac{\pi\varepsilon_0\varepsilon_r l}{\ln\frac{d}{r}}$$

Größe	Zeichen	Einheit
Kapazität	C	F
Länge des Kabels bzw. einfache Länge der Doppelleitung	l	m
Radius des Außen- bzw. Innenleiters	r_a r_i	m m
Radius des Einzeldrahtes	r	m
Leiterabstand	d	m
Höhe über Erdboden	h	m

844. Welche Kapazität hat ein abgeschirmtes Antennenkabel von 18 m Länge mit den Durchmessern $d_a = 8$ mm und $d_i = 0{,}8$ mm ($\varepsilon_r = 2{,}4$)?

845. Wie lang darf dieses Kabel höchstens sein, wenn die Kapazität 850 pF nicht überschreiten soll?

846. Welchen Durchmesser muss der Außenleiter eines konzentrischen Kabels von 12 m Länge haben, wenn bei einem Durchmesser des Innenleiters von 2,4 mm die Kapazität 600 pF betragen soll ($\varepsilon_r = 2{,}4$)?

847. Ein konzentrisches Kabel soll je Kilometer eine Kapazität von 50 nF aufweisen. Welchen Durchmesser muss der Außenleiter bei folgenden Durchmessern des Innenleiters haben ($\varepsilon_r = 2{,}4$)? a) 1 mm, b) 2 mm, c) 3 mm, d) 4 mm

848. In welchem Verhältnis müssen die Durchmesser von Außen- und Innenleiter eines Kabels von 0,3 µF je Kilometer zueinander stehen ($\varepsilon_r = 2{,}1$)?

849. Eine durchschnittlich 7,5 m über dem Erdboden verlaufende Telegrafenleitung von 85 km Länge hat einen Durchmesser von 3 mm. Welche Kapazität hat sie?

850. Um die Bruchstelle einer in 6,5 m Höhe verlaufenden Telegrafenleitung (Durchmesser 2,5 mm) zu finden, wurde die Kapazität gemessen und mit 0,043 µF bestimmt. In welcher Entfernung befindet sich die Unterbrechung?

851. Um wie viel Prozent verringert sich die Kapazität einer in 3,5 m Höhe laufenden 2,5 mm dicken Einzelleitung, wenn sie 1 m höher verlegt wird?

852. Welche Kapazität hat eine Doppelleitung von 75 m einfacher Länge, deren beide Drähte von 3,5 mm Dicke im Abstand von 15 cm verlaufen?

853. Zweiparallele Drähte von 1,8 mm Durchmesser werden durch solche von 2,5 mm Durchmesser ersetzt. Um das Wievielfache muss ihr Abstand vergrößert werden, wenn sich die Kapazität nicht verändern soll?

854. Der 20 cm betragende Abstand der beiden Drähte (Durchmesser 2 mm) einer Doppelleitung wird verdoppelt. Das Wievielfache kann bei gleicher Kapazität die Länge betragen?

855. Wie muss der Abstand zweier paralleler Drähte verändert werden, wenn bei a) doppelter und b) dreifacher Leitungslänge die Kapazität unverändert bleiben soll?

856. Mit Berücksichtigung der Erde beträgt die Kapazität einer Doppelleitung

$$C = 2\pi\varepsilon_0 l \Big/ \ln \frac{(2h/r)^2}{1+(2h/r)^2}.$$

Unter welcher Voraussetzung kann stattdessen die eingangs angeführte Formel der Doppelleitung verwendet werden?

9.6 Kapazitäten im geschichteten Dielektrikum

Formeln:

$$U_1 = \frac{U\alpha}{1+\alpha} \qquad U_2 = \frac{U}{1+\alpha}$$

$$\alpha = \frac{U_1}{U_2} = \frac{\varepsilon_2 d_1}{\varepsilon_1 d_2}$$

$$C = \varepsilon_0 A \frac{\varepsilon_1 \varepsilon_2}{\varepsilon_2 d_1 + \varepsilon_1 d_2}$$

Größe	Zeichen	Einheit
Spannungen	U, U_1, U_2	V
Schichtdicken	d_1, d_2	cm
Permittivitätszahlen	ε_1, ε_2	1
Kapazität des Plattenkondensators mit zweifach geschichtetem Dielektrikum	C	F

857. Zwischen 2 Kondensatorplatten (Abstand 8 mm, $U = 2{,}5$ kV) befindet sich eine Glasplatte von 2,5 mm Dicke ($\varepsilon_r = 7{,}5$). Der restliche Zwischenraum ist mit Luft gefüllt. Berechnen Sie a) die beiden Teilspannungen im Glas und im Luftspalt und b) die Feldstärken.

858. Die Glasplatte in Aufgabe 857 ist bei sonst gleichen Verhältnissen 7,8 mm dick. Wie groß sind a) die Teilspannungen, b) die Feldstärken? c) Weshalb wird die Luftschicht nunmehr durchschlagen?

859. Die beiden auf 1,5 kV geladenen Platten eines Kondensators sind 0,2 mm dick mit Schellack ($\varepsilon_r = 3{,}0$) überzogen. Der Luftzwischenraum beträgt 0,5 mm. a) Welche Spannung liegt an der Luftschicht? b) Welche Feldstärken herrschen in der Luft und im Lack? e) Wie groß ist die Feldstärke in der Luft, wenn der Lacküberzug fehlt?

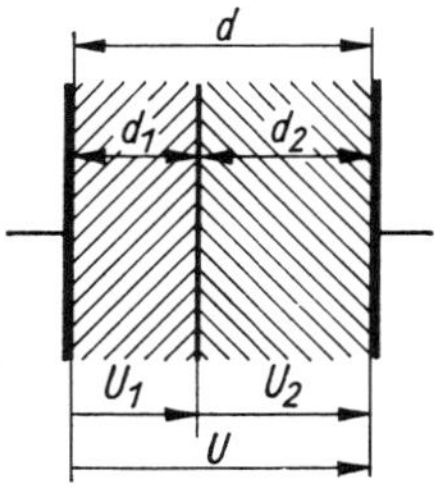

Bild 232:
Aufgaben 857 bis 868

860. Welche Kapazitäten ergeben sich bei einer Plattengröße von 15 cm^2 für den in Aufgabe 859 behandelten Kondensator a) mit und b) ohne Lacküberzug und c) wenn der Zwischenraum ganz mit Schellack ausgefüllt ist?

861. Zwischen zwei auf die Spannung U geladene Kondensatorplatten werden Hartgummischeiben verschiedener Dicke eingeschoben. Welcher formelmäßige Ausdruck ergibt sich für die Feldstärke im Hartgummi, dessen Dicke hierbei mit d_1 einzusetzen ist?

862. Berechnen Sie nach der in Aufgabe 861 ermittelten Formel die Feldstärke in Hartgummi ($\varepsilon_r = 3{,}0$) von a) 0,1 mm, b) 1 mm, c) 2 mm, d) 3 mm, e) 4 mm, f) 5 mm und g) 6 mm Dicke. Der Plattenabstand des auf 4 kV geladenen Kondensators betrage in allen Fällen 6 mm.

863. Stellen Sie den formelmäßigen Ausdruck für die Feldstärke im Luftspalt (d_2) eines Plattenkondensators auf, wenn ein Dielektrikum (ε_1) von der Dicke ($d - d_2$) eingeschoben wird, das den Zwischenraum d nicht ganz ausfüllt.

864. Stellen Sie den Verlauf der Feldstärke im Luftspalt und im Dielektrikum nach Aufgabe 862 in Abhängigkeit von der Dicke der Luftschicht grafisch dar.

865. Wie dick darf eine in den 5 mm breiten Luftzwischenraum eines auf 3 kV geladenen Kondensators geschobene Glimmerscheibe ($\varepsilon_r = 7{,}0$) höchstens sein, wenn die verbleibende Luftstrecke nicht durchschlagen werden soll (d. h. bei 20 kV/cm)?

866. Zwischen den 12 cm^2 großen Platten eines Kondensators ist eine Quarzscheibe ($\varepsilon_r = 3{,}7$) von 4 mm Dicke eingeklemmt. Wegen mangelnder Bearbeitung ist beiderseits eine Luftschicht von je 0,05 mm mittlerer Dicke vorhanden. Berechnen Sie a) die Kapazität in diesem Zustand, b) die Kapazität bei einwandfreiem Schliff und c) wenn die Quarzscheibe zur Verhinderung von Sprühentladungen mit Paraffin ($\varepsilon_r = 2{,}1$) von 0,1 mm mittlerer Schichtdicke eingekittet ist.

867. Die Platten eines Kondensators von 20 cm^2 Oberfläche sollen zum Schutz gegen Kurzschluss mit einem Lacküberzug ($\varepsilon_r = 3{,}0$) versehen werden. Die Kapazität soll 20 pF betragen. Wie dick muss der Überzug sein, wenn die Platten unlackiert einen Abstand von 1 mm haben?

868. Welche Spannung darf an diesem Kondensator höchstens liegen, wenn die Feldstärke im Luftzwischenraum 8 kV/cm nicht überschreiten soll?

9.7 Ein- und Ausschaltvorgänge mit Kapazitäten

Formeln:

$$\tau = RC$$

Ladestrom:

$$i = I\,\mathrm{e}^{-t/\tau}$$

Größe	Zeichen	Einheit
Zeitkonstante	τ	s
Augenblickswerte von Stromstärke und Spannung	i, u	A, V
Anfangs- und Endwerte von Stromstärke und Spannung	I, U	A, V
Basis der natürlichen Logarithmen	e	

Ladespannung:

$$u = U(1 - e^{-t/\tau})$$

Entladespannung:

$$u = U\,e^{-t/\tau}$$

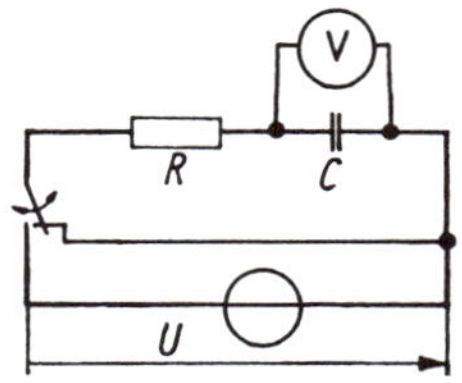

Bild 233: Lade- und Entladevorgang

Hinweis:

Nach Anschluss der Spannungsquelle an den Kondensator nimmt der Ladestrom vom Anfangswert I aus allmählich ab, während die Ladespannung u allmählich ihren Endwert U erreicht. i und u sind die Augenblickswerte nach Ablauf der Zeit t.

869. Ein Kondensator von 2 µF wird über einen Widerstand von 3 MΩ auf eine Spannung von 150 V geladen. Welche Werte hat der Ladestrom a) 0,3 s; b) 1,2 s; c) 2,4 s; d) 6 s und e) 15 s nach dem Einschalten?

870. Welche Spannung liegt zu diesen Zeitpunkten an dem Kondensator der vorigen Aufgabe?

871. Ein auf 320 V geladener Kondensator von 1,5 µF wird über einen Widerstand von 80 kΩ entladen. Welche Werte hat die nach a) 0,006 s; b) 0,012 s; c) 0,06 s; d) 0,12 s und e) 0,36 s noch vorhandene Spannung?

872. Nach welcher Zeit sinkt der Ladestrom eines über einen Vorschaltwiderstand von 2,5 MΩ zu ladenden Kondensators von 0,2 µF auf die Hälfte seines Anfangswertes ab?

873. Ein Kondensator von 3,5 µF soll mit einem Vorschaltwiderstand von 500 Ω eine Zeitkonstante von $\tau = 2$ ms ergeben. Welche Kapazität ist noch parallel zu schalten?

874. Es liegen zwei Kondensatoren von 1,8 µF bzw. 2,5 µF sowie ein Widerstand von 85 kΩ in Reihe. Welche Zeitkonstante hat das System?

875. (Bild 234) a) Berechnen Sie formelmäßig den durch die nebenstehende Schaltung fließenden Ladestrom (2 Teilströme!) bei gegebener Spannung U. b) Welche Werte hat die Stromstärke zur Zeit $t = 0$ und $t = \infty$?

876. (Bild 234) Wie viel Sekunden nach dem Einschalten sind die durch R_1 und R_2 fließenden Ströme gleich groß, wenn $R_1 = 2\,\text{M}\Omega$, $R_2 = 5\,\text{M}\Omega$, $C = 2\,\mu\text{F}$ und $U = 60$ V betragen?

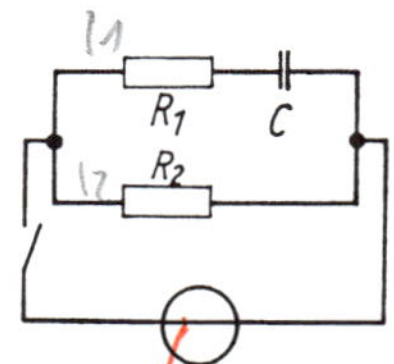

Bild 234: Aufgaben 875 bis 878

877. (Bild 234) a) Welchen Wert muss der Widerstand R_2 haben, wenn der Strom durch R_2 gleich dem halben Anfangswert des durch R_1 fließenden Stromes sein soll ($R_1 = 0{,}25\,\text{M}\Omega$, $U = 125$ V, $C = 0{,}8\,\mu\text{F}$)? b) Wie viel Sekunden nach dem Einschalten sind die Ströme gleich groß?

878. (Bild 234) Welche Kapazität muss der Kondensator haben, wenn 1,5 s nach dem Einschalten der Gesamtstrom die Hälfte des Anfangsstromes betragen soll? $R_1 = 50\,\text{k}\Omega$, $R_2 = 80\,\text{k}\Omega$, $U = 300$ V.

9.8 Energie und Kräfte im elektrischen Feld

Formeln:

Kraft zwischen 2 Punktladungen:

$$F = \frac{Q_1 Q_2}{4\pi\varepsilon_0 r^2}$$

Größe	Zeichen	Einheit
Energie eines geladenen Kondensators	W	$\text{W} \cdot \text{s} = \text{J}$
Plattenabstand	d	m
Punktabstand	r	m
elektrische Feldkonstante	ε_0	$\text{A} \cdot \text{s}/(\text{V} \cdot \text{m})$
Permittivitätszahl	ε_r	1
Kraft	F	N

Kraft zwischen 2 geladenen Platten:

$$F = \frac{\varepsilon_0 \varepsilon_r U^2 A}{2d^2}$$

Kraft auf eine Punktladung im homogenen Feld:

$$F = QE$$

$$W = \frac{CU^2}{2}$$

$$W = \frac{\varepsilon_0 \varepsilon_r E^2 V}{2}$$

879. Welche elektrische Energie enthält ein Kondensator von 12 µF bei einer Ladespannung von 500 V?

880. Welche Wärmemenge wird frei, wenn ein Kondensator von 5 µF bei einer Spannung von 800 V durchschlagen wird?

881. Zur Speisung eines Blitzgerätes mithilfe eines Kondensators werden 100 J bei einer Spannung von 800 V benötigt. Welche Kapazität muss der Kondensator mindestens haben?

882. Welche Kapazität müsste ein Kondensator haben, wenn er bei 230 V die Energie eines kleinen Bleiakkumulators von 4 V und 20 A · h speichern sollte?

883. Mit welcher Kraft ziehen sich die beiden 275 cm² großen Platten eines auf 1 kV geladenen Luftkondensators gegenseitig an, und zwar a) bei einem Abstand von 1 mm, b) 1,5 mm und c) 2 mm?

884. Welche Kraft ist wirksam, wenn man den Zwischenraum des letztgenannten Kondensators nach der Aufladung mit Petroleum füllt ($\varepsilon_r = 2{,}0$)?

885. Der in Aufgabe 883 genannte Kondensator wird erst mit Petroleum ($\varepsilon_r = 2{,}0$) gefüllt und dann an die Batterie angeschlossen. Welche Kraft ist jetzt wirksam?

886. Welche Energie enthält eine auf 12 kV geladene Leidener Flasche, deren Oberfläche 850 cm² und Glasdicke 2,5 mm ($\varepsilon_r = 4{,}5$) beträgt?

887. Wie groß ist die zwischen zwei Platten (Schaltzeichen *C*) größtmögliche Anziehungskraft je cm² wenn die Durchschlagsfestigkeit der Luft mit 25 kV/cm angenommen wird?

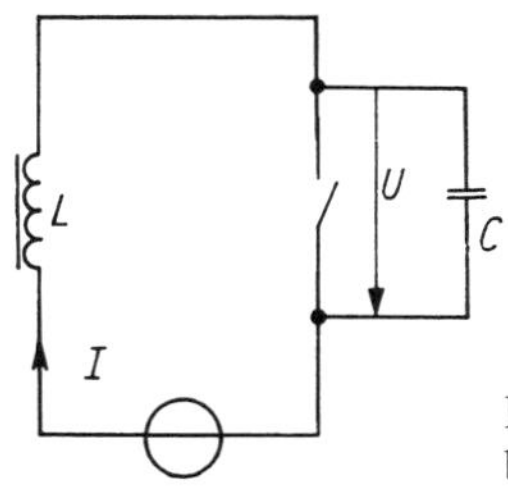

Bild 235: Aufgaben 887 bis 891

Um den Öffnungsfunken beim Abschalten von stromdurchflossenen Spulen zu beseitigen, wird nach Bild 235 ein Kondensator parallel zum Kontakt geschaltet, der die im magnetischen Feld enthaltene Energie aufnimmt. Es gilt dafür (bei Vernachlässigung nebensächlicher Verluste) die Gleichung

$$\frac{LI^2}{2} = \frac{CU^2}{2}$$

888. Der beim Abschalten eines Elektromagneten von 3,6 H und 0,3 A auftretende Öffnungsfunke soll durch einen Kondensator beseitigt werden, der mit nicht mehr als 300 V belastet werden darf. Kapazität?

889. Der Kondensator von Aufgabe 888 wird durch einen anderen von 500 V zulässiger Spannung ersetzt. Welche Kapazität genügt dann?

890. Welche Spannung tritt an einem Kondensator von 2 nF auf, der den Öffnungskontakt einer Spule von 0,7 H überbrückt, durch die ein Strom von 15 mA fließt?

891. Ein Relais nimmt den Strom 30 mA auf und hat die Induktivität 31 H. Der Öffnungsfunke soll durch einen Kondensator unterdrückt werden. Zur Verfügung stehen Kondensatoren mit einer Prüfspannung von 250 V (1 µF) und 500 V (0,1 µF). Welcher Kondensator ist besser geeignet?

892. Das elektrische Feld eines Zweiplattenkondensators enthält die Energie 88,5 mJ. Wie groß sind der Plattenabstand und die Ladespannung, wenn sich die beiden 0,1 m^2 großen Platten mit der Kraft 4,42 N anziehen?

893. Mt welcher Kraft ziehen sich zwei an die Spannung 6 kV angeschlossene, je 200 cm^2 große Platten an, wenn das im Zwischenraum befindliche Feld die Energie 0,25 mJ enthält?

894. Wie groß ist der Radius einer frei stehenden Kugel, die mit der Spannung 4 kV geladen ist und deren Feld die Energie 300 µJ enthält?

895. Zwei isoliert nebeneinander aufgehängte Kugeln vom Radius $R = 1$ mm werden einzeln mit der Spannung 3 kV gegen Erde geladen. Welchen Abstand haben sie, wenn die Abstoßungskraft 4 µN beträgt?

896. Eine kleine Kugel wird mit der Spannung 4 kV gegen Erde geladen und danach von einer zweiten, gleich großen Metallkugel berührt. Hierauf stoßen sie sich im Abstand 6 cm mit der Kraft 0,5 µN ab. Wie groß ist der Radius der Kugeln?

897. Das elektrische Feld einer frei stehenden Kugel enthält die Energie 200 µJ. Die Feldstärke an der Kugeloberfläche beträgt 25 kV/m. Wie groß ist der Radius der Kugel?

898. Zwei Platten von je 80 cm^2 Fläche bilden einen Kondensator mit der Kapazität 2 pF. Eine im Zwischenraum befindliche Probeladung $Q_2 = 4$ nC wird mit der Kraft 1 mN bewegt. Welche Spannung besteht zwischen den Platten?

899. Welche Oberfläche haben die beiden Platten eines Luftkondensators, wenn sie die Ladung 80 nC tragen und sich mit der Kraft 2 mN anziehen?

900. Die beiden 0,1 m^2 Platten eines Luftkondensators haben den Abstand 5 cm und tragen die Ladung $Q = \pm 0{,}7$ µC. Mit welcher Kraft wird eine kleine, im Zwischenraum aufgehängte Metallkugel von 1 mm Radius hin und her bewegt, wenn sie die Platten abwechselnd berührt?

Lösungen

1. $R = \frac{\varrho l}{A} = \frac{0{,}0178\,\Omega\cdot\text{mm}^2\cdot 4500\,\text{m}}{\text{m}\cdot 12{,}6\,\text{mm}^2} = \underline{6{,}37\,\Omega}$

2. $R = \frac{\varrho l}{A} = \frac{0{,}5\,\Omega\cdot\text{mm}^2\cdot 300\,\text{m}}{\text{m}\cdot 0{,}126\,\text{mm}^2} = \underline{1{,}19\,\text{k}\Omega}$

3. $R = \frac{N\varrho l}{A} = \frac{0{,}0286\,\Omega\cdot\text{mm}^2\cdot 500\cdot 0{,}04\,\text{m}}{\text{m}\cdot 0{,}196\,\text{mm}^2} = \underline{2{,}91\,\Omega}$

4. $R = \frac{2\varrho l}{A} = \frac{0{,}0178\,\Omega\cdot\text{mm}^2\cdot 400\,\text{m}}{\text{m}\cdot 1{,}5\,\text{mm}^2} = \underline{4{,}75\,\Omega}$

5. $R = \frac{\varrho N\pi d}{A} = \frac{0{,}43\,\Omega\cdot\text{mm}^2\cdot 850\cdot\pi\cdot 0{,}05\,\text{m}}{\text{m}\cdot 0{,}07\,\text{mm}^2} = \underline{820\,\Omega}$

6. $R = \frac{\varrho l}{A} = \frac{1{,}1\,\Omega\cdot\text{mm}^2\cdot 10\,\text{m}}{\text{m}\cdot 0{,}159\,\text{mm}^2} = \underline{69{,}2\,\Omega}$

7. $R = \frac{\varrho l}{A} = \frac{5\cdot 10^{-6}\,\Omega\cdot\text{m}\cdot 8{,}5\cdot 10^{-4}\,\text{m}}{1{,}5\cdot 10^{-12}\,\text{m}^2} = \underline{2{,}833\,\text{k}\Omega}$

8. $A = \frac{\pi(d_1^2 - d_2^2)}{4} = 254\,\text{mm}^2;$

$R = \underline{0{,}041\,\Omega = 41\,\text{m}\Omega}$

9. $A = \frac{\pi(d_1^2 - d_2^2)}{4} = 13{,}85\,\text{mm}^2;$

$R = \frac{l}{\varkappa A} = \underline{0{,}45\,\Omega}$

10. $R = \frac{\varrho l}{A} = \frac{10^{10}\,\Omega\cdot\text{m}\cdot 4\cdot 10^{-3}\,\text{m}}{0{,}1\,\text{m}^2} = \underline{400\,\text{M}\Omega}$

11. $R = \frac{\varrho l}{A} = \frac{10^{11}\,\Omega\cdot\text{m}\cdot 10^{-4}\,\text{m}}{180\cdot 10^{-4}\,\text{m}^2} = \underline{556\,\text{M}\Omega}$

12. $R_1 = \frac{10^{10}\,\Omega\cdot\text{m}\cdot 2\cdot 10^{-2}\,\text{m}}{12\cdot 10^{-4}\,\text{m}^2} = \underline{167\,\text{G}\Omega};$

$R_2 = \frac{10^{10}\,\Omega\cdot\text{m}\cdot 3\cdot 10^{-2}\,\text{m}}{8\cdot 10^{-4}\,\text{m}^2} = \underline{375\,\text{G}\Omega};$

$R_3 = \frac{10^{10}\,\Omega\cdot\text{m}\cdot 4\cdot 10^{-2}\,\text{m}}{6\cdot 10^{-4}\,\text{m}^2} = \underline{667\,\text{G}\Omega}$

13. $R = \frac{l}{\varkappa A} = \frac{3\cdot 10^{-2}\,\text{m}\cdot\text{m}}{3{,}2\,\text{S}\cdot 40\cdot 10^{-4}\,\text{m}^2} = \underline{2{,}34\,\Omega}$

14. $R = \frac{l}{\varkappa A} = \frac{8\cdot 10^{-3}\,\text{m}\cdot\text{m}}{65{,}3\,\text{S}\cdot 10^{-2}\,\text{m}^2} = \underline{12{,}3\,\text{m}\Omega}$

15. $l = \frac{RA}{\varrho} = \frac{500\,\Omega\cdot 0{,}126\,\text{mm}^2\cdot\text{m}}{0{,}5\,\Omega\cdot\text{mm}^2} = \underline{126\,\text{m}}$

16. $l = \frac{RA}{\varrho} = \frac{40\,\Omega\cdot 0{,}00283\,\text{mm}^2\cdot\text{m}}{0{,}5\,\Omega\cdot\text{mm}^2} = \underline{22{,}62\,\text{cm}}$

17. $l = \frac{RA}{\varrho} = \frac{9{,}5\,\Omega\cdot 12{,}6\,\text{mm}^2\cdot\text{m}}{0{,}0178\,\Omega\cdot\text{mm}^2} = \underline{6{,}72\,\text{km}}$

18. $l = \frac{RA}{\varrho} = \frac{6\,\Omega\cdot 1\,\text{mm}^2\cdot\text{m}}{0{,}0178\,\Omega\cdot\text{mm}^2} = \underline{337\,\text{m}}$

19. $l = \frac{RA}{\varrho} = \frac{48{,}5\,\Omega\cdot 0{,}283\,\text{mm}^2\cdot\text{m}}{1{,}1\,\Omega\cdot\text{mm}^2} = \underline{12{,}5\,\text{m}}$

20. Da sich der Querschnitt auf den 4. Teil verringert, erlangt der Draht die 4fache Länge; der Widerstand steigt auf den 16fachen Wert.

21. $A = \frac{\varrho l}{R} = \frac{0{,}0178\,\Omega\cdot\text{mm}^2\cdot 1000\,\text{m}}{1{,}804\,\Omega\cdot\text{m}} = \underline{9{,}87\,\text{mm}^2};$

$d = 2\sqrt{\frac{9{,}87\,\text{mm}^2}{\pi}} = \underline{3{,}54\,\text{mm}}$

22. $A = \frac{\varrho l}{Rn} = \frac{0{,}0178\,\Omega\cdot\text{mm}^2\cdot 1000\,\text{m}}{0{,}194\,\Omega\cdot\text{m}\cdot 19} = \underline{4{,}83\,\text{mm}^2};$

$d = \underline{2{,}48\,\text{mm}}$

23. $\varrho = \frac{RnA}{l} = \frac{0{,}194\,\Omega\cdot 37\cdot 3{,}98\,\text{mm}^2}{1000\,\text{m}} = \underline{0{,}0286\,\Omega\cdot\text{mm}^2/\text{m}}$ (Aluminium)

24. $\varrho = \frac{RA}{l} = \frac{2\cdot 10^{-2}\,\Omega\cdot 36\cdot 10^{-4}\,\text{m}^2}{6\cdot 10^{-3}\,\text{m}} = \underline{1{,}2\cdot 10^{-2}\,\Omega\cdot\text{m}};\quad \varkappa = \underline{83{,}3\,\text{S/m}}$

25. Widerstand der Leitung $R_g = 18{,}88\,\Omega$;

Übergangswiderstand

$R_ü = \frac{R_1 + R_2 - R_g}{2} = \underline{2{,}5\,\Omega};$

Widerstand bis zur Schadenstelle

$R_1' = R_1 - R_ü = 8{,}35\,\Omega;$

Entfernung

$$l_1 = \frac{R_1' A}{2\varrho} = \underline{66{,}32\,\text{m}}$$

26. $R_E = R_A[1 + \alpha(T_E - T_A)]$
$= 500(1 + 0{,}0038 \cdot 42)\,\Omega = \underline{580\,\Omega}$

27. $R_A = \frac{\varrho l}{A} = \frac{0{,}055\,\Omega \cdot \text{mm}^2 \cdot 0{,}3\,\text{m}}{0{,}000\,452\,\text{mm}^2 \cdot \text{m}} = \underline{36{,}5\,\Omega}$

$R_E = 36{,}5(1 + 0{,}0041 \cdot 2\,280 + 10^{-6} \cdot 2\,280^2)\,\Omega$
$= \underline{567\,\Omega}$

28. $2R_A = R_A[1 + \alpha(T_E - T_A)]$;

$\Delta\vartheta = \frac{1}{\alpha} = 263\,\text{K}; \quad \vartheta = \underline{283\,°\text{C}}$

29. $\Delta\vartheta = \frac{R_E - R_A}{\alpha R_A} = \frac{(450 - 350)\,\Omega \cdot \text{K}}{0{,}004 \cdot 350\,\Omega}$;
$= 71{,}4\,\text{K}$

$\vartheta = \underline{91{,}4\,°\text{C}}$

30. $R_A = \frac{U}{I_1} = \frac{230\,\text{V}}{2{,}9\,\text{A}} = 79\,\Omega$;

$R_E = \frac{U}{I_2} = \frac{230\,\text{V}}{0{,}5\,\text{A}} = 460\,\Omega$;

$\Delta\vartheta = \frac{R_E - R_A}{\alpha R_A} = 1\,206\,\text{K}; \quad \vartheta = \underline{1\,226\,°\text{C}}$

31. $xR_A = R_A[1 + \alpha(T_E - T_A)]$;
$x = 1 + 0{,}003\,8 \cdot 60 = 1{,}228.$
Die Zunahme beträgt demnach $\underline{22{,}8\,\%}$.

32. $I_\vartheta = \frac{U}{R_E} = \frac{U}{(1 + 0{,}003\,8 \cdot 45)R}$
$= \frac{I}{1{,}171} = 0{,}854\,I.$

Der Strom beträgt im Betrieb nur noch $\underline{85{,}4\,\%}$.

33. Wegen $T_A \neq 293\,\text{K}$ ist

$$T_E = \frac{R_E}{R_A}(1/\alpha + T_A - 293\,\text{K}) - 1/\alpha + 293\,\text{K}$$
$$= \frac{1{,}55}{1{,}5}(263{,}16 + 281 - 293) - 263{,}16 + 293$$
$$= 289{,}37\,\text{K} = \underline{16{,}21\,°\text{C}}$$

34. $R_A = \frac{\varrho l}{A} = \frac{39{,}6\,\Omega \cdot \text{mm}^2 \cdot 0{,}18\,\text{m}}{0{,}283\,\text{mm}^2 \cdot \text{m}} = \underline{25{,}2\,\Omega}$;

$R_E = R_A[1 + \alpha(T_E - T_A)] = \underline{9{,}3\,\Omega}$

35. $R_E = \frac{U}{I} = \frac{230\,\text{V}}{0{,}34\,\text{A}} = \underline{676\,\Omega}$;

$$R_A = \frac{676\,\Omega}{1 + 0{,}004\,1 \cdot 2\,480 + 10^{-6} \cdot 2\,480^2}$$
$$= \underline{39{,}0\,\Omega}$$

36. $\alpha = \frac{1 - R_E/R_A}{R_E/R_A(T_A - 293\,\text{K}) - T_E + 293\,\text{K}}$
$= \underline{0{,}000\,54\,1/\text{K}}$

37. $R + pR = R[1 + \alpha(T_E - T_A)]$,

daraus folgt $T_E - T_A = \frac{p}{\alpha} = \frac{1{,}5 \cdot 10^{-4}}{5 \cdot 10^{-5}\,1/\text{K}} = 3\,\text{K}$,

d. h. Temperaturbereich ist
$\vartheta - (T_E - T_A) = 20\,°\text{C} - 3\,\text{K} = \underline{17\,°\text{C}}$;
$\vartheta - (T_E - T_A) = 20\,°\text{C} + 3\,\text{K} = \underline{23\,°\text{C}}$

38. $T_E = T_A \frac{R_E}{R_A} - \frac{R_A - R_E}{R_A}(1/\alpha - 293\,\text{K})$
$= 443{,}77\,\text{K} = \underline{170{,}61\,°\text{C}}$

39. $\frac{R_E}{R_A} = \frac{1/\alpha + T_E - 293\,\text{K}}{1/\alpha + T_A - 293\,\text{K}}$
$= \frac{250\,\text{K} + 398\,\text{K} - 293\,\text{K}}{250\,\text{K} + 353\,\text{K} - 293\,\text{K}} = 1{,}15$;

Zunahme $\underline{15\,\%}$

40. $R_E = R_A(1 + \alpha\Delta\vartheta)$
$= 850(1 + 0{,}0038 \cdot 52)\,\Omega = \underline{1{,}018\,\text{k}\Omega}$

41. $T_E - T_U = \frac{R_E - R_A}{\alpha R_A} = \frac{3\,\Omega \cdot \text{K}}{0{,}003\,8 \cdot 12\,\Omega} = \underline{66\,\text{K}}$

42. $T_E = T_A \frac{R_E}{R_A} - \frac{R_A - R_E}{R_A}(1/\alpha - 293\,\text{K})$
$= 355{,}76\,\text{K} - 7{,}02\,\text{K}$
$= 348{,}74\,\text{K} = \underline{75{,}7\,°\text{C}}$

43. $T_E = 380\,\text{K} = \underline{107\,°\text{C}}$

44. Mit $R_A = \frac{U}{I_A} = 4\,\text{k}\Omega$ und $R_E = \frac{U}{I_E} = 4{,}44\,\text{k}\Omega$
folgt $T_E = 320\,\text{K} = \underline{47\,°\text{C}}$

45. a) Die Metallfadenlampe leuchtet zuerst auf. Wegen ihres im kalten Zustand kleineren Widerstandes hat sie die größere Anfangsstromstärke, während umgekehrt die Kohlefadenlampe infolge ihres negativen Temperaturkoeffizienten anfänglich den schwächeren Strom aufnimmt.

b) Die Stromstärke ist in beiden Lampen stets die gleiche. Die Anfangsleistung der Kohlefadenlampe ist wegen des größeren Anfangswiderstandes im Gegensatz zur Metallfadenlampe jedoch größer. Sie leuchtet daher später auf.

46. $I = \frac{U}{R} = \frac{230\,\text{V}}{80\,\Omega} = \underline{2{,}88\,\text{A}}$

47. $I = \frac{U}{R} = \frac{4{,}5\,\text{V}}{500\,\Omega} = \underline{9\,\text{mA}}$

48. $I = \frac{U}{R} = \frac{3\,\text{V}}{50 \cdot 10^6\,\Omega} = \underline{0{,}06\,\mu\text{A}}$

49. $I = \frac{UA}{\varrho l} = \frac{6\,\text{V} \cdot 0{,}196\,\text{mm}^2 \cdot \text{m}}{0{,}017\,8\,\text{mm}^2 \cdot 300\,\text{m}} = \underline{0{,}22\,\text{A}}$

50. $I = \frac{U}{R} = \frac{400\,\text{V}}{10\,000\,\Omega} = \underline{0{,}04\,\text{A}}$

51. $R = \frac{U}{I} = \frac{230\,\text{V}}{0{,}474\,\text{A}} = \underline{485\,\Omega}$

52. $R = \frac{U}{I} = \frac{230\,\text{V}}{16\,\text{A}} = \underline{14{,}4\,\Omega}$

53. $R = \frac{U}{I} = \frac{150\,\text{V}}{0{,}002\,5\,\text{A}} = \underline{60\,\text{k}\Omega}$

54. $R = \frac{U}{I} = \frac{230\,\text{V}}{12\,\text{A}} = \underline{19{,}2\,\Omega}$

55. $R = \frac{U}{I} = \frac{90\,\text{V}}{0{,}045\,\text{A}} = \underline{2\,\text{k}\Omega}$

56. $U = IR = \frac{I\varrho l}{A}$

$= \frac{1{,}8\,\text{A} \cdot 0{,}96\,\Omega \cdot \text{mm}^2 \cdot 0{,}75\,\text{m}}{2\,\text{mm}^2 \cdot \text{m}} = \underline{0{,}65\,\text{V}}$

57. $R = \frac{U}{I} = \frac{300\,\text{V}}{0{,}1\,\text{A}} = \underline{3\,\text{k}\Omega}$

58. $U = IR = 0{,}04\,\text{A} \cdot 1\,000\,\Omega = \underline{40\,\text{V}}$

59. $U = IR = 6\,\text{A} \cdot 0{,}03\,\Omega = \underline{180\,\text{mV}}$

60. $l = \frac{UA}{I\varrho} = \frac{10\,\text{V} \cdot 0{,}007\,85\,\text{mm}^2 \cdot \text{m}}{0{,}06\,\text{A} \cdot 0{,}0178\,\Omega \cdot \text{mm}^2}$
$= \underline{73{,}5\,\text{m}}$

61. Mit $R = \frac{U}{I} = \frac{\varrho l}{A}$ wird

$N = \frac{l}{\pi d} = \frac{UA}{I\varrho\pi d}$

$= \frac{70\,\text{V} \cdot 1{,}131\,\text{mm}^2 \cdot \text{m}}{3{,}5\,\text{A} \cdot 0{,}13\,\Omega \cdot \text{mm}^2 \cdot \pi \cdot 0{,}06\,\text{m}}$
$= \underline{923\text{ Windungen}}.$

62. $\frac{U}{I} = \frac{U + 20\,\text{V}}{1{,}08I}; \quad U = \underline{250\,\text{V}}$

63. $U = IR = 0{,}0015\,\text{A} \cdot 50\,000\,\Omega = \underline{75\,\text{V}}$

64. Aus den Gleichungen

$I = \frac{U}{R}$ und $I - \Delta I = \frac{U}{R + \Delta R}$

folgt nach Einsetzen der ersten in die zweite

$$R = -\frac{\Delta R}{2} \pm \sqrt{\frac{U\,\Delta R}{\Delta I} + \left(\frac{\Delta R}{2}\right)^2} = \underline{88{,}1\,\Omega}$$

65. $U = IR = 0{,}05\,\text{A} \cdot 1\,100\,\Omega = \underline{55\,\text{V}}$

66. $R = \frac{U}{I} = \frac{3 \cdot 2{,}43\,\text{V}}{2{,}072\,\text{A}} = \underline{3{,}52\,\Omega}$

67. $I = \frac{U}{R} = \frac{0{,}06\,\text{V}}{20\,\Omega} = \underline{3\,\text{mA}}$

68. $I = \frac{U}{R} = \frac{230\,\text{V}}{45\,\Omega} = \underline{5{,}1\,\text{A}}$

69. $U = IR = \frac{I\varrho l}{A}$

$= \frac{6\,\text{A} \cdot 0{,}017\,8\,\Omega \cdot \text{mm}^2 \cdot 0{,}4\,\text{m}}{0{,}785\,\text{mm}^2 \cdot \text{m}}$
$= \underline{54{,}4\,\text{mV}}$

70. $R_g = R_i + R_a = \underline{70\,\Omega};$

$I = \frac{U}{R_g} = \frac{4\,\text{V}}{70\,\Omega} = \underline{57\,\text{mA}};$

$U_i = IR_i = 0{,}057\,\text{A} \cdot 10\,\Omega = \underline{0{,}57\,\text{V}};$

$U_K = IR_a = 0{,}057\,\text{A} \cdot 60\,\Omega = \underline{3{,}42\,\text{V}}$

71. $U_i = U_q - U_K = \underline{0{,}5\,\text{V}}; \quad R_i = \frac{U_i}{I} = \underline{1\,\Omega};$

$R_a = \frac{U_K}{I} = \underline{7\,\Omega}; \quad R_g = R_i + R_a = \underline{8\,\Omega}$

72. $R_g = R_i + R_a = \underline{56\,\Omega}; \quad I = \frac{U_K}{R_a} = \underline{0{,}09\,\text{A}};$

$U_i = IR_i = \underline{0{,}54\,\text{V}}; \quad U_q = U_K + U_i = \underline{5{,}04\,\text{V}}$

73. $U_K = IR_a = \underline{150\,\text{V}}; \quad U_q = U_K + U_i = \underline{152\,\text{V}};$

$R_i = \frac{U_i}{I} = \underline{667\,\Omega}; \quad R_g = R_a + R_i = \underline{50{,}67\,\text{k}\Omega}$

74. $R_g = \frac{U_q}{I} = \underline{16\,\Omega}; \quad R_i = R_g - R_a = \underline{6\,\Omega};$

$U_i = IR_i = \underline{9\,\text{V}}; \quad U_K = IR_a = \underline{15\,\text{V}}$

75. In diesem Fall könnte höchstens ($R_i = 0$) ein Strom von $I = 24\,\text{V}/40\,\Omega = 0{,}6\,\text{A}$ fließen, was im Widerspruch zu dem gegebenen Wert von $I = 1{,}5\,\text{A}$ steht.

76. $I = \frac{U_K}{R_a} = \underline{1{,}87\,\text{A}}; \quad U_i = U_q - U_K = \underline{2\,\text{V}};$

$R_i = \frac{U_i}{I} = \underline{1{,}07\,\Omega}; \quad R_g = R_i + R_a = \underline{16{,}07\,\Omega}$

77. $I = \frac{U_i}{R_i} = \underline{0{,}033\,\text{A}}; \quad R_g = \frac{U_q}{I} = \underline{45\,\Omega};$

$R_a = R_g - R_i = \underline{39\,\Omega}; \quad U_K = IR_a = \underline{1{,}3\,\text{V}}$

78. $U_q = U_i + U_K = \underline{16\,\text{V}}; \quad R_g = \frac{U_q}{I} = \underline{6{,}4\,\Omega};$

$R_i = \frac{U_i}{I} = \underline{0{,}88\,\Omega}; \quad R_a = \frac{U_K}{I} = \underline{5{,}52\,\Omega}$

79. $U_K = U_q - U_i = \underline{11\,\text{V}}; \quad R_a = \frac{U_K}{I} = \underline{22\,\Omega};$

$R_i = \frac{U_i}{I} = \underline{2\,\Omega}; \quad R_g = R_i + R_a = \underline{24\,\Omega}$

80. $R_i = \frac{U_q}{I} - R_a = \underline{0{,}29\,\Omega};$

$U_K = IR_a = \underline{0{,}96\,\text{V}}$

81. $U_{qg} = 12U_q; \quad R_{ig} = 12R_i;$

$R_g = \frac{U_{qg}}{I} = \underline{3{,}4\,\Omega}; \quad R_a = R_g - R_{ig} = \underline{3{,}34\,\Omega};$

$U_K = IR_a = \underline{21{,}88\,\text{V}}$

82. $\frac{U}{R_i + R_a} = \frac{6U}{R_i + R_a + R_v};$

$R_v = \underline{5(R_i + R_a)}$

83. $R_g = R_i + R_a = \underline{13{,}2\,\Omega};$

$I = \frac{U_q}{R_g} = \underline{0{,}34\,\text{A}}; \quad U_K = IR_a = \underline{4{,}08\,\text{V}}$

84. $R_g = R_i + R_a = \underline{37\,\Omega};$

$I = \frac{U_q}{R_g} = \underline{0{,}081\,\text{A}}; \quad U_K = IR_a = \underline{2{,}025\,\text{V}}$

85. $R_i = \frac{U_q}{I} - R_a = \underline{0{,}86\,\Omega}$

86. $R_i = \frac{U_q - U_K}{I} = \underline{16{,}7\,\Omega};$

$R_a = \frac{U_K}{I} = 1{,}317\,\text{k}\Omega$

87. $R_L = \frac{U_K^2}{P} = \underline{15{,}84\,\Omega}; \quad I = \frac{U_K}{R_L} = \underline{13{,}8\,\text{A}};$

$R_i = \frac{U_q - U_K}{I} = \underline{0{,}51\,\Omega}$

88. $I = \frac{U_q}{R_i + R_a} = \underline{1{,}825\,\text{A}};$

$U_K = IR_a = \underline{118{,}6\,\text{V}}$

89. $I_1 = \frac{U_q}{R_i + R_1}; \quad I_2 = \frac{U_q}{R_i + R_2}$

Aus diesen beiden Gleichungen ergibt sich

$R_1 = \frac{I_2 R_2 - I_1 R_1}{I_1 - I_2} = \underline{2\,\Omega}; \quad U_q = \underline{1{,}8\,\text{V}}.$

90. $R_i = \frac{U_q - U_K}{I} = \frac{(U_q - U_K)R_a}{U_K} = \underline{0{,}71\,\Omega}$

91. Widerstand der Lampe

$R_L = \frac{4{,}5^2\,\text{V}^2}{2\,\text{W}} = 10{,}13\,\Omega;$

$R_i = \frac{U_q - U_K}{I} = \frac{(U_q - U_K)R_L}{U_K} = \underline{0{,}47\,\Omega}$

92. $R_i = \frac{U_q}{I_k} = \frac{4{,}5\,\text{V}}{5\,\text{A}} = \underline{0{,}9\,\Omega}$

93. $I = \frac{U_K}{R_a} = \underline{50\,\text{mA}}; \quad R_i = \frac{U_q - U_K}{I} = \underline{10\,\Omega}$

94. $I_k = \frac{U_q}{R_1} = \frac{4\,\text{V}}{0{,}005\,\Omega} = \underline{800\,\text{A}}$

95. $I = \frac{U_q}{R_i + R_a} = \frac{U_q}{\frac{U_q}{I_k} + \frac{U_K}{I}};$

$U_q = \frac{I_k U_K}{I_k - I} = \underline{18{,}33\,\text{V}}; \quad R_i = \frac{U_q}{I_k} = \underline{0{,}733\,\Omega}$

96. Wegen $R_a = nR_i; \quad I = \frac{U_q}{R_i + nR_i}$

und $I_k = \frac{U_q}{R_i}$ wird $\frac{I}{I_k} = \underline{\frac{1}{1+n}}$

97. $U_K = IR_a = InR_i = \frac{U_q n R_i}{R_i(1+n)} = \underline{\frac{nU_q}{1+n}};$

$U_l = U_q; \quad \frac{U_K}{U_l} = \frac{n}{1+n}$

98. (Bild 236)

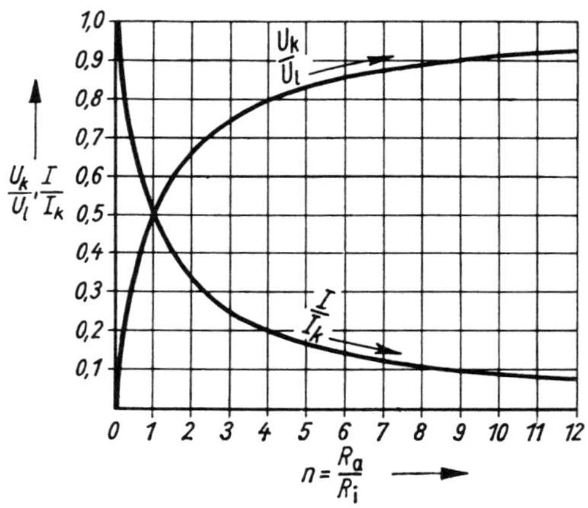

Bild 236: Aufgabe 98

99. a) Von etwa $R_a = 8R_i$ an ändert sich U_K nur noch wenig.

b) Die Hälfte der Höchstwerte liegt bei $R_a = R_i$ vor. Der Strom ist ein Drittel des Kurzschlussstromes bei $R_a = 2R_i$. Die Klemmenspannung ist ein Drittel der Leerlaufspannung bei $R_a = R_i/2$.

100. $R_g = R_i + R_1 + R_2 = \underline{30\,\Omega}$; $R_a = \underline{25\,\Omega}$;

$I = \dfrac{U_K}{R_a} = \underline{0{,}24\,A}$; $U_q = IR_g = \underline{7{,}2\,V}$;

$U_1 = IR_1 = \underline{2{,}4\,V}$; $U_2 = IR_2 = \underline{3{,}6\,V}$;

$U_i = IR_i = \underline{1{,}2\,V}$

101. $R_g = \dfrac{U_q}{I} = \underline{48\,\Omega}$; $U_1 = IR_1 = \underline{2\,V}$;

$U_2 = IR_2 = \underline{2{,}5\,V}$; $U_3 = IR_3 = \underline{5\,V}$;

$U_k = U_1 + U_2 + U_3 = \underline{9{,}5\,V}$;

$U_i = U_q - U_k = \underline{14{,}5\,V}$; $R_i = \dfrac{U_i}{I} = \underline{29\,\Omega}$

102. $I = \dfrac{U_K}{R_a} = \underline{0{,}522\,A}$; $U_1 = IR_1 = \underline{5{,}22\,V}$;

$U_2 = IR_2 = \underline{7{,}83\,V}$; $U_3 = IR_3 = \underline{10{,}44\,V}$;

$U_i = U_q - U_K = \underline{0{,}5\,V}$; $R_i = \dfrac{U_i}{I} = \underline{0{,}96\,\Omega}$;

$R_g = R_i + R_1 + R_2 + R_3 = \underline{45{,}96\,\Omega}$

103. $R_g = \dfrac{U_q}{I} = \underline{54{,}55\,\Omega}$; $R_3 = \dfrac{U_3}{I} = \underline{18{,}18\,\Omega}$;

$R_i = R_g - (R_1 + R_2 + R_3) = \underline{13{,}36\,\Omega}$;

$U_1 = IR_1 = \underline{16{,}5\,V}$; $U_2 = IR_2 = \underline{8{,}8\,V}$;

$U_K = I(R_1 + R_2 + R_3) = \underline{45{,}3\,V}$;

$U_i = IR_i = \underline{14{,}7\,V}$

104. $I_1 = \dfrac{U_q}{R_i + R_{a1} + R_A}$;

$I_2 = \dfrac{U_q}{R_i + R_{a2} + R_A}$;

Widerstand des Strommessers

$R_A = \dfrac{0{,}6\,V}{0{,}3\,A} = 2\,\Omega$;

Auflösen nach U_g und Gleichsetzen ergibt

$R_i = \dfrac{I_2(R_{a2} + R_A) - I_1(R_{a1} + R_A)}{I_1 - I_2} = \underline{3\,\Omega}$;

$U_q = I_1(R_i + R_{a1} + R_A) = \underline{6\,V}$

105. $R_g = R_1 + R_2 = 5\,000\,\Omega$; $I = \dfrac{U}{R_1 + R_2}$;

$U_1 = IR_1 = \dfrac{UR_1}{R_1 + R_2} = \underline{92\,V}$; $U_2 = \underline{138\,V}$;

da U_2 höchstens 150 V betragen kann, ist der Höchststrom

$I_{max} = \dfrac{150\,V}{3\,000\,\Omega} = 0{,}05\,A$;

$U_{1max} = I_{max}R_1 = 100\,V$; $U_{max} = \underline{250\,V}$

106. Leitungswiderstand $R_L = \dfrac{\varrho l}{A} = \underline{0{,}353\,\Omega}$;

$R_g = 34{,}15\,\Omega$; $I = \dfrac{U_K}{R_a} = \underline{6{,}65\,A}$;

$U_q = IR_g = \underline{227\,V}$; $U_V = IR_L = \underline{2{,}35\,V}$;

$U_1 = IR_1 = \underline{93\,V}$; $U_2 = IR_2 = \underline{119{,}7\,V}$

107. $R_v = \dfrac{\Delta U}{I} = \underline{30\,\Omega}$;

$l = \dfrac{R_v A}{\varrho} = \underline{47\,m}$

108. a) $R_i = \dfrac{U_i}{I} = \underline{2{,}4\,\Omega}$

b) $R_{v1} = \dfrac{U - U_i}{I} = \underline{0{,}6\,\Omega}$; $R_{v2} = \underline{27{,}6\,\Omega}$;

$R_{v3} = \underline{297{,}6\,\Omega}$; $R_{v4} = \underline{2\,997{,}6\,\Omega}$

c) $R_{g1} = R_i + R_{v1} = \underline{3\,\Omega}$; $R_{g2} = \underline{30\,\Omega}$;

$R_{g3} = \underline{300\,\Omega}$; $R_{g4} = \underline{3\,000\,\Omega}$

109. $\dfrac{U_i}{U - U_i} = \dfrac{R_i}{R_v}$;

$R_i = \dfrac{R_v U_i}{U - U_i} = \underline{60\,k\Omega}$

110. $R_v = \dfrac{\Delta U}{I} = \underline{110\,\Omega}$

111. $I = \dfrac{P}{U_L} = 5\,A$; $R_v = \dfrac{U - U_L}{I} = \underline{20{,}8\,\Omega}$

112. $\dfrac{U_i}{U - U_i} = \dfrac{R_i}{R_v}$; $R_v = \dfrac{R_i(U - U_i)}{U_i}$

a) $\underline{0{,}48\,k\Omega}$ b) $\underline{0{,}98\,k\Omega}$ c) $\underline{4{,}98\,k\Omega}$
d) $\underline{24{,}98\,k\Omega}$ e) $\underline{99{,}98\,k\Omega}$

113. $R_v = \dfrac{\Delta U}{I} = \dfrac{(65 - 38)\,V}{6\,A} = \underline{4{,}5\,\Omega}$

114. $l_1 = \dfrac{lU_1}{U} = \dfrac{24\,cm \cdot 20\,V}{230\,V} = \underline{2{,}09\,cm}$;

$l_2 = \dfrac{24\,cm \cdot 40\,V}{230\,V} = \underline{4{,}17\,cm}$; $l_3 = \underline{15{,}7\,cm}$

115. Aus $U_1 = U_2' \dfrac{R_2' + R_1}{R_2'}$ und $U_1 = U_2'' \dfrac{R_2'' + R_1}{R_2''}$

ergibt sich durch Gleichsetzen und Auflösen

$$R_1 = \frac{R'_2 R''_2 (U'_2 - U''_2)}{U''_2 R'_2 - U'_2 R''_2} = \underline{660\,\Omega};$$

$$U_1 = 42\,\text{mV}\frac{(120+660)\,\Omega}{120\,\Omega} = \underline{273\,\text{mV}}$$

116. $U_1 = \frac{UR_1}{R_g} = \frac{125\,\text{V} \cdot 100\,\Omega}{1\,000\,\Omega} = \underline{12{,}5\,\text{V}};$

$$U_2 = \frac{125\,\text{V} \cdot 200\,\Omega}{1\,000\,\Omega} = \underline{25\,\text{V}} \text{ usw. (Bild 237)}$$

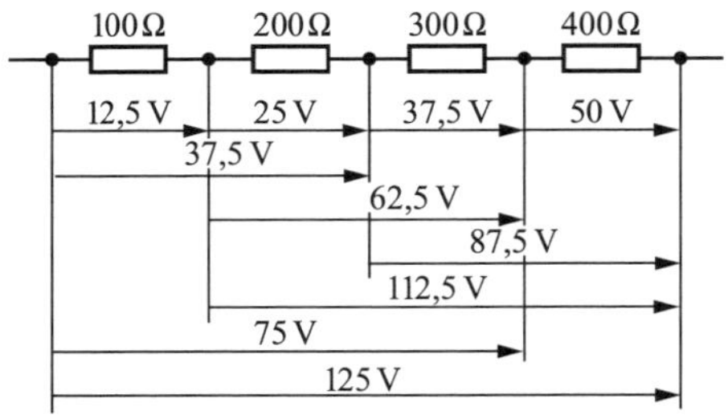

Bild 237: Aufgabe 116

117. $N_1 = \frac{NU_1}{U} = \frac{350 \cdot 0{,}05\,\text{V}}{4\,\text{V}}$
$= \underline{4{,}4\,\text{Windungen}}$; ferner

$N_2 = \underline{7}$; $N_3 = \underline{13{,}1}$; $N_4 = \underline{105}$; $N_5 = \underline{263}$

118. $\frac{\frac{3}{5}l - \frac{5}{9}l}{l} = \frac{10\,\text{V}}{U}$; $U = \underline{225\,\text{V}}$;

vorher: $U_2 = \frac{3U}{5} = \underline{135\,\text{V}}$;

nachher: $U_2 = \underline{125\,\text{V}}$

119. $U_1 = \frac{U}{500} = \underline{0{,}46\,\text{V}}$

120. $U_v = 0{,}03U = 6{,}9\,\text{V}$;

$$A = \frac{2Il\varrho}{U_v} = \underline{2{,}17\,\text{mm}^2}$$

(nächster Normquerschnitt 2,5 mm²)

121. $A = \frac{Il\varrho}{U_v} = \underline{103{,}6\,\text{mm}^2}$; $d = \underline{11{,}5\,\text{mm}}$

122. a) $U_v = \frac{2Il\varrho}{A} = \underline{133{,}5\,\text{V}}$;

zur Verfügung steht die Spannung

$U - U_v = \underline{96{,}5\,\text{V}}$

b) $I_1 : I_2 = U_{v1} : U_{v2}$;

$$I_2 = \frac{I_1 U_{v2}}{U_{v1}} = \underline{4{,}5\,\text{A}}$$

c) $A = \frac{2Il\varrho}{U_v} = \underline{13{,}4\,\text{mm}^2}$

(nächster Normquerschnitt 16 mm²)

123. $I = \frac{U_v A}{2l\varrho} = \underline{7{,}02\,\text{A}}$

124. a) $A = \frac{2Il\varrho}{U_v} = \underline{20{,}4\,\text{mm}^2}$

(nächster Normquerschnitt 25 mm²)

b) $A = \underline{32{,}8\,\text{mm}^2}$

(nächster Normquerschnitt 35 mm²)

125. a) Für Kupfer ist

$$U_v = \frac{2Il\varrho}{A} = \frac{2 \cdot 21\,\text{A} \cdot 100\,\text{m} \cdot 0{,}017\,8\,\Omega \cdot \text{mm}^2}{2{,}5\,\text{mm}^2 \cdot \text{m}}$$
$$= \underline{29{,}9\,\text{V}};$$

für Aluminium ist $U_v = \underline{36{,}6\,\text{V}}$

b) 24,0 V; 30,0 V c) 20,8 V; 25,7 V

d) 17,1 V; 21,7 V e) 14,5 V; 18,2 V

126. $l = \frac{U_v A}{2I\varrho} = \frac{23\,\text{V} \cdot 4\,\text{mm}^2 \cdot \text{m}}{2 \cdot 27\,\text{A} \cdot 0{,}017\,8\,\Omega \cdot \text{mm}^2}$
$= \underline{95{,}7\,\text{m}}$

127. Der Spannungsverlust ist proportional dem spezifischen Widerstand. Dieser beträgt bei einer Temperaturzunahme um 20 K das 1,076fache, da $(1 + 0{,}0038 \cdot 20) = 1{,}076$ ist. Die Zunahme beträgt daher $\underline{7{,}6\,\%}$.

128. $U_v = 0{,}021\,9\,U = 2{,}63\,\text{V}$;

$$\varrho = \frac{U_v A}{2Il} = \underline{0{,}028\,6\,\Omega \cdot \text{mm}^2/\text{m}} \text{ (Aluminium)}$$

129. $\frac{2 \cdot 0{,}7I\varrho l'}{A} = \frac{2I\varrho l}{A}$;

$l' = 1{,}43l$; die Leitung kann um $\underline{43\,\%}$ verlängert werden.

130. $I = \frac{nU_q}{R_a + nR_i} = \frac{12 \cdot 1{,}5\,\text{V}}{(25 + 12 \cdot 1{,}8)\,\Omega}$
$= \underline{0{,}386\,\text{A}}$;

$U_k = IR_a = 0{,}386\,\text{A} \cdot 25\,\Omega = \underline{9{,}65\,\text{V}}$

131. Man dividiert die Gleichungen

$$I = \frac{nU_q}{R_a + nR_i} \quad \text{und} \quad 1{,}48I = \frac{2nU_q}{R_a + 2nR_i}$$

und erhält nach Umstellen

$1{,}48R_a + 2{,}96nR_i = 2R_a + 2nR_i$; $R_i = \underline{1{,}35\,\Omega}$

132. $I(R_a + nR_i) = nU_{q1}$;

$$n = \frac{IR_a}{U_q - IR_i} = \underline{9\,\text{Elemente}}$$

133. Bei sehr großem n ist $nR_i \gg R_a$.

Günstigstenfalls fließt ein Strom von

$$I = \frac{nU_q}{nR_i} = \frac{1{,}1\,\text{V}}{0{,}6\,\Omega} = \underline{1{,}833\,\text{A}}\ \text{(Kurzschlussstrom)}$$

134. Wegen $R_a = 0$ wird $I = \dfrac{100U}{100R_i} = \underline{0{,}6\,\text{A}}$

135. $I_1 = \dfrac{3 \cdot 1{,}5\,\text{V}}{(30 + 3 \cdot 2{,}2)\,\Omega} = 0{,}123\,\text{A}$;

usw. (Bild 238)

Bei sehr großen Werten von n wird unter Vernachlässigung von R_a der Strom

$$I_{max} = \frac{U_q}{R_i} = \frac{1{,}5\,\text{V}}{2{,}2\,\Omega} = \underline{0{,}682\,\text{A}}$$

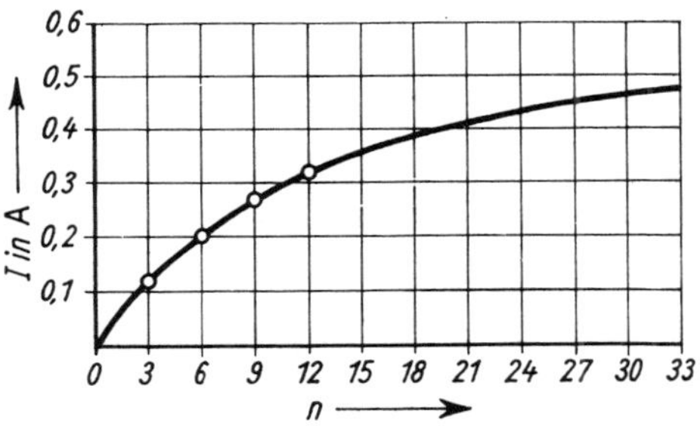

Bild 238: Aufgabe 135

136. Aus dem Ansatz

$$\Delta I = \frac{2nU_q}{R_a + 2nR_i} - \frac{nU_q}{R_a + nR_i}$$

ergibt sich die quadratische Gleichung

$$2n^2R_i^2 + 3nR_aR_i + R_a^2 = \frac{nU_qR_a}{\Delta I}$$

mit dem Ergebnis $R_i = \underline{1\,\Omega}$ (die 2. Lösung ist nicht real).

137. $I = \dfrac{U_{q1} + U_{q2} + U_{q3}}{R_{i1} + R_{i2} + R_{i3} + R_a} = \underline{0{,}214\,\text{A}}$;

$U_K = IR_a = \underline{5{,}35\,\text{V}}$;

$U_1 = U - IR_{i1} = \underline{1{,}44\,\text{V}}$; $U_2 = \underline{1{,}75\,\text{V}}$;

$U_3 = \underline{2{,}17\,\text{V}}$

138. $I = \dfrac{\sum U_q}{R_a + \sum R_i} = \dfrac{9{,}5\,\text{V}}{12{,}73\,\Omega} = \underline{0{,}746\,\text{A}}$;

$U_K = IR_a = \underline{8{,}95\,\text{V}}$

139. $U_1 = \sum U_q = \underline{9{,}5\,\text{V}}$; $I_k = \dfrac{\sum U_q}{\sum R_i} = \underline{13\,\text{A}}$

140. Die Beziehungen $R_a = \dfrac{P}{I^2}$; $I = \dfrac{\sum U_q}{\sum R_i + \dfrac{P}{I^2}}$

ergeben die quadratische Gleichung

$I^2 \sum R_i - I \sum U_q = -P$ mit den beiden Lösungen $I_1 = \underline{2{,}32\,\text{A}}$ und $I_2 = \underline{0{,}43\,\text{A}}$;

$R_{a1} = \dfrac{P}{I_1^2} = \underline{0{,}45\,\Omega}$; $R_{a2} = \dfrac{P}{I_2^2} = \underline{13\,\Omega}$;

$U_{k1} = I_1R_{a1} = \underline{1{,}04\,\text{V}}$; $U_{k2} = I_2R_{a2} = \underline{5{,}6\,\text{V}}$

141. $R = \dfrac{R_1R_2}{R_1 + R_2} = \underline{3{,}08\,\Omega}$;

$I = \dfrac{U}{R} = \underline{3{,}25\,\text{A}}$; $I_1 = \dfrac{U}{R_1} = \underline{2\,\text{A}}$;

$I_2 = \dfrac{U}{R_2} = \underline{1{,}25\,\text{A}}$

142. $R = \dfrac{R_1R_2}{R_1 + R_2} = \underline{0{,}375\,\text{M}\Omega}$;

$I = \dfrac{U}{R} = \underline{0{,}32\,\text{mA}}$; $I_1 = \dfrac{U}{R_1} = \underline{0{,}24\,\text{mA}}$;

$I_2 = \dfrac{U}{R_2} = \underline{0{,}08\,\text{mA}}$

143. $R = \dfrac{R_1R_2}{R_1 + R_2} = \underline{11{,}25\,\Omega}$;

$U = IR = \underline{56{,}25\,\text{V}}$; $I_1 = \dfrac{U}{R_1} = \underline{3{,}75\,\text{A}}$;

$I_2 = \dfrac{U}{R_2} = \underline{1{,}25\,\text{A}}$

144. $R = \dfrac{R_1R_2}{R_1 + R_2} = \underline{210\,\Omega}$;

$U = IR = \underline{2{,}1\,\text{V}}$; $I_1 = \dfrac{U}{R_1} = \underline{7\,\text{mA}}$;

$I_2 = I - I_1 = \underline{3\,\text{mA}}$

145. $R = \dfrac{R_1R_2}{R_1 + R_2} = \underline{1{,}54\,\Omega}$;

$U = IR = \underline{37{,}9\,\text{V}}$; $I_1 = \dfrac{U}{R_1} = \underline{20{,}48\,\text{A}}$;

$I_2 = \dfrac{U}{R_2} = \underline{4{,}14\,\text{A}}$

146. $I_1 : I_2 = 18 : 5 = 3{,}6 : 1$

147. $R = \dfrac{U}{I} = \underline{5\,\Omega}$;

$R_2 = \dfrac{R_1R}{R_1 - R} = \underline{13{,}33\,\Omega}$;

$I_1 = \dfrac{U}{R_1} = \underline{6{,}25\,\text{A}}$; $\quad I_2 = \dfrac{U}{R_2} = \underline{3{,}75\,\text{A}}$

148. $R_1 = \dfrac{U}{I_1} = \underline{1{,}3\,\text{k}\Omega}$;

$R = \dfrac{R_1 R_2}{R_1 + R_2} = \underline{1{,}03\,\text{k}\Omega}$;

$I_2 = \dfrac{U}{R_2} = \underline{1{,}3\,\text{mA}}$; $\quad I = I_1 + I_2 = \underline{6{,}3\,\text{mA}}$

149. $I = I_1 + I_2 = \underline{0{,}59\,\text{A}}$;

$R = \dfrac{U}{I} = \underline{203{,}4\,\Omega}$; $\quad R_1 = \dfrac{U}{I_1} = \underline{240\,\Omega}$;

$R_2 = \dfrac{U}{I_2} = \underline{1{,}333\,\text{k}\Omega}$

150. $R = \dfrac{U}{I} = \underline{2\,\Omega}$; $\quad I_1 : I = 3 : 13$;

$I_1 = \dfrac{3I}{13} = \underline{1{,}85\,\text{A}}$;

$I_2 = I - I_1 = (8 - 1{,}85)\,\text{A} = \underline{6{,}15\,\text{A}}$

$R_1 = \dfrac{U}{I_1} = \underline{8{,}65\,\Omega}$; $\quad R_2 = \dfrac{U}{I_2} = \underline{2{,}6\,\Omega}$

151. $U = IR = \underline{0{,}4\,\text{V}}$;

$R_2 = \dfrac{R_1 R}{R_1 - R} = \underline{171{,}4\,\Omega}$; $\quad I_1 = \dfrac{U}{R_1} = \underline{2{,}67\,\text{mA}}$;

$I_2 = \dfrac{U}{R_2} = \underline{2{,}33\,\text{mA}}$

152. Aus $U_1 = I_1 R_V = \dfrac{U_q R_V}{R_i + R_V}$ bzw.

$$U_2 = I_2 R_V = \frac{U_q R_a R_V}{\left(R_i + \dfrac{R_a R_V}{R_a + R_V}\right)(R_a + R_V)}$$

erhält man $U_q = \dfrac{U_1 (R_i + R_V)}{R_V}$ bzw.

$$U_q = \frac{U_2 [R_i (R_a + R_V) + R_a R_V]}{R_a R_V};$$

Gleichsetzen dieser Ausdrücke ergibt

$$R_i = \frac{(U_1 - U_2) R_a R_V}{U_2 R_V - (U_1 - U_2) R_a} = \underline{1{,}98\,\Omega}$$

und $U_q = \dfrac{U_1 (R_i + R_V)}{R_V} = \underline{60\,\text{V}}$.

153. Für den Gesamtwiderstand gilt

$R = \dfrac{R_1 (R_1 + \Delta R)}{2R_1 + \Delta R}$; $\quad$ daraus folgt

$$R_1 = R - \frac{\Delta R}{2} \pm \sqrt{\Delta R\, R + \left(\frac{\Delta R}{2} - R\right)^2} = \underline{16\,\Omega};$$

$R_2 = \underline{48\,\Omega}$

154. $I_1 : I_2 = R_2 : R_1 = 1 : 20$;

$R_2 = \dfrac{R_1}{20} = \underline{12{,}5\,\Omega}$

155. $I_1 : I_2 = R_2 : R_1 = \dfrac{2}{5} : \dfrac{3}{5}$;

$R_2 = \dfrac{2R_1}{3} = \underline{3\,\Omega}$

156. $\dfrac{0{,}9(R_1 + R_x)}{R_1 R_x} = \dfrac{R_2 + R_x}{R_2 R_x}$;

$R_x = \dfrac{0{,}1 R_1 R_2}{0{,}9 R_2 - R_1} = \underline{10\,\Omega}$

157. $I = \dfrac{U(R_1 + R_2)}{R_1 R_2}$;

$R_2 = \dfrac{R_1 U}{I R_1 - U} = \underline{16{,}25\,\text{k}\Omega}$;

$I_1 = \dfrac{U}{R_1} = \underline{0{,}192\,\text{A}}$; $\quad I_2 = \dfrac{U}{R_2} = \underline{7{,}7\,\text{mA}}$

158. Bild 239

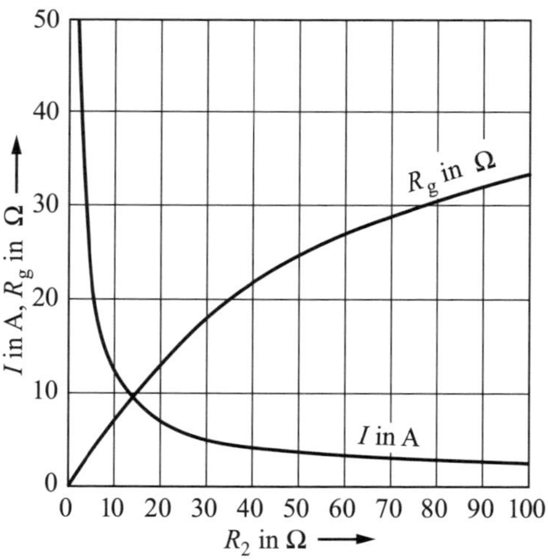

Bild 239: Aufgabe 158

159. a) $\Delta R_g = \dfrac{1{,}1RR}{1{,}1R + R} - \dfrac{R}{2} = \underline{0{,}024R}$;

$\dfrac{0{,}024R \cdot 100}{0{,}5R} = \underline{4{,}8\,\%}$

b) $\underline{9\,\%}$ $\quad$ c) $\underline{20\,\%}$ $\quad$ (Bild 240)

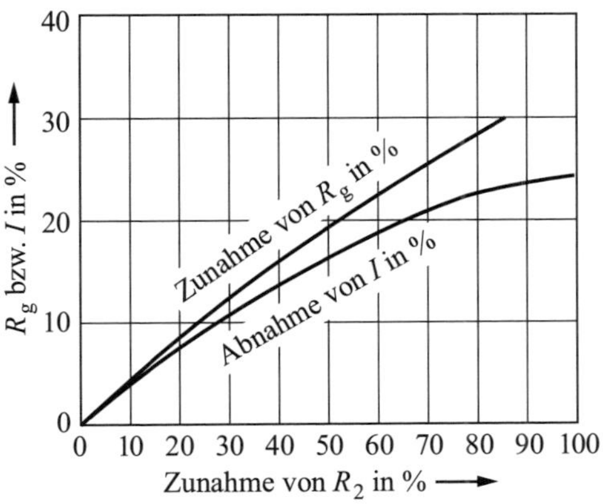

Bild 240: Aufgabe 159

160. a) $R_1 = R_3 + \dfrac{R_1 R_2}{R_1 + R_2}$;

hieraus folgt $R_3 = R_1 - \dfrac{R_1 R_2}{R_1 + R_2}$.

b) $R_2 = \dfrac{R_1(R_1 - R_3)}{R_3}$

c) $R_1 = \dfrac{R_3}{2} \pm \sqrt{R_2 R_3 + \dfrac{R_3^2}{4}}$

161. Da sich die Widerstände umgekehrt wie die Stromstärken verhalten, gilt

$$\frac{I'}{I''} = \frac{R''}{R'} = \frac{\dfrac{2R_1R_2}{R_1 + 2R_2}}{\dfrac{R_1R_2}{R_1 + R_2}} = \frac{2(R_1 + R_2)}{R_1 + 2R_2};$$

hieraus folgt $R_2 = \dfrac{R_1(2I'' - I')}{2(I' - I'')} = \underline{25\,\text{k}\Omega}$.

162. $R_1 + R_x = \dfrac{10 R_1 R_x}{R_1 + R_x}$;

diese in R_x quadratische Gleichung ergibt

$R_{x1,2} = R_1(4 \pm \sqrt{15})$; $R_{x1} = \underline{7{,}87\,\Omega}$

und $R_{x2} = \underline{0{,}13\,\Omega}$.

163. $x + y = 12\,\Omega$; $\dfrac{xy}{x+y} = \underline{3\,\Omega}$

$x = y = \underline{6\,\Omega}$

164. $R_p = \dfrac{R_2 R_1}{R_2 - R_1} = \underline{251\,\Omega}$

165. $R_{N1} = \dfrac{I_I R_1}{I_N} = \dfrac{3\,\text{mA} \cdot 20\,\Omega}{(7{,}5 - 3)\,\text{mA}} = \underline{13{,}33\,\Omega}$;

$R_{N2} = \dfrac{3\,\text{mA} \cdot 20\,\Omega}{(15 - 3)\,\text{mA}} = \underline{5\,\Omega}$; $R_{N3} = \underline{2{,}22\,\Omega}$;

$R_{N4} = \underline{0{,}833\,\Omega}$; $R_{N5} = \underline{0{,}408\,\Omega}$; $R_{N6} = \underline{0{,}202\,\Omega}$

166. $I_1 = I_I + I_N = I_I + \dfrac{I_I R_I}{R_N}$

$= I_I\left(1 + \dfrac{R_I}{R_N}\right) = \underline{1{,}5\,\text{A}}$;

$I_2 = \underline{100\,\text{mA}}$; $I_3 = \underline{50\,\text{mA}}$; $I_4 = \underline{15\,\text{A}}$; $I_5 = \underline{75\,\text{A}}$

167. $R_{N1} = \dfrac{R_i}{n-1} = \dfrac{10\,\Omega}{5-1} = \underline{2{,}5\,\Omega}$;

$R_{N2} = \underline{1{,}11\,\Omega}$; $R_{N3} = \underline{0{,}204\,\Omega}$;

$R_{N4} = \underline{0{,}101\,\Omega}$; $R_{N5} = \underline{0{,}02\,\Omega}$;

$R_{N6} = \underline{0{,}01\,\Omega}$

168. $R_N = \dfrac{\varrho l}{A} = 0{,}36\,\text{m}\Omega$;

$I = I_I + I_N = I_I\left(1 + \dfrac{R_I}{R_N}\right) = \underline{18{,}2\,\text{A}}$

169. $R_{N1} = \dfrac{I_I R_I}{I_N} = \dfrac{1{,}73 \cdot 10^{-9}\,\text{A} \cdot 60\,\Omega}{(5 - 1{,}73) \cdot 10^{-9}\,\text{A}}$;

$= \underline{31{,}7\,\Omega}$

$R_{N2} = \underline{12{,}55\,\Omega}$; $R_{N3} = \underline{1{,}056\,\Omega}$

170. $R_N = \dfrac{R_I}{n-1} = \dfrac{10\,\Omega}{600-1} = \underline{16{,}7\,\text{m}\Omega}$

171. $R_I = \dfrac{U_i}{I_I}$; $R_N = \dfrac{U_i}{I_I(7{,}5 - 1)} = \underline{11{,}54\,\Omega}$

172. $R_{N1} = \dfrac{R_i}{n-1} = \dfrac{60\,\Omega}{10-1} = \underline{6{,}67\,\Omega}$;

$R_{N2} = \dfrac{60\,\Omega}{100-1} = \underline{606\,\text{m}\Omega}$; $R_{N3} = \underline{60\,\text{m}\Omega}$;

$R_{N4} = \underline{6\,\text{m}\Omega}$

173. $R_N = \dfrac{R_i}{n-1} = \dfrac{1\,\Omega}{10-1} = \underline{\dfrac{1}{9}\,\Omega}$;

$\underline{\dfrac{1}{99}\,\Omega}$; $\underline{\dfrac{1}{999}\,\Omega}$

174. $R = \dfrac{R_I R_N}{R_I + R_N} = \dfrac{5{,}5\,\Omega \cdot 0{,}05\,\Omega}{(5{,}5 + 0{,}05)\,\Omega} = \underline{0{,}049\,5\,\Omega}$

175. Der Widerstand des einen Instrumentes von $9\,\text{k}\Omega$ muss mittels Nebenwiderstandes auf $6\,\text{k}\Omega$ herabgesetzt werden.

$R_N = \dfrac{9\,\text{k}\Omega \cdot 6\,\text{k}\Omega}{(9-6)\,\text{k}\Omega} = \underline{18\,\text{k}\Omega}$

176. $E = \dfrac{l}{I} = \dfrac{8\,\text{cm}}{50\,\mu\text{A}} = \underline{160\,\dfrac{\text{cm}}{\text{mA}}}$

177. $l = 2\pi \cdot 6\,\text{cm}\dfrac{120^\circ}{360^\circ} = 12{,}56\,\text{cm};$

$$E = \frac{12{,}56\,\text{cm}}{150\,\text{mV}} = \underline{83{,}73\,\frac{\text{cm}}{\text{V}}}$$

178. $I = \dfrac{300\,\text{V}}{2{,}5\,\text{M}\Omega} = \underline{0{,}12\,\text{mA}};$

$$I = \frac{300\,\text{V}}{5\,\text{M}\Omega} = \underline{0{,}06\,\text{mA}}$$

179. a) Vor dem Anschluss des Spannungsmessers liegt zwischen A und B an:

$$U_{\text{AB}} = U_{\text{e}}\frac{R_3}{R_1 + R_2 + R_3} = 6\,\text{V}\frac{50}{51} = \underline{5{,}88\,\text{V}}$$

Mit dem Spannungsmesser beträgt der Lastwiderstand $R_{\text{L}} = \dfrac{R_3 R_{\text{i}}}{R_3 + R_{\text{i}}} = \underline{40\,\Omega}$ und es wird angezeigt

$$U = U_{\text{e}}\frac{R_{\text{L}}}{R_{\text{L}} + R_1 + R_2} = \underline{5{,}85\,\text{V}}$$

b) absoluter Fehler:

$$\Delta U = U_{\text{AB}} - U = 5{,}88\,\text{V} - 5{,}85\,\text{V} = \underline{0{,}03\,\text{V}}$$

relativer Fehler:

$$\frac{\Delta U}{U} = \frac{0{,}03\,\text{V}}{5{,}85\,\text{V}} = \underline{0{,}5\,\%}$$

180. $R_{\text{H}} = \dfrac{U_{\text{H}}^2}{P_{\text{H}}} = 16{,}13\,\Omega;$

Strom ohne Amperemeter:

$$I_{\text{w}} = \frac{230\,\text{V}}{16{,}13\,\Omega + 0{,}5\,\Omega} = \underline{13{,}83\,\text{A}};$$

Strom mit Amperemeter:

$$I = \frac{230\,\text{V}}{16{,}13\,\Omega + 0{,}5\,\Omega + 0{,}3\,\Omega} = \underline{13{,}59\,\text{A}};$$

absoluter Fehler:

$$\Delta I = 13{,}59\,\text{A} - 13{,}83\,\text{A} = \underline{-0{,}24\,\text{A}};$$

relativer Fehler:

$$\frac{\Delta I}{I_{\text{w}}} = \underline{-1{,}74\%}$$

Das negative Vorzeichen bedeutet, dass mit Amperemeter zu wenig gemessen wird. Die genormte Genauigkeitsklasse folgt durch Aufrunden von $(0{,}2 \cdot 100)/20$ mit 1,5.

181. Mit dem absoluten Fehler $F_{\text{abs}} = \pm 0{,}15\,\text{V}$ ergibt sich

$$Gk = \frac{0{,}15\,\text{V} \cdot 100}{10\,\text{V}} = 1{,}5$$

Es handelt sich daher um ein Betriebsmessgerät.

182. Der Hilfsstrom I_{H} lässt sich darstellen durch:

$$I_{\text{H}} = \frac{U_{\text{q}}}{R'_{\text{P}}} = \frac{U_{\text{N}}}{R_{\text{P}} + R_{\text{V}}};$$

$$U_{\text{q}} = \frac{U_{\text{N}} R'_{\text{P}}}{R_{\text{P}} + R_{\text{V}}} = \frac{100\,\text{V} \cdot 500\,\Omega}{(800 + 100)\,\Omega} = \underline{55{,}6\,\text{V}}$$

183. a) $\underline{0{,}22\,\text{A}}$, $\underline{110\,\text{V}}$; b) $\underline{0{,}142\,\text{A}}$, $\underline{53{,}2\,\text{V}}$; c) $\underline{0{,}57\,\text{A}}$, $\underline{110\,\text{V}}$

184. $\dfrac{1}{R} = \dfrac{1}{0{,}16\,\Omega} + \dfrac{1}{0{,}04\,\Omega};\quad \underline{R = 0{,}04\,\Omega}$

185. $I = \dfrac{U_{\max}}{R_{\text{e}}} = \dfrac{600\,\text{V}}{300\,\text{k}\Omega} = \underline{2\,\text{mA}};$

$$R_{\text{V}} = \frac{20\,\text{kV} - 600\,\text{V}}{2\,\text{mA}} = \underline{9{,}7\,\text{M}\Omega}$$

186. $G = \dfrac{1}{R_1} + \dfrac{1}{R_2} + \dfrac{1}{R_3} = \underline{0{,}137\,\text{S}};$

$$R = \frac{1}{G} = \underline{7{,}3\,\Omega};\quad I_1 = \frac{U}{R_1} = \underline{3{,}33\,\text{A}};$$

$$I_2 = \frac{U}{R_2} = \underline{2{,}5\,\text{A}};\quad I_3 = \underline{1\,\text{A}}$$

187. $G = G_1 + G_2 + G_3 = \underline{0{,}804\,\text{mS}};$

$$R = \frac{1}{G} = \underline{1{,}244\,\text{k}\Omega};\quad I_1 = \frac{U}{R_1} = \underline{50\,\text{mA}};$$

$$I_2 = \frac{U}{R_2} = \underline{30{,}8\,\text{mA}};\quad I_3 = \underline{80\,\text{mA}};$$

$$I = I_1 + I_2 + I_3 = \underline{160{,}8\,\text{mA}}$$

188. $G = G_1 + G_2 + G_3 + G_4 = \underline{0{,}208\,\text{S}};$

$$R = \frac{1}{G} = \underline{4{,}8\,\Omega};\quad I_1 = \frac{U}{R_1} = \underline{6{,}5\,\text{A}};$$

$$I_2 = \frac{U}{R_2} = \underline{3{,}25\,\text{A}};\quad I_3 = \underline{2{,}17\,\text{A}};$$

$$I_4 = \underline{1{,}63\,\text{A}};\quad I = UG = \underline{13{,}5\,\text{A}}$$

189. $G = G_1 + G_2 + G_3 + G_4 = \underline{1{,}09\,\mu\text{S}};$

$$I = UG = \underline{436\,\mu\text{A}};\quad I_1 = \frac{U}{R_1} = \underline{160\,\mu\text{A}};$$

$$I_2 = \frac{U}{R_2} = \underline{114{,}3\,\mu\text{A}};\quad I_3 = \underline{88{,}9\,\mu\text{A}};$$

$$I_4 = \underline{72{,}7\,\mu\text{A}}$$

190. $G = \dfrac{I}{U} = \underline{0{,}2\,\text{S}};\quad R = \underline{5\,\Omega};\quad I_1 = \dfrac{I}{6} = \underline{2\,\text{A}};$

$$I_2 = \frac{2I}{6} = \underline{4\,\text{A}};\quad I_3 = \frac{3I}{6} = \underline{6\,\text{A}};$$

$$R_1 = \frac{U}{I_1} = \underline{30\,\Omega};\quad R_2 = \underline{15\,\Omega};\quad R_3 = \underline{10\,\Omega}$$

191. $I = I_1 + I_2 + I_3 = \underline{200\,\text{mA}}$;

$R = \frac{U}{I} = \underline{1{,}75\,\text{k}\Omega}$; $R_1 = \frac{U}{I_1} = \underline{35\,\text{k}\Omega}$;

$R_2 = \underline{3{,}18\,\text{k}\Omega}$; $R_3 = \underline{4{,}38\,\text{k}\Omega}$;

$G = \frac{1}{R} = \underline{0{,}571\,\text{mS}}$

192. $R = \frac{U}{I} = \underline{6{,}67\,\Omega}$; $G = \frac{1}{R} = \underline{0{,}15\,\text{S}}$;

$G_3 = G - G_1 - G_2 = \underline{113{,}5\,\text{mS}}$;

$R_3 = \frac{1}{G_3} = \underline{8{,}81\,\Omega}$; $I_1 = \frac{U}{R_1} = \underline{1{,}67\,\text{A}}$;

$I_2 = \frac{U}{R_2} = \underline{1{,}25\,\text{A}}$; $I_3 = \underline{9{,}08\,\text{A}}$

193. Die Widerstände vor bzw. nach dem Abschalten sind

$$R' = \frac{R_1R_2R_3}{R_2R_3 + R_1R_3 + R_1R_2} \quad \text{und} \quad R'' = \frac{R_1R_2}{R_1 + R_2};$$

die Stromstärken verhalten sich umgekehrt wie die Widerstände:

$$\frac{I'}{I''} = \frac{R''}{R'} = \frac{3}{1}; \quad R_3 = \underline{\frac{R_1R_2}{2(R_1 + R_2)}}$$

194. $$\frac{R_1(R_2{+}R_3)R_4}{R_1(R_2{+}R_3){+}R_1R_4{+}(R_2{+}R_3)R_4} = \frac{R_1R_2}{R_1{+}R_2};$$

$$R_4 = \underline{\frac{R_2(R_2 + R_3)}{R_3}}$$

195. $R_2 = \underline{37{,}5\,\Omega}$; $R_3 = \underline{25\,\Omega}$; $R_4 = \underline{18{,}75\,\Omega}$

196. Aus $\frac{I_1}{I'} = \frac{1}{5} = \frac{R_2}{R_1 + R_2}$

ergibt sich $R_2 = \underline{3{,}75\,\Omega}$;

aus $$\frac{I_1}{I''} = \frac{1}{25} = \frac{R_2R_3}{(R_2 + R_3)\left(R_1 + \frac{R_2R_3}{R_2 + R_3}\right)}$$

ergibt sich $R_3 = \underline{0{,}75\,\Omega}$.

197. $\frac{I_1}{I'} = \frac{R_2}{R_1 + R_2} = \frac{1}{4}$;

$$\frac{I_1}{I''} = \frac{R_2R_3}{(R_2 + R_3)\left(R_1 + \frac{R_2R_3}{R_2 + R_3}\right)} = \frac{1}{10};$$

$I_1 : I' : I'' = \underline{1 : 4 : 10}$

198. $$R_g = R_1 + \frac{\frac{R_2R_3}{R_2 + R_3}R_4}{\frac{R_2R_3}{R_2 + R_3} + R_4}$$

$$= R_1 + \frac{R_2R_3R_4}{R_2R_3 + (R_2 + R_3)R_4} = \underline{1{,}92\,\Omega}$$

199. $$R_g = R_1 + \frac{R_2R_3}{R_2 + R_3} + \frac{R_4R_5R_6}{R_4R_5 + (R_4 + R_5)R_6}$$
$$= \underline{259{,}2\,\Omega}$$

200. $R_g = R + \frac{R}{3} + \frac{R}{4} = \frac{19}{12}R = \underline{7{,}92\,\Omega}$

201. Leitwert

$$G_g = \left(\frac{1}{6} + \frac{1}{5} + \frac{1}{4} + \frac{1}{3} + \frac{1}{2} + 1\right)\,\text{S} = 2{,}45\,\text{S};$$

$$R_g = \frac{1}{G_g} = \underline{0{,}41\,\Omega}$$

202. (Bild 241) Gruppe I:

$$R_\text{I} = \frac{2RR}{2R + R} = \frac{2}{3}R;$$

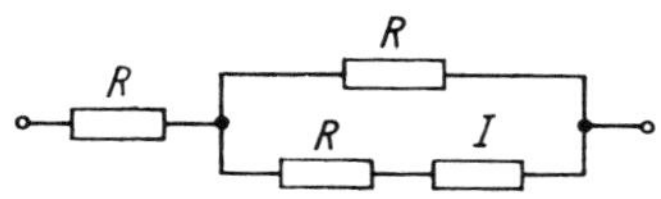

Bild 241: Aufgabe 202

(Bild 242) Gruppe II:

$$R_\text{II} = \frac{R\left(1 + \frac{2}{3}\right)R}{R + \left(1 + \frac{2}{3}\right)R} = \frac{5}{8}R;$$

$$R_g = R + \frac{5}{8}R = \underline{4{,}9\,\Omega}$$

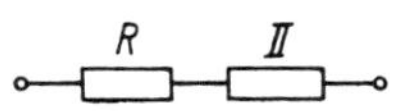

Bild 242: Aufgabe 202

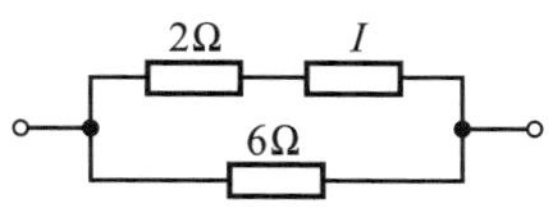

Bild 243: Aufgabe 203

203. (Bild 243) Gruppe I:

$$R_\text{I} = \frac{10 \cdot 4}{14}\,\Omega = \underline{2{,}86\,\Omega};$$

$$R_g = \frac{4{,}86 \cdot 6}{10{,}86}\,\Omega = \underline{2{,}69\,\Omega}$$

204. (Bild 244) Die beiden Gruppen I je:

$$R_\text{I} = \frac{2RR}{2R + R} = \frac{2}{3}R;$$

(Bild 245) Gruppe II:

$$R_\text{II} = \frac{2R\left(R + 2 \cdot \frac{2}{3}R\right)}{2R + \left(R + 2 \cdot \frac{2}{3}R\right)} = \frac{14}{13}R;$$

$$R_g = \frac{R\left(R+\frac{14}{13}R\right)}{R+\left(R+\frac{14}{13}R\right)} = \underline{1{,}35\,\mathrm{k\Omega}}$$

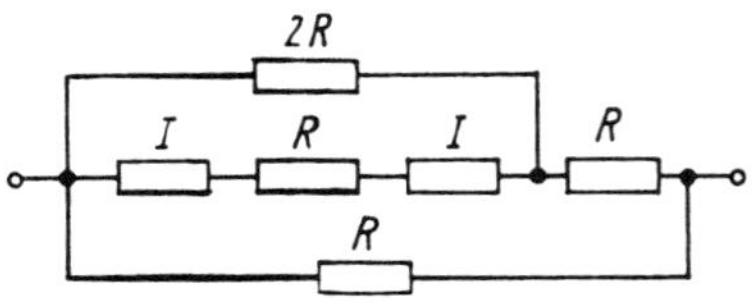

Bild 244: Aufgabe 204

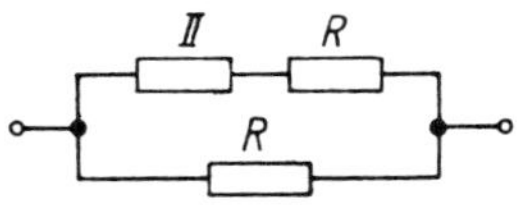

Bild 245: Aufgabe 204

205. $$R_g = \frac{\frac{3R}{2}\frac{R}{2}}{\frac{3R}{2}+\frac{R}{2}} = \underline{\frac{3}{8}R}$$

206. $$R_g = \frac{\frac{2}{3}R\left(2+\frac{2}{3}\right)R}{\frac{2}{3}R+\left(2+\frac{2}{3}\right)R} = \underline{\frac{8}{15}R}$$

207. (Bild 246) Gruppe I:

$$R_I = \frac{2RR}{2R+R} = \frac{2}{3}R;$$

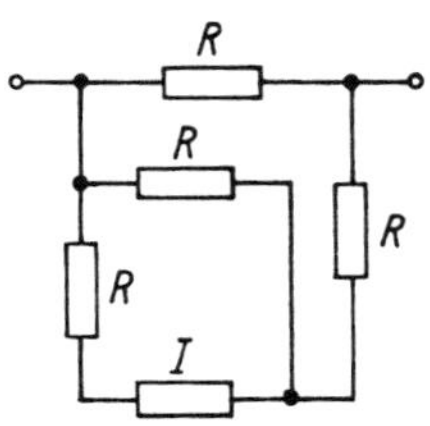

Bild 246: Aufgabe 207

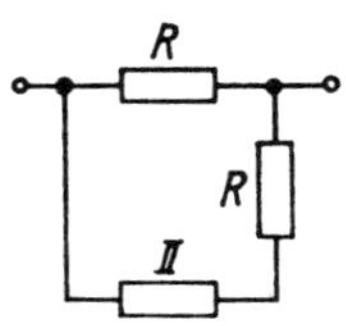

Bild 247: Aufgabe 207

(Bild 247) Gruppe II:

$$R_{II} = \frac{R\left(R+\frac{2}{3}R\right)}{R+\left(R+\frac{2}{3}R\right)} = \frac{5}{8}R;$$

$$R_g = \frac{R\left(R+\frac{5}{8}R\right)}{R+\left(R+\frac{5}{8}R\right)} = \frac{13}{21}R = \underline{3{,}1\,\Omega}$$

208. (Bild 248) Gruppe I je:

$$R_I = \frac{2RR}{2R+R} = \frac{2}{3}R;$$

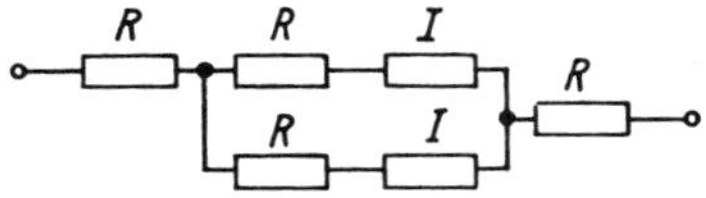

Bild 248: Aufgabe 208

(Bild 249) Gruppe II:

$$R_{II} = \frac{\left(R+\frac{2}{3}R\right)\left(R+\frac{2}{3}R\right)}{2\left(R+\frac{2}{3}R\right)} = \frac{5}{6}R;$$

$$R_g = 2R + R_{II} = \underline{8{,}5\,\Omega}$$

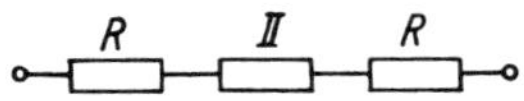

Bild 249: Aufgabe 208

209. (Bild 250)

$$R_g = 2R + \frac{1}{\frac{1}{2R}+\frac{1}{R}+\frac{1}{R}+\frac{1}{R}} = \frac{16}{7}R = \underline{2{,}3R}$$

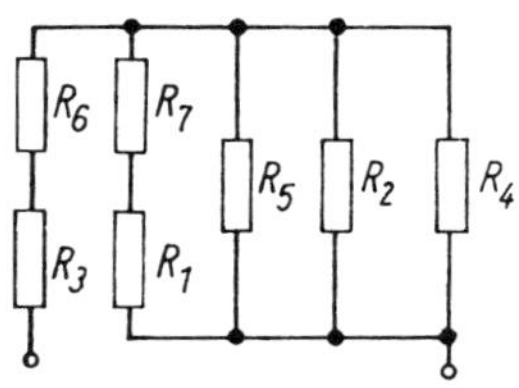

Bild 250: Aufgabe 209

210. (Bild 251) Gruppe I:

$$R_I = \frac{55\cdot 50}{105}\,\Omega = 26{,}2\,\Omega;$$

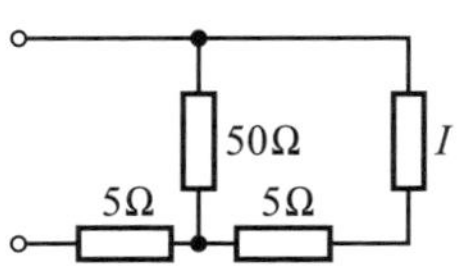

Bild 251: Aufgabe 210

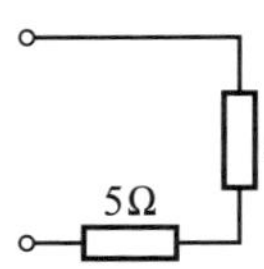

Bild 252: Aufgabe 210

Gruppe II:

$$R_{II} = \frac{31{,}2\cdot 50}{81{,}2}\,\Omega = 19{,}2\,\Omega;$$

(Bild 252) $R_g = 5\,\Omega + 19{,}2\,\Omega = \underline{24{,}2\,\Omega}$

211. (Bild 253) Gruppe I:

$$R_I = \frac{R\cdot 3R}{R+3R} = \frac{3}{4}R;$$

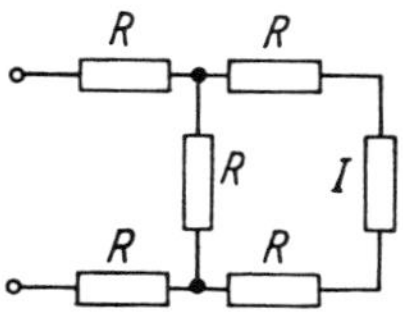

Bild 253: Aufgabe 211

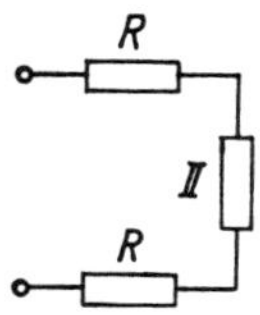

Bild 254: Aufgabe 211

Gruppe II:

$$R_{\mathrm{II}} = \frac{R\left(2R + \frac{3}{4}R\right)}{R + 2R + \frac{3}{4}R} = \frac{11}{15}R;$$

(Bild 254) $R_g = 2R + \frac{11}{15}R = \underline{10{,}93\,\Omega}$

212. $R + \frac{R}{2} + \frac{R}{3} = 22\,\Omega; \quad R = \underline{12\,\Omega}$

213. $\frac{1}{2R} + \frac{1}{R} + \frac{1}{2R} = \frac{1}{7{,}5\,\Omega}; \quad R = \underline{15\,\Omega}$

214. $\frac{R_b R}{R_b + R} = R_g - R - \frac{R}{4};$

$$R_b = \frac{R\left(R_g - \frac{5}{4}R\right)}{R - R_g + \frac{5}{4}R} = \underline{15\,\Omega}$$

215. $R_1 = \frac{I_i R_i}{I_N} = \frac{10\,\mathrm{mA} \cdot 15\,\Omega}{(100 - 10)\,\mathrm{mA}} = \underline{1{,}667\,\Omega}$

$U_{AB} = I_i R_i = 0{,}15\,\mathrm{V}; \quad U_{AC} = 5\,\mathrm{V};$

$U_{BC} = U_{AC} - U_{AB} = 4{,}85\,\mathrm{V};$

$R_{BC} = R_2 = \frac{U_{BC}}{I} = \underline{48{,}5\,\Omega}$

216. $\frac{I}{I_i} = \frac{R_i + R_1}{R_1}; \quad I = \underline{10\,\mathrm{mA}};$

$R_g = \frac{R_i R_1}{R_i + R_1} + R_2 = 100\,\Omega$

$U_{AC} = I R_g = 0{,}01\,\mathrm{A} \cdot 100\,\Omega = \underline{1\,\mathrm{V}}$

217. Bei Anschluss an *A–B* gilt

a) $\frac{R_i + R_1 + R_2}{R_1} = \frac{I'}{I_i};$

bei Anschluss an A–C gilt

b) $\frac{R_i + R_1 + R_2}{R_1 + R_2} = \frac{I''}{I_i};$

diese beiden Gleichungen ergeben

$R_1 = \frac{R_i I_i I''}{I'(I'' - I_i)} = \underline{2\,\Omega}$ und

$R_2 = \frac{I' R_1}{I''} - R_1 = \underline{18\,\Omega}.$

218. Man bildet die Gleichung

$$R_x = \frac{(R + R_x)R}{R + R_x + R}.$$

Von den beiden Lösungen dieser quadratischen Gleichung hat nur die positive praktischen Wert:

$R_x = \frac{R}{2}\sqrt{5} - \frac{R}{2} = \underline{0{,}618R}$

219. $$R_x = \frac{R\left[2R + \frac{R(2R + R_x)}{3R + R_x}\right]}{3R + \frac{R(2R + R_x)}{3R + R_x}};$$

$R_x = R(\sqrt{3} - 1) = \underline{0{,}732R}$

220. a) $r_1 = r_2 = r_3 = \frac{15 \cdot 15}{45}\,\Omega = \underline{5\,\Omega}$

b) $r_1 = \frac{24}{12}\,\Omega = \underline{2\,\Omega}; \quad r_2 = \frac{12}{12}\,\Omega = \underline{1\,\Omega};$

$r_3 = \frac{8}{12}\,\Omega = \underline{0{,}67\,\Omega}$

c) $r_1 = \frac{120\,\Omega^2}{30\,\Omega} = \underline{4\,\Omega}; \quad r_2 = \frac{96\,\Omega^2}{30\,\Omega} = \underline{3{,}2\,\Omega};$

$r_3 = \frac{80\,\Omega^2}{30\,\Omega} = \underline{2{,}67\,\Omega}$

d) $r_1 = r_2 = r_3 = \frac{0{,}25\,\Omega^2}{1{,}5\,\Omega} = \underline{0{,}167\,\Omega}$

e) $r_1 = \underline{0{,}598\,\Omega}; \quad r_2 = \underline{0{,}165\,\Omega}; \quad r_3 = \underline{0{,}145\,\Omega}$

221. a) $R_1 = R_2 = R_3$

$= 120\,\Omega + 120\,\Omega + \frac{120^2\,\Omega^2}{120\,\Omega}$

$= \underline{360\,\Omega}$

b) $R_1 = 12\,\Omega + 18\,\Omega + \frac{12 \cdot 18\,\Omega^2}{6\,\Omega} = \underline{66\,\Omega};$

$R_2 = \underline{33\,\Omega}; \quad R_3 = \underline{22\,\Omega}$

c) $R_1 = 6\,\Omega + 7{,}5\,\Omega + \frac{6 \cdot 7{,}5\,\Omega^2}{4{,}5\,\Omega} = \underline{23{,}5\,\Omega};$

$R_2 = \underline{17{,}63\,\Omega}; \quad R_3 = \underline{14{,}1\,\Omega}$

d) $R_1 = \underline{1\,\Omega}; \quad R_2 = \underline{2\,\Omega}; \quad R_3 = \underline{3\,\Omega}$

222. Aus $80\,\Omega = 50\,\Omega + \frac{r_2 r_3}{10\,\Omega}$ und

$r_3 = 50\,\Omega - r_2$ folgt $r_2 = \underline{6{,}97\,\Omega}$ und

$r_3 = \underline{43{,}03\,\Omega}$; die Umrechnung ergibt

$R_2 = \underline{114{,}77\,\Omega}$ und $R_3 = \underline{18{,}59\,\Omega}$.

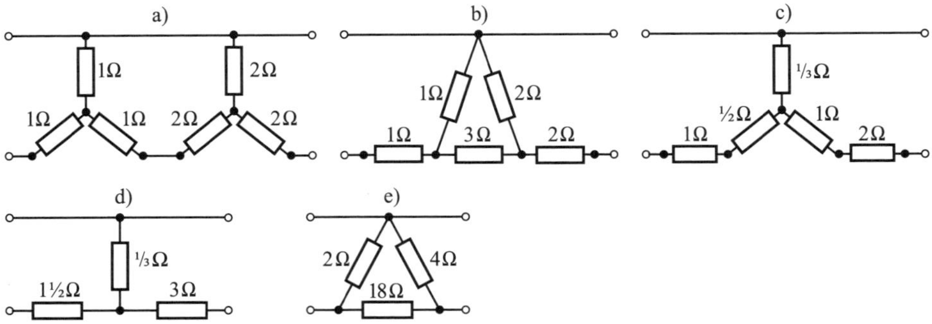

Bild 255: Aufgabe 223

223. Schrittweise Umwandlung nach Bild 255a bis c liefert die auf Bild d und e angegebenen Endergebnisse.

224. (Bild 256) Dreieckersatzwiderstände

$$R_1 = R_2 = R_3 = R + R + \frac{RR}{R} = 3R;$$

$$\text{Gruppe } R_{\mathrm{I}} = \text{Gruppe } R_{\mathrm{II}} = \frac{R \cdot 3R}{R + 3R} = \frac{3}{4}R;$$

$$R_{\mathrm{AB}} = \frac{3R\left(2 \cdot \frac{3}{4}R\right)}{3R + 2 \cdot \frac{3}{4}R} = R = \underline{100\,\Omega}$$

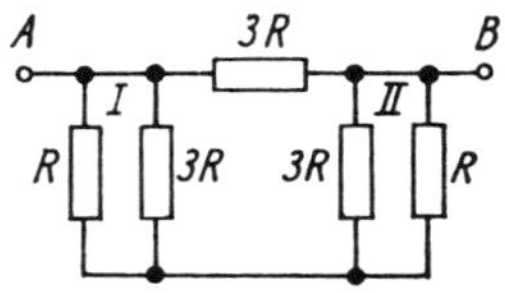

Bild 256: Aufgabe 224

225. (Bild 257) Sternersatzwiderstände

$$r_1 = r_2 = r_3 = \frac{R^2}{3R} = R/3;$$

$$R_{\mathrm{AB}} = r_2 + \frac{(R + r_3)(R + r_1)}{R + r_3 + R + r_1} = R = \underline{12\,\Omega}$$

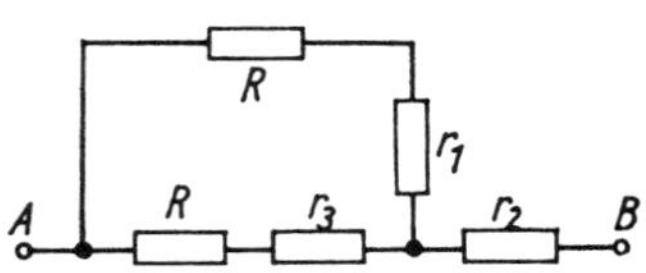

Bild 257: Aufgabe 225

226. (Bild 258) Gruppe $R_{\mathrm{III}} = \frac{R \cdot 2R}{R + 2R} = \frac{2}{3}R;$

Sternersatzwiderstände r_1 bis $r_6 = \frac{RR}{3R} = \frac{R}{3};$

$$R_{\mathrm{AB}} = r_1 + r_5 + \frac{(r_3 + r_4)(r_2 + r_6 + R_{\mathrm{III}})}{r_3 + r_4 + r_2 + r_6 + R_{\mathrm{III}}}$$

$$= \frac{10}{9}R = \underline{4{,}44\,\Omega}$$

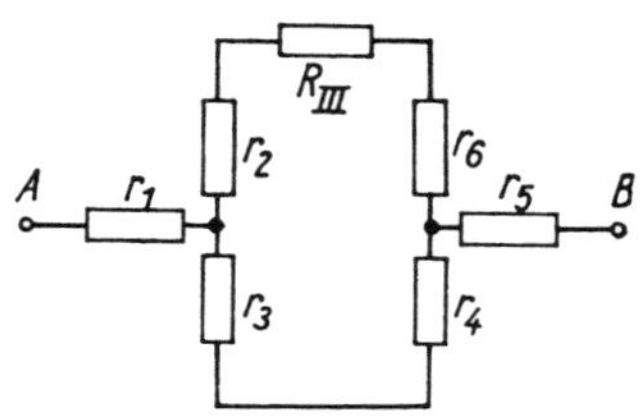

Bild 258: Aufgabe 226

227. (Bild 259) Dreieckersatzwiderstände

$$R_1 = R_2 = R_3 = R + R + \frac{R^2}{R} = 3R;$$

linke und rechte Parallelgruppe

$$R_{\mathrm{I}} = R_{\mathrm{II}} = \frac{\left(\frac{R \cdot 3R}{R + 3R}\right) 2R}{2R + \left(\frac{R \cdot 3R}{R + 3R}\right)} = \frac{6}{11}R;$$

$$\text{(Bild 260) } R_{\mathrm{AB}} = \frac{3R \frac{12}{11}R}{3R + \frac{12}{11}R} = \frac{4}{5}R = \underline{4\,\Omega}$$

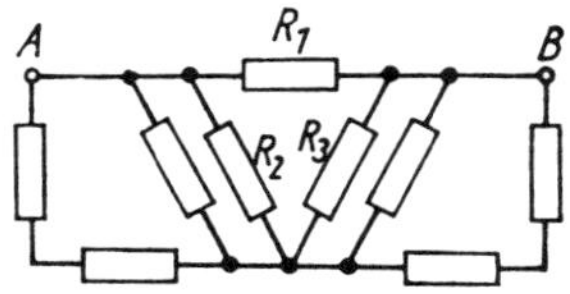

Bild 259: Aufgabe 227

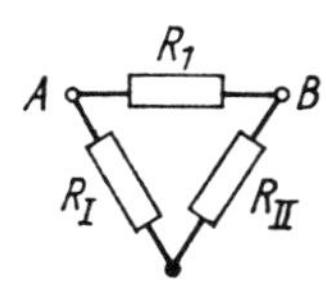

Bild 260: Aufgabe 227

228. (Bild 261) Sternersatzwiderstände

$$r_1 \quad \text{bis} \quad r_6 = \frac{R^2}{3R} = \frac{R}{3};$$

$$R_{AB} = r_1 + r_4 + \frac{(r_3 + r_6)(r_2 + r_5 + R)}{r_2 + r_3 + r_5 + r_6 + R} = \frac{24}{21} R$$
$$= \underline{10{,}3\,\Omega}$$

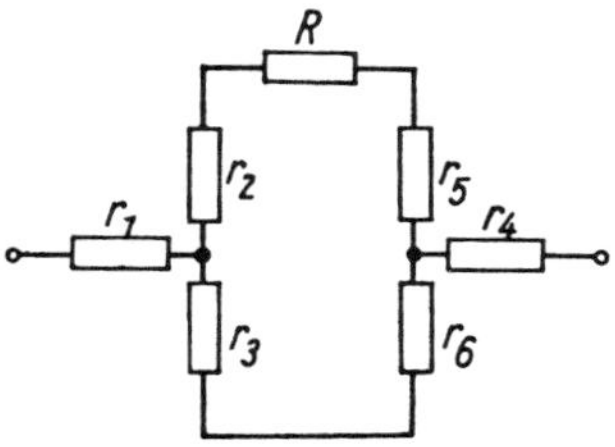

Bild 261: Aufgabe 228

229. (Bild 262)

$$R = 2 \cdot 1{,}5\,\Omega + \frac{1{,}5 \cdot 9\,\Omega^2}{1{,}5\,\Omega + 9\,\Omega} = \underline{4{,}29\,\Omega}$$

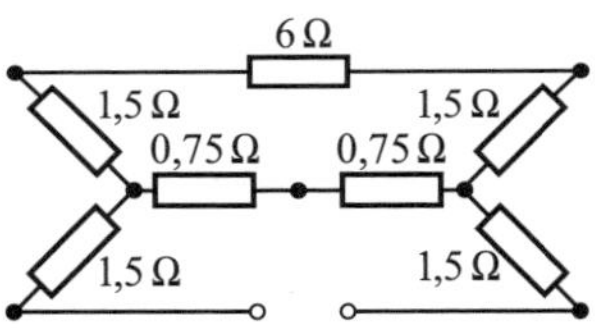

Bild 262: Aufgabe 229

230. Nach Auflösung der äußeren Dreiecke in entsprechende Sterne erhält man Bild 263.

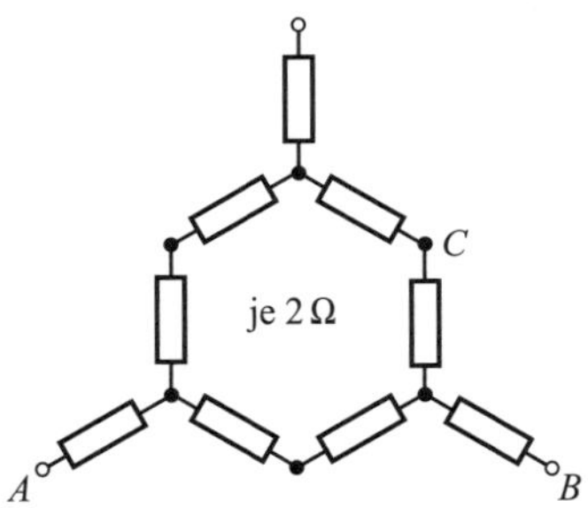

Bild 263: Aufgabe 230

Hiernach ist

a) $R_{AB} = 4\,\Omega + \dfrac{4 \cdot 8\,\Omega^2}{4\,\Omega + 8\,\Omega} = \underline{6{,}67\,\Omega}$ und

b) $R_{AC} = 2\,\Omega + \dfrac{6 \cdot 6\,\Omega^2}{6\,\Omega + 6\,\Omega} = \underline{5\,\Omega}$

231. Für die entsprechende Sternschaltung gelten die Gleichungen $r_1 + r_2 = \dfrac{6\,\text{V}}{2{,}4\,\text{A}} = 2{,}5\,\Omega$; $r_1 + r_3 = 4\,\Omega$; $r_2 + r_3 = 4{,}5\,\Omega$; hieraus folgt $r_1 = 1\,\Omega$; $r_2 = 1{,}5\,\Omega$ und $r_3 = 3\,\Omega$; die entsprechenden Dreieckwiderstände sind

$R_1 = \underline{9\,\Omega}$; $R_2 = \underline{6\,\Omega}$; $R_3 = \underline{3\,\Omega}$.

232. a) Der innere Stern ergibt Dreieckwiderstände von je $R = 6\,\Omega$, die zum äußeren Dreieck parallel liegen. Die Widerstände des vereinigten Dreiecks sind je $\dfrac{2 \cdot 6\,\Omega^2}{2\,\Omega + 6\,\Omega} = 1{,}5\,\Omega$, womit $R_{AB} = \underline{1\,\Omega}$. b) Punkt *C* steht in der gleichen Weise mit den übrigen Widerständen in Verbindung wie Punkt *B*. Die Punkte *C* und *B* können vertauscht werden. Daher ist auch $R_{AC} = \underline{1\,\Omega}$.

233. Die Umrechnung der beiden Sterne in Dreiecke ergibt die auf Bild 264a angegebene Ersatzschaltung. Nach Umzeichnung ergibt sich Bild 264b und nach Zusammenfassung der Parallelglieder Bild 264c folgt

$$\frac{U_2}{U_1} = \frac{6{,}67}{6{,}67 + 5{,}71} \quad \text{und} \quad U_2 = \underline{5{,}39\,\text{V}}.$$

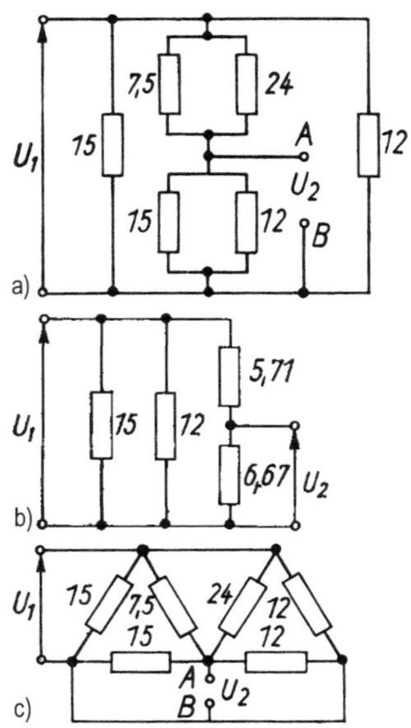

Bild 264: Aufgabe 233

234. (Bild 265) Mit $R = 1\,\Omega$ ist

$$r_1 = \frac{R \cdot 2R}{R + 2R + 3R} = \frac{R}{3};$$

$$r_2 = \frac{R \cdot 3R}{R + 2R + 3R} = \frac{R}{2}; \quad r_3 = R;$$

$$R_{AB} = r_1 + \frac{(r_2 + 2R)(r_3 + R)}{r_2 + 2R + r_3 + R} = \frac{13}{9} R = \underline{1{,}44\,\Omega}$$

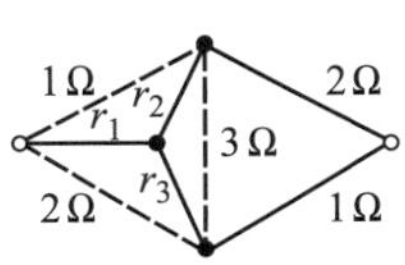

Bild 265: Aufgabe 234

235. (Bild 266) Gruppe I: Mit $R = 5\,\Omega$ ist

$$R = \frac{R \cdot 3R}{R + 3R} = \frac{3}{4}R;$$

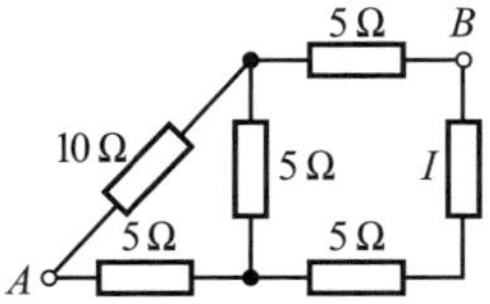

Bild 266: Aufgabe 235

(Bild 267)

$$r_1 = \frac{2RR}{2R + R + R} = \frac{R}{2}; \quad r_2 = \frac{R}{2}; \quad r_3 = \frac{R}{4};$$

$$R_{AB} = r_1 + \frac{(r_2 + R)\left(r_3 + R + \frac{3}{4}R\right)}{r_2 + R + r_3 + R + \frac{3}{4}R} = \frac{19}{14}R$$

$$= \underline{6{,}8\,\Omega}$$

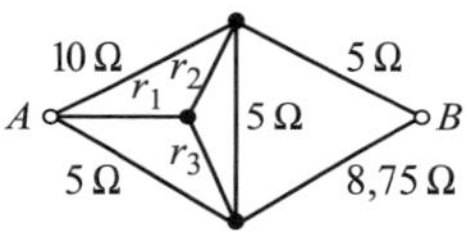

Bild 267: Aufgabe 235

236. (Bild 268) Gruppe I:

$$R_I = \frac{R \cdot 3R}{R + 3R} = \frac{3}{4}R;$$

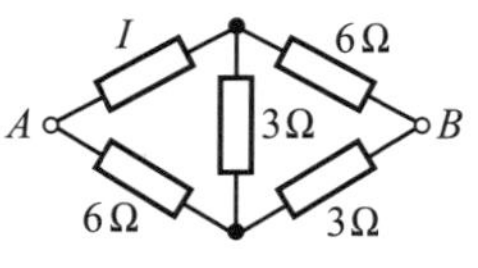

Bild 268: Aufgabe 236

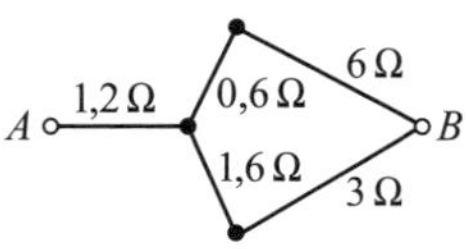

Bild 269: Aufgabe 236

$$\text{(Bild 269) } r_1 = \frac{\frac{3}{4}R \cdot 2R}{\frac{3}{4}R + 2R + R} = \frac{2}{5}R = 1{,}2\,\Omega;$$

$$r_2 = \frac{1}{5}R = 0{,}6\,\Omega; \quad r_3 = \frac{8}{15}R = 1{,}6\,\Omega;$$

$$R_{AB} = r_1 + \frac{(r_2 + 2R)(r_3 + R)}{r_2 + 2R + r_3 + R} = \underline{3{,}91\,\Omega}$$

237. (Bild 270)

$$R_g = \frac{2}{3}\,\Omega + \frac{\frac{2}{3} \cdot \frac{5}{3}\,\Omega^2}{\frac{7}{3}\,\Omega} = \underline{1{,}143\,\Omega}$$

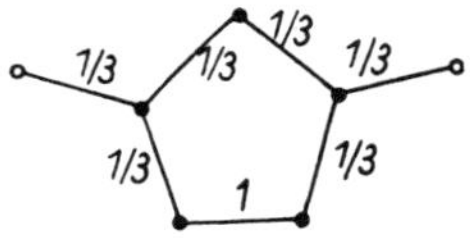

Bild 270: Aufgabe 237

238. 1. Lösung: Gedanklich wird der Würfel durch Aufspaltung der Kanten *AB* und *CD* in eine vordere und eine hintere Hälfte zerlegt, die parallel geschaltet den Gesamtwiderstand ergeben. Dabei wird $R_{AB} = R_{CD} = 2\,\Omega$. Die Bilder 271, 272, 273 zeigen eine ausgebreitete Hälfte:

$$R_1 = \frac{3}{5}\,\Omega + \frac{1\frac{3}{5} \cdot 3\frac{1}{5}\,\Omega^2}{4\frac{4}{5}\,\Omega} = \frac{5}{3}\,\Omega; \quad R = \frac{R_1}{2} = \underline{\frac{5}{6}\,\Omega}$$

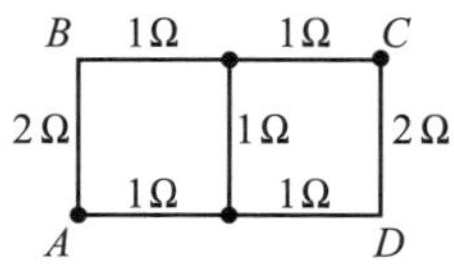

Bild 271: Aufgabe 238

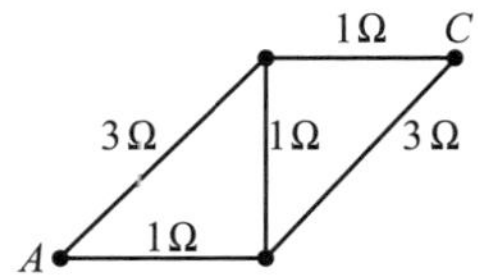

Bild 272: Aufgabe 238

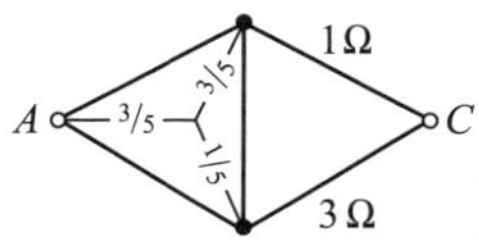

Bild 273: Aufgabe 238

2. Lösung: Gedanklich wird der Würfel zwischen den Punkten *A* und *C* auseinandergezogen und auf eine Ebene ausgebreitet (Bild 274).

Spaltet man die je 3 in *A* und *C* zusammenlaufenden Widerstände in je 2 parallele zu $2\,\Omega$, so entstehen 6 parallele Zweige zu je $5\,\Omega$ (Bild 275).

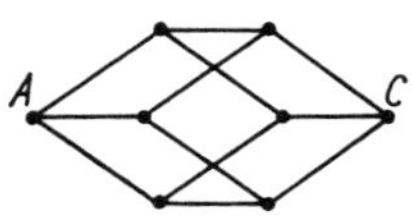

Bild 274: Aufgabe 238

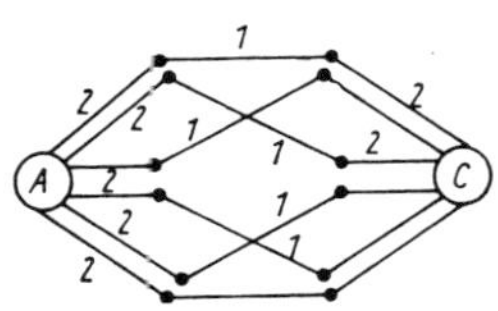

Bild 275: Aufgabe 238

239. $I = \dfrac{U_q}{R_i + \dfrac{R_1 R_2}{R_1 + R_2}} = \underline{1{,}14\,\text{A}};$

$$I_1 = \frac{I R_2}{R_1 + R_2} = \underline{0{,}29\,\text{A}}; \quad I_2 = I - I_1 = \underline{0{,}85\,\text{A}}$$

240. $I_2 = \dfrac{I_1 R_1}{R_2} = \underline{0{,}56\,\text{A}}; \quad I = I_1 + I_2 = \underline{0{,}96\,\text{A}};$

$$U_q = I_1 R_1 + I R_i = \underline{2{,}26\,\text{V}}$$

241. $IR_i = U_q - U; \quad I = \frac{U_q - I_1R_1}{R_i} = \underline{16\,\text{A}};$

$I_2 = I - I_1 = \underline{14\,\text{A}}; \quad R_2 = \frac{I_1R_1}{I_2} = \underline{1{,}43\,\Omega}$

242. $R_g = R_i + \frac{\frac{R_1R_2}{R_1+R_2}R_3}{\frac{R_1R_2}{R_1+R_2}+R_3} = 4{,}19\,\Omega;$

$I = \frac{U_q}{R_g} = \underline{3{,}58\,\text{A}}; \quad U_{AB} = U_q - IR_i = \underline{6{,}41\,\text{V}};$

$I_1 = \frac{U_{AB}}{R_1} = \underline{0{,}53\,\text{A}}; \quad I_2 = \underline{0{,}92\,\text{A}}; \quad I_3 = \underline{2{,}14\,\text{A}}$

243. Linke Gruppe: $R = \frac{R_1R_2}{R_1+R_2};$

$U_3 = \frac{U_1R_3(R_1+R_2)}{R_1R_2} = \underline{24\,\text{V}}$

244. $I = \frac{U_3}{R_3}; \quad \frac{I}{I_1} = \frac{R_1+R_2}{R_2};$

$I_1 = \frac{IR_2}{R_1+R_2} = \frac{U_3R_2}{R_3(R_1+R_2)} = \underline{1{,}1\,\text{A}};$

$I_2 = \frac{I_1R_1}{R_2} = \underline{0{,}4\,\text{A}}; \quad I = I_1 + I_2 = \underline{1{,}5\,\text{A}}$

245. $I_2R_3 = 3I_1R_2; \quad I_2R_3 = 6I_2R_2;$

$R_3 = 6R_2; \quad \frac{I_1}{I_2} = 2 = \frac{R_3}{R_1+R_2} = \frac{6R_2}{R_1+R_2};$

$R_2 = \frac{R_1}{2} = \underline{1{,}5\,\Omega}; \quad R_3 = 6R_2 = \underline{9\,\Omega}$

246. (Bild 276) a) $r_5 = \frac{R_1R_3}{R_1+R_3+R_5} = 5\,\Omega;$

$r_3 = 3\,\Omega; \quad r_1 = 7{,}5\,\Omega;$

$R_{AB} = r_5 + \frac{(r_3+R_2)(r_1+R_4)}{r_3+R_2+r_1+R_4} = \underline{12{,}38\,\Omega}$

b) $I = \frac{U}{R_{AB}} = \underline{8{,}08\,\text{A}}$

c), d) $U_{AC} = Ir_5 = 40{,}4\,\text{V};$

$U_{CB} = U - Ir_5 = 59{,}6\,\text{V};$

$I_2 = \frac{U - Ir_5}{r_3+R_2} = \underline{3{,}31\,\text{A}};$

$I_4 = \frac{U - Ir_5}{r_1+R_4} = \underline{4{,}77\,\text{A}}; \quad U_2 = I_2R_2 = \underline{49{,}65\,\text{V}};$

$U_4 = I_4R_4 = \underline{23{,}85\,\text{V}}$

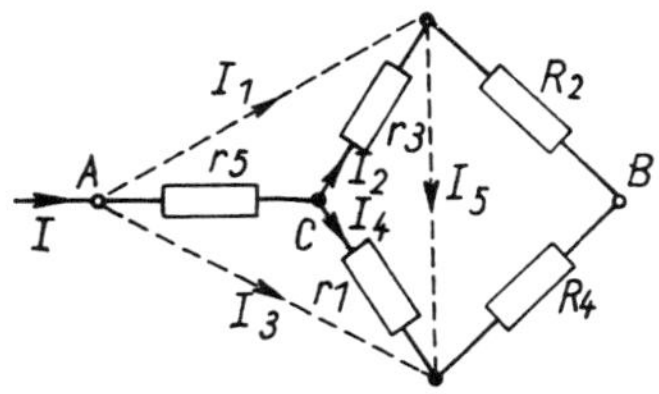

Bild 276: Aufgaben 246 und 247

247. (Bild 276) $r_3 = r_4 = r_5 = \frac{R}{3};$

$R_{AB} = \frac{R}{3} + \frac{\frac{4R}{3}\cdot\frac{4R}{3}}{\frac{8R}{3}} = R;$

jeder Einzelwiderstand ist gleich dem Gesamtwiderstand R_{AB}.

248. $I_1R_2 = IR_4; \quad \frac{I}{I_1} = \frac{R_1+R_2+R_3}{R_3};$

$I_1R_2 = \frac{I_1R_4(R_1+R_2+R_3)}{R_3}; \quad R_4 = \underline{\frac{R_2R_3}{R_1+R_2+R_3}}$

249. Vor dem Abschalten ist

$U_3 = IR_3 = \frac{UR_3}{\frac{R_1R_2}{R_1+R_2}+R_3};$

nach dem Abschalten ist

$U_3' = I'R_3 = \frac{UR_3}{R_1+R_3};$

aus der Gleichung $U_3 = 2U_3'$ folgt

$R_3 = \underline{\frac{R_1(R_1-R_2)}{R_1+R_2}}.$

250. $I_4 = \frac{IR_5}{R_4+R_5};$

$I_2 = \frac{I(R_1R_3)}{R_1R_3+R_2(R_1+R_3)};$

nach dem Gleichsetzen ergibt sich

$R_5 = \underline{\frac{R_1R_3R_4}{R_2(R_1+R_3)}}.$

251. a) $I_2 = I_3\frac{R_3}{R_2};$

$I_1 = I_3 + I_2 = I_3\left(1+\frac{R_3}{R_2}\right);$

$U_4 = I_1R_1 + I_3R_3 = \underline{I_3\left(R_1 + \frac{R_1R_3}{R_2} + R_3\right)}$

b) $I_4 = \frac{U_4}{R_4} = \underline{\frac{I_3(R_1R_2+R_1R_3+R_2R_3)}{R_2R_4}}$

252. Anwendung der Spannungsteilerregel ergibt

$$\frac{U}{U_3}=\frac{R_1+\dfrac{R_2R_3}{R_2+R_3}+R_4}{\dfrac{R_2R_3}{R_2+R_3}};$$

$$U=\underline{U_3\frac{(R_1+R_4)(R_2+R_3)+R_2R_3}{R_2R_3}}$$

253. $U_1=\dfrac{U_qR_1}{R_1+R_2};\quad U_2=\dfrac{U_qR_2}{R_1+R_2};$

$$U_{AB}=U_1-U_2=\underline{U_q\frac{(R_1-R_2)}{R_1+R_2}}.$$

254. a) $U:U_1=5:1;\quad U_1=24\,\text{V};$

$U_1:U_2=\underline{24\,\text{V}:96\,\text{V}};$

$R_1=\underline{100\,\text{k}\Omega};\quad R_2=\underline{400\,\text{k}\Omega}$

b) $I=\dfrac{U}{\dfrac{R_bR_1}{R_1+R_b}+R_2}=\underline{0{,}26\,\text{mA}};$

$I_1=I\dfrac{R_b}{R_1+R_b}=\underline{0{,}17\,\text{mA}};$

$I_2=I\dfrac{R_1}{R_1+R_b}=\underline{0{,}09\,\text{mA}}.$

c) $U_1=I_1R_1=17\,\text{V};\quad U_2=IR_2=104\,\text{V};$

$U_1:U_2=\underline{1:6{,}1}$

255. $R_g=\dfrac{U}{I};\quad R_g-R_L=\dfrac{R_1(R_2+R_x)}{R_1+R_2+R_x};$

$R_x=\underline{42\,\Omega}$

256. $R_I=\dfrac{R_1R_2}{R_1+R_2}=80\,\Omega;$

$\dfrac{R_I(R_3+R_x)}{R_I+R_3+R_x}=\dfrac{U}{I};\quad R_x=\underline{230\,\Omega}$

257. $\dfrac{R_x}{R_x+R_3}=\dfrac{U_x}{U};\quad R_x=40\,\Omega;$

$R_g=\underline{30{,}80\,\Omega};\quad I=\dfrac{U}{R_g}=\underline{0{,}39\,\text{A}}$

258. $R_{AB}=\dfrac{2RR}{2R+R}=\dfrac{2}{3}R;$

$\dfrac{U_{AB}}{U_2}=\dfrac{2R}{R}=\dfrac{2}{1};\quad \dfrac{U_1}{U_{AB}}=\dfrac{R+R_{AB}}{R_{AB}}=\dfrac{5}{2};$

$\dfrac{U_1}{U_2}=\dfrac{U_1}{U_{AB}}\dfrac{U_{AB}}{U_2}=\underline{\dfrac{5}{1}}$

259. $R_{AB}=\dfrac{3RR}{3R+R}=\dfrac{3}{4}R;$

$\dfrac{U_{AB}}{U_2}=\dfrac{3R}{R}=\dfrac{3}{1};\quad \dfrac{U_1}{U_{AB}}=\dfrac{2R+R_{AB}}{R_{AB}}=\dfrac{11}{3}R;$

$\dfrac{U_1}{U_2}=\dfrac{U_1}{U_{AB}}\dfrac{U_{AB}}{U_2}=\underline{\dfrac{11}{1}}$

260. $R_{AB}=\dfrac{12\,\Omega\cdot 6\,\Omega}{(12+6)\,\Omega}=4\,\Omega;$

$\dfrac{U_{AB}}{U_2}=\dfrac{(3+9)\,\Omega}{3\,\Omega}=\dfrac{4}{1};$

$\dfrac{U_1}{U_{AB}}=\dfrac{8\,\Omega+R_{AB}}{R_{AB}}=\dfrac{3}{1};$

$\dfrac{U_1}{U_2}=\dfrac{U_1}{U_{AB}}\dfrac{U_{AB}}{U_2}=\underline{\dfrac{12}{1}}.$

261. $R_{AB}=\dfrac{30\,\Omega\cdot 45\,\Omega}{(30+45)\,\Omega}=18\,\Omega;$

$\dfrac{U_1}{U_{AB}}=\dfrac{36\,\Omega+R_{AB}}{R_{AB}}=\dfrac{3}{1};$

$\dfrac{U_{AB}}{U_2}=\dfrac{(30+15)\,\Omega}{15\,\Omega}=\dfrac{3}{1};$

$\dfrac{U_1}{U_2}=\dfrac{U_1}{U_{AB}}\dfrac{U_{AB}}{U_2}=\underline{\dfrac{9}{1}}$

262. (Bild 277) $R_{AB}=\dfrac{20\,\Omega\cdot 10\,\Omega}{(20+10)\,\Omega}=\dfrac{20}{3}\,\Omega;$

$\dfrac{U_{AB}}{U_2}=\dfrac{(8+2)\,\Omega}{2\,\Omega}=\dfrac{5}{1};$

$\dfrac{U_1}{U_{AB}}=\dfrac{20\,\Omega+R_{AB}}{R_{AB}}=\dfrac{4}{1};$

$\dfrac{U_1}{U_2}=\dfrac{U_1}{U_{AB}}\dfrac{U_{AB}}{U_2}=\underline{\dfrac{20}{1}}.$

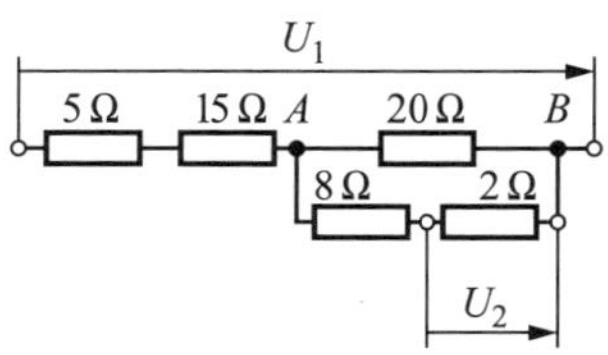

Bild 277: Aufgabe 262

263. (Bild 278) $R_{AB}=\dfrac{12\,\Omega\cdot 4\,\Omega}{(12+4)\,\Omega}=3\,\Omega;$

$\dfrac{U_{AB}}{U_2}=\dfrac{(8+4)\,\Omega}{4\,\Omega}=\dfrac{3}{1};\quad \dfrac{U_1}{U_{AB}}=\dfrac{3\,\Omega+R_{AB}}{R_{AB}}=\dfrac{2}{1};$

$\dfrac{U_1}{U_2}=\dfrac{U_1}{U_{AB}}\dfrac{U_{AB}}{U_2}=\underline{\dfrac{6}{1}}.$

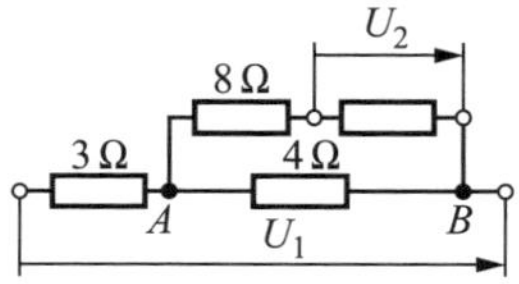

Bild 278: Aufgabe 263

264. $R_{AB} = \dfrac{(12+24)\,\Omega \cdot 12\,\Omega}{(12+24+12)\,\Omega} = 9\,\Omega;$

$$\frac{U_{AB}}{U_2} = \frac{(12+24)\,\Omega}{24\,\Omega} = \frac{3}{2};$$

$$\frac{U_1}{U_{AB}} = \frac{6\,\Omega + R_{AB}}{R_{AB}} = \frac{5}{3};$$

$$\frac{U_1}{U_2} = \frac{U_1}{U_{AB}} \cdot \frac{U_{AB}}{U_2} = \underline{\frac{5}{2}}.$$

265. (Bild 279) $R_{AB} = \dfrac{7\,\Omega \cdot 5\,\Omega}{(7+5)\,\Omega} = 2{,}92\,\Omega;$

$$R_{CD} = \frac{5\,\Omega(2\,\Omega + R_{AB})}{(5+2)\,\Omega + R_{AB}} = 2{,}48\,\Omega;$$

$$\frac{U_{AB}}{U_2} = \frac{(2+5)\,\Omega}{5\,\Omega} = 1{,}4;$$

$$\frac{U_{CD}}{U_{AB}} = \frac{2\,\Omega + R_{AB}}{R_{AB}} = 1{,}69;$$

$$\frac{U_1}{U_{CD}} = \frac{2\,\Omega + R_{CD}}{R_{CD}} = 1{,}81;$$

$$\frac{U_1}{U_2} = \frac{U_1}{U_{CD}} \frac{U_{CD}}{U_{AB}} \frac{U_{AB}}{U_2} = 4{,}26; \quad U_2 = \underline{23{,}47\,\text{V}}$$

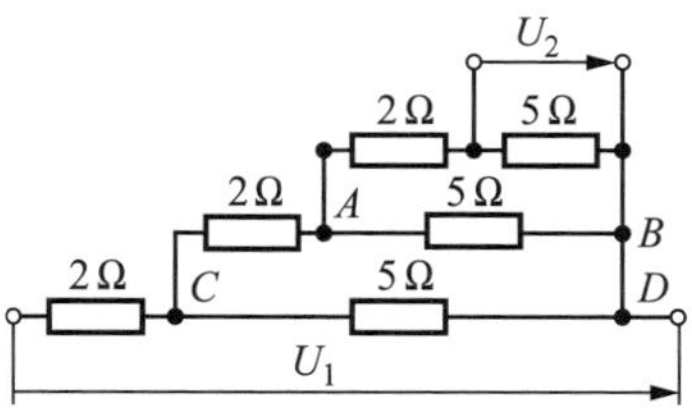

Bild 279: Aufgabe 265

266. Fasst man die Widerstände von rechts nach links zusammen, so ergeben sich die Ersatzwiderstände $R_{EF} = 6\,\Omega$, $R_{CD} = 5\,\Omega$ und

$$R_{AB} = 10\,\Omega; \quad \frac{U_1}{U_2} = \frac{R_{AB}}{R_{CD}} = \frac{2}{1};$$

$$U_2 = \underline{50\,\text{V}}; \quad \frac{U_2}{U_3} = \frac{4\,\Omega + R_{EF}}{R_{EF}} = \frac{5}{3};$$

$$U_3 = \underline{30\,\text{V}}; \quad \frac{U_3}{U_4} = \frac{(10+5)\,\Omega}{5\,\Omega} = \frac{3}{1};$$

$$U_4 = \underline{10\,\text{V}}$$

267. $R_{AB} = \dfrac{4\,\Omega \cdot 12\,\Omega}{(4+12)\,\Omega} = 3\,\Omega;$

$$\frac{I_1}{I_2} = \frac{(10+7)\,\Omega + R_{AB}}{10\,\Omega} = \frac{2}{1};$$

$$\frac{I_2}{I_3} = \frac{(4+12)\,\Omega}{4\,\Omega} = \frac{4}{1}; \quad \frac{I_1}{I_3} = \frac{I_1}{I_2}\frac{I_2}{I_3} = \underline{\frac{8}{1}}$$

268. Fasst man die Widerstände von rechts nach links zusammen, so sind die Ersatzwiderstände

$$R_{CD} = \frac{3\,\Omega \cdot 6\,\Omega}{(3+6)\,\Omega} = 2\,\Omega \quad \text{und} \quad R_{AB} = 3\,\Omega;$$

$$\frac{I_1}{I_2} = \frac{(2+5+5)\,\Omega + R_{AB}}{2\,\Omega} = \frac{15}{2};$$

$$\frac{I_2}{I_3} = \frac{(4+5+5)\,\Omega + R_{CD}}{4\,\Omega} = \frac{4}{1};$$

$$\frac{I_3}{I_4} = \frac{(3+6)\,\Omega}{3\,\Omega} = \frac{3}{1}; \quad \frac{I_1}{I_4} = \frac{I_1}{I_2} \cdot \frac{I_2}{I_3} \cdot \frac{I_3}{I_4} = \underline{\frac{90}{1}}$$

269. $\dfrac{U_{AB}}{U_4} = \dfrac{10\,\Omega + R_{CD}}{R_{CD}} = \dfrac{6}{1};$

$$\frac{U_1}{U_{AB}} = \frac{10\,\Omega + R_{AB}}{R_{AB}} = \frac{13}{3}; \quad \frac{U_1}{U_4} = \underline{\frac{26}{1}}$$

270. $I_2 = \dfrac{120\,\text{V}}{8\,\Omega} = \underline{15\,\text{A}}; \quad R_{CD} = 3\,\Omega;$

$$R_{AB} = 4\,\Omega; \quad \frac{I_3}{I_2} = \frac{4\,\Omega}{8\,\Omega + R_{AB}} = \frac{1}{3};$$

$$I_2 = 3I_3 = \underline{45\,\text{A}}; \quad I_1 = (15+45)\,\text{A} = \underline{60\,\text{A}};$$

$$\frac{I_3}{I_4} = \frac{(8+5)\,\Omega + R_{CD}}{5\,\Omega + R_{CD}} = \frac{2}{1}; \quad I_4 = \underline{7{,}5\,\text{A}};$$

$$I_5 = I_3 - I_4 = \underline{7{,}5\,\text{A}};$$

$$\frac{I_5}{I_6} = \frac{(4+8+4)\,\Omega}{(8+4)\,\Omega} = \frac{4}{3}; \quad I_6 = \underline{5{,}625\,\text{A}};$$

$$I_7 = I_5 - I_6 = \underline{1{,}875\,\text{A}}$$

271. (Bild 280)

$$\frac{U_2}{U_1} = \frac{1}{5} = \frac{U_2}{U_{AB}} \frac{U_{AB}}{U_1}$$

$$= \frac{R}{4\,\Omega + R} \, \frac{\dfrac{(4\,\Omega + R)6\,\Omega}{4\,\Omega + R + 6\,\Omega}}{\dfrac{(4\,\Omega + R)6\,\Omega}{4\,\Omega + R + 6\,\Omega} + 3\,\Omega};$$

$$R = \underline{2{,}57\,\Omega}$$

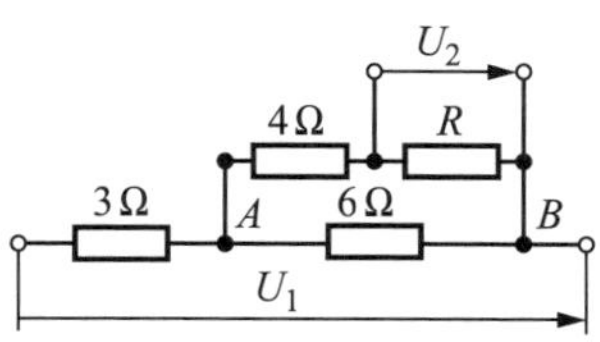

Bild 280: Aufgaben 271 und 272

272. (Bild 280)

$$\frac{U_2}{U_1} = \frac{1}{10} = \frac{R_x}{R + R_x} \, \frac{\dfrac{(R+R_x)R_x}{R+2R_x}}{\dfrac{(R+R_x)R_x}{R+2R_x} + R};$$

$$R_x = \underline{0{,}54R}$$

273. a) $R_x = \dfrac{U}{I - \dfrac{U}{R_V}} = \underline{77{,}7\,\Omega}$

b) $R'_x = \dfrac{U}{I} = \underline{77{,}3\,\Omega}$; $\quad \Delta R_x = R_x - R'_x = \underline{0{,}4\,\Omega}$

c) $\dfrac{\Delta R_x}{R_x} = 0{,}005 \mathrel{\widehat{=}} \underline{0{,}5\,\%}$

274. $\dfrac{\Delta R}{R} = \dfrac{\dfrac{U}{I - I_V} - \dfrac{U}{I}}{\dfrac{U}{I - I_V}} = \dfrac{I_V}{I} = \dfrac{R}{R + R_v}$
$= 0{,}074 \mathrel{\widehat{=}} \underline{7{,}4\,\%}$

275. $\dfrac{U}{I - I_V} = R_x$; mit $\dfrac{U}{I} = 0{,}97 R_x$ und

$I_V = \dfrac{U}{R_V}$ wird $R_V = \dfrac{0{,}97 R_x}{0{,}03} = \underline{1{,}617\,\text{k}\Omega}$.

276. $R_x = \dfrac{0{,}98 U}{I - I_V}$; mit $I = \dfrac{U}{R_x}$ und

$I_V = \dfrac{U}{R_V}$ wird $R_x = 0{,}02 R_V = \underline{10\,\Omega}$.

277. Ohne Fehler: $R_x = \dfrac{U}{I - I_V}$;

mit Fehler: $R'_x = \dfrac{U}{I}$;

$\dfrac{\Delta R_x}{R_x} = \dfrac{\dfrac{U}{I - I_V} - \dfrac{U}{I}}{\dfrac{U}{I - I_V}} = \dfrac{I_V}{I} = \dfrac{1}{46} = 0{,}021\,7$

$\mathrel{\widehat{=}} \underline{2{,}17\,\%}$

278. $R'_x = \dfrac{U}{I}$; $\quad R_x = \dfrac{U}{I - I_V} = \dfrac{U}{\dfrac{U}{R'_x} - \dfrac{U}{R_V}}$;

$R_V = \dfrac{R_x R'_x}{R_x - R'_x} = \underline{9{,}883\,\text{k}\Omega}$

279. (siehe Aufgabe 278) $R_V = \dfrac{R_x R'_x}{R_x - R'_x}$;

$R_x = \dfrac{R'_x R_V}{R_V - R'_x} = \underline{138\,\Omega}$

280. $R_x = \dfrac{U}{I} - R_A = \underline{4{,}257\,\text{k}\Omega}$

281. $R_A = 1\,\Omega$; $\quad R_x = \dfrac{U}{I} - R_A = \underline{1{,}321\,\text{k}\Omega}$

282. Nach Bild 87 zeigt der Strommesser an:

$I = \dfrac{U}{R_A + \dfrac{R_x R_V}{R_x + R_V}} = \underline{0{,}126\,\text{A}}$

und der Spannungsmesser:

$U_x = U - I R_A = 99{,}87\,\text{V}$;

daraus errechnet sich der Widerstand

$R_x = \dfrac{U_x}{I} = 793\,\Omega$,

d. h. um $\underline{7\,\Omega}$ bzw. $\underline{1\,\%\text{ zu wenig}}$.

283. Nach Bild 87 ist $R_x = \dfrac{U}{I - \dfrac{U}{R_V}} = \underline{38{,}78\,\Omega}$;

nach Bild 88 ist $U_x = U + I R_A = \underline{3{,}14\,\text{V}}$;

$I_x = \dfrac{U_x}{R_x + R_A} = \underline{0{,}08\,\text{A}}$

284. Aus $R_2 = R_1(1 + \alpha \Delta \vartheta)$ wird

$\alpha = \dfrac{R_2 - R_1}{R_1(T_1 - T_2)}$ (siehe Abschnitt 1.2);

z. B. zwischen 50 und 60 °C ist

$\alpha = \dfrac{(1\,200 - 130)\,\Omega}{130\,\Omega \cdot 10\,\text{K}} = \underline{0{,}82\,{}^1\!/\text{K}}$

285. $\dfrac{R_2}{R_1} = 1 + 0{,}5\,{}^1\!/\text{K} \cdot 40\,\text{K} = \underline{21}$

286. Dividieren von $R_1 = R_0 e^{b(1/T_1)}$ durch

$R_2 = R_0 e^{b/T_2}$ ergibt: $\dfrac{R_1}{R_2} = e^{b(1/T_1 - 1/T_2)}$

und nach Logarithmieren: $b = \dfrac{\ln \dfrac{R_1}{R_2}}{\dfrac{1}{T_1} - \dfrac{1}{T_2}}$

287. Mit dem Ergebnis von Aufgabe 286 ist

$b = \dfrac{\ln 4}{\dfrac{1}{293} - \dfrac{1}{323}} = \underline{4\,373\,\text{K}}$

288. Nach gleicher Formel wie in Lösung 287 ist

$\ln \dfrac{R_1}{R_2} = b\left(\dfrac{1}{T_1} - \dfrac{1}{T_2}\right) = 3{,}566\,27$;

$\dfrac{R_1}{R_2} = 35{,}38$; $\quad R_2 = \underline{2{,}83\,\Omega}$

289. $R_0 = R e^{-b/T} = 200 \cdot e^{-5{,}362}\,\Omega = \underline{0{,}94\,\Omega}$

290. a) $\alpha_1 = \dfrac{R_2 - R_1}{R_1(T_1 - T_2)} = \dfrac{14\,\Omega}{18\,\Omega \cdot 60\,\text{K}}$
$= \underline{0{,}013\,0\,{}^1\!/\text{K}}$;

b) $\alpha_2 = \underline{-0{,}012\,5\,{}^1\!/\text{K}}$

291. $\dfrac{\text{d}R}{\text{d}T} = -\dfrac{R_0 b}{T^2} e^{b/T} = -\dfrac{bR}{T^2}$; $\quad \alpha = \underline{-\dfrac{b}{T^2}}$

292. Nach dem Verfahren von Aufgabe 287 ergibt sich $b = 3\,000\,\text{K}$;

A) $\alpha_1 = -\dfrac{3\,000\,\text{K}}{323^2\,\text{K}^2} = \underline{-0{,}029\ ^1/\text{K}}$

B) $\alpha_2 = \underline{-0{,}019\ ^1/\text{K}}$

293. Mit $R = \dfrac{U}{I}$ wird $U = \dfrac{CI}{I^{1-\beta}} = CI^{\beta}$

294. Bild 281

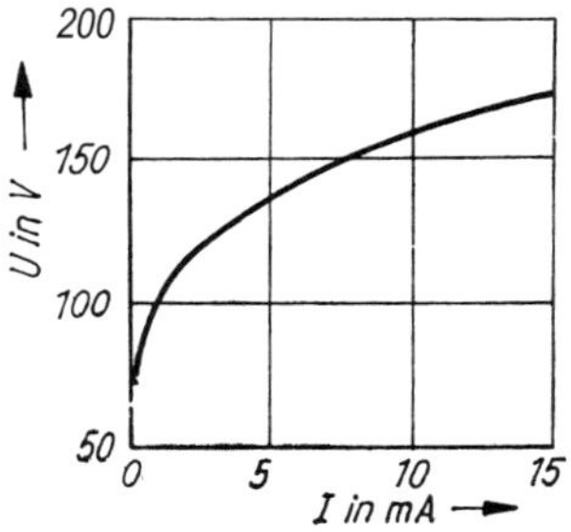

Bild 281: Aufgabe 294

295. Mit $P = I^2R$ wird $P = \dfrac{CI^2}{I^{1-\beta}} = \underline{CI^{1+\beta}}$

296. $P = UI$; mit dem Ergebnis von Aufgabe 293 ist

$$I = \left(\frac{U}{C}\right)^{1/\beta} \quad \text{und} \quad P = \underline{U\left(\frac{U}{C}\right)^{1/\beta}}.$$

297. Beim Dividieren von $U_1 = CI_1^{\beta}$ durch $U_2 = CI_2^{\beta}$ fällt der Koeffizient C weg; durch Logarithmieren des Quotienten ergibt sich

$$\beta = \underline{\frac{\lg U_1/U_2}{\lg I_1/I_2}}.$$

298. a) Für je ein Wertepaar von U und I ergibt sich z. B. $\beta = \dfrac{\lg 120/77}{\lg 2/0{,}2} = \underline{0{,}19}$;

b) $\beta = \underline{0{,}22}$

299. Nach Bild 96 ist z. B. für $I_1 = 2{,}0\,\text{mA}$ und $U_1 = 120\,\text{V}$ die Leistung $P = UI = 0{,}24\,\text{W}$. Andererseits gilt $P = CI^{1+\beta}$ (siehe Aufgabe 295). Hiernach ist

$$C = \frac{P}{I^{1+\beta}} = \frac{0{,}24\,\text{W}}{(0{,}002\,\text{A})^{1{,}19}} = \underline{391\,\text{V} \cdot \text{A}^{-\beta}}.$$

300. Aus $P = CI^{1+\beta}$ (siehe Aufgabe 295) erhält man $\lg I = \dfrac{\lg P/C}{1+\beta} = \dfrac{\lg 0{,}008}{1{,}25} = -1{,}677\,5$;

$I = 10^{-1{,}677\,5} = 0{,}021\,\text{A}$;

$$U = \frac{P}{I} = \frac{2\,\text{W}}{0{,}021\,\text{A}} = \underline{95\,\text{V}}$$

301. Nach Aufgabe 293 ist $U = CI^{\beta} = \underline{120\,\text{V}}$;

$R = \dfrac{U}{I} = 60\,\text{k}\Omega$ oder auch $R = \dfrac{C}{I^{1-\beta}} = \underline{60\,\text{k}\Omega}$

302. Bild 282; z. B. für $U = -100\,\text{mV}$ ist

$I = (\text{e}^{-4} - 1)\,\text{mA} = (0{,}001\,83 - 1)\,\text{mA}$
$= \underline{-0{,}98\,\text{mA}}$

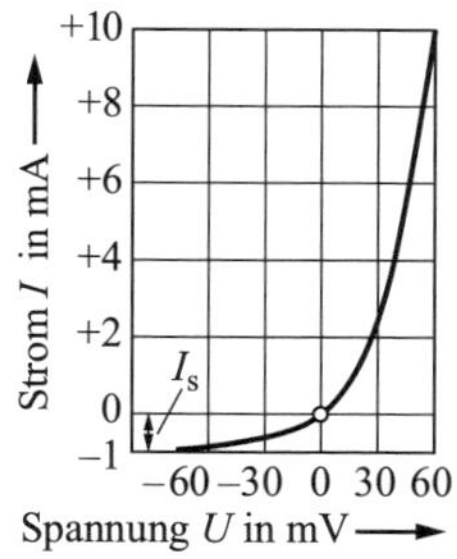

Bild 282: Aufgabe 302

303. Aus $\dfrac{I}{I_\text{S}} = \text{e}^{U/U_\text{T}} - 1$ wird $\dfrac{U}{U_\text{T}} = \ln 2$ und

$U = 25 \cdot 0{,}693\,\text{mV} = \underline{17{,}3\,\text{mV}}$

304. $U = U_\text{T} \ln(10^6 + 1) = 0{,}345\,\text{V}$; $I = 1\,\text{A}$;

$U_\text{B} = IR = 0{,}5\,\text{V}$; $U_\text{ges} = \underline{0{,}845\,\text{V}}$

305. $-0{,}9 = \text{e}^{U/U_\text{T}} - 1$;

$\dfrac{U}{U_\text{T}} = \ln 0{,}1 = -2{,}303$; $U = \underline{-57{,}6\,\text{mV}}$

306. $U = \sqrt{PR}$; $I = \dfrac{U}{R}$

U in V	0	3,7	5,5	6,2	8,1	12,5	23,3	38,7
I in mA	0	20,4	36,5	44,3	40,3	27,9	15,5	8,7

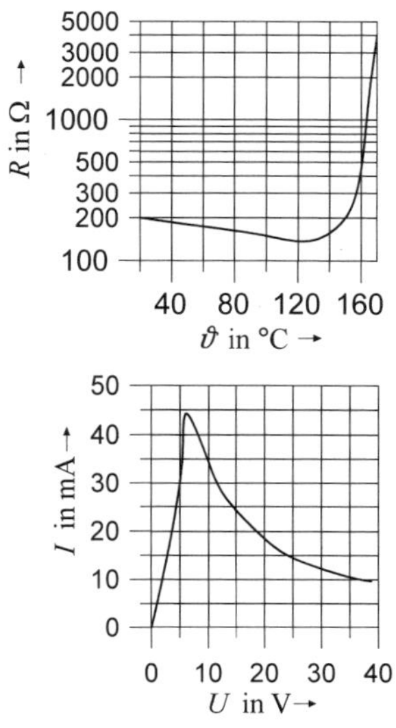

Bild 283: Aufgabe 306

307. Knoten A) $I_A + I_3 = I_1$;
Knoten B) $I_1 = I_B + I_2$;
Knoten C) $I_2 = I_C + I_3$;
Masche: $U_{q1} - U_{q2} = I_1R_1 + I_2R_2 + I_3R_3$

Die Unbekannten I_2 und I_3 werden durch I_A und I_B ausgedrückt:

$I_2 = I_1 - I_B$; $I_3 = I_1 - I_A$

Damit wird

$$I_1 = \frac{U_{q1} - U_{q2} + I_BR_2 + I_AR_3}{R_1 + R_2 + R_3} = \underline{1{,}5\,\text{A}}$$

$I_2 = I_1 - I_B = \underline{-1{,}5\,\text{A}}$; $U_1 = I_1R_1 = \underline{3\,\text{V}}$;

$I_3 = I_1 - I_A = \underline{-0{,}5\,\text{A}}$; $U_2 = I_2R_2 = \underline{-7{,}5\,\text{V}}$;

$I_C = I_2 - I_3 = \underline{-1\,\text{A}}$; $U_3 = I_3R_3 = \underline{-0{,}5\,\text{V}}$

Da I_C negativ wird, fließt dieser Strom der Masche zu.

308. Aus $U_{q1} - U_{q2} = I_1R_1 + I_2R_2 + I_3R_3$ kann I_3 unmittelbar berechnet werden:

$I_3 = \underline{-10{,}8\,\text{A}}$; $I_A = \underline{14{,}8\,\text{A}}$;

$I_B = \underline{-0{,}8\,\text{A}}$; $I_C = \underline{15{,}6\,\text{A}}$;

$U_1 = \underline{24\,\text{V}}$; $U_2 = \underline{28{,}8\,\text{V}}$; $U_3 = \underline{-64{,}8\,\text{V}}$

309. $I_B = I_1 - I_2 = \underline{-2{,}5\,\text{A}}$;

$I_3R_3 = U_3 = U_{q1} - U_{q2} - I_1R_1 - I_2R_2 = \underline{-21\,\text{V}}$;

$I_3 = I_1 - I_A = \underline{-0{,}5\,\text{A}}$; $R_3 = \dfrac{U_3}{I_3} = \underline{42\,\Omega}$;

$U_1 = I_1R_1 = \underline{5\,\text{V}}$; $I_C = I_2 - I_3 = \underline{5{,}5\,\text{A}}$;

$U_2 = I_2R_2 = \underline{20\,\text{V}}$

310. Masche: $I_1R_1 + I_2R_2 + I_3R_3 = 0$;
Knoten A) $I_2 + I_A = I_3$;
Knoten B) $I_1 + I_B = I_2$;
Knoten C) $I_3 = I_C + I_1$;

hieraus mit Gleichung A und B:

$I_2R_1 - I_BR_1 + I_2R_2 + I_2R_3 + I_AR_3 = 0$;

$$I_2 = \frac{I_BR_1 - I_AR_3}{R_1 + R_2 + R_3} = \underline{-3{,}56\,\text{A}};$$

$I_C = I_A + I_B = \underline{14\,\text{A}}$; $I_1 = \underline{-7{,}56\,\text{A}}$; $I_3 = \underline{6{,}44\,\text{A}}$

311. $I_1 = \underline{1\,\text{A}}$; $I_2 = \underline{0{,}6\,\text{A}}$; $I_3 = \underline{-0{,}7\,\text{A}}$;

$I_A = \underline{-1{,}3\,\text{A}}$; $I_C = \underline{-1{,}7\,\text{A}}$; $I_B = \underline{-0{,}4\,\text{A}}$

312. $I_C = \underline{2\,\text{A}}$; $I_1 = I_4 = \underline{3{,}75\,\text{A}}$;

$I_2 = \underline{-2{,}25\,\text{A}}$; $I_3 = \underline{-4{,}25\,\text{A}}$

313. $I_D = \underline{16\,\text{A}}$; $I_1 = \underline{-5{,}06\,\text{A}}$;

$I_2 = \underline{2{,}94\,\text{A}}$; $I_3 = \underline{4{,}94\,\text{A}}$; $I_4 = \underline{-11{,}06\,\text{A}}$

314. $I_C = \underline{12\,\text{A}}$; $I_1 = \underline{5{,}86\,\text{A}}$;

$I_2 = \underline{7{,}86\,\text{A}}$; $I_3 = \underline{-4{,}14\,\text{A}}$

315. $I_C = \underline{2\,\text{A}}$; $I_1 = \underline{1{,}22\,\text{A}}$;

$I_2 = \underline{-0{,}78\,\text{A}}$; $I_3 = \underline{-2{,}78\,\text{A}}$

316. $I_1 = \underline{0{,}67\,\text{A}}$; $I_2 = \underline{8{,}67\,\text{A}}$;

$I_3 = \underline{-11{,}33\,\text{A}}$; $I_C = \underline{20\,\text{A}}$

317. Masche: $2U_q = 6IR$; $I = \dfrac{U_q}{3R}$;

$U_{AB} - 2U_q = -3IR$; $U_{AB} = \underline{U_q}$

318. $2U_{q2} - 2U_{q1} = I(2R_1 + 2R_2)$;

$I = 0{,}04\,\text{A}$; $U_{AB} + 2U_{q1} = I(R_1 + R_2)$;

$U_{AB} = \underline{-14\,\text{V}}$

$U_{CD} = U_{q2} - U_{q1} - I(R_1 + R_2) = \underline{0\,\text{V}}$

319. Knoten A: $I_1 = I_2 + I_4$;
Masche I: $U_{q1} + U_{q2} = I_1(R_1 + R_3) + I_2R_2$;
Masche II: $-U_{q2} = I_4R_4 - I_2R_2$

Einsetzen von Gleichung A in I und II ergibt

$$I_4 = \underline{\frac{U_{q1}R_2 - U_{q2}(R_1 + R_3)}{(R_1 + R_3)(R_2 + R_4) + R_2R_4}}.$$

320. Knoten A: $I_1 + I_3 = I_2$;
Masche I: $U_{q1} + U_{q2} = I_1R_1 + I_2R_2$;
Masche II: $U_{q2} + U_{q3} = I_3R_3 + I_2R_2$

Einsetzen von Gleichung A in I und Zusammenfassen mit II ergibt

$$I_2 = \underline{\frac{(U_{q1} + U_{q2})R_3 + (U_{q2} + U_{q3})R_1}{R_1(R_2 + R_3) + R_2R_3}}.$$

321. Zur Berechnung der 6 Zweigströme sind 6 unabhängige Gleichungen notwendig

Knoten A: $I_1 = I_3 + I_4$;
Knoten B: $I_2 = I_4 + I_6$;
Knoten C: $I_1 = I_2 + I_5$;
Masche I: $U_{q1} - U_{q2} = R(I_1 + I_2 + I_4)$;
Masche II: $U_{q3} = R(I_3 - I_4 + I_6)$;
Masche III: $U_{q2} = R(I_5 - I_2 - I_6)$

Schrittweises Einsetzen der Gleichungen A, B, C in die Gleichungen I, II, III und Zusammenfassen ergibt

$$I_1 = \frac{2U_{q1} - U_{q2} + U_{q3}}{4R} = \underline{0{,}625\,\text{A}};$$

$$I_2 = \frac{U_{q1} - 2U_{q2}}{4R} = \underline{-0{,}5\,\text{A}};$$

$$I_3 = \frac{U_{q1} + 2U_{q3}}{4R} = \underline{1{,}25\,\text{A}};$$

$$I_4 = \frac{U_{q1} - U_{q2} - U_{q3}}{4R} = \underline{-0{,}625\,\text{A}};$$

$$I_5 = \frac{U_{q1} + U_{q2} + U_{q3}}{4R} = \underline{1{,}125\,\text{A}};$$

$$I_6 = \frac{U_{q3} - U_{q2}}{4R} = \underline{0{,}125\,\text{A}}$$

322. Zur Berechnung der 6 unbekannten Zweigströme sind 6 unabhängige Gleichungen notwendig:

Knoten A: $I_1 = I_3 + I_4$;
Knoten B: $I_4 + I_6 = I_5$;
Knoten C: $I_3 = I_2 + I_6$;
Masche I: $U_{q1} = R(I_1 + I_4 + I_5)$;
Masche II: $U_{q3} = R(I_3 + I_6 - I_4)$;
Masche III: $-U_{q2} = -R(I_5 + I_6 - I_2)$

Durch schrittweises Einsetzen der Gleichungen A, B, C in die Gleichungen I, II, III und Zusammenfassen ergibt sich

$$I_1 = \frac{2U_{q1} - U_{q2} + U_{q3}}{4R} = \underline{1{,}7\,\text{A}};$$

$$I_2 = \frac{U_{q1} - 2U_{q2} + U_{q3}}{4R} = \underline{0\,\text{A}};$$

$$I_3 = \frac{U_{q1} - U_{q2} + 2U_{q3}}{4R} = \underline{1{,}5\,\text{A}};$$

$$I_4 = \frac{U_{q1} - U_{q3}}{4R} = \underline{0{,}2\,\text{A}};$$

$$I_5 = \frac{U_{q1} + U_{q2}}{4R} = \underline{1{,}7\,\text{A}};$$

$$I_6 = \frac{U_{q2} + U_{q3}}{4R} = \underline{1{,}5\,\text{A}}$$

323. Knoten A: $I_1 + I_2 = I_5 + I_7$;
Knoten B: $I_1 + I_2 = I_6$;
Masche I: $0 = -RI_2 + 2RI_1$;
Masche II: $U_q = RI_2 + RI_5 + RI_6 = R(I_2 + I_5 + I_6)$;
Masche III: $-U_q = R(2I_7 - I_5)$

Schrittweises Einsetzen der Gleichungen A, B in die Gleichungen I, II, III ergibt

$$I_2 = \frac{2U_q}{10{,}5R} = \underline{8\,\text{A}}; \quad I_1 = \frac{I_2}{2} = \underline{4\,\text{A}};$$

$$I_5 = \frac{5{,}5U_q}{10{,}5R} = \underline{22\,\text{A}};$$

$I_6 = I_1 + I_2 = \underline{12\,\text{A}}$; $\quad I_7 = \underline{-10\,\text{A}}$.

324. Knoten A: $I_6 = I_2 + I_3$;
Knoten B: $I_5 + I_6 = I_1 + I_2$;
Knoten D: $I_4 = I_1 + I_7$;
Masche I: $U_q = R(I_2 + I_6)$;
Masche II: $U_q = R(I_7 + I_4)$;
Masche III: $U_q = R(I_2 - I_3 + I_5)$;
vollständiger Umlauf IV: $0 = R(-I_7 + I_1 + I_3 + I_6)$

Gegenseitiges Einsetzen und Zusammenfassen ergibt

$$I_1 = \underline{\frac{U_q}{7R}}; \quad I_2 = \underline{\frac{4U_q}{7R}}; \quad I_3 = \underline{\frac{-U_q}{7R}}; \quad I_4 = \underline{\frac{4U_q}{7R}};$$

$$I_5 = \underline{\frac{2U_q}{7R}}; \quad I_6 = \underline{\frac{3U_q}{7R}}; \quad I_7 = \underline{\frac{3U_q}{7R}}.$$

325. $I_1 = I_3 = I_4 = \underline{0{,}90\,\text{A}}$;

$I_2 = \underline{3{,}92\,\text{A}}$; $\quad I_5 = \underline{4{,}82\,\text{A}}$

326. Bei Umlaufen der äußeren Umgrenzung ergibt der Maschensatz $I_1 = I_2 = I_3 = U_q/R$; ferner ist z. B. im Knoten B: $I_1 = I_5 + I_2$, wonach $I_5 = I_1 - I_2 = \underline{0}$ usw.

327. Knoten A: $I_3 = I_1 + I_4$;
Knoten B: $I_1 = I_2 + I_5$;
Knoten C: $I_2 = I_3 + I_6$;
Masche I: $U_q = R(I_1 - 2I_4 + 2I_5)$;
Masche II: $U_q = R(I_2 - 2I_5 + 2I_6)$;
Masche III: $U_{q3} = R(I_3 + 2I_4 - 2I_6)$

Einsetzen der Gleichungen A, B, C in die Gleichungen I, II, III ergibt

$$I_1 = \frac{5U_q + 2U_{q3}}{7R} = \underline{3{,}8\,\text{A}}; \quad I_2 = I_1 = \underline{3{,}8\,\text{A}};$$

$$I_3 = \frac{4U_q + 3U_{q3}}{7R} = \underline{3{,}7\,\text{A}};$$

$$I_4 = \frac{U_{q3} - U_q}{7R} = \underline{-0{,}1\,\text{A}};$$

$$I_5 = \underline{0}; \quad I_6 = \frac{U_q - U_{q3}}{7R} = \underline{0{,}1\,\text{A}}.$$

328. $I_1 = I_4 = I_5 = \underline{0{,}025\,\text{A}}$;

$I_6 = I_7 = \underline{0{,}175\,\text{A}}$; $\quad I_2 = \underline{-0{,}150\,\text{A}}$;

$I_3 = \underline{-1{,}025\,\text{A}}$; $\quad I_8 = \underline{1{,}200\,\text{A}}$

329. $I_1 = I_3 = I_6 = I_7 = \underline{70\,\text{mA}}$;

$I_5 = \underline{0}$; $\quad I_2 = I_4 = \underline{0{,}209\,\text{A}}$; $\quad I_8 = \underline{0{,}279\,\text{A}}$

330. (Bild 284) *1. Kurzschluss von* U_{q1}: Um den von U_{q2} angetriebenen Teilstrom I_5' zu berechnen, muss erst der Ersatzwiderstand des ganzen Kreises bekannt sein.

$$R_\text{I} = \frac{25{,}2\,\Omega \cdot 25\,\Omega}{50{,}2\,\Omega} = \underline{12{,}55\,\Omega};$$

$$I_5' = \frac{80\,\text{V}}{(25{,}4 + 12{,}55)\,\Omega} = 2{,}11\,\text{A};$$

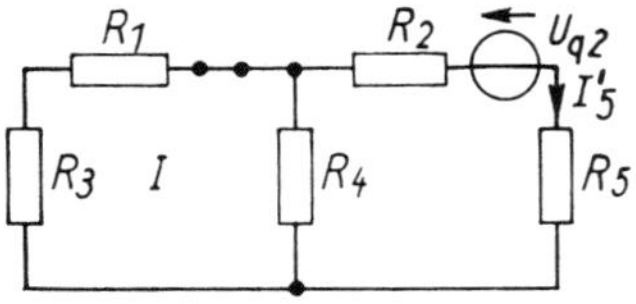

Bild 284: Aufgabe 330

(Bild 285) *2. Kurzschluss von* U_{q2}: Berechnung des Ersatzwiderstandes, durch den U_{q1} den Strom I_1'' treibt.

$$R_{II} = \frac{25{,}4\,\Omega \cdot 25\,\Omega}{50{,}4\,\Omega} = 12{,}6\,\Omega;$$

$$I_1'' = \frac{60\,\text{V}}{(25{,}2 + 12{,}6)\,\Omega} = 1{,}59\,\text{A};$$

Dieser Strom verzweigt sich in der Gruppe II, sodass $I_5'' = \dfrac{1{,}59\,\text{A} \cdot 25\,\Omega}{50{,}4\,\Omega} = 0{,}79\,\text{A}$; der gesuchte Strom ergibt sich als Summe der Teilströme I_5' und I_5'', d. h. $(2{,}11 + 0{,}79)\,\text{A} = \underline{2{,}90\,\text{A}}$.

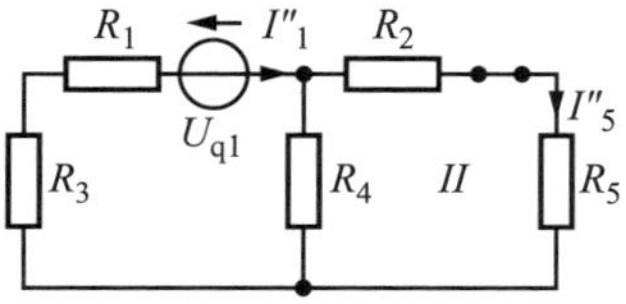

Bild 285: Aufgabe 330

331. (Bild 286) *1. Kurzschluss von* U_{q1} *und* U_{q3}:

$$I_4' = \frac{6\,\text{V}}{(6 + 12/7)\,\Omega} = 0{,}778\,\text{A};$$

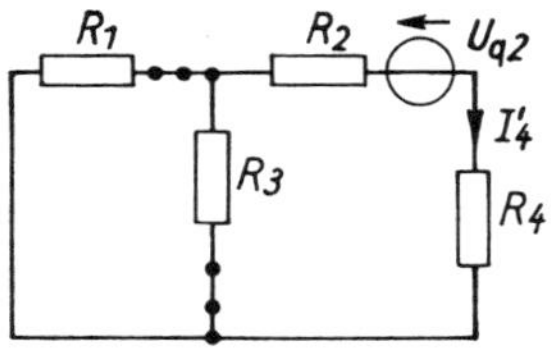

Bild 286: Aufgabe 331

(Bild 287) *2. Kurzschluss von* U_{q1} *und* U_{q2}:

$$R_{AB} = \frac{3\,\Omega \cdot 6\,\Omega}{9\,\Omega} = 2\,\Omega;$$

$$I_3'' = \frac{7{,}5\,\text{V}}{(4 + 2)\,\Omega} = 1{,}25\,\text{A};$$

$$I_4'' = \frac{1{,}25\,\text{A} \cdot 3\,\Omega}{9\,\Omega} = 0{,}417\,\text{A};$$

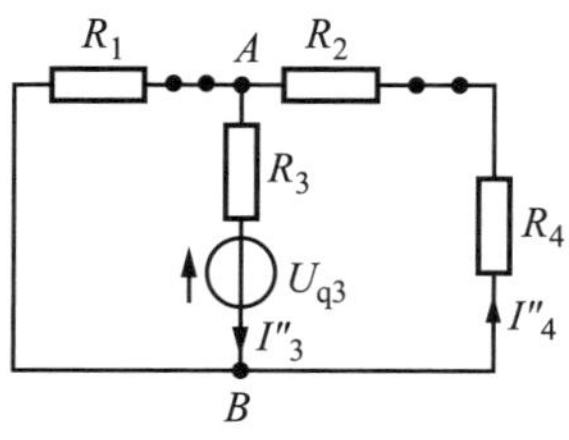

Bild 287: Aufgabe 331

(Bild 288) *3. Kurzschluss von* U_{q2} *und* U_{q3}:

$$I_1''' = \frac{4{,}5\,\text{V}}{(3 + 24/10)\,\Omega} = 0{,}833\,\text{A};$$

$$I_4''' = \frac{0{,}833\,\text{A} \cdot 4\,\Omega}{10\,\Omega} = 0{,}333\,\text{A};$$

$$I_4 = (0{,}778 + 0{,}333 - 0{,}417)\,\text{A} = \underline{0{,}694\,\text{A}}$$

(die Vorzeichen entsprechen den jeweiligen Stromrichtungen)

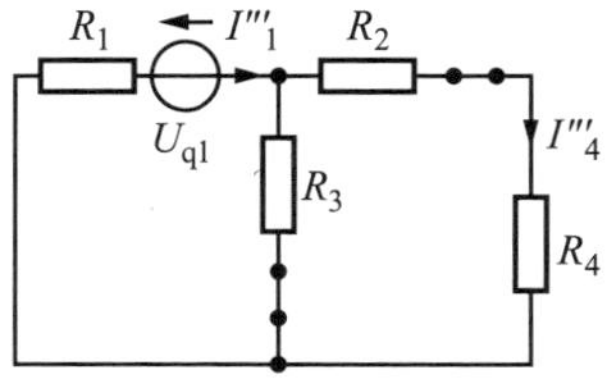

Bild 288: Aufgabe 331

332. (Bild 289) *1. Kurzschluss von* U_{q1}; R_{i1} und R_a liegen parallel und ihrerseits in Reihe mit R_{i2} und U_{q2}. Der durch R_{i2} fließende Strom ist

$$I_2' = \frac{65\,\text{V}}{\left(0{,}3 + \dfrac{0{,}5 \cdot 5}{0{,}5 + 5}\right)\Omega} = 86{,}14\,\text{A}.$$

Dieser Strom verzweigt sich in

$$I' = 7{,}83\,\text{A} \text{ und } I_1' = \frac{86{,}14\,\text{A} \cdot 5\,\Omega}{(0{,}5 + 5)\,\Omega} = 78{,}31\,\text{A};$$

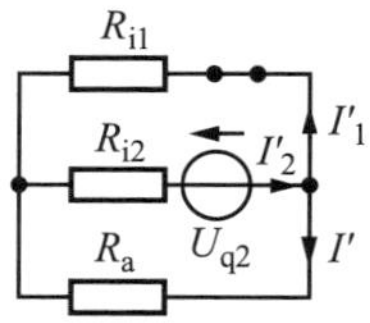

Bild 289: Aufgabe 332

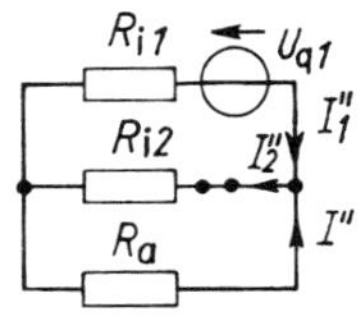

Bild 290: Aufgabe 332

(Bild 290) *2. Kurzschluss von* U_{q2}: Jetzt liegen R_{i2} und R_a parallel und ihrerseits in Reihe mit R_{i1} und U_{q1}. Der nunmehr durch R_{i1} fließende Teilstrom ist

$$I_1'' = \frac{65\,\text{V}}{\left(0{,}5 + \dfrac{0{,}3 \cdot 5}{0{,}3 + 5}\right)\Omega} = 83{,}01\,\text{A}.$$

Dieser Strom verzweigt sich in

$$I'' = \frac{83\,\text{A} \cdot 0{,}3\,\Omega}{(0{,}3 + 5)\,\Omega} = 4{,}70\,\text{A} \quad \text{und}$$

$$I_2'' = \frac{83\,\text{A} \cdot 5\,\Omega}{(0{,}3 + 5)\,\Omega} = 78{,}30\,\text{A}.$$

Unter Berücksichtigung der aus den Hilfsschaltbildern ersichtlichen Stromrichtungen ergibt sich

$$I = I' + I'' = (7{,}83 + 4{,}70)\,\text{A} = \underline{12{,}53\,\text{A}};$$

$I_1 = I_1'' - I_1' = (83{,}01 - 78{,}31)\,\text{A} = \underline{4{,}70\,\text{A}};$

$I_2 = I_2' - I_2'' = (86{,}14 - 78{,}30)\,\text{A} = \underline{7{,}84\,\text{A}}.$

333. (Bild 291) *1. Kurzschluss von U_{q1} und U_{q2}:*

$$R_1 = \frac{2{,}5\,\Omega \cdot 1{,}5\,\Omega}{4\,\Omega} = 0{,}938\,\Omega;$$

$$R_{AB} = \frac{1{,}938\,\Omega \cdot 4\,\Omega}{5{,}938\,\Omega} = 1{,}305\,\Omega;$$

$$I_3' = \frac{1{,}5\,\text{V}}{(1{,}5 + 1{,}305)\,\Omega} = 0{,}535\,\text{A};$$

$$I_8' = \frac{0{,}535\,\text{A} \cdot 1{,}938\,\Omega}{(4 + 1{,}938)\,\Omega} = 0{,}175\,\text{A};$$

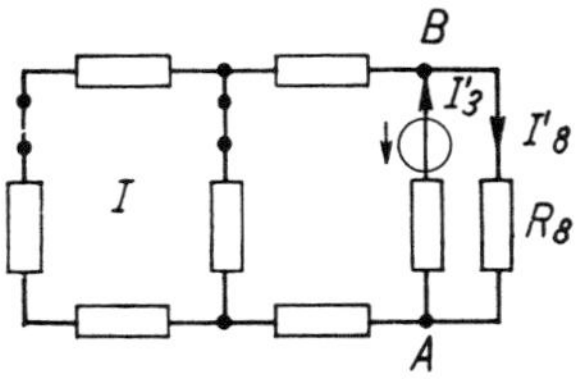

Bild 291: Aufgabe 333

(Bild 292) *2. Kurzschluss von U_{q1} und U_{q3}:*

$$R_{III} = \frac{1{,}5\,\Omega \cdot 4\,\Omega}{5{,}5\,\Omega} = 1{,}09\,\Omega;$$

$$R_{AB} = \frac{2{,}09\,\Omega \cdot 2{,}5\,\Omega}{(2{,}09 + 2{,}5)\,\Omega} = 1{,}138\,\Omega;$$

$$I_2'' = \frac{1{,}5\,\text{V}}{(1{,}5 + 1{,}138)\,\Omega} = 0{,}569\,\text{A}.$$

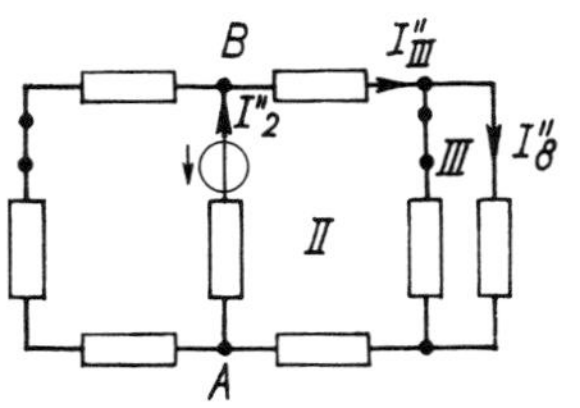

Bild 292: Aufgabe 333

Durch die Gruppe III fließt der Strom

$$I_{III}'' = \frac{0{,}569\,\text{A} \cdot 2{,}5\,\Omega}{(2{,}5 + 2{,}09)\,\Omega} = 310\,\text{mA};$$

$$I_8'' = \frac{0{,}31\,\text{A} \cdot 1{,}5\,\Omega}{(1{,}5 + 4)\,\Omega} = 845\,\text{mA};$$

(Bild 293) *3. Kurzschluss von U_{q2} und U_{q3}:* $R_{III} = 1{,}09\,\Omega$; Ersatzwiderstand von Gruppe III und II zusammen

$R_{III\|II} = 0{,}873\,\Omega; \quad R_{AB} = 1{,}873\,\Omega;$

$$I_I''' = \frac{1{,}5\,\text{V}}{(1{,}5 + 1{,}873)\,\Omega} = 445\,\text{mA}.$$

Durch Gruppe III fließt der Strom

$$I_{III}''' = \frac{0{,}445\,\text{A} \cdot 1{,}5\,\Omega}{(1{,}5 + 2{,}09)\,\Omega} = 186\,\text{mA};$$

$I_8''' = 0{,}050\,7\,\text{A};$

$I_8 = (0{,}175 + 0{,}0845 + 0{,}0507)\,\text{A} = \underline{310\,\text{mA}}$

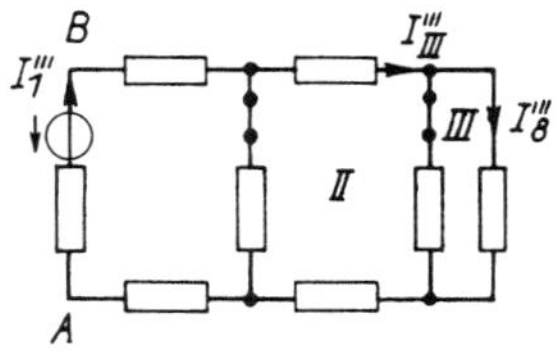

Bild 293: Aufgabe 333

334. Es wird derselbe Weg wie bei Aufgabe 333 eingeschlagen.

$I_8 = I_8' + I_8'' + I_8''' = (0{,}635 + 0{,}173 + 0{,}058)\,\text{A}$
$= \underline{866\,\text{mA}}$

335. (Bild 294) *1. Kurzschluss von U_{q1}, U_{q2} und U_{q3}:*

$$R_I = \frac{20\,\Omega^2}{12\,\Omega} = 1{,}667\,\Omega;$$

$$R_{AB} = \frac{5{,}667\,\Omega \cdot 10\,\Omega}{15{,}667\,\Omega} = 3{,}62\,\Omega;$$

$$I_4' = \frac{6\,\text{V}}{(2 + 3{,}62)\,\Omega} = 1{,}068\,\text{A};$$

$$I_6' = \frac{1{,}068\,\text{A} \cdot 5{,}667\,\Omega}{15{,}667\,\Omega} = 0{,}386\,\text{A};$$

$$I_2' = \frac{1{,}068\,\text{A} \cdot 10\,\Omega}{15{,}667\,\Omega} = 0{,}682\,\text{A};$$

$$I_5' = \frac{0{,}682\,\text{A} \cdot 2\,\Omega}{12\,\Omega} = 0{,}114\,\text{A};$$

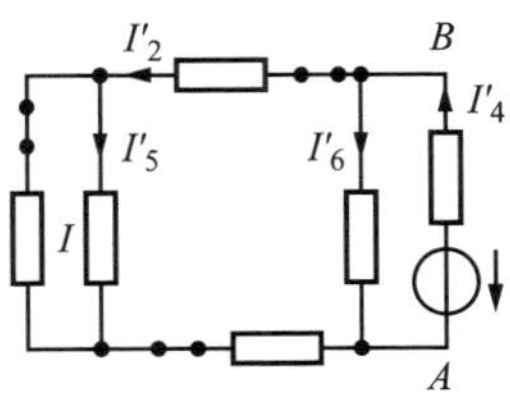

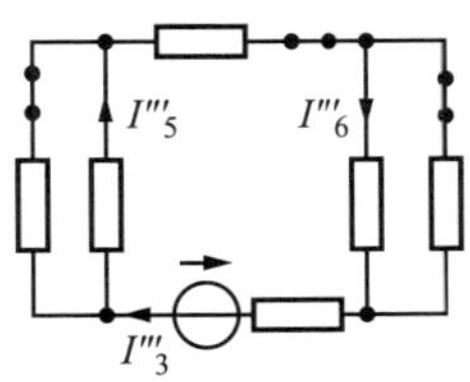

Bild 294: Aufgabe 335 Bild 295: Aufgabe 335

2. Kurzschluss von U_{q2}, U_{q3} und U_{q4}: Entsprechend ergibt sich aus Symmetriegründen

$I_6'' = I_5' = 0{,}114\,\text{A}; \quad I_5'' = I_6' = 0{,}386\,\text{A};$

(Bild 295) *3. Kurzschluss von U_{q1}, U_{q2} und U_{q4}:*

$$I_3''' = \frac{6\,\text{V}}{(4 + 2 \cdot 1{,}667)\,\Omega} = 0{,}82\,\text{A};$$

$$I_5''' = \frac{0{,}82\,\text{A} \cdot 2\,\Omega}{12\,\Omega} = 0{,}137\,\text{A}; \quad I_6''' = 0{,}137\,\text{A};$$

4. Kurzschluss von U_{q1}, U_{q3} und U_{q4}: Entsprechend dem Vorigen:

$I_5'''' = 0{,}137\,\text{A}$; $\quad I_6'''' = 0{,}137\,\text{A}$;

$$I_5 = (0{,}114 + 0{,}386 - 0{,}137 - 0{,}137)\,\text{A} = \underline{0{,}226\,\text{A}};$$

$$I_6 = (0{,}386 + 0{,}114 + 0{,}137 + 0{,}137)\,\text{A} = \underline{0{,}774\,\text{A}}$$

336. (Bild 296) *1. Kurzschluss von U_{q2}*: Von rechts nach links fortschreitend, ergeben sich die angegebenen Ersatzwiderstände und hieraus

$$I_1' = \frac{80\,\text{V}}{64{,}7\,\Omega} = 1{,}236\,\text{A};$$

$$I_a' = \frac{1{,}236\,\text{A} \cdot 40\,\Omega}{(40 + 64{,}6)\,\Omega} = 0{,}473\,\text{A};$$

$$I_x' = \frac{0{,}473\,\text{A} \cdot 64\,\Omega}{(40 + 64)\,\Omega} = 0{,}291\,\text{A};$$

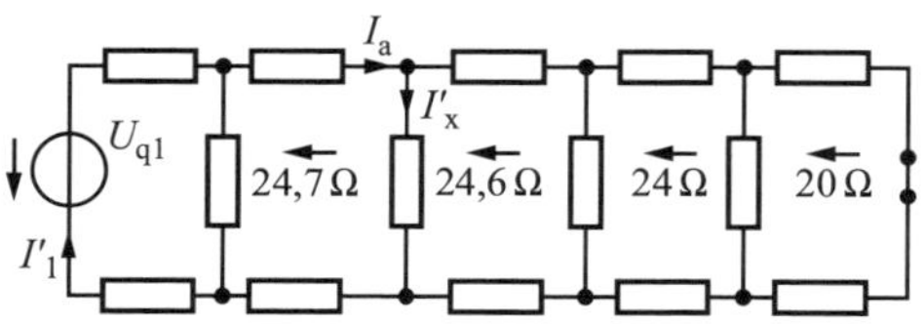

Bild 296: Aufgabe 336

(Bild 297) *2. Kurzschluss von U_{q1}*: Von links nach rechts fortschreitend, ergeben sich dieselben Ersatzwiderstände und daraus

$$I_2'' = \frac{60\,\text{V}}{64{,}7\,\Omega} = 0{,}927\,\text{A};$$

$$I_b'' = \frac{0{,}927\,\text{A} \cdot 40\,\Omega}{(40 + 64{,}6)\,\Omega} = 0{,}354\,\text{A};$$

$$I_c'' = \frac{0{,}354\,\text{A} \cdot 40\,\Omega}{104\,\Omega} = 0{,}136\,\text{A};$$

$$I_x'' = \frac{0{,}136\,\text{A} \cdot 60\,\Omega}{100\,\Omega} = 0{,}082\,\text{A};$$

$$I_x = (0{,}291 + 0{,}082)\,\text{A} = \underline{0{,}373\,\text{A}}$$

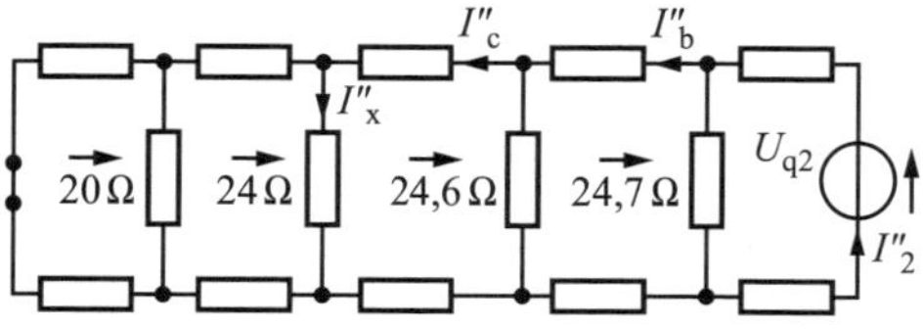

Bild 297: Aufgabe 336

337. Masche I:

$U_{q1} + U_{q2} = y_1(R_1 + R_3) + (y_1 - y_2)R_2$;

Masche II: $-U_{q2} = (y_2 - y_1)R_2 + y_2R_4$

Durch Zusammenfassen (Erweitern und Addieren) erhält man

$$I_4 = y_2 = \underline{\frac{U_{q1}R_2 - U_{q2}(R_1 + R_3)}{(R_1 + R_3)(R_2 + R_4) + R_2R_4}}.$$

338. Masche I:

$U_{q1} = (y_1 - y_2)R_4 + y_1R_1 = y_1(R_1 + R_4) - y_2R_4$;

Masche II:

$0 = -y_1R_4 + y_3R_5 + y_2(R_3 + R_4 + R_5)$;

Masche III:

$U_{q2} = y_3(R_5 + R_2) + y_2R_5$

Die Zusammenfassung ergibt

$$I_3 = y_2 = \underline{\frac{U_{q1}R_4(R_2 + R_5) - U_{q2}R_5(R_1 + R_4)}{(R_1+R_4)(R_2R_3+R_3R_5+R_2R_5)+R_1R_4(R_2+R_5)}}.$$

339. Masche I:

$U_{q1} = y_1(R_1 + R_3 + R_4) + y_2(R_1 + R_4)$;

ganzer Umlauf II:

$U_{q1} - U_{q2} = y_1(R_1 + R_4) + y_2(R_1 + R_2 + R_4 + R_5)$

Die Zusammenfassung ergibt

$$I_3 = y_1 = \underline{\frac{U_{q1}(R_2 + R_5) + U_{q2}(R_1 + R_4)}{(R_1 + R_4)(R_2 + R_3 + R_5) + R_3(R_2 + R_5)}}.$$

340. Masche I: $U_{q1} = 3Ry_1 + Ry_2 - Ry_3$;
Masche II: $U_{q2} = Ry_1 + 3Ry_2 + Ry_3$;
Masche III: $0 = -Ry_1 + Ry_2 + 3Ry_3$

Hieraus folgen $y_1 = \dfrac{2U_{q1} - U_{q2}}{4R}$;

$$y_2 = \frac{2U_{q2} - U_{q1}}{4R}; \quad I_6 = y_3 = \underline{\frac{U_{q1} - U_{q2}}{4R}}.$$

341. Masche I: $U_{q1} = 3Ry_1 + Ry_2 - Ry_3$;
Masche II: $U_{q2} = 3Ry_2 + Ry_1 + Ry_3$;
Masche III: $U_{q2} - U_{q1} = Ry_2 - Ry_1 + 3Ry_3$

Hieraus folgen

$$y_1 = \frac{U_{q1}}{4R}; \quad y_2 = \frac{U_{q2}}{4R}; \quad I_6 = y_3 = \underline{\frac{U_{q2} - U_{q1}}{4R}}.$$

342. Masche I: $U_q = 3Ry_1 + Ry_2 + Ry_3$;
Masche II: $U_q = Ry_1 + 4Ry_2 - Ry_3$;
Masche III: $0 = Ry_1 - Ry_2 + 5Ry_3$

Hieraus folgen $\quad I_6 = y_3 = \underline{\dfrac{-U_q}{46R}}$; $\quad y_1 = \dfrac{13U_q}{46R}$;

$$y_2 = \frac{4U_q}{23R}; \quad I_1 = y_1 + y_2 = \underline{\frac{21U_q}{46R}}.$$

343. Masche I: $U_{q1} = 4Ry_1 + Ry_2 + 2Ry_3$;
Masche II: $U_{q1} = Ry_1 + 4Ry_2 - Ry_3$;
Masche III: $-U_{q2} = 2Ry_1 - Ry_2 + 6Ry_3$

Hieraus folgen

$$y_1 = \frac{5U_{q1} + 3U_{q2}}{22R}; \quad y_2 = \frac{2U_{q1} - U_{q2}}{11R};$$

$$I_1 = y_1 + y_2 = \underline{\frac{9U_{q1} + U_{q2}}{22R}};$$

$$I_6 = y_3 = \underline{-\frac{U_{q1} + 5U_{q2}}{22R}}.$$

344. Nach Anwenden von Knotenpunkt- und Maschensatz ergibt sich

$I_3 = 0{,}143$ A und $U_l = I_3 R_3 = \underline{2{,}86\,\text{V}}$;

$R_i = R_1 || R_2 || R_3 = \underline{2{,}86\,\Omega}$

Bei Kurzschluss von A–B entfällt R_3 (Bild 298).

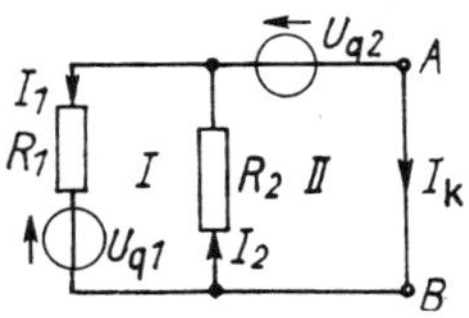

Bild 298: Aufgabe 344

Masche I liefert: $I_1 R_1 + I_2 R_2 = U_{q1}$;
Masche II: $I_2 R_2 = U_{q2}$;
Knotenpunkt: $I_1 = I_2 - I_k$;

diese Gleichungen ergeben

$$I_k = \frac{U_{q2}(R_1 + R_2) - U_{q1} R_2}{R_1 R_2} = \underline{1\,\text{A}};$$

$$I_k = \frac{U_l}{R_i} = \frac{2{,}86\,\text{V}}{2{,}86\,\Omega} = \underline{1\,\text{A}}.$$

345. (Bild 299) Nach Umwandlung des Dreiecks $R_1 - R_2 - R_3$ in den Stern $r_1 - r_2 - r_3$ lässt sich die Spannungsteilerregel anwenden:

$$U_l = \frac{U_q(r_1 + R_4)}{r_1 + r_2 + R_4}$$

$$= \underline{\frac{U_q[R_2R_3 + R_4(R_1 + R_2 + R_3)]}{(R_1 + R_2)(R_3 + R_4) + R_3R_4}};$$

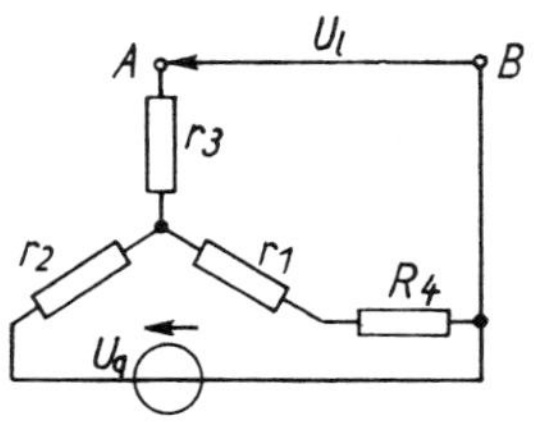

Bild 299: Aufgabe 345

$$R_i = \underline{\frac{R_1[R_2(R_3 + R_4) + R_3R_4]}{(R_1 + R_2)(R_3 + R_4) + R_3R_4}};$$

$$I_k = \frac{U_l}{R_i} = \underline{\frac{U_q[R_2R_3 + R_4(R_1 + R_2 + R_3)]}{R_1[R_2(R_3 + R_4) + R_3R_4]}}$$

346. Leerlaufspannung U_l = Teilspannung an R_2. Bei offenen Klemmen A–B fließt durch R_2 der Strom

$$I_2 = \frac{80\,\text{V}}{400\,\Omega} = 0{,}2\,\text{A};$$

$U_l = 0{,}2\,\text{A} \cdot 300\,\Omega = \underline{60\,\text{V}}$

(Bild 300) $R_{AB} = R_i = R_3 + \dfrac{R_1 R_2}{R_1 + R_2} = 575\,\Omega$;

$$I_4 = \frac{U_l}{R_i + R_4} = \underline{0{,}043\,6\,\text{A}};$$

$U_4 = I_4 R_4 = \underline{34{,}88\,\text{V}}$

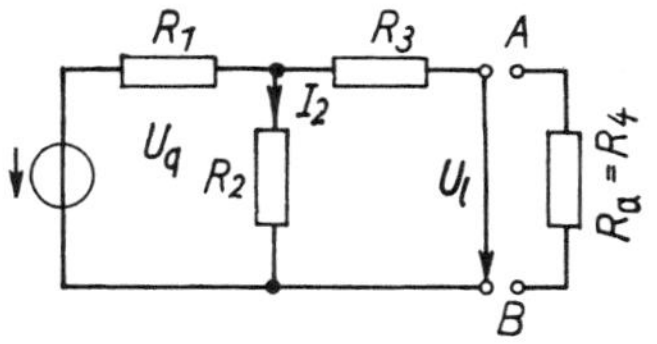

Bild 300: Aufgabe 346

Oder (Bild 301): Bei kurzgeschlossenem Weg AB ist der Widerstand des Stromkreises

$$R = 100\,\Omega + \frac{300\,\Omega \cdot 500\,\Omega}{800\,\Omega} = 287{,}5\,\Omega \quad \text{und}$$

$$I_1 = \frac{80\,\text{V}}{287{,}5\,\Omega} = 278\,\text{mA};$$

$$\frac{I_k}{I_1} = \frac{R_2}{R_2 + R_3}; \quad I_k = 104{,}3\,\text{mA}$$

$U_l = I_k \cdot R_i = 104{,}3\,\text{mV} \cdot 575\,\Omega = 60\,\text{V}$

in Übereinstimmung mit vorhin.

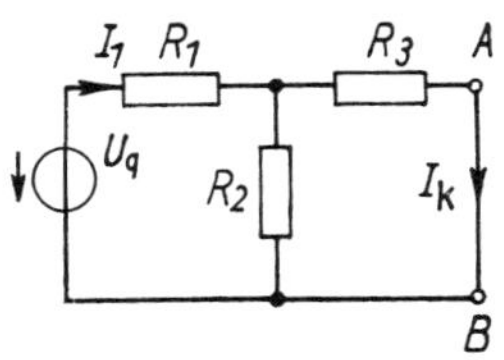

Bild 301: Aufgabe 346

347. (Bild 302) Leerlaufspannung U_l = Teilspannung an R_{3+4}.

Bei herausgelöstem R_2 fließt der Strom

$$I_1 = \frac{80\,\text{V}}{1\,400\,\Omega} = \underline{57{,}1\,\text{mA}}.$$

$U_l = 0{,}0571\,\text{A} \cdot 1300\,\Omega = 74{,}2\,\text{V}$;

$$R_{AB} = R_i = \frac{R_1(R_3 + R_4)}{R_1 + R_3 + R_4} = 92{,}9\,\Omega;$$

$R_a = R_2; \quad I_2 = \dfrac{U_l}{R_i + R_a} = \underline{0{,}189\,\text{A}};$

$U_2 = I_2 \cdot R_2 = \underline{56{,}7\,\text{V}}$ oder (Bild 303):

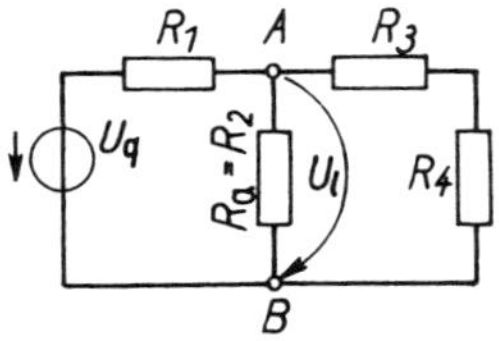

Bild 302:
Aufgabe 347

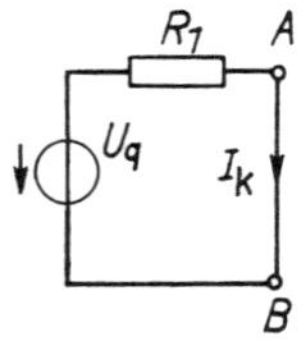

Bild 303:
Aufgabe 347

Bei kurzgeschlossenen Klemmen AB ist

$I_k = \dfrac{U_q}{R_1} = 0{,}8\,\text{A}; \quad U_l = I_k R_i = 74{,}2\,\text{V}$

in Übereinstimmung mit vorhin.

348. (Bild 304) Leerlaufspannung U_l = Teilspannung an R_3. Durch R_3 fließt unter Verwendung von Masche I und II ein Strom von

$$I_3 = \frac{U_{q1}R_2 + U_{q2}R_1}{R_1R_3 + R_1R_2 + R_2R_3} = 0{,}622\,\text{A};$$

$U_l = I_3 R_3 = 3{,}73\,\text{V};$

$R_i = R_1||R_2||R_3 = 0{,}293\,\Omega;$

$R_a = R_4; \quad I_4 = \dfrac{U_l}{R_i + R_a} = \underline{0{,}87\,\text{A}};$

$U_4 = I_4 R_4 = \underline{3{,}48\,\text{V}}$ oder:

Nach Kurzschluss von AB ist

$$I_k = \frac{U_{q1}R_2 + U_{q2}R_1}{R_1R_2} = 12{,}75\,\text{A};$$

$U_l = I_k R_i = 3{,}73\,\text{V}$ wie oben.

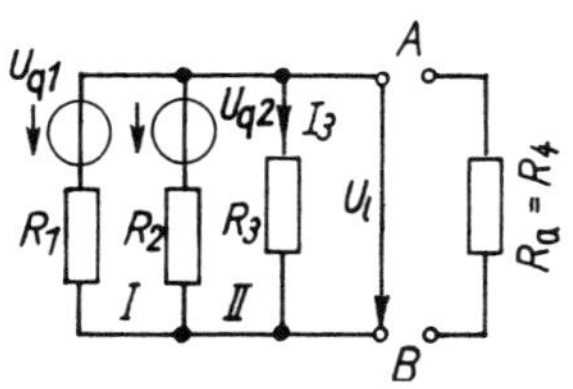

Bild 304:
Aufgabe 348

349. Leerlaufspannung U_l = Spannung an R_5.
Strom I_5 durch R_5

$$I_5 = \frac{U_q}{R_1 + R_3 + R_5} = \underline{162{,}5\,\text{mA}};$$

$U_l = I_5 R_5 = 32{,}5\,\text{V};$

$$R_i = R_2 + R_4 + \frac{(R_1 + R_3)R_5}{R_1 + R_3 + R_5} = 300\,\Omega;$$

$$I_6 = \frac{U_l}{R_i + R_6} = \underline{65\,\text{mA}};$$

$U_6 = I_6 R_6 = \underline{13\,\text{V}}$ oder:

Bei Kurzschluss von AB ist

$$R_i = R_2 + R_4 + \frac{(R_1 + R_3)R_5}{R_1 + R_3 + R_5} = 300\,\Omega \quad \text{und}$$

$I = \dfrac{U_q}{R_i} = 0{,}2167\,\text{A}; \quad I_k = \dfrac{I}{2} = \underline{108{,}3\,\text{mA}};$

$U_l = I_k R_i = 32{,}5\,\text{V}$

wie vorhin.

350. (Bild 305) Leerlaufspannung U_l;

Masche I: $U_{q1} - U_{q2} - U_{q3} = I(R_1 + R_2 + R_3)$;

hieraus $I = -0{,}218\,\text{A}$;

Masche II: $U_{q3} = -IR_3 + U_{AB}$;

$U_{AB} = \underline{4{,}76\,\text{V}}; \quad R_i = \dfrac{(R_1 + R_2)R_3}{Rl + R_2 + R_3} = 0{,}193\,\Omega;$

$R_a = R_i; \quad I_4 = \dfrac{U_{AB}}{R_i + R_4} = \underline{2{,}81\,\text{A}};$

$U_4 = I_4 R_4 = \underline{4{,}22\,\text{V}}$

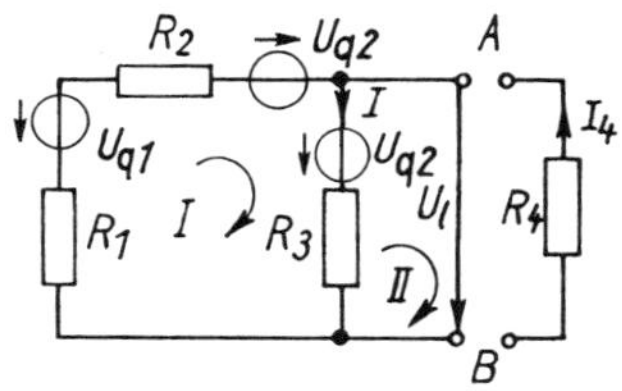

Bild 305:
Aufgabe 350

351. $U_l = 10{,}1\,\text{V}; \quad R_i = 0{,}030\,\Omega;$

$I = \underline{2{,}09\,\text{A}}; \quad U_{AB} = \underline{10{,}03\,\text{V}}$

352. (Bild 306) $U_4 = \dfrac{U_{q1}R_4}{R_1 + R_4}$;

Masche I ergibt $U_l + U_4 = U_{q2} - U_{q3}$ oder

$$U_l = U_{q2} - U_{q3} - \frac{U_{q1}R_4}{R_1 + R_4} = 2{,}83\,\text{V}$$

$$R_i = R_2 + R_3 + \frac{R_1R_4}{R_1 + R_4} = 12{,}92\,\Omega;$$

$$R_a = \left(6 + \frac{18 \cdot 6}{18 + 6}\right)\Omega = 10{,}5\,\Omega;$$

$$I = \frac{U_l}{R_i + R_a} = \underline{0{,}12\,\text{A}}$$

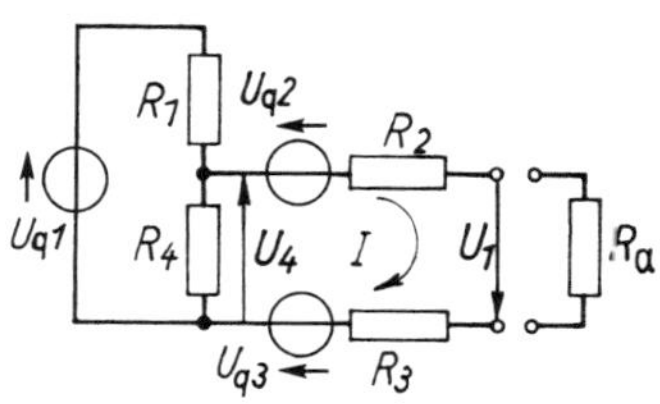

Bild 306:
Aufgabe 352

353. (Bild 307) $U_l = \dfrac{U_q R_3}{R_1 + R_2 + R_3} = 26{,}67\,\text{V};$

$$R_i = \frac{R_3(R_1 + R_2)}{R_1 + R_2 + R_3} = 4{,}44\,\Omega;$$

$$R_a = \frac{R_5(R_4 + R_6)}{R_4 + R_5 + R_6} = 2\,\Omega;$$

$$I = \frac{U_l}{R_i + R_a} = \underline{4{,}14\,\text{A}}$$

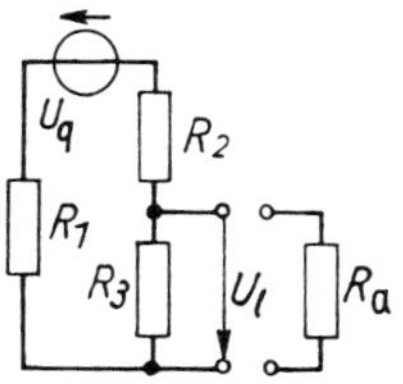

Bild 307: Aufgabe 353

354. (Siehe Aufgabe 353)

$$U_l = U_{q2} - \frac{U_{q1} R_3}{R_1 + R_2 + R_3} = (40 - 26{,}67)\,\text{V} = 13{,}33\,\text{V};$$

$$R_i = 4{,}44\,\Omega; \quad R_a = (3 + 2)\,\Omega = 5\,\Omega;$$

$$I = \frac{U_l}{R_i + R_a} = \underline{1{,}41\,\text{A}}$$

355. Leerlaufspannung $U_{AB} = U_l$.

Für die ganze Masche gilt:

$$U_q = I_1(R_1 + R_2); \quad I_1 = \frac{U_q}{R_1 + R_2}.$$

Für die untere Masche gilt:

$$U_q = I_3(R_3 + R_4); \quad I_3 = \frac{U_q}{R_3 + R_4};$$

$$U_l = U_1 - U_3 = I_1 R_1 - I_3 R_3;$$

$$U_l = \frac{U_q(R_1 R_4 - R_2 R_3)}{(R_1 + R_2)(R_3 + R_4)}$$

Bei Kurzschluss von U_q ist

$$R_i = \frac{R_1 R_2}{R_1 + R_2} + \frac{R_3 R_4}{R_3 + R_4};$$

$$R_i = \frac{R_1 R_2 (R_3 + R_4) + R_3 R_4 (R_1 + R_2)}{(R_1 + R_2)(R_3 + R_4)};$$

$$I_5 = \frac{U_l}{R_i + R_5};$$

$$I_5 = \frac{U_q(R_1 R_4 - R_2 R_3)}{(R_3+R_4)[R_5(R_1+R_2)+R_1 R_2]+R_3 R_4(R_1+R_2)}$$

Gleichgewicht, d. h. Brückenstrom $= 0$, wenn $R_1 R_4 = R_2 R_3$.

356. $U_{AB} = U_l = U_q; \quad R_{i\,ers} = (R_i + R_a);$

$$I_r = \underline{\frac{U_q}{(R_i + R_a) + r}}$$

357. $U_{AB} = U_l = I R_a = \dfrac{U_q R_a}{R_i + R_a};$

$$R_{i\,ers} = \frac{R_i R_a}{R_i + R_a}; \quad I_r = \frac{U_l}{R_{i\,ers} + r};$$

$$I_r = \frac{U_q R_a}{(R_i + R_a)\left(\dfrac{R_i R_a}{R_i + R_a} + r\right)} = \underline{\frac{U_q R_a}{R_i R_a + r(R_i + R_a)}}$$

und entsprechend $I_a = \underline{\dfrac{U_q r}{R_i R_a + r(R_i + R_a)}}$

358. a) $I_2 = \dfrac{U_{q1} - U_{q2}}{2R_i} = \dfrac{(110 - 109)\,\text{V}}{0{,}04\,\Omega} = \underline{25\,\text{A}};$

$I_1 = \underline{25\,\text{A}};$

b) $I_2 = \dfrac{U_{q1} - U_{q2}}{2R_i} - \dfrac{I R_i}{2R_i} = \underline{20\,\text{A}};$

$I_1 = I + I_2 = \underline{30\,\text{A}}.$

359. a) $I_2 = \dfrac{U_{q1} - U_{q2}}{2R_i} = \dfrac{(110 - 109{,}9)\,\text{V}}{0{,}04\,\Omega} = \underline{2{,}5\,\text{A}}$

b) $I_2 = (2{,}5 - 5)\,\text{A} = \underline{-2{,}5\,\text{A}};$

Generator 2 gibt 2,5 A an den Verbraucher ab.

$I_1 = I + I_2 = (10 - 2{,}5)\,\text{A} = \underline{7{,}5\,\text{A}}$

360. $I_2 = \dfrac{U_{q1} - U_{q2}}{R_{i1} + R_{i2}} = \underline{6{,}25\,\text{A}};$

$U = U_{q1} - I_2 R_{i1} = \underline{58{,}13\,\text{V}}$

361. $U_{q2} = U_{q1} - I_2(R_{i1} + R_{i2}) = 60\,\text{V} - 15\,\text{A} \cdot 0{,}8\,\Omega = \underline{48\,\text{V}};$

$U = U_{q1} - I_2 R_{i1} = \underline{55{,}5\,\text{V}}$

362. Aus $U = U_{q1} - I_2 R_{i1}$ folgt $I_2 = \dfrac{U_{q1} - U}{R_{i1}}.$

Dies in $U = U_{q2} + I_2 R_{i2}$ eingesetzt, ergibt

$$U_2 = U - \frac{U_{q1} - U}{R_{i1}} = \underline{33{,}33\,\text{V}};$$

$$I_2 = \frac{(60 - 33{,}33)\,\text{V}}{0{,}8\,\Omega} = \underline{33{,}3\,\text{A}}$$

363. $I_2 = \dfrac{U_{q1} - U_{q2}}{R_{i1} + R_{i2} + R_1 + R_2} = \dfrac{(60 - 55)\,\text{V}}{(0{,}8 + 20 + 30)\,\Omega} = \underline{98\,\text{mA}};$

$U_1 = U_{q1} - I_2 R_{i1} = \underline{59{,}97\,\text{V}};$

$U_2 = U_{q2} + I_2 R_{i2} = \underline{55{,}05\,\text{V}}$

364. a) $I_2 = \dfrac{U_{q1} - U_{q2}}{R_{i1} + R_{i2}} = \underline{1{,}45\,\text{A}}$ (Ladestrom);

$U = U_{q1} - I_2 R_{i1} = \underline{2{,}28\,\text{V}}$

b) $I_2 = \dfrac{U_{q1} - U_{q2}}{R_{i1} + R_{i2}} = \underline{0{,}55\,\text{A}}$;

$U = U_{q1} - I_2 R_{i1} = \underline{2{,}73\,\text{V}}$

365. $I_2 = \dfrac{U_{q1} - U_{q2}}{R_{i1} + R_{i2}} = \underline{2{,}17\,\text{A}}$;

$U = U_{q1} - I_2 R_{i1} = \underline{1{,}92\,\text{V}}$

366. $I_2 = \dfrac{U_{q1} - U_{q2}}{R_{i1} + R_{i2}} - \dfrac{I R_{i1}}{R_{i1} + R_{i2}} = \underline{-1{,}09\,\text{A}}$;

$I_1 = I + I_2 = \underline{3{,}91\,\text{A}}$; $U_K = U_{q1} - I_1 R_{i1} = \underline{1{,}89\,\text{V}}$.

Beide Zellen geben Strom ab.

367. a) $I_2 = \dfrac{U_{q1} - U_{q2}}{R_{i1} + R_{i2}} = \underline{12{,}1\,\text{mA}}$;

$U = U_{q1} - I_2 R_{i1} = \underline{118{,}2\,\text{V}}$

b) $I_2 = \dfrac{U_{q1} - U_{q2}}{R_{i1} + R_{i2}} - \dfrac{I R_{i1}}{R_{i1} + R_{i2}} = \underline{-56\,\text{mA}}$;

die zweite Batterie gibt 56 mA ab, die erste

$I + I_2 = (150 - 56)\,\text{mA} = \underline{94\,\text{mA}}$;

$U_K = (120 - 0{,}094 \cdot 150)\,\text{V} = \underline{105{,}9\,\text{V}}$

c) Mit $I_2 = 0$ wird $\dfrac{I R_{i1}}{R_{i1} + R_{i2}} = \dfrac{U_{q1} - U_{q2}}{R_{i1} + R_{i2}}$,

wonach $I = \dfrac{U_{q1} - U_{q2}}{R_{i1}} = \underline{26{,}7\,\text{mA}}$ ist.

368. a) $R = \dfrac{U^2}{P} = \dfrac{230^2\,\text{V}^2}{40\,\text{W}} = \underline{1{,}323\,\text{k}\Omega}$;

$I_2 = \dfrac{U_{q1} - U_{q2}}{R} = \dfrac{(230 - 4)\,\text{V}}{1\,323\,\Omega} = \underline{0{,}171\,\text{A}}$

b) Wegen $R_{i1} = 0$ ist ebenfalls $I_2' = \underline{0{,}171\,\text{A}}$

369. a) $I_2 = \dfrac{U_{q1} - U_{q2}}{R_{i1} + R_{i2}} = \dfrac{(12{,}5 - 12)\,\text{V}}{0{,}51\,\Omega} = \underline{0{,}98\,\text{A}}$

b) $I = \dfrac{40\,\text{W}}{12\,\text{V}} = \underline{3{,}33\,\text{A}}$;

$I_2 = \dfrac{U_{q1} - U_{q2}}{R_{i1} + R_{i2}} - \dfrac{I R_{i1}}{R_{i1} + R_{i2}} = \underline{-2{,}29\,\text{A}}$;

$I_1 = I + I_2 = \underline{1{,}04\,\text{A}}$;

$U = U_{q1} - I_1 R_{i1} = \underline{11{,}98\,\text{V}}$

370. $U_{q1} - 15 U_{q2} = I(R_S + 15 R_i)$;

$R_S = \dfrac{U_{q1} - 15 U_{q2}}{I} - 15 R_i = \underline{27{,}2\,\Omega}$

371. Aus

$I_1 = \dfrac{U_{q1} - U}{R_{i1}}$ und $I_2 = \dfrac{U_{q2} - U}{R_{i2}}$

folgt durch Addition und Umformen

$$U = \frac{U_{q1} R_{i2} + U_{q2} R_{i1}}{R_{i1} + R_{i2}} - I \frac{R_{i1} R_{i2}}{R_{i1} + R_{i2}} = \underline{23{,}0\,\text{V}};$$

der erste Term dieses Ausdrucks ist die gesuchte Quellenspaltung $U_q = \underline{23{,}33\,\text{V}}$, der zweite Term enthält den inneren Widerstand

$R_i = \dfrac{0{,}2\,\Omega \cdot 0{,}1\,\Omega}{0{,}3\,\Omega} = \underline{67\,\text{m}\Omega}$.

372. Knotenpunkt A: $I_1 + I_2 = I$;
Masche I: $U_{q1} - U_{q2} = I_1 R_{i1} - I_2 R_{i2}$;
Masche II: $U_{q2} = I_2 R_{i2} + I R_a$;

durch gegenseitiges Einsetzen folgt

$$I = \frac{U_{q1} R_{i2} + U_{q2} R_{i1}}{R_{i1} R_{i2} + R_a R_{i1} + R_a R_{i2}};$$

$I_1 = \dfrac{U_{q1} - I R_a}{R_{i1}}$; $I_2 = \dfrac{U_{q2} - I R_a}{R_{i2}}$

a) Mit den eingesetzten Zahlenwerten ergibt sich

$I = \underline{15{,}01\,\text{A}}$; $I_1 = \underline{9{,}7\,\text{A}}$; $I_2 = \underline{5{,}5\,\text{A}}$

b) $I = \underline{4{,}565\,\text{A}}$; $I_1 = \underline{3{,}5\,\text{A}}$; $I_2 = \underline{1{,}071\,\text{A}}$

c) $I = \underline{1{,}146\,\text{A}}$; $I_1 = \underline{1{,}6\,\text{A}}$; $I_2 = \underline{-0{,}286\,\text{A}}$

373. a) Hierbei ist $I_1 = -I_2$ und $I = \underline{0}$;

$I_1 = \dfrac{U_{q1} - U_{q2}}{R_{i1} + R_{i2}} = \underline{0{,}83\,\text{A}}$

b) Die beiden Stromquellen liefern die Kurzschlussströme

$I_1 = \underline{460\,\text{A}}$ und $I_2 = \underline{327\,\text{A}}$;

$I = I_1 + I_2 = \underline{787\,\text{A}}$

374. Wegen $I_2 = 0$ ist $U_{q2} = I R_a$ und

$I = \dfrac{U_{q1}}{R_{i1} + R_a}$, sodass

$R_a = \dfrac{U_{q2} R_{i1}}{U_{q1} - U_{q2}} = \underline{114{,}5\,\Omega}$

375. Knoten A: $I = I_1 + I_2$;
Masche I: $U_{q1} - U_{q2} = I_1 R_{i1} - I_2 R_{i2}$;
Masche II: $U_{q2} = I_2 R_{i2} + I R_a$;

durch Einsetzen und Zusammenfassung ergibt sich

a) $I_2 = \dfrac{U_{q2}(R_{i1} + R_a) - U_{q1} R_a}{R_{i1} R_{i2} + R_a (R_{i1} + R_{i2})} = \underline{35{,}1\,\text{A}}$;

aus Masche II: $I = \dfrac{U_{q2} - I_2 R_{i2}}{R_a} = \underline{42{,}5\,\text{A}}$;

$U_a = I R_a = \underline{12{,}76\,\text{V}}$

b) $I_2 = \underline{18{,}8\,\text{A}}$; $I = \underline{42{,}7\,\text{A}}$; $U_a = \underline{12{,}8\,\text{V}}$

376. a) $\underline{0{,}11\,\mathrm{A}}$ b) $\underline{0{,}17\,\mathrm{A}}$ c) $\underline{0{,}26\,\mathrm{A}}$
d) $\underline{0{,}33\,\mathrm{A}}$

377. $P = \dfrac{U^2}{R} = \dfrac{230^2\,\mathrm{V}^2}{52{,}9\,\Omega} = \underline{1\,\mathrm{kW}}$

378. $R = \dfrac{\varrho l}{A} = \dfrac{0{,}017\,8\,\Omega\cdot\mathrm{mm}^2\cdot 200\,\mathrm{m}}{1{,}5\,\mathrm{mm}^2\cdot\mathrm{m}} = \underline{2{,}37\,\Omega};$

$P_\mathrm{V} = I^2R = \underline{171\,\mathrm{W}}$

379. $P = I^2R = \underline{313\,\mathrm{mW}}$

380. $I = \dfrac{P}{U} = \underline{0{,}5\,\mathrm{A}}$

381. $P = UI = 240\,\mathrm{A}\cdot 25\,\mathrm{V} = \underline{6\,\mathrm{kW}}$

382. $R_\mathrm{i} = \dfrac{U_\mathrm{q}}{I_\mathrm{k}} = \underline{0{,}6\,\Omega};\quad I = \dfrac{I_\mathrm{k}}{2} = \underline{0{,}4\,\mathrm{A}};$

$P = I^2R_\mathrm{a} = \underline{96\,\mathrm{mW}}$

383. $I = \dfrac{P_\mathrm{L}}{U_\mathrm{L}};\quad P_\mathrm{V} = \dfrac{(U-U_\mathrm{L})P_\mathrm{L}}{U_\mathrm{L}} = \underline{126\,\mathrm{W}}$

384. $P = \dfrac{(U_\mathrm{q}-U_\mathrm{k})^2}{R_\mathrm{i}} = \dfrac{(85-78)^2\,\mathrm{V}^2}{1{,}4\,\Omega} = \underline{35\,\mathrm{W}}$

385. Da sich der Lampenwiderstand erhöht, die Netzspannung aber konstant bleibt, wird die aufgenommene Leistung kleiner.

386. a) $\underline{2{,}3\,\mathrm{kW}};$ $\underline{3{,}45\,\mathrm{kW}};$ $\underline{4{,}6\,\mathrm{kW}}$
b) $\underline{1{,}25\,\mathrm{kW}};$ $\underline{1{,}875\,\mathrm{kW}};$ $\underline{2{,}5\,\mathrm{kW}}$

387. $P = \dfrac{U^2}{R} = \dfrac{3\,000^2\,\mathrm{V}^2}{10^5\,\Omega} = \underline{90\,\mathrm{W}};$
je Widerstand $\underline{9\,\mathrm{W}}$

388. $R = \dfrac{U^2}{P} = \dfrac{3\,000^2\,\mathrm{V}^2}{10\cdot 2\,\mathrm{W}} = \underline{0{,}45\,\mathrm{M\Omega}};$
je Widerstand $\underline{45\,\mathrm{k\Omega}}$

389. a) $\underline{500\,\mathrm{mA}}$ b) $\underline{158\,\mathrm{mA}}$ c) $\underline{14\,\mathrm{mA}}$
d) $\underline{3{,}9\,\mathrm{mA}}$ e) $\underline{1{,}4\,\mathrm{mA}}$ f) $\underline{1{,}4\,\mathrm{mA}}$

390. a) $\underline{500\,\mathrm{V}}$ b) $\underline{750\,\mathrm{V}}$ c) $\underline{1\,000\,\mathrm{V}}$
d) $\underline{1\,500\,\mathrm{V}}$ e) $\underline{5\,000\,\mathrm{V}}$

391. $R = \dfrac{0{,}2\,\mathrm{m}\cdot 1{,}4\,\Omega(1+0{,}0007\cdot 780)}{\mathrm{m}} = 0{,}433\,\Omega;$

$P = \underline{94{,}8\,\mathrm{W}}$

392. $\dfrac{\Delta P}{P} = \dfrac{\dfrac{U^2}{R} - \dfrac{U'^2}{R}}{\dfrac{U^2}{R}} = \dfrac{U^2-U'^2}{U^2} = 0{,}043 = \underline{4{,}3\,\%}$

393. $\dfrac{U_2^2}{R} = 2\dfrac{U_1^2}{R};\quad U_2 = U_1\sqrt{2} = \underline{1{,}41\,U_1}$

394. a) $P_1 = \dfrac{U^2}{R} = \underline{400\,\mathrm{W}};$

b) $P_2 = \dfrac{U^2}{2R} = \underline{200\,\mathrm{W}};$ c) $P_3 = \dfrac{U^2}{R/2} = \underline{800\,\mathrm{W}}$

395. $P_1 = \dfrac{U^2}{R_1} = \dfrac{230^2\,\mathrm{V}^2}{40\,\Omega} = \underline{1\,322{,}5\,\mathrm{W}};$

$P_2 = \dfrac{U^2}{R_2} = \underline{441\,\mathrm{W}};\quad P_3 = \dfrac{U^2}{R_1+R_2} = \underline{330{,}6\,\mathrm{W}};$

$P_4 = \dfrac{U^2}{\dfrac{R_1R_2}{R_1+R_2}} = \underline{1\,763\,\mathrm{W}}$

396. Die Widerstände $\dfrac{R_1R_2}{R_1+R_2}, R_1, R_2, (R_1+R_2)$ bilden die geometrische Reihe R_0, xR_0, x^2R_0, x^3R_0. Einsetzen der Werte xR_0 bzw. x^2R_0 in die Gleichung $R_0 = \dfrac{R_1R_2}{R_1+R_2}$ ergibt die Gleichung $x^2 = x+1$, danach ist $x = 1{,}618$.

Somit ist

$P_3 = \dfrac{P_4}{x} = \dfrac{1\,200\,\mathrm{W}}{1{,}618} = \underline{741{,}7\,\mathrm{W}};$

$P_2 = \dfrac{P_4}{x^2} = \underline{458{,}4\,\mathrm{W}};\quad P_1 = \underline{283{,}3\,\mathrm{W}};$

$R_1 = \dfrac{U^2}{P_3} = \underline{71{,}3\,\Omega};\quad R_2 = \dfrac{U^2}{P_2} = \underline{115{,}4\,\Omega}$

397. $R_1' = R_1+R_2 = \dfrac{230^2\,\mathrm{V}^2}{132{,}25\,\mathrm{W}} = 400\,\Omega;$

$R_4' = \dfrac{230^2\,\mathrm{V}^2}{705{,}33\,\mathrm{W}} = \dfrac{R_1R_2}{R_1+R_2} = 75\,\Omega$

Durch Einsetzen in diese Gleichung von $R_2 = R_1' - R_1$ ergibt sich $R_1 = \underline{300\,\Omega}$ und $R_2 = \underline{100\,\Omega};$

$P_2 = \underline{176{,}33\,\mathrm{W}};\quad P_3 = \underline{529\,\mathrm{W}}$

398. Wegen $R_\mathrm{a} = \dfrac{P}{I^2}$ ist $I = \dfrac{U_\mathrm{q}}{R_\mathrm{i}+\dfrac{P}{I^2}};$

aus dieser quadratischen Gleichung folgen

$I_1 = \underline{39\,\mathrm{A}};\quad R_\mathrm{a1} = \underline{39\,\mathrm{m\Omega}};\quad U_\mathrm{k1} = \underline{1{,}52\,\mathrm{V}}$

und $I_2 = \underline{1\,\mathrm{A}};\quad R_\mathrm{a2} = \underline{60\,\Omega};\quad U_\mathrm{k2} = \underline{60\,\mathrm{V}}$

399. $R = \dfrac{U^2}{P_1 + P_2} = \underline{330{,}6\,\Omega}$;

$I = \dfrac{U}{R} = \underline{0{,}696\,\text{A}}$; $\quad P = UI = \underline{160\,\text{W}}$

400. $R_g = \dfrac{U^2}{P_1} - \Delta R$; $\quad R_g = \dfrac{U^2}{\dfrac{U^2}{P_1} - \Delta R}$;

$P_2 = P_g - P_1 = \underline{100\,\text{W}}$

401. $P_1 = UI = \underline{18\,\text{W}}$; $\quad R_1 = \dfrac{U}{I}$;

$R_2 = \dfrac{U}{I'} - R_1 = \dfrac{U}{I'} - \dfrac{U}{I}$;

$P_2 = \dfrac{U^2}{R_2} = \dfrac{UI'I}{I - I'} = \underline{12\,\text{W}}$

402. Widerstand einer Lampe

$R_1 = \dfrac{U^2}{P_1} = 1{,}322\,5\,\text{k}\Omega$;

ursprünglicher Gesamtwiderstand

$R_g = \dfrac{R_1}{85} = 15{,}6\,\Omega$; $\quad n = \dfrac{R_1}{R_g + \Delta R} = \underline{43\ \text{Lampen}}.$

403. Wird die ursprüngliche Anzahl der Lampen mit n und die der ausgefallenen mit m bezeichnet, so ist die verminderte Leistung $P'_g = (n - m)P_1$ und

$(n - m) = \dfrac{3\,300\,\text{W}}{60\,\text{W}} = 55$; $\quad R'_g = \dfrac{1{,}4U^2}{nP_1}$;

$P'_g = \dfrac{U^2}{R'_g} = \dfrac{nP_1}{1{,}4}$; $\quad n = \dfrac{1{,}4P'_g}{P_1} = \underline{77\ \text{Lampen}}$;

$m = \underline{22\ \text{Lampen}}$

404. $R_L = \dfrac{U_1^2}{P_1} = \dfrac{125^2\,\text{V}^2}{60\,\text{W}} = 260{,}4\,\Omega$;

$R_V = \dfrac{U_2^2}{P_2} = \dfrac{230^2\,\text{V}^2}{87{,}4\,\text{W}} = 605{,}3\,\Omega$;

$I = \dfrac{U_2}{R_V + R_L} = 0{,}266\,\text{A}$;

$P_L = I^2 R_L = \underline{18{,}4\,\text{W}}$

405. $I = \dfrac{P_1 + P_2}{U} = 0{,}435\,\text{A}$

$R_1 = \dfrac{P_1}{I^2} = \underline{423\,\Omega}$; $\quad R_2 = \dfrac{P_2}{I^2} = \underline{106\,\Omega}$

406. Durch die beiden Lampen fließen die Ströme

$I_1 = \dfrac{P_1}{U_1} = 1{,}5\,\text{A}$ und $I_2 = \dfrac{P_2}{U_2} = 2\,\text{A}$;

durch einen zu L_1 parallel gelegten Widerstand R_N muss ein Zusatzstrom von $I_N = 0{,}5\,\text{A}$ fließen, damit L_2 die Stromstärke 2 A erhält.

$R_N = \dfrac{U_1}{I_N} = \underline{8\,\Omega}.$

407. (Bild 308) Widerstand der Lampe bei Nennspannung $R_L = \dfrac{125^2\,\text{V}^2}{40\,\text{W}} = 390{,}6\,\Omega$; dieser wird als konstant angenommen. Dann gilt

$\dfrac{U_L}{U_V} = \dfrac{R_L}{R_V}$; mit $R_V = \dfrac{U_V^2}{P_V}$ und $U_V = U - U_L$.

Es ergibt sich die quadratische Gleichung $U_L(U - U_L) = R_L R_V$ und hieraus die Lösungen $U_{L1} = 188{,}6\,\text{V}$ und $U_{L2} = 41{,}4\,\text{V}$; mit dem Widerstand R_L ergibt das die Leistungen $P_{L1} = \underline{91{,}1\,\text{W}}$ oder $P_{L2} = \underline{4{,}39\,\text{W}}$; dies lässt sich mit zwei unterschiedlichen Widerständen R_V erreichen.

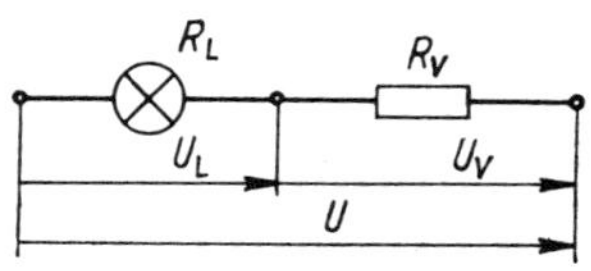

Bild 308: Aufgabe 407

408. Lampenwiderstand

$R_L = \dfrac{U^2}{P_L} = \dfrac{125^2\,\text{V}^2}{60\,\text{W}} = 260{,}4\,\Omega$;

Stromstärke bei 20 W ist

$I = \sqrt{\dfrac{20\,\text{W}}{260{,}4\,\Omega}} = 277\,\text{mA}$;

$R_V = \dfrac{U}{I} - R_L = \underline{569{,}9\,\Omega}$

409. $P_N = (P_N + P_V)\eta = 12{,}86\,\text{kW} \cdot 0{,}85$
$= \underline{10{,}9\,\text{kW}}$

410. $\dfrac{P_N}{P_N + P_V} = \eta$; $\quad P_N = \dfrac{P_V\eta}{1 - \eta} = \underline{4{,}6\,\text{kW}}$

411. $P_N + P_V = \dfrac{mgh}{t\eta_1\eta_2}$

$= \dfrac{12 \cdot 10^6\,\text{kg} \cdot 9{,}81\,\text{m} \cdot 8{,}5\,\text{m}}{\text{s}^2 \cdot 3 \cdot 6 \cdot 3\,600\,\text{s} \cdot 0{,}7 \cdot 0{,}89}$

$= \underline{24{,}8\,\text{kW}}$

412. $\eta = \dfrac{P_N}{P_N + P_V} = \dfrac{mgh}{tP_Z}$

$= \dfrac{4{,}5 \cdot 10^3\,\text{kg} \cdot 9{,}81\,\text{m} \cdot 9{,}3\,\text{m}}{\text{s}^2 \cdot 2{,}5 \cdot 60\,\text{s} \cdot 3{,}5 \cdot 10^3\,\text{W}} = \underline{0{,}78}$

413. $P_N + P_V = \dfrac{mgh}{t\eta_1\eta_2}$;

$$\frac{m}{t} = \frac{(P_N + P_V)\eta_1\eta_2}{gh} = \frac{15 \cdot 10^3\,\text{W} \cdot 0{,}65 \cdot 0{,}92\,\text{s}^2}{9{,}81\,\text{m} \cdot 140\,\text{m}}$$
$$= 6{,}53\,\frac{\text{kg}}{\text{s}} = \underline{23{,}5\,\frac{\text{t}}{\text{h}}}$$

414. a) $R = \frac{\varrho l}{A} = \frac{0{,}017\,8\,\Omega \cdot \text{mm}^2 \cdot 1\,000\,\text{m}}{16\,\text{mm}^2 \cdot \text{m}}$
$= 1{,}11\,\Omega$;

$I = \frac{P}{U} = \frac{15\,000\,\text{W}}{230\,\text{V}} = \underline{65{,}2\,\text{A}}$;

$P_V = I^2 R = \underline{4{,}72\,\text{kW}}$

b) $\underline{47{,}2\,\text{W}}$ c) $\underline{757\,\text{W}}$

415. Die 3fache Spannung erfordert bei gleicher Leistung nur 1/3 der Stromstärke;

a) $P_V = \left(\frac{I}{3}\right)^2 R = \frac{I^2 R}{9} = \frac{550\,\text{W}}{9} = \underline{61\,\text{W}}$

b) $P_V = \frac{61\,\text{W} \cdot 10\,\text{mm}^2}{4\,\text{mm}^2} = \underline{152{,}5\,\text{W}}$

416. $A = \frac{200 l P_e}{\varkappa p U_e^2} = \frac{200 \cdot 600\,\text{m} \cdot 30\,000\,\text{W} \cdot \text{mm}^2}{5 \cdot 57\,\text{S} \cdot \text{m} \cdot 418^2\,\text{V}^2}$
$= \underline{72{,}3\,\text{mm}^2}$

417. $A = 50{,}3\,\text{mm}^2$;

$p = \frac{200 l P_e}{\varkappa A U_e^2} = \frac{200 \cdot 2\,400\,\text{m} \cdot 20\,000\,\text{W} \cdot \text{mm}^2}{57\,\text{S} \cdot \text{m} \cdot 50{,}3\,\text{mm}^2 \cdot 440^2\,\text{V}^2}$
$= \underline{17{,}3\,\%}$

418. Da in der genannten Formel der Querschnitt A dem spezifischen Widerstand proportional ist, ergibt sich für Aluminium:

$A = \frac{23\,\text{mm}^2 \cdot 0{,}029}{0{,}017\,8} = 37{,}5\,\text{mm}^2$

und ein Durchmesser von $d = \underline{6{,}9\,\text{mm}}$.

419. $A = \frac{200 l P_e}{\varkappa p U_e^2} = \frac{200 \cdot 600\,\text{m} \cdot 20\,000\,\text{W} \cdot \text{mm}^2}{0{,}85 \cdot 57\,\text{S} \cdot \text{m} \cdot 230^2\,\text{V}^2 \cdot 10}$
$= \underline{93{,}6\,\text{mm}^2}$

420. a) $P = \frac{25\,\text{kW}}{0{,}8} = 31{,}25\,\text{kW}$;

hierzu $30 \cdot 60\,\text{W} = 1{,}8\,\text{kW}$, sodass

$P_{ges} = 33{,}05\,\text{kW}$;

$p = \frac{200 l P_e}{\varkappa A U_e^2} = \frac{200 \cdot 1\,600\,\text{m} \cdot 33\,050\,\text{W} \cdot \text{mm}^2}{57\,\text{S} \cdot \text{m} \cdot 28{,}3\,\text{mm}^2 \cdot 230^2\,\text{V}^2}$
$= \underline{123{,}9\,\%}$

b) $P_V = P_{ges} p = \underline{40{,}9\,\text{kW}}$ c) $P_V = \frac{U_V^2}{R}$;

$R = \frac{l}{\varkappa A} = \frac{3\,200\,\text{m} \cdot \text{mm}^2}{57\,\text{S} \cdot \text{m} \cdot 28{,}3\,\text{mm}^2} = 1{,}98\,\Omega$;

$U_V = \sqrt{P_V R} = \underline{285\,\text{V}}$

d) $U_a = (U_e + U_V) = \underline{515\,\text{V}}$

421. $P_e = \frac{2\,\text{kW}}{0{,}8} = 2{,}5\,\text{kW}$;

$A = \frac{200 l P_e}{\varkappa p U_e^2} = \underline{25\,\text{mm}^2}$

422. a) $A = 12{,}6\,\text{mm}^2$;

$p = \frac{200 l P_e \varrho}{A U_e^2}$
$= \frac{200 \cdot 500\,\text{m} \cdot 3\,500\,\text{W} \cdot 0{,}029\,\Omega \cdot \text{mm}^2}{12{,}6\,\text{mm}^2 \cdot 250^2\,\text{V}^2 \cdot \text{m}}$
$= \underline{12{,}9\,\%}$

b) $P_V = P_e p = \underline{452\,\text{W}}$

c) $R = \frac{\varrho l}{A} = \frac{1\,000\,\text{m} \cdot 0{,}029\,\Omega \cdot \text{mm}^2}{12{,}6\,\text{mm}^2 \cdot \text{m}} = 2{,}3\,\Omega$;

$U_V = \sqrt{P_V R} = 32{,}2\,\text{V}$;

$U_a = U_e + U_V = \underline{282{,}2\,\text{V}}$

423. $A = \frac{200 l P_e}{\varkappa p U_e^2} = \frac{200 \cdot 400\,\text{m} \cdot 4\,500\,\text{W} \cdot \text{mm}^2}{57\,\text{S} \cdot \text{m} \cdot 6 \cdot 230^2\,\text{V}^2}$
$= \underline{19{,}9\,\text{mm}^2}$

424. $Pt \cdot 24\,\text{ct}/(\text{kW} \cdot \text{h}) = \underline{1{,}62\,€}$

425. $P = \frac{W}{t} = \frac{z}{nt} = \frac{1\,000\,\text{W} \cdot 3\,600\,\text{s}}{1\,800 \cdot 75\,\text{s}} = \underline{26{,}7\,\text{W}}$

426. $P = \frac{z}{nt} = \frac{1\,000\,\text{W} \cdot 3\,600\,\text{s} \cdot 25}{1\,800 \cdot 60\,\text{s}} = \underline{833\,\text{W}}$

427. $P = \frac{z}{nt} = \frac{1\,000\,\text{W} \cdot 3\,600\,\text{s} \cdot 8}{1\,800 \cdot 300\,\text{s}} = \underline{53{,}3\,\text{W}}$

428. $\frac{z}{n}\,24\,\text{ct} = \underline{4\,\text{ct}}$

429. $W = Pt = (4 \cdot 40 + 2 \cdot 60 + 100)\,\text{W} \cdot 5 \cdot 30\,\text{h}$
$= \underline{57\,\text{kW} \cdot \text{h}}$;

$57\,\text{kW} \cdot \text{h} \cdot 0{,}24\,€/(\text{kW} \cdot \text{h}) = \underline{13{,}68\,€}$

430. $W = Pt = 40\,\text{W} \cdot 30\,\text{h} \cdot 6 = 7{,}2\,\text{kW} \cdot \text{h}$;

$\underline{1{,}73\,€}$

431. $W = QU \cdot 20$
$= 60\,\text{A} \cdot \text{h} \cdot 1{,}8\,\text{V} \cdot 20 = \underline{2{,}16\,\text{kW} \cdot \text{h}}$

432. $W = UIt$; $n = \frac{z}{W} = \frac{z}{UIt} = \underline{1\,652\,\frac{1}{\text{kW} \cdot \text{h}}}$

433. $P = \frac{z}{nt}$; $I = \frac{P}{U} = \frac{z}{ntU} = \underline{13{,}2\,\text{A}}$

434. Verrichtete Arbeit

$W_1 = 115\,\text{V} \cdot 19{,}8\,\text{A} \cdot 245{,}6\,\text{s} = 559\,\text{kW} \cdot \text{s}$;

angezeigte Arbeit

$W_2 = \frac{3\,600\,\text{kW} \cdot \text{s} \cdot 150}{900} = 600\,\text{kW} \cdot \text{s}$;

Fehler 41 kW · s;

das sind $\frac{41\,\text{kW} \cdot \text{s} \cdot 100\,\%}{600\,\text{kW} \cdot \text{s}} = \underline{6{,}8\,\%}$ zuviel.

435. $Q = mc(\vartheta_2 - \vartheta_1)$

$= \frac{4{,}19\,\text{kJ}(100 - 12)\,\text{K} \cdot 5\,\text{kg}}{\text{kg} \cdot \text{K}} = 1\,844\,\text{kJ}$

$= \frac{1\,844}{3\,600}\,\text{kW} \cdot \text{h} = 0{,}51\,\text{kW} \cdot \text{h}$;

$0{,}51\,\text{kW} \cdot \text{h} \cdot 24\,\text{ct}/(\text{kW} \cdot \text{h}) = \underline{12{,}24\,\text{ct}}$

436. $m = \frac{Q}{c(\vartheta_2 - \vartheta_1)} = \frac{15 \cdot 3\,600\,\text{kJ} \cdot \text{kg} \cdot \text{K}}{4{,}19\,\text{kJ}(80 - 15)\,\text{K}}$
$= \underline{198\,\text{kg}}$

437. $0{,}360 \cdot 3\,600\,\text{kJ} = \underline{1\,296\,\text{kJ}}$

438. $Q = mc\,\Delta\vartheta = \frac{10^7\,\text{kg} \cdot 4{,}19\,\text{kJ} \cdot 2\,\text{K}}{\text{kg} \cdot \text{K}}$
$= 8{,}38 \cdot 10^7\,\text{kJ} = \underline{23{,}3\,\text{MW} \cdot \text{h}}$

439. $W = 1\,000\,\text{W} \cdot 0{,}25\,\text{h} \cdot 0{,}7 = 0{,}175\,\text{kW} \cdot \text{h}$;

$m = \frac{Q}{c\,\Delta\vartheta} = \frac{0{,}175 \cdot 3\,600\,\text{kJ} \cdot \text{kg} \cdot \text{K}}{4{,}19\,\text{kJ} \cdot 82\,\text{K}} = \underline{1{,}83\,\text{kg}}$

440. $t = \frac{W}{P\eta} = \frac{cm(\vartheta_2 - \vartheta_1)}{P\eta}$
$= \frac{4{,}19\,\text{kJ} \cdot 5\,\text{kg} \cdot 85\,\text{K}}{\text{kg} \cdot \text{K} \cdot 800\,\text{W} \cdot 0{,}75}$
$= 2\,968\,\text{s} = \underline{49{,}5\,\text{min}}$

441. $P = \frac{cm(\vartheta_2 - \vartheta_1)}{t\eta}$
$= \frac{4{,}19\,\text{kJ} \cdot 300\,\text{kg} \cdot 90\,\text{K}}{\text{kg} \cdot \text{K} \cdot 2 \cdot 3\,600\,\text{s} \cdot 0{,}85} = \underline{18{,}5\,\text{kW}}$

442. $P_1 = \frac{W}{t} = \frac{U_1^2}{R}$; $P_2 = \frac{W}{t + \Delta t} = \frac{U_2^2}{R}$;

die Division beider Gleichungen ergibt

$t = \frac{\Delta t U_2^2}{U_1^2 - U_2^2} = \underline{774\,\text{s}}$

443. $m = \frac{Pt\eta}{c(\vartheta_2 - \vartheta_1)}$
$= \frac{2{,}4\,\text{kW} \cdot 3\,600\,\text{s} \cdot 0{,}9\,\text{kg} \cdot \text{K}}{4{,}19\,\text{kJ} \cdot 50\,\text{K}} = \underline{37{,}1\,\text{kg}}$

444. $W = \frac{cm(\vartheta_2 - \vartheta_1)}{\eta} = \frac{4{,}19\,\text{kJ} \cdot 150\,\text{kg} \cdot 28\,\text{K}}{\text{kg} \cdot \text{K} \cdot 0{,}8}$
$= 22\,000\,\text{kJ} = 6{,}1\,\text{kW} \cdot \text{h}$;

$6{,}1 \cdot 24\,\text{ct} = \underline{1{,}46\,€}$

445. $W = I^2Rt$
$= \frac{6^2\,\text{A}^2 \cdot 0{,}017\,8\,\Omega \cdot \text{mm}^2 \cdot 200\,\text{m} \cdot 3\,600\,\text{s}}{1\,\text{mm}^2 \cdot \text{m}}$
$= \underline{461\,\text{kJ}}$

446. $W = \frac{U^2 t\eta}{R}$;

$R = \frac{U^2 t\eta}{W} = \frac{230^2\,\text{V}^2 \cdot 900\,\text{s} \cdot 0{,}78\,\text{kg} \cdot \text{K}}{2\,\text{kg} \cdot 88\,\text{K} \cdot 4{,}19\,\text{kJ}}$
$= \underline{50{,}4\,\Omega}$

447. $W = UIt = 230\,\text{V} \cdot 5\,\text{A} \cdot 3\,600\,\text{s} = \underline{4\,140\,\text{kJ}}$

448. $P = \frac{cm(\vartheta_2 - \vartheta_1)}{t\eta} = \frac{4{,}19\,\text{kJ} \cdot 120\,\text{kg} \cdot 73\,\text{K}}{\text{kg} \cdot \text{K} \cdot 5\,400\,\text{s} \cdot 0{,}9}$
$= \underline{7{,}55\,\text{kW}}$

449. $R_g = 2{,}62\,\Omega$; $I = \sqrt{\frac{P}{R_g}} = 5{,}53\,\text{A}$;

Zweigströme: $I_1 = 3{,}62\,\text{A}$; $I_2 = 1{,}91\,\text{A}$;

$I_3 = 0{,}38\,\text{A}$; $I_4 = 1{,}52\,\text{A}$; $P_1 = \underline{52{,}5\,\text{W}}$;

$P_2 = \underline{21{,}8\,\text{W}}$; $P_3 = \underline{1{,}1\,\text{W}}$; $P_4 = \underline{4{,}6\,\text{W}}$

450. $\frac{P_1}{P_2} = \frac{I_1^2 R_1}{I_2^2 R_2}$; mit $\frac{I_1}{I_2} = \frac{R_2}{R_1}$

wird daraus $\frac{R_1}{R_2} = \underline{\frac{P_2}{P_1}}$.

451. $R_a = \frac{U_k^2}{P_a} = \underline{1{,}40\,\Omega}$;

$R_i = \frac{U_q}{I} - R_a = \frac{U_k}{P_a}(U_q - U_k) = \underline{48\,\text{m}\Omega}$;

$I = \frac{P_a}{U_k} = \underline{41{,}4\,\text{A}}$

452. $R_a = \frac{P_a}{I^2} = \underline{3{,}06\,\Omega}$;

$R_i = \frac{U_q}{I} - R_a = \underline{0{,}15\,\Omega}$;

$U_k = U_q - IR_i = \underline{4{,}29\,\text{V}}$

453. Durch Dividieren der Gleichungen
$I^2(R_i + R_a) = P_i + P_a$ und $I(R_i + R_a) = U_q$
erhält man $I = \dfrac{P_i + P_a}{U_q} = \underline{11\,\text{A}}$;

$R_i = \dfrac{P_i}{I^2} = \underline{0{,}083\,\Omega}$; $R_a = \underline{0{,}83\,\Omega}$;
$U_k = U_q - IR_i = 10\,\text{V} - 0{,}91\,\text{V} = \underline{9{,}09\,\text{V}}$

454. Aus $I_1^2 R_1 = I_2^2 R_2$ und $\dfrac{I_1}{I_2} = \dfrac{R_2}{2R_1}$
folgt $4R_1 = R_2$; für die ganze Schaltung gilt
$\dfrac{P}{I^2} = \dfrac{2R_1 \cdot 4R_1}{2R_1 + 4R_1} = \dfrac{4}{3}R_1$; damit wird
$R_1 = \dfrac{3P}{4I^2} = \underline{3\frac{3}{8}\,\Omega}$ und $R_2 = 4R_1 = \underline{13{,}5\,\Omega}$.

455. Nach Aufgabe 450 ist $P_2 = \dfrac{P_1 R_1}{R_2}$;

$$P_1 + P_2 = P_1\left(1 + \frac{R_1}{R_2}\right);$$

$$I^2 = \frac{P_1\left(1 + \dfrac{R_1}{R_2}\right)}{\dfrac{R_1 R_2}{R_1 + R_2}};$$

$$P_3 = I^2 R_3 = \frac{P_1 (R_1 + R_2)^2 R_3}{R_1 R_2^2} = \underline{61{,}25\,\text{W}}$$

456. $I_1^2 R_1 + I_2^2 R_2 = I_2^2 R_3$; mit
$I_2 = \dfrac{I_1 R_1}{R_2 + R_3}$ entsteht die Gleichung
$I_1^2 R_1 + \dfrac{I_1^2 R_1^2 R_2}{(R_2 + R_3)^2} = \dfrac{I_1^2 R_1^2 R_3}{(R_2 + R_3)^2}$ und daraus
$R_1 = \dfrac{(R_2 + R_3)^2}{R_3 - R_2} = \underline{90\,\Omega}$.

457. Einsetzen von $I_2 = \dfrac{I_1 R_1}{R_2 + R_3 + R_4}$ in die Gleichung $I_2^2 R_3 = I_1^2 R_1$ ergibt
$\dfrac{I_1^2 R_1^2 R_3}{(R_2 + R_3 + R_4)^2} = I_1^2 R_1$; hieraus folgt
$R_2 = R_4 = \dfrac{\sqrt{R_1 R_3} - R_3}{2} = \underline{1{,}5\,\Omega}$.

458.
$$P = \frac{U^2}{R_1} + \frac{U^2}{R_2 + R_3 + R_4} = 2\left(\frac{U^2}{R_3} + \frac{U^2}{R_1 + R_2 + R_4}\right);$$
$$R_1 = \frac{2R_2 R_3}{4R_2 + R_3} = \underline{1{,}54\,\Omega}$$

459. $I_4 = \dfrac{I_3 R_3}{R_4} = 3{,}2\,\text{mA}$; $I_1 = 4{,}32\,\text{mA}$;
$I_2 = 2{,}88\,\text{mA}$; $I = 7{,}2\,\text{mA}$;
$P_1 = I_1^2 R_1 = \underline{187\,\text{mW}}$; $P_2 = \underline{124\,\text{mW}}$;
$P_3 = \underline{320\,\text{mW}}$; $P_4 = \underline{256\,\text{mW}}$; $P_g = \underline{887\,\text{mW}}$

460.
$$R_g = \frac{R_1 R_2 R_3}{R_1 R_2 + R_2 R_3 + R_1 R_3} + R_4 + R_5 = (1{,}67 + 1{,}50)\,\text{k}\Omega = 3{,}17\,\text{k}\Omega;$$
$U = \sqrt{R_g P} = \underline{39{,}8\,\text{V}}$; $U : U_1 = R_g : R_{1,2,3}$;
$U_1 = \underline{20{,}9\,\text{V}}$; $U_2 = U - U_1 = \underline{18{,}9\,\text{V}}$;
$U_4 = \underline{6{,}3\,\text{V}}$; $U_5 = \underline{12{,}6\,\text{V}}$;
$P_1 = \dfrac{U_1^2}{R_1} = \underline{146\,\text{mW}}$; $P_2 = \underline{73\,\text{mW}}$;
$P_3 = \underline{44\,\text{mW}}$; $P_4 = \underline{79\,\text{mW}}$; $P_5 = \underline{158\,\text{mW}}$

461.
$$R_g = \frac{R_1 R_2 R_3}{R_1 R_2 + R_2 R_3 + R_1 R_3} + R_4 = (2{,}35 + 1{,}50)\,\text{k}\Omega = 3{,}85\,\text{k}\Omega;$$
$U_1 = I_2 R_2 = 32\,\text{V}$; $U_1 : U = R_{1,2,3} : R_g$;
$U = \underline{52{,}4\,\text{V}}$;
$P = \dfrac{U^2}{R_g} = \underline{0{,}71\,\text{W}}$

462. $I = \dfrac{U_q}{R_i + R_a} = \dfrac{U_q}{R_i + \dfrac{P_a}{I^2}}$

$I = \dfrac{U_q}{2R_i} \pm \sqrt{\left(\dfrac{U_q}{2R_i}\right)^2 - \dfrac{P_a}{R_i}} = \underline{10{,}74\,\text{A}}$ bzw. $\underline{1{,}86\,\text{A}}$

b) $R_{a1} = \dfrac{P_a}{I_1^2} = \underline{0{,}087\,\Omega}$ bzw. $R_{a2} = \underline{2{,}89\,\Omega}$

c) Da der Radikant nicht negativ werden darf, ist im Grenzfall
$\dfrac{P_{a\,max}}{R_i} = \left(\dfrac{U_q}{2R_i}\right)^2$, woraus
$P_{a\,max} = \dfrac{U_q^2}{4R_i} = \underline{19{,}85\,\text{W}}$ folgt.

d) $R_a = \dfrac{P_{a\,max}}{I^2} = \dfrac{4U_q^2 R_i^2}{4R_i U_q^2} = R_i = \underline{0{,}5\,\Omega}$

463. a) Mit $I = \dfrac{U_q}{R_i + R_a}$ ist vor dem Abschalten

$$R_a = \frac{R}{2} = \frac{P}{I^2} = \frac{P\left(R_i + R/2\right)^2}{U_q^2};$$

nach dem Abschalten ist

$$R_a' = R = \frac{P(R_i + R)^2}{U_q^2}.$$

Dividieren der Gleichungen ergibt

$$\frac{1}{2} = \left(\frac{R_i + R/2}{R_i + R}\right)^2 \text{ und daraus } R = \underline{R_i\sqrt{2}}.$$

$$\text{b) } P = I^2R = \underline{\frac{U_q^2\sqrt{2}}{R_i(1+\sqrt{2})^2}}$$

$$\text{c) } I_{\text{vorh}} = \underline{\frac{2U_q}{R_i(2+\sqrt{2})}};\quad I_{\text{nachh}} = \underline{\frac{U_q}{R_i(1+\sqrt{2})}}$$

464. a) $l = \pi\frac{d_1+d_2}{2} = 17{,}3\,\text{cm};$

$$H = \frac{IN}{l} = \frac{1{,}5\,\text{A}\cdot 300}{0{,}173\,\text{m}} = \underline{2\,601\,\text{A/m}}$$

b) $B = \mu_0 H$

$$= 1{,}257\cdot 10^{-6}\,\frac{\text{V}\cdot\text{s}}{\text{A}\cdot\text{m}}\cdot 2\,601\,\frac{\text{A}}{\text{m}} = \underline{3{,}27\,\text{mT}}$$

$$\text{c) } \Phi = BA = \frac{0{,}003\,27\,\text{Wb/m}^2\cdot 0{,}58^2\cdot 10^{-4}\,\text{m}^2\,\pi}{4} = \underline{86\,\text{nWb}}$$

465. a) $l = \pi\frac{d_1+d_2}{2} = 13\,\text{cm};$

$$H = \frac{IN}{l} = \underline{1\,477\,\text{A/m}}$$

$$\text{b) } B = \mu_0 H = 1{,}257\cdot 10^{-6}\,\frac{\text{V}\cdot\text{s}}{\text{A}\cdot\text{m}}\cdot 1\,477\,\frac{\text{A}}{\text{m}} = \underline{1{,}86\,\text{mT}}$$

$$\text{c) } \Phi = BA = 0{,}001\,86\,\text{Wb/m}^2\cdot 0{,}173\cdot 10^{-4}\,\text{m}^2 = \underline{32\,\text{nWb}}$$

466. a) $l = 17{,}6\,\text{cm};\quad H = \underline{1\,491\,\text{A/m}}$

b) $B = \underline{1{,}87\,\text{mT}}$

c) $A = 1{,}039\,\text{cm}^2;\quad \Phi = \underline{194\,\text{nWb}}$

467. a) Innerer Kreisumfang = 267 mm;

267 : 1,6 = $\underline{\text{167 Windungen}}$

b) $l = 32{,}2\,\text{cm};\quad H = \frac{IN}{l} = \underline{1\,141\,\text{A/m}}$

c) $B = \mu_0 H = \underline{1{,}43\,\text{mT}}$; d) $\Phi = \underline{410\,\text{nWb}}$

468.

$$I = \frac{\Phi l}{A\mu_0 N} = \frac{65\cdot 10^{-8}\,\text{V}\cdot\text{s}\cdot 0{,}35\,\text{m}\cdot\text{A}\cdot\text{m}}{3{,}5\cdot 10^{-4}\,\text{m}^2\cdot 1{,}257\cdot 10^{-6}\,\text{V}\cdot\text{s}\cdot 250} = \underline{2{,}07\,\text{A}}$$

469.

$$IN = \frac{\Phi l}{A\mu_0} = \frac{8{,}2\cdot 10^{-7}\,\text{V}\cdot\text{s}\cdot 0{,}42\,\text{m}\cdot\text{A}\cdot\text{m}}{2{,}85\cdot 10^{-4}\,\text{m}^2\cdot 1{,}257\cdot 10^{-6}\,\text{V}\cdot\text{s}} = \underline{962\,\text{A}}$$

470.

$$N = \frac{Bl}{\mu_0 I} = \frac{6{,}5\cdot 10^{-4}\,\text{V}\cdot\text{s}\cdot\text{A}\cdot\text{m}\cdot 0{,}285\,\text{m}}{\text{m}^2\cdot 1{,}257\cdot 10^{-6}\,\text{V}\cdot\text{s}\cdot 0{,}2\,\text{A}} = \underline{\text{737 Windungen}}$$

471. Da bei gleicher Stromstärke der Fluss der Windungszahl proportional ist, gilt:

$$8{,}6 : 300 = 6 : N;\quad N = \frac{1\,800}{8{,}6} = \underline{\text{209 Windungen}}.$$

472. a) $H = \frac{IN}{l} = \underline{1\,643\,\text{A/m}}$; b) $B = \underline{2{,}06\,\text{mT}}$

c) $A = 4{,}91\,\text{cm}^2;\quad \Phi = BA = \underline{1{,}01\,\mu\text{Wb}}$

473. a) $B = \frac{\mu_0 IN}{l} = \underline{0{,}628\,\text{mT}}$

b) $A = \underline{0{,}342\,\text{cm}^2};\quad \Phi = BA = \underline{21{,}5\,\text{nWb}}$

474. Bei gleicher Windungszahl und Spulenlänge bleibt die Induktion die gleiche, daher ist der Fluss dem Querschnitt proportional.

Neuer Querschnitt

$$A = \frac{0{,}342\cdot 3}{2{,}15}\,\text{cm}^2 = 0{,}477\,\text{cm}^2;$$

$$d = (7{,}8 - 0{,}1)\,\text{mm} = \underline{7{,}7\,\text{mm}}$$

475. Windungszahl $N = \frac{l}{1{,}2\cdot 10^{-3}\,\text{m}};$

$$\Phi = \frac{\pi d^2\mu_0 Il}{4l\cdot 1{,}2\cdot 10^{-3}\,\text{m}};$$

$$d = \sqrt{\frac{4\cdot 1{,}2\cdot 10^{-3}\,\text{m}\cdot 300\cdot 10^{-8}\,\text{V}\cdot\text{s}\cdot\text{A}\cdot\text{m}}{\pi\cdot 1{,}257\cdot 10^{-6}\,\text{V}\cdot\text{s}\cdot 2\,\text{A}}} = \underline{4{,}27\,\text{cm}}$$

Die Länge der Spule muss wenigstens $l = 5d = 22\,\text{cm}$ sein, wenn der Fehler 2 % nicht überschreitet.

476. a) $H = \frac{IN}{l} = \frac{0{,}12\,\text{A}\cdot 15}{0{,}01\,\text{m}} = 180\,\text{A/m};$

$B = \underline{226\,\mu\text{T}}$

b) $A = 7{,}07\,\text{cm}^2;\quad \Phi = \underline{160\,\text{nWb}}$

477. $A = 4{,}9\,\text{cm}^2$;

$$\frac{N}{l} = \frac{\Phi}{\mu_0 A I} = \frac{18 \cdot 10^{-8}\,\text{V} \cdot \text{s} \cdot \text{A} \cdot \text{m}}{1{,}257 \cdot 10^{-6}\,\text{V} \cdot \text{s} \cdot 4{,}9 \cdot 10^{-4}\,\text{m}^2 \cdot 1{,}4\,\text{A}} = \underline{209\ \text{Windungen je Meter}}$$

478. $$l = \frac{\mu_0 A I N}{\Phi} = \frac{1{,}257 \cdot 10^{-6}\,\text{V} \cdot \text{s} \cdot 5{,}12 \cdot 10^{-4}\,\text{m}^2 \cdot 2{,}5\,\text{A} \cdot 350}{\text{A} \cdot \text{m} \cdot 75 \cdot 10^{-8}\,\text{V} \cdot \text{s}} = \underline{0{,}75\,\text{m}}$$

479. $$\frac{\pi\mu_0 d_2^2 I N_2}{4l} = \frac{\pi\mu_0 d_1^2 I N_1}{4l}; \quad d_2^2 N_2 = d_1^2 N_1;$$

$$d_2 = d_1\sqrt{\frac{N_1}{N_2}} = \underline{2{,}2\,\text{cm}}$$

480. $$\frac{\pi\mu_0 d_2^2 I N}{4l \cdot 2} = \frac{\pi\mu_0 \cdot 1{,}2 d_1^2 I N}{4l}; \quad d_2^2 = 2{,}4 d_1^2;$$

$d_2 = \underline{3{,}87\,\text{cm}}$

481. a) $|\boldsymbol{H}| = \dfrac{I}{2\pi r} = \underline{11{,}1\,\text{A/m}}$

b) $|\boldsymbol{H}| = \underline{5{,}6\,\text{A/m}}$ c) $|\boldsymbol{H}| = \underline{3{,}1\,\text{A/m}}$

482. a) $|\boldsymbol{B}| = \dfrac{\mu_0 I}{2\pi r} = \underline{75\,\mu\text{T}}$

b) $|\boldsymbol{B}| = \underline{18{,}8\,\mu\text{T}}$ c) $|\boldsymbol{B}| = \underline{12{,}5\,\mu\text{T}}$

483. a) $|\boldsymbol{H}| = 1\,790\,\text{A/m}$; $|\boldsymbol{B}| = 2{,}25\,\text{mT}$

b) $|\boldsymbol{H}| = 2\,515\,\text{A/m}$; $|\boldsymbol{B}| = 3{,}16\,\text{mT}$

c) $|\boldsymbol{H}| = 3\,157\,\text{A/m}$; $|\boldsymbol{B}| = 3{,}97\,\text{mT}$

d) $|\boldsymbol{H}| = 3\,183\,\text{A/m}$; $|\boldsymbol{B}| = 4{,}00\,\text{mT}$

484. (Bild 309)

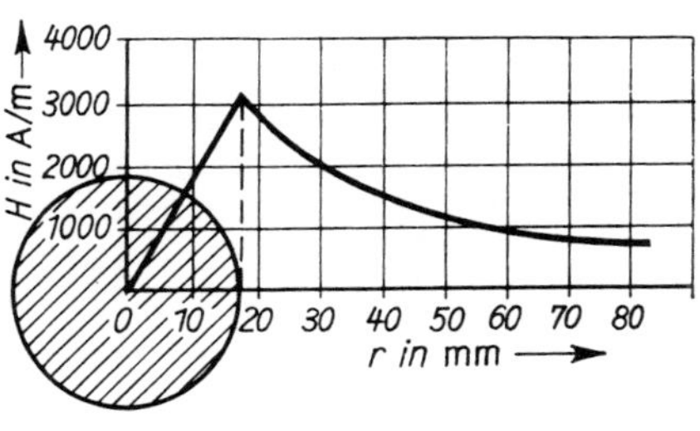

Bild 309: Aufgabe 484

485. Da die von beiden Leitern erzeugten Feldstärken in den Punkten A, B, C die gleiche Richtung haben, sind ihre Werte jeweils zu addieren.

Punkt A) $|\boldsymbol{H}| = \dfrac{2I}{2\pi r} = \underline{45{,}5\,\text{A/m}}$;

Punkt B) $$|\boldsymbol{H}| = \frac{I}{2\pi r_1} + \frac{I}{2\pi r_2} = \frac{25\,\text{A}}{2\pi \cdot 0{,}005\,\text{m}} + \frac{25\,\text{A}}{2\pi \cdot 0{,}345\,\text{m}} = \underline{808\,\text{A/m}};$$

Punkt C) $$|\boldsymbol{H}| = \frac{I}{2\pi r_1} + \frac{I}{2\pi r_2} = \frac{25\,\text{A}}{2\pi \cdot 0{,}01\,\text{m}} + \frac{25\,\text{A}}{2\pi \cdot 0{,}34\,\text{m}} = \underline{410\,\text{A/m}}$$

486. Die Feldrichtungen sind jeweils entgegengesetzt, sodass die Teilbeträge zu subtrahieren sind.

Punkt A) $$|\boldsymbol{H}| = \frac{I}{2\pi r_1} - \frac{I}{2\pi r_2} = \frac{18\,\text{A}}{2\pi \cdot 0{,}05\,\text{m}} - \frac{18\,\text{A}}{2\pi \cdot 0{,}4\,\text{m}} = \underline{50{,}1\,\text{A/m}};$$

Punkt B) $|\boldsymbol{H}| = \underline{20{,}5\,\text{A/m}}$; C) $|\boldsymbol{H}| = \underline{9{,}5\,\text{A/m}}$

487. (Bild 310)

Punkt A) $|\boldsymbol{H}_1| = |\boldsymbol{H}_2| = \dfrac{I}{2\pi r} = \dfrac{15\,\text{A}}{2\pi \cdot 0{,}15\sqrt{2}\,\text{m}}$;

$|\boldsymbol{H}| = |\boldsymbol{H}_1|\sqrt{2} = \underline{15{,}9\,\text{A/m}}$;

Punkt B) $r_1 = \sqrt{900 + 225\,\text{cm}} = 33{,}5\,\text{cm}$;

$r_2 = 15\,\text{cm}$;

$|\boldsymbol{H}_1| = \dfrac{15\,\text{A}}{2\pi \cdot 0{,}335\,\text{m}} = 7{,}13\,\text{A/m}$;

$|\boldsymbol{H}_2| = 15{,}9\,\text{A/m}$.

Grafisch findet man hieraus $|\boldsymbol{H}| = \underline{15\,\text{A/m}}$.

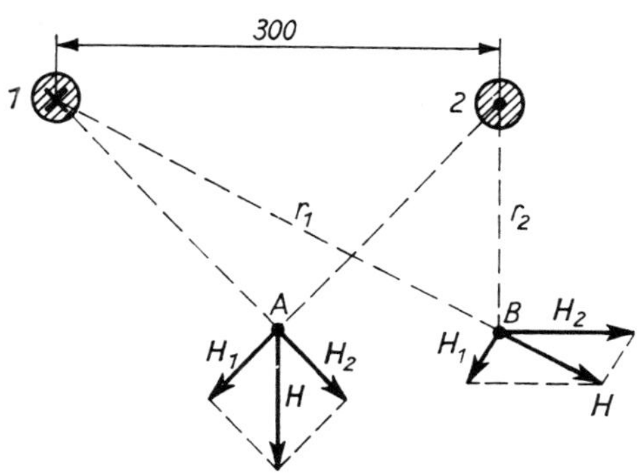

Bild 310: Aufgabe 487 (Maße in mm)

488. Punkt *A*) (Bild 311)

$r_1 = r_2 = r_3 = \frac{35}{5}\sqrt{3}\,\text{cm} = 20{,}2\,\text{cm};$

$|\boldsymbol{B}_1| = |\boldsymbol{B}_2| = \frac{\mu_0 I}{2\pi r} = \underline{39{,}6\,\mu\text{T}};$

$|\boldsymbol{B}_3| = 79{,}2\,\mu\text{T};$

$|\boldsymbol{B}| = |\boldsymbol{B}_3| + \frac{2|\boldsymbol{B}_1|}{2} = \underline{118{,}8\,\mu\text{T}};$

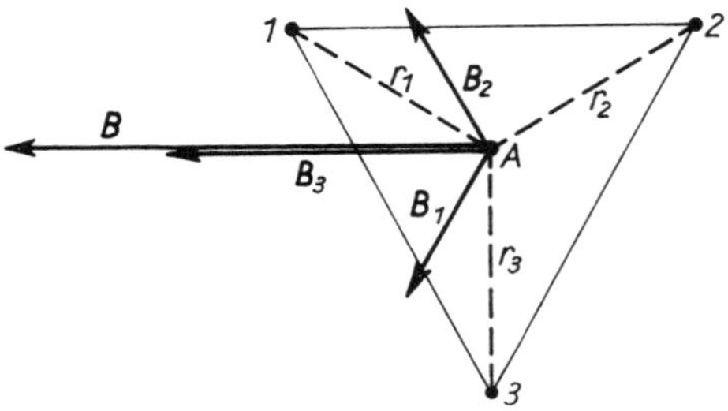

Bild 311: Aufgabe 488, Punkt A

Punkt *B*) (Bild 312) $r_1 = r_3 = 17{,}5\,\text{cm};$

$r_2 = 30{,}3\,\text{cm};$

$|\boldsymbol{B}_1| = \underline{45{,}7\,\mu\text{T}};\quad |\boldsymbol{B}_3| = 91{,}4\,\mu\text{T};$

$|\boldsymbol{B}_2| = \underline{26{,}4\,\mu\text{T}};$

$|\boldsymbol{B}| = \underline{140\,\mu\text{T}};$

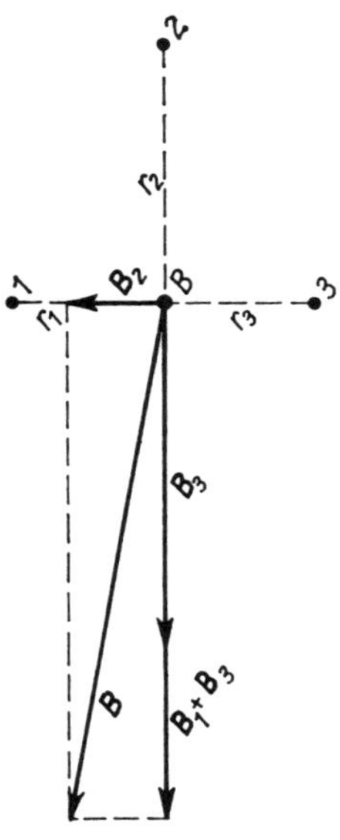

Bild 312:
Aufgabe 488, Punkt B

Punkt *C*) (Bild 313) $r_1 = 30{,}3\,\text{cm};$

$r_2 = 46{,}3\,\text{cm};\quad r_3 = 17{,}5\,\text{cm};$

$|\boldsymbol{B}_1| = \underline{26{,}4\,\mu\text{T}};\quad |\boldsymbol{B}_2| = \underline{17{,}3\,\mu\text{T}};$

$|\boldsymbol{B}_3| = \underline{91{,}4\,\mu\text{T}};$

$|\boldsymbol{B}| = \underline{86\,\mu\text{T}};$

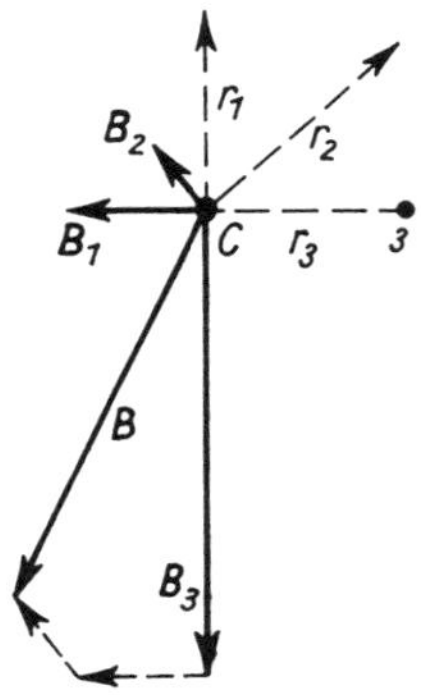

Bild 313:
Aufgabe 488, Punkt C

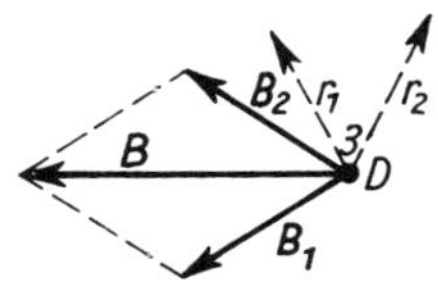

Bild 314:
Aufgabe 488, Punkt D

Punkt *D*) (Bild 314) $r_1 = r_2 = 35\,\text{cm};\quad r_3 = 0;$

$|\boldsymbol{B}_1| = |\boldsymbol{B}_2| = \underline{22{,}9\,\mu\text{T}};$

$|\boldsymbol{B}| = \underline{39{,}6\,\mu\text{T}}$

489. Punkt *A*) $|\boldsymbol{B}| = (4+4-1{,}33+0{,}8)\cdot 10^{-5}\,\text{T}$
$= \underline{74{,}7\,\mu\text{T}}$ (nach unten);

Punkt *B*) $|\boldsymbol{B}| = (8-2{,}66)\cdot 10^{-5}\,\text{T}$
$= \underline{53{,}4\,\mu\text{T}}$ (nach oben);

Punkt *C*) $|\boldsymbol{B}| = \underline{74{,}7\,\mu\text{T}}$ (nach unten)

490. Bild 315

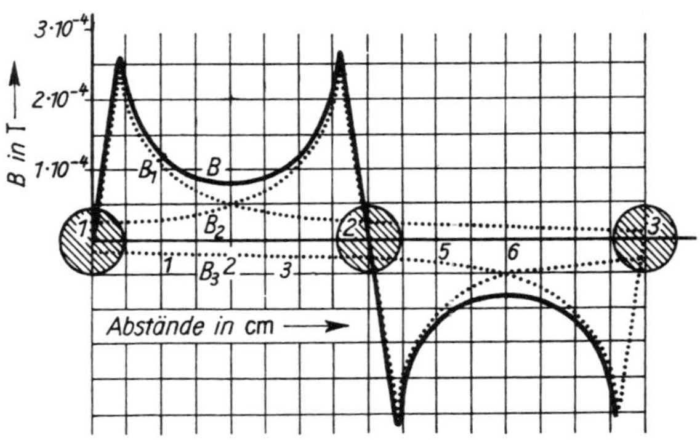

Bild 315: Aufgabe 490

491. Punkt *A*) (Bild 316) $r_1 = r_2 = 3{,}54\,\text{cm};$
$r_3 = r_4 = 7{,}9\,\text{cm};$

$|\boldsymbol{B}_1| = |\boldsymbol{B}_2| = \underline{45{,}2\,\mu\text{T}};$

$|\boldsymbol{B}_3| = |\boldsymbol{B}_4| = \underline{20{,}2\,\mu\text{T}};$

$|\boldsymbol{B}| = (1{,}3+6{,}4)\cdot 10^{-5}\,\text{T} = \underline{77\,\mu\text{T}};$

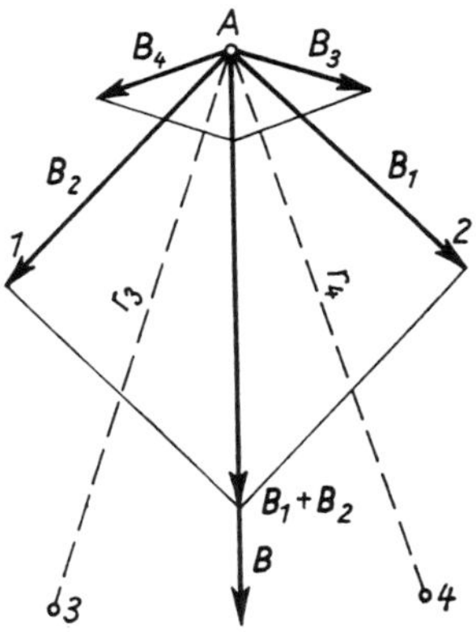

Bild 316: Aufgabe 491, Punkt *A*

Punkt *B*) (Bild 317) $|\boldsymbol{B}_2| = |\boldsymbol{B}_4| = \underline{45{,}2\,\mu\text{T}}$;

$|\boldsymbol{B}_1| = |\boldsymbol{B}_3| = \underline{20{,}2\,\mu\text{T}}$;

$|\boldsymbol{B}_1 + \boldsymbol{B}_3| = \underline{38{,}3\,\mu\text{T}}$;

$|\boldsymbol{B}_2 + \boldsymbol{B}_4| = \underline{64\,\mu\text{T}}$;

$|\boldsymbol{B}| = (6{,}4 - 3{,}83) \cdot 10^{-5}\,\text{T} = \underline{25{,}7\,\mu\text{T}}$;

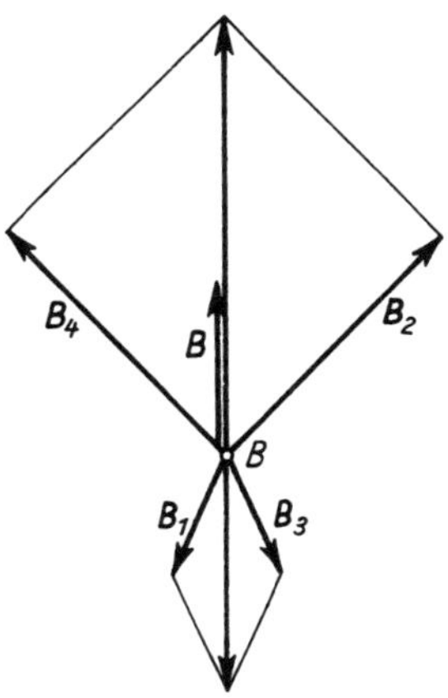

Bild 317: Aufgabe 491, Punkt *B*

Punkt *C*) (Bild 318)

$|\boldsymbol{B}_1| = |\boldsymbol{B}_2| = |\boldsymbol{B}_3| = |\boldsymbol{B}_4| = \underline{45{,}2\,\mu\text{T}}$;

$|\boldsymbol{B}| = \underline{128\,\mu\text{T}}$

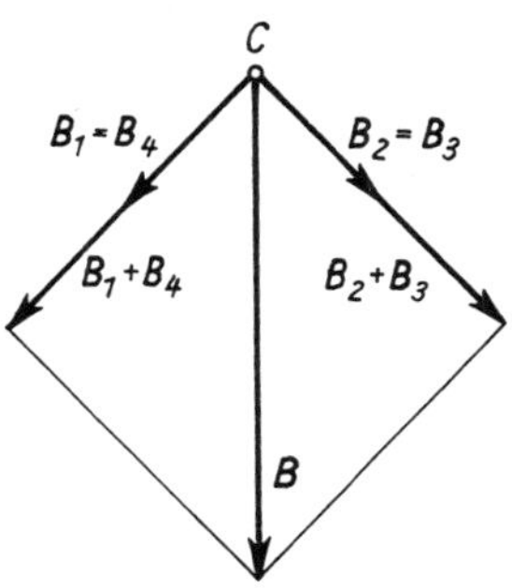

Bild 318: Aufgabe 491, Punkt C

Aus den Magnetisierungskennlinien (Bild 170) liest man ab (Schätzwerte):

492. a) $\underline{2\,000\,\text{A/m}}$ b) $\underline{500\,\text{A/m}}$ c) $\underline{140\,\text{A/m}}$ d) $\underline{75\,\text{A/m}}$ e) $\underline{225\,\text{A/m}}$ f) $\underline{540\,\text{A/m}}$

493. a) $\underline{0{,}02\,\text{T}}$ b) $\underline{0{,}05\,\text{T}}$ c) $\underline{0{,}47\,\text{T}}$ d) $\underline{1{,}08\,\text{T}}$ e) $\underline{1{,}15\,\text{T}}$ f) $\underline{0{,}3\,\text{T}}$

494. a) $\underline{25\,\text{A/m}}$ b) $\underline{550\,\text{A/m}}$ c) $\underline{7\,200\,\text{A/m}}$ d) $\underline{170\,000\,\text{A/m}}$

495. a) $\underline{100\,\text{A/m}}$; $\mu_r = \underline{3\,183}$

b) $\underline{200\,\text{A/m}}$; $\mu_r = \underline{3\,183}$

c) $\underline{2\,750\,\text{A/m}}$; $\mu_r = \underline{449}$

d) $\underline{14\,000\,\text{A/m}}$; $\mu_r = \underline{102{,}3}$

e) $\underline{210\,000\,\text{A/m}}$; $\mu_r = \underline{8{,}72}$

496. a) $\mu_r = \dfrac{B}{\mu_0 H} = \underline{212}$ b) $\underline{255}$ c) $\underline{251}$ d) $\underline{51}$

497. Bild 319

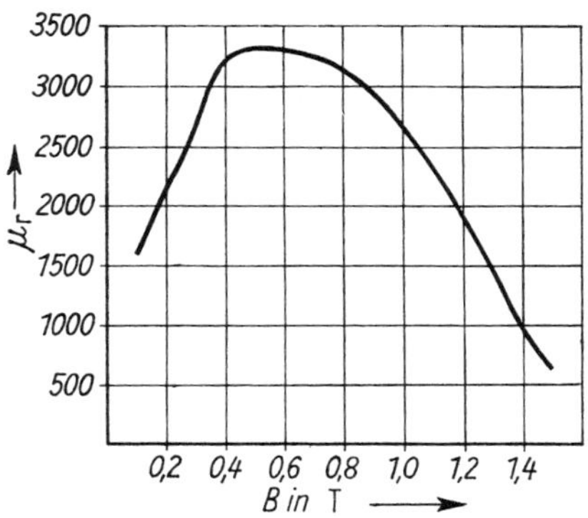

Bild 319: Aufgabe 497

498. Bild 320

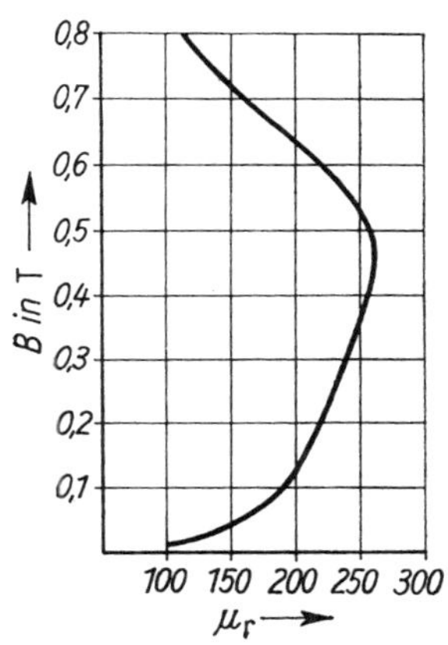

Bild 320: Aufgabe 498

499. a) $\Phi = BA = \underline{0{,}5\,\text{mWb}}$

b) $\underline{1{,}353\,\text{mWb}}$ c) $\underline{2{,}2\,\mu\text{Wb}}$

d) $\underline{2{,}38\,\mu\text{Wb}}$ e) $\underline{1{,}389\,\text{mWb}}$

500. a) $B = \mu_0\mu_r H = \underline{17{,}6\,\mu\text{T}}$

b) $\underline{40{,}2\,\mu\text{T}}$ c) $\underline{180\,\mu\text{T}}$

d) $\underline{9{,}65\,\mu\text{T}}$ e) $\underline{84{,}4\,\mu\text{T}}$

501. a) $\Phi = Ak_{\text{Fe}}\mu_0\mu_r H = \underline{0{,}19\,\mu\text{Wb}}$

b) $\underline{1{,}39\,\mu\text{Wb}}$ c) $\underline{1{,}30\,\mu\text{Wb}}$

d) $\underline{3{,}34\,\mu\text{Wb}}$ e) $\underline{9{,}14\,\mu\text{Wb}}$

502. a) $B = \dfrac{\Phi}{A} = \dfrac{2 \cdot 10^{-4}\,\text{Wb}}{12{,}57 \cdot 10^{-4}\,\text{m}^2} = \underline{0{,}159\,\text{T}}$

b) $B = \underline{3{,}98\,\text{T}}$

503. Bild 321

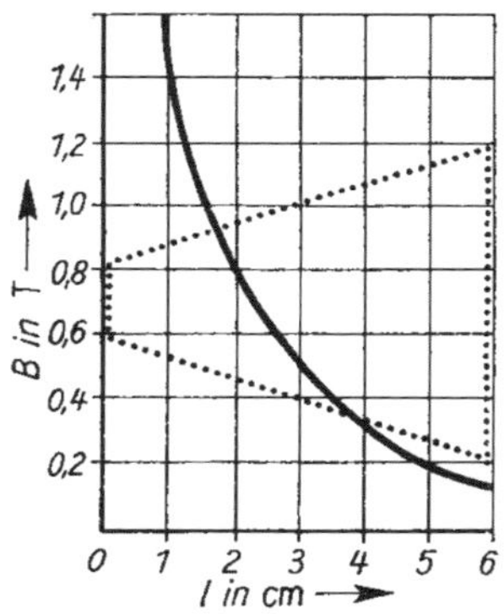

Bild 321: Aufgabe 503

504. $\Phi_\sigma = BA\sigma = 56{,}4\,\mu\text{Wb}$;

$\Phi_n = BA = 376{,}2\,\mu\text{Wb}$;

$\Phi = \Phi_\sigma + \Phi_n = \underline{432{,}6\,\mu\text{Wb}}$

505. $\Phi_n + \sigma\Phi_n = \Phi$;

$\Phi_n = \dfrac{\Phi}{1+\sigma} = 9{,}643 \cdot 10^{-5}\,\text{Wb}$; $B = \underline{0{,}546\,\text{T}}$

506. a) $\Phi_n + \sigma\Phi_n = \Phi$;

$\Phi_n = \dfrac{\Phi}{1+\sigma} = \underline{0{,}142\,\text{mWb}}$

b) $\Phi_\sigma = \Phi - \Phi_n = \underline{33\,\mu\text{Wb}}$

507. $\Phi_\sigma = \Phi - \Phi_n$; $\sigma = \dfrac{\Phi - B_n A}{B_n A} = \underline{0{,}10}$

508. Ringfläche:

$A = \pi \cdot 2{,}3\,\text{cm} \cdot 0{,}8\,\text{cm} = 5{,}78\,\text{cm}^2$;

$\Phi_n = B_n A$; $\Phi = B_n A(1+\sigma) = \underline{0{,}498\,5\,\text{mWb}}$

509. $B = \dfrac{1{,}5\Phi}{\pi d_m h} = \dfrac{\Phi}{\pi x h}$; $x = \underline{1{,}87\,\text{cm}}$

510. $\sigma_1 = \dfrac{\Phi_1}{B_{n1}A_1} - 1$;

$\Delta\sigma = \dfrac{\Phi_1}{B_{n1}A_1} - \dfrac{\Phi_1}{B_{n2}A_2} = 1{,}20 - 1{,}06 = 0{,}14$
$= \underline{14\,\%}$

511. a) Mittlerer, von den Feldlinien durchsetzter Querschnitt im Luftspalt

$A' = \dfrac{\pi \cdot 1{,}35\,\text{cm} \cdot 0{,}5\,\text{cm}}{2} = 1{,}06\,\text{cm}^2$;

$\Phi = \dfrac{B_n A'}{0{,}4} = \underline{47{,}2\,\mu\text{Wb}}$

b) $\Phi_\sigma = 0{,}6\Phi = \underline{28{,}3\,\mu\text{Wb}}$

c) $B = \dfrac{\Phi}{A} = \dfrac{4{,}72 \cdot 10^{-5}\,\text{V}\cdot\text{s}}{0{,}75 \cdot 10^{-4}\,\text{m}^2} = \underline{0{,}63\,\text{T}}$

512. a) Fläche des Luftspaltes

$A = 4{,}8\,\text{cm} \cdot 2{,}4\,\text{cm} = 11{,}5\,\text{cm}^2$;

$\Phi = \Phi_n(1+\sigma) = B_n A(1+\sigma) = \underline{205{,}3\,\mu\text{Wb}}$

b) $B = \dfrac{\Phi}{A'} = \dfrac{2{,}053 \cdot 10^{-4}\,\text{V}\cdot\text{s}}{5{,}76 \cdot 10^{-4}\,\text{m}^2} = \underline{0{,}356\,\text{T}}$

513. $H = 5\,300\,\text{A/m}$ (nach Magnetisierungskennlinie);

$\mu_r = \dfrac{B}{\mu_0 H} = 120$;

$R_m = \dfrac{\pi d}{\mu_0\mu_r A} = \dfrac{\pi d H}{BA} = \dfrac{\pi \cdot 0{,}085\,\text{m} \cdot 5\,300\,\text{A}\cdot\text{m}^2}{\text{m} \cdot 0{,}8\,\text{V}\cdot\text{s} \cdot 4{,}8 \cdot 10^{-4}\,\text{m}^2}$
$= \underline{3{,}69 \cdot 10^6\,{}^1\!/\text{H}}$

514. $R_{mE} = \dfrac{(\pi d - \delta)H}{BA}$
$= \dfrac{(\pi \cdot 0{,}085 - 0{,}001)\,\text{m} \cdot 5\,300\,\text{A}\cdot\text{m}^2}{\text{m} \cdot 0{,}8\,\text{V}\cdot\text{s} \cdot 4{,}8 \cdot 10^{-4}\,\text{m}^2}$
$= \underline{3{,}67 \cdot 10^6\,{}^1\!/\text{H}}$;

$R_{mL} = \dfrac{\delta}{\mu_0\mu_r A}$
$= \dfrac{0{,}001\,\text{m}}{1{,}257 \cdot 10^{-6}\,\text{V}\cdot\text{s}/(\text{A}\cdot\text{m}) \cdot 4{,}8 \cdot 10^{-4}\,\text{m}^2}$
$= \underline{1{,}66 \cdot 10^6\,{}^1\!/\text{H}}$;

R_m insgesamt: $\underline{5{,}33 \cdot 10^6\,{}^1\!/\text{H}}$

515. a) $R_m = \dfrac{\delta}{\mu_0\mu_r A}$

$$= \frac{0{,}005\,\text{m}}{1{,}257 \cdot 10^{-6}\,\dfrac{\text{V}\cdot\text{s}}{\text{A}\cdot\text{m}} \cdot 8 \cdot 10^{-4}\,\text{m}^2}$$

$= \underline{4{,}97 \cdot 10^6\ {}^1\!/\text{H}}$

b) $\Lambda = \dfrac{1}{R_m} = \dfrac{1\,\text{V}\cdot\text{s}}{4{,}97 \cdot 10^6\,\text{A}} = \underline{0{,}201\,\mu\text{H}}$

516. a) $R_m = \dfrac{\pi d}{\mu_0\mu_r A} = \dfrac{\pi d H}{\Phi}$

$= \underline{3{,}4 \cdot 10^6\ {}^1\!/\text{H}}$ (mit $H = 6\,500\,\text{A/m}$)

b) $\Theta = \Phi R_m = \underline{5\,100\,\text{A}}$ c) $I = \dfrac{\Theta}{N} = \underline{10{,}2\,\text{A}}$

517. $\Theta = \dfrac{\Phi\delta}{\mu_0\mu_r A} = \underline{891\,\text{A}}$

518. Mit $R_m = \dfrac{\Theta}{\Phi}$ wird $l = \dfrac{\Theta\mu_0\mu_r A}{\Phi} = \underline{1{,}39\,\text{mm}}$

519. $\Theta = \Phi R_m$; zusätzliche Stromstärke

$I = \dfrac{\Theta}{N} = \dfrac{\Phi l}{N\mu_0\mu_r A} = \underline{1{,}95\,\text{A}}$

520. $\Phi_1(R_{mE1} + R_{mL}) = \Phi_2 R_{mE2}$;

mit $\mu_r = 460$ bei 1,54 T ist vorher

$R_{mE1} = \dfrac{l}{\mu_0\mu_r A} = 1{,}24 \cdot 10^6\ {}^1\!/\text{H}$;

mit $\mu_r = 204$ bei 1,67 T ist nachher

$R_{mE2} = 2{,}8 \cdot 10^6\ {}^1\!/\text{H}$;

diese Werte, in obige Gleichung eingesetzt, ergeben $R_{mL} = 1{,}79 \cdot 10^6\ {}^1\!/\text{H}$;

$l = R_{mL}\mu_0\mu_r A = \underline{0{,}9\,\text{mm}}$

521. a) $\Phi = \dfrac{\Theta}{R_m} = \underline{0{,}18\,\text{mWb}}$

b) $\Phi = \underline{0{,}1\,\text{mWb}}$ c) $\Phi = \underline{3{,}7\,\mu\text{Wb}}$

522. a) $\Lambda = \dfrac{\mu_0 A}{l}$

$$= \frac{1{,}257 \cdot 10^{-6}\,\dfrac{\text{V}\cdot\text{s}}{\text{A}\cdot\text{m}} \cdot 4{,}91 \cdot 10^{-4}\,\text{m}^2}{0{,}35\,\text{m}}$$

$= \underline{1{,}76 \cdot 10^{-9}\,\text{H}}$

b) $\underline{1{,}73\,\text{nH}}$ c) $\underline{1{,}82\,\text{nH}}$

523. a) $I = \dfrac{\Phi R_m}{N} = \dfrac{1{,}5 \cdot 10^{-5}\,\text{V}\cdot\text{s} \cdot 12 \cdot 10^6\,\text{A}}{2\,300\,\text{V}\cdot\text{s}}$

$= \underline{0{,}078\,3\,\text{A}}$

b) $I = \underline{0{,}626\,\text{A}}$ c) $\underline{1{,}565\,\text{A}}$

524. $\mu_r = 2\,500$; $B = \mu_0\mu_r H = \underline{2{,}20\,\text{T}}$

525. Die Gleichung für magnetische Widerstände ergibt:

$\dfrac{4l}{\mu_0\mu_r d^2(1+x)^2} = \dfrac{4 \cdot 0{,}8l}{\mu_0\mu_r d^2}$; $x = \underline{12\,\%}$

526. $\Theta = \Phi R_{mL} = \dfrac{BA\Delta l}{\mu_0\mu_r A} = \Delta I\, N$;

$\Delta I = \dfrac{B\Delta l}{\mu_0\mu_r N} = \underline{0{,}632\,\text{A}}$ zusätzlich.

527. Die magnetischen Widerstände verhalten sich umgekehrt wie die zugehörigen Permeabilitätszahlen, sodass μ_{r1}/μ_{r2} das gesuchte Verhältnis ist. Zu den Feldstärken 2 800 A/m bzw. 18 000 A/m gehören nach Magnetisierungskennlinie die magnetischen Flussdichten 0,65 T bzw. 1,15 T. Daraus berechnen sich die Permeabilitätszahlen

$$\mu_{r1} = \frac{0{,}65\,\text{V}\cdot\text{s/m}^2}{1{,}257 \cdot 10^{-6}\,\text{V}\cdot\text{s/(A}\cdot\text{m)} \cdot 2\,800\,\text{A/m}}$$

$= 185$ bzw.

$\mu_{r2} = 50{,}8$; $\dfrac{185}{50{,}8} = 3{,}64$, d. h., der magnetische Widerstand steigt auf das 3,64fache des ursprünglichen Wertes.

528. a) $l = (2 \cdot 14 + 2 \cdot 8)\,\text{cm} = 44\,\text{cm}$;

$H = \dfrac{IN}{l} = \underline{264\,\text{A/m}}$

b) $B = \underline{0{,}87\,\text{T}}$ (nach Magnetisierungskennlinie)

529. $H_E = 264\,\text{A/m}$ (nach Magnetisierungskennlinie);

$H_L = \dfrac{B}{\mu_0} = 6{,}92 \cdot 10^5\,\text{A/m}$;

$l_E = 0{,}436\,\text{m}$; $l_L = 4\,\text{mm}$;

$I = \dfrac{H_E l_E + H_L l_L}{N} = \underline{4{,}97\,\text{A}}$

530. a) $H = 14\,500\,\text{A/m}$ (nach Magnetisierungskennlinie);

$\sum Hl = (4 \cdot 0{,}06 + 4\sqrt{8 \cdot 10^{-4}})\,\text{m} \cdot 14\,500\,\text{A/m}$

$= \underline{5\,120\,\text{A}}$

b) An den Ecken ist der vom Kraftfluss durchsetzte Querschnitt größer als in den übrigen Teilen, sodass dort die magnetische Flussdichte geringer sein muss.

531. $\delta \approx \dfrac{\mu_0\mu_r IN}{B} = \underline{2{,}5\,\text{mm}}$ $(\mu_r = 1)$

532. (Bild 177) Magnetische Flussdichte in den drei Teilen:

$B_1 = \frac{\Phi}{A_1} = 0{,}208\,\text{T};$

$B_2 = \frac{\Phi}{A_2} = 0{,}283\,\text{T};$

$B_3 = \frac{\Phi}{A_3} = 0{,}407\,\text{T};$

nach den Magnetisierungskennlinien (Bild 170):

$H_1 = 700\,\text{A/m};$

$H_2 = 950\,\text{A/m};$

$H_3 = 1300\,\text{A/m};$

$\sum Hl = 0{,}4712\,\text{m}\,(H_1 + H_2 + H_3)\,\text{A/m} = \underline{1\,390\,\text{A}}$

533. $Hl_{\text{AB}} = 700\,\text{A/m} \cdot 0{,}1571\,\text{m} = \underline{110{,}0\,\text{A}};$

$Hl_{\text{BC}} = 950\,\text{A/m} \cdot 0{,}1571\,\text{m} = \underline{149{,}2\,\text{A}};$

$Hl_{\text{CA}} = 1300\,\text{A/m} \cdot 0{,}1571\,\text{m} = \underline{204{,}2\,\text{A}}$

534. a) $H = 11\,000\,\text{A/m};$

$V = Hl = 11\,000\,\text{A/m} \cdot 0{,}25\,\text{m} = \underline{2\,750\,\text{A}}$

b) $V = Hl = 11\,000\,\text{A/m} \cdot 0{,}045\,\text{m} = \underline{495\,\text{A}}$

c) $V = Hl = 11\,000\,\text{A/m} \cdot 0{,}382\,\text{m} = \underline{4\,202\,\text{A}}$

535. $B = \frac{\Phi}{A} = 0{,}914\,\text{T},$

$H = 8\,000\,\text{A/m}; \quad V = \underline{640\,\text{A}}$

536. $B_1 = \frac{\Phi}{A_1} = 0{,}875\,\text{T};$

$B_2 = 1{,}750\,\text{T}; \quad H_1 = 230\,\text{A/m};$

$H_2 = 11\,000\,\text{A/m}; \quad l_1 = 0{,}28\,\text{m}; \quad l_2 = 0{,}04\,\text{m};$

$\Theta = H_1 l_1 + H_2 l_2 = \underline{504\,\text{A}}$

537.

Teil	A in m^2	$B = \frac{\Phi}{A}$ in T	H in A/m	l in m	$V = Hl$ in A
a	$1 \cdot 10^{-4}$	0,5	100	0,038 5	3,85
b	$0{,}8 \cdot 10^{-4}$	0,625	140	0,022 5	3,15
c	$0{,}5 \cdot 10^{-4}$	1,0	350	0,061	21,35
Luftspalt	$1 \cdot 10^{-4}$	0,5	398 000	0,000 1	39,80

$\Theta = \sum Hl = \underline{68{,}15\,\text{A}}$

538.

1.	2.	3.	4.	5.	6.	7.	8.
Teil	A brutto in m^2	A netto in m^2	Φ in Wb	$B = \frac{\Phi}{A}$ in T	H in A/m	l in m	$V = Hl$ in A
$a - a$		$0{,}636 \cdot 10^{-4}$	$3 \cdot 10^{-5}$	0,47	110	$2 \cdot 0{,}063$	13,9
$b - b$		$0{,}27 \cdot 10^{-4}$	$3 \cdot 10^{-5}$	1,11	390	$2 \cdot 0{,}075$	58,5

$I = \underline{52\,\text{mA}}; \quad \Theta = \sum Hl = \underline{72{,}4\,\text{A}}$

539.

1.	2.	3.	4.	5.	6.	7.	8.
Teil	A brutto in m^2	A netto in m^2	Φ in Wb	$B = \frac{\Phi}{A}$ in T	H in A/m	l in m	$V = Hl$ in A
Luftspalt	$0{,}9 \cdot 10^{-4}$	$0{,}9 \cdot 10^{-4}$	$1{,}2 \cdot 10^{-4} \cdot 0{,}9 = 1{,}08 \cdot 10^{-4}$	1,2	$9{,}55 \cdot 10^5$	$5 \cdot 10^{-4}$	477,5
Eisenteile	$0{,}9 \cdot 10^{-4}$	$0{,}855 \cdot 10^{-4}$	$1{,}08 \cdot 10^{-4}$	1,263	620	$2 \cdot 0{,}03 + 2 \cdot 0{,}021 = 0{,}102$	63,2

$\Theta = \sum Hl = \underline{540{,}7\,\text{A}}$

540.

1.	2.	3.	4.	5.	6.	7.	8.
Eisen	$2{,}7 \cdot 10^{-4}$	$2{,}7 \cdot 10^{-4} \cdot 0{,}85 = 2{,}30 \cdot 10^{-4}$	$3{,}68 \cdot 10^{-4}$	1,6	3 800	0,155	589
Luftspalt	$2{,}7 \cdot 10^{-4}$	$2{,}7 \cdot 10^{-4}$	$3{,}68 \cdot 10^{-4}$	1,363	$1{,}084 \cdot 10^6$	0,001	1 084

$\Theta = \sum Hl = \underline{1\,673\,\text{A}}$

541. $H = \dfrac{\Theta}{l_\text{E}} = \dfrac{1\,673\,\text{A}}{0{,}155\,\text{m}} = 10\,794\,\text{A/m}; \quad B = \underline{1{,}75\,\text{T}}$

542. $l_\text{E} = (2 \cdot 0{,}056 + 2 \cdot 0{,}042\,5)\,\text{m} = 0{,}197\,\text{m}; \quad A_\text{E} = (1{,}45 \cdot 3{,}5)\,\text{cm}^2 \cdot 0{,}85 = 4{,}3\,\text{cm}^2;$

$H = \dfrac{\Theta}{l_\text{E}} = 7\,614\,\text{A/m}; \quad B = \underline{1{,}69\,\text{T}}; \quad \Phi = BA_\text{E} = \underline{726{,}7\,\mu\text{Wb}}$

543.

1.	2.	3.	4.	5.	6.	7.	8.
Eisen (Kernhälfte)	$5{,}07 \cdot 10^{-4}$	$4{,}3 \cdot 10^{-4}$	$9 \cdot 10^{-4}$	2,09	49 000	0,197	9 653
Luftspalt	$5{,}07 \cdot 10^{-4}$	$5{,}07 \cdot 10^{-4}$	$9 \cdot 10^{-4}$	1,775	$1{,}413 \cdot 10^6$	0,002	2 826

$\sum Hl = \underline{12\,479\,\text{A}}$

544. (Bild 322)

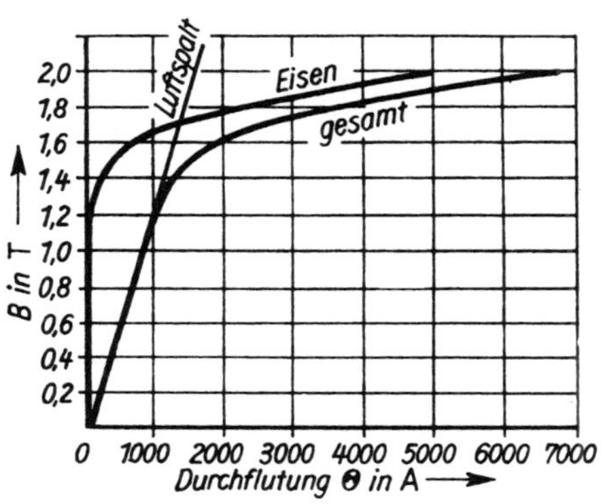

Bild 322: Aufgabe 544

545.

1.	2.	3.	4.	5.	6.	7.	8.
Luftspalt	$1{,}28 \cdot 10^{-4}$	$1{,}28 \cdot 10^{-4}$	$1{,}05 \cdot 10^{-4}$	0,82	652 350	0,001 6	1 044
Joch	$1{,}28 \cdot 10^{-4}$	$1{,}09 \cdot 10^{-4}$	$1{,}155 \cdot 10^{-4}$	1,06	420	0,072	30,2
Anker		$1{,}09 \cdot 10^{-4}$	$1{,}05 \cdot 10^{-4}$	0,963 3	330	0,024	7,9

$\sum Hl = \underline{1\,082{,}1\,\text{A}}$

546.

1.	2.	3.	4.	5.	6.	7.	8.
Luftspalt	$1{,}28 \cdot 10^{-4}$	$1{,}28 \cdot 10^{-4}$	$1{,}05 \cdot 10^{-4}$	0,82	652 350	0,000 2	130,5
Eisen	$1{,}28 \cdot 10^{-4}$	$1{,}09 \cdot 10^{-4}$	$1{,}05 \cdot 10^{-4}$	0,963 3	330	0,096	31,7

$\sum Hl = \underline{162{,}2\,\text{A}}$

547. Eisenweg

$l_E = (2 \cdot 0{,}042 + 2 \cdot 0{,}042)\,\text{m} = 0{,}168\,\text{m};$

$H = \dfrac{\Theta}{l_E} = 4\,170\,\text{A/m}; \quad B = 1{,}61\,\text{T};$

$\Phi = 1{,}61\,\text{T} \cdot 0{,}014\,\text{m} \cdot 0{,}028\,\text{m} \cdot 0{,}9$
$= \underline{0{,}568\,\text{mWb}}$

548. $H = \dfrac{B}{\mu_0} = 159\,155\,\text{A/m};$

$\delta = 0{,}3\,\text{cm}; \quad H\delta = \underline{477\,\text{A}}$

549. Eisenweg

$l_E = (2 \cdot 2{,}75 + 2 \cdot 5)\,\text{cm} = 15{,}5\,\text{cm};$

$H = 60\,\text{A/m}; \quad Hl_E = \underline{9{,}3\,\text{A}}; \quad \sum Hl = \underline{486{,}3\,\text{A}}.$

Das Näherungsergebnis ist um 1,9 % zu klein.

550. a) $H = \dfrac{850\,\text{A}}{0{,}003\,\text{m}} = 283\,300\,\text{A/m};$

$B = \mu_0 H = \underline{0{,}356\,\text{T}}$

b) $H = \dfrac{1\,500\,\text{A}}{0{,}003\,\text{m}} = 500\,000\,\text{A/m};$

$B = \mu_0 H = \underline{0{,}628\,\text{T}}$

551. (Bild 323)

B in T	H_E in A/m	H_L in A/m	V_E in A	V_L in A	Θ in A
0,3	75	239 000	12	717	729
0,6	140	478 000	22	1 434	1 456
…	…	…	…	…	…
2,1	50 000	1 671 000	7 750	5 013	12 763

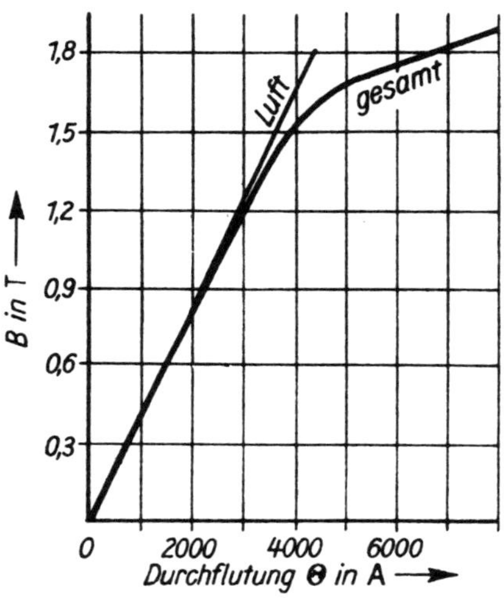

Bild 323: Aufgabe 551

552. Näherungsrechnung:

$H = \dfrac{B}{\mu_0} = 517\,254\,\text{A/m}; \quad H\delta = 1\,551{,}8\,\text{A};$

Eisen: $H = 150\,\text{A/m};$

$Hl = 150\,\text{A/m} \cdot 0{,}155\,\text{m} = 23{,}25\,\text{A};$

$\sum Hl = 1\,575{,}05\,\text{A}; \quad \text{Fehler} = \underline{1{,}5\,\%}$

553. Aus $\dfrac{H_L \cdot 0{,}3}{H_E \cdot 15{,}5 + H_L \cdot 0{,}3} = \dfrac{1}{1{,}1}$ sowie

$H_L = \dfrac{B}{\mu_0}$ folgt $H_E = 1\,540\,B;$

auf der Magnetisierungskennlinie für Stahlguss sucht man denjenigen Punkt auf, wo der Zahlenwert der Feldstärke das 1 540fache von dem der Flussdichte beträgt, und findet etwa

$B = \underline{1{,}52\,\text{T}}; \quad H_E = 2\,340\,\text{A/m}.$

554. (Bild 324)

B in T	H_E in A/m	H_L in A/m	V_E in A	V_L in A	Θ in A
0,2	750	159 110	116	477	593
…	…	…	…	…	…
1,2	22 000	954 650	3 410	2 864	6 274

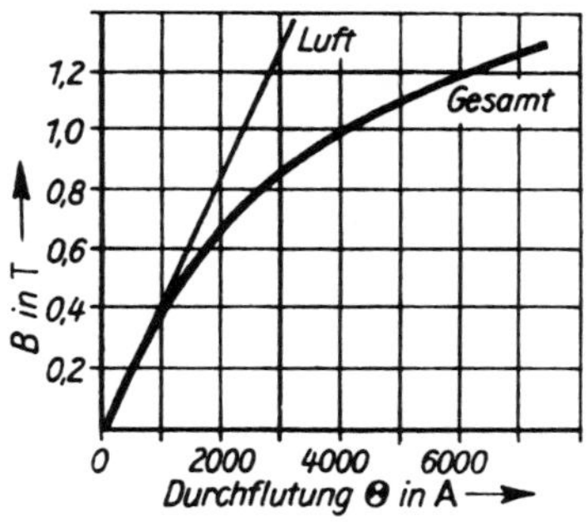

Bild 324: Aufgabe 554

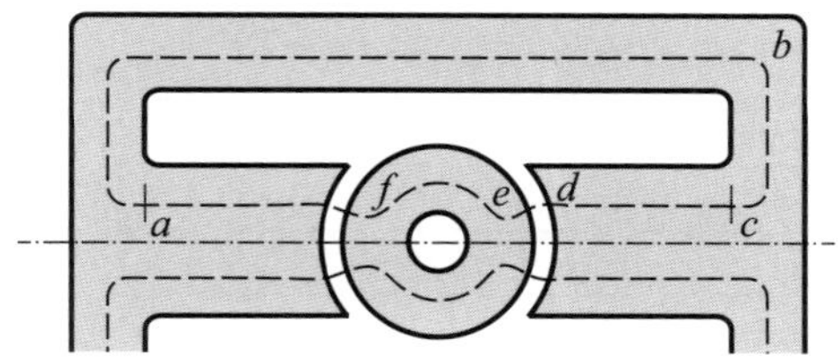

Bild 325: Aufgabe 556

555.

1.	2.	3.	4.	5.	6.	7.
Teil	A in cm^2	Φ in Wb	$B = \frac{\Phi}{A}$ in T	H in A/m	l in cm	Hl in A
Luftspalt	112	$8{,}4 \cdot 10^{-3}$	0,75	596 660	0,4	2 387
Pole	72	$9{,}24 \cdot 10^{-3}$	1,28	680	$2 \cdot 9 = 18$	122
Stoßfugen	72	$9{,}24 \cdot 10^{-3}$	1,28	1 018 300	0,02	204
Gehäuse	28	$4{,}62 \cdot 10^{-3}$	1,65	5 700	$36\pi/4 - 3 = 25{,}27$	1 440
Anker	43,2	$4{,}2 \cdot 10^{-3}$	0,97	280	$13{,}6\pi/4 - 3 + 4 = 11{,}7$	33

Für je 2 Pole zusammen $\sum H_{\text{L}} = \underline{4\,186\text{ A}}$

556. (Bild 325)

1.	2.	3.	4.	5.	6.	7.
Anker	$3{,}8 \cdot 13{,}2 = 50{,}2$	$5{,}5 \cdot 10^{-3}$ je Hälfte	1,096	375	$l_{\text{ef}} = 14{,}17$	53
Luftspalt	$12{,}9\pi/4 \cdot 15 = 152$	$11 \cdot 10^{-3}$	0,723 7	575 740	0,6	3 454
Pole	135	$11 \cdot 10^{-3} + 1{,}65 \cdot 10^{-3}$	0,937	8 500	$2l_{\text{cd}} = 28{,}8$	2 448
Rahmen	100	$6{,}325 \cdot 10^{-3}$	0,632 5	2 600	$l_{\text{abc}} = 70$	1 820

$\Theta = \sum Hl = \underline{7\,775\text{ A}}$

557.

1.	2.	3.	4.	5.	6.	7.
Teil	A in cm^2	Φ in Wb	B in T	H in A/m	l in cm	Hl in A
Luftspalt	$1{,}1 \cdot 1{,}9\pi \cdot 0{,}5 = 3{,}28$	$3{,}28 \cdot 10^{-4}$	1,0	795 540	0,1	796
Deckel	$(2 + 8)\pi \cdot 0{,}5/3 = 5{,}23$	$3{,}28 \cdot 10^{-4}$	0,627	150	2,8	4
Mantel	$3{,}15\pi \cdot 0{,}3 = 2{,}97$	$3{,}28 \cdot 10^{-4}$	1,104	380	5	19
Boden	$(1{,}8 + 6)\pi \cdot 0{,}3/3 = 2{,}45$	$3{,}28 \cdot 10^{-4}$	1,34	900	2,1	19
Kern	2,54	$3{,}28 \cdot 10^{-4}$	1,291	700	5,6	39

$\Theta = \sum Hl = \underline{877\text{ A}}$

558.

1.	2.	3.	4.	5.	6.	7.
Teil	A in cm^2	Φ in Wb	B in T	H in A/m	l in cm	Hl in A
Luftspalt	$1{,}9\pi \cdot 0{,}5/2 = 1{,}49$	$1{,}192 \cdot 10^{-4}$	0,8	636 440	0,1	636
Deckel	1,25	$1{,}192 \cdot 10^{-4}$	0,954	280	2,5	7
Mantel	$6{,}5\pi \cdot 0{,}5 \cdot 75/360 = 2{,}13$	$1{,}192 \cdot 10^{-4}$	0,56	130	7	9
Boden	1,5	$1{,}192 \cdot 10^{-4}$	0,795	200	3	6
Kern	1,275	$1{,}192 \cdot 10^{-4}$	0,935	270	8	22

$\sum Hl + 15\,\% = \underline{782\,\text{A}}$

559. $I_N = 500 \cdot 2{,}4\,\text{A} = 1\,200\,\text{A}$;

$$B_0 = \frac{\mu_0 IN}{\delta} = 3{,}0\,\text{T};$$

$$H_0 = \frac{IN}{l} = 5\,000\,\text{A/m}$$

a) Der Schnittpunkt der Luftspaltgeraden mit der Magnetisierungskennlinie (Bild 326, P_1) liefert

$B_E = \underline{1{,}53\,\text{T}}$.

b) Abszisse dieses Schnittpunktes ist

$H_E = 2\,500\,\text{A/m}$; $H_E l_E = \underline{600\,\text{A}}$

c) $H_L \delta = (1200 - 600)\,\text{A} = \underline{600\,\text{A}}$

560. a) $H_0 = \dfrac{\Theta}{l} = 2\,500\,\text{A/m}$;

$B_0 = \dfrac{\mu_0 IN}{\delta} = 1{,}51\,\text{T}$; $H_E = \underline{500\,\text{A/m}}$;

$B_E = \underline{1{,}2\,\text{T}}$ (Bild 326, P_2)

b) $H_0 = \dfrac{\Theta}{l} = 3\,330\,\text{A/m}$;

$B_0 = \dfrac{\mu_0 IN}{\delta} = 2{,}01\,\text{T}$; $H_E = \underline{1\,000\,\text{A/m}}$;

$B_E = \underline{1{,}39\,\text{T}}$ (Bild 326, P_3)

561. $B_0 = 3{,}14\,\text{T}$; $H_0 = 11\,100\,\text{A/m}$;

$B_E = \underline{1{,}64\,\text{T}}$ (Bild 326, P_4)

562. $H_0 = \Theta/l = 20\,000\,\text{A/m}$;

man legt durch den Punkt P_5 (Bild 326) für 1,7 T der Magnetisierungskennlinie und den Abszissenpunkt für 20 000 A/m eine Gerade und findet als Ordinatenabschnitt $B_0 = 2{,}83\,\text{T}$;

$$\delta = \frac{\mu_0 IN}{B_0} = \underline{3{,}11\,\text{mm}}$$

563. $B_0 = \dfrac{\mu_0 IN}{\delta} = 3{,}14\,\text{T}$;

$H_0 = 20\,000\,\text{A/m}$ (wie in Lösung 562);

$B_E = \underline{1{,}72\,\text{T}}$ (Bild 326, P_6)

564. $B_0 = 1{,}57\,\text{T}$; $H_0 = 10\,000\,\text{A/m}$;

$B_E = \underline{1{,}39\,\text{T}}$

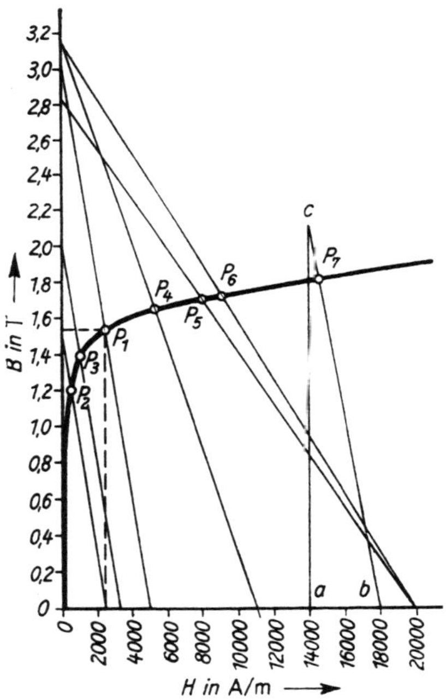

Bild 326: Aufgaben 559 bis 565

565. Aus dem Verhältnis H_0/B_0 ergibt sich

$$\frac{IN\delta}{\mu_0 lIN} = \frac{\delta}{1{,}257\,\text{V}\cdot\text{s}/(\text{A}\cdot\text{m})\cdot 10^{-6} l} = \frac{\text{A}\cdot\text{m}}{527{,}8\cdot 10^{-6}\,\text{V}\cdot\text{s}};$$

damit ist die Neigung der Luftspaltgeraden gegeben. Dazu wird das Dreieck *abc* (Bild 326) gezeichnet, dessen Basis mit 4 000 A/m willkürlich angenommen werden kann und dessen Höhe sich dann zu $4\,000 \cdot 527{,}8 \cdot 10^{-6}\,\text{V}\cdot\text{s/m}^2 = 2{,}11\,\text{T}$ ergibt. Die Seite *bc* legt man dabei so, dass sie durch den Punkt P_7 der Magnetisierungskennlinie geht, für den $B_E = 1{,}81\,\text{T}$ ist. Sie schneidet die Abszisse bei $H_0 = 18\,000\,\text{A/m}$. Damit wird $IN = H_0 l = \underline{7\,560\,\text{A}}$.

566. $l = 19{,}7\,\text{cm}$; $\delta = 2\,\text{mm}$;

$$\frac{H_0}{B_0} = \frac{0{,}002\,\text{A}\cdot\text{m}}{1{,}257\cdot 10^{-6}\cdot 0{,}197\,\text{V}\cdot\text{s}} = \frac{\text{A}\cdot\text{m}}{123{,}8\cdot 10^{-6}\,\text{V}\cdot\text{s}};$$

Dreieck *abc* (Bild 327) zur Konstruktion der Luftspaltgeraden mit der Grundlinie 10 000 A/m und der Höhe 1,238 T

567. (Bild 327) $l = 19{,}7\,\text{cm}$;

a) $H = \dfrac{\Theta}{l} = 17\,770\,\text{A/m}$; $B = \underline{1{,}63\,\text{T}}$

b) $H = \underline{12\,700\,\text{A/m}}$; $B = \underline{1{,}4\,\text{T}}$

c) $H = \underline{4\,310\,\text{A/m}}$; $B = \underline{0{,}52\,\text{T}}$

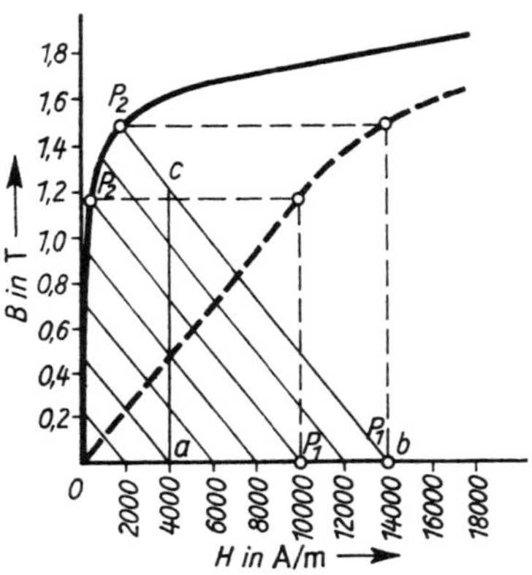

Bild 327: Aufgaben 566 und 567

568. $l = 15{,}5\,\text{cm}$ (Bild 328)

a) $\dfrac{H_0}{B_0} = \dfrac{\delta}{\mu_0 l} = \dfrac{\text{A}\cdot\text{m}}{390\cdot 10^{-6}\,\text{V}\cdot\text{s}}$

b) $\dfrac{\delta}{\mu_0 l} = \dfrac{\text{A}\cdot\text{m}}{194{,}8\cdot 10^{-6}\,\text{V}\cdot\text{s}}$

569. (Bild 328)

$A = (2\cdot 2{,}7)\,\text{cm}^2\cdot 0{,}85 = 4{,}6\,\text{cm}^2$; $l = 15{,}5\,\text{cm}$;

a) $H = 16\,130\,\text{A/m}$ b) $H = 9\,680\,\text{A/m}$

c) $H = 3\,230\,\text{A/m}$

0,5 mm:

a) $B = \underline{1{,}75\,\text{T}}$; $\Phi = \underline{0{,}805\,\text{mWb}}$

b) $B = 1{,}5\,\text{T}$; $\Phi = 0{,}69\,\text{mWb}$

c) $B = 1{,}1\,\text{T}$; $\Phi = 0{,}51\,\text{mWb}$

1 mm:

a) $B = 1{,}7\,\text{T}$; $\Phi = 0{,}78\,\text{mWb}$

b) $B = 1{,}5\,\text{T}$; $\Phi = 0{,}69\,\text{mWb}$

c) $B = 0{,}6\,\text{T}$; $\Phi = 0{,}28\,\text{mWb}$

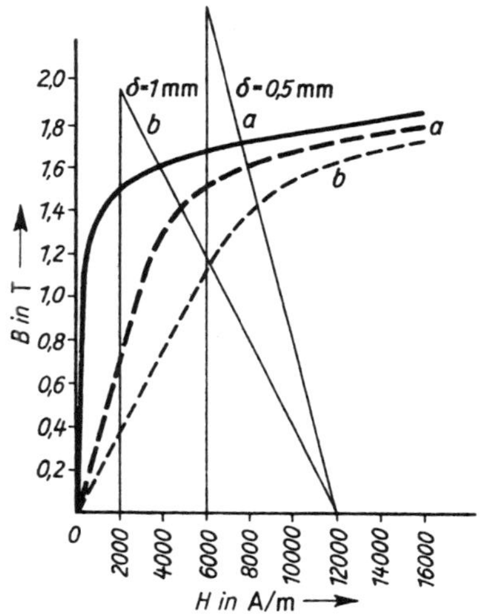

Bild 328: Aufgaben 568 und 569

570. (Bild 329)

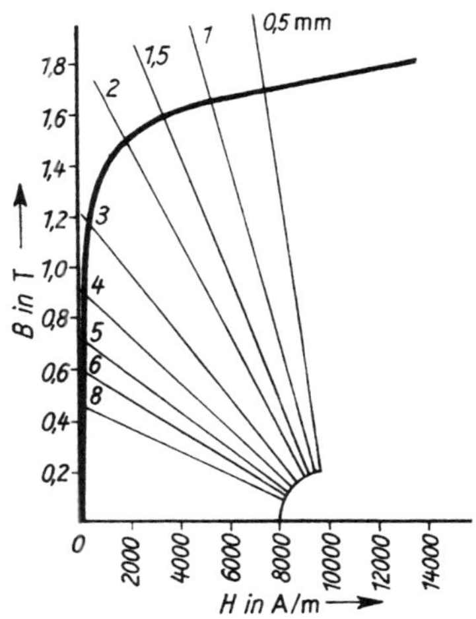

Bild 329: Aufgabe 570

$\delta = 0{,}5\,\text{mm}$: $\quad \dfrac{H_0}{B_0} = \dfrac{\delta}{\mu_0 l} = \dfrac{\text{A} \cdot \text{m}}{754 \cdot 10^{-6}\,\text{V} \cdot \text{s}}$;

$\delta = 1\,\text{mm}$: $\quad \dfrac{H_0}{B_0} = \dfrac{\text{A} \cdot \text{m}}{377 \cdot 10^{-6}\,\text{V} \cdot \text{s}}$ usw.

Damit ergeben sich für die einzelnen Luftspaltbreiten die magnetischen Flussdichten (Bild 330):

δ in mm	0,5	1,0	1,5	2,0	3,0	4,0	5,0	6,0	8,0
B in T	1,69	1,65	1,59	1,5	1,17	0,9	0,71	0,59	0,45

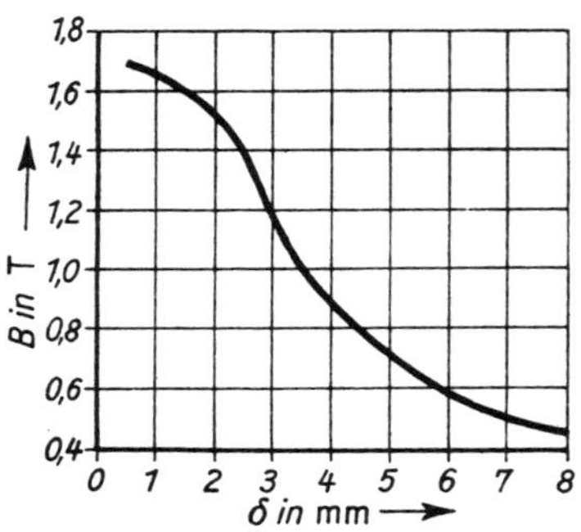

Bild 330: Aufgabe 570

571. (Bild 331) Die magnetischen Spannungen der beiden Zweige II und III sind einander gleich, sodass $H_2 l_2 = H_3 l_3$.

Es ist von H_2 auszugehen: $\quad B_2 = \dfrac{\Phi_2}{A} = 1{,}25\,\text{T}$;

$H_2 = 600\,\text{A/m}$; $\quad l_2 = 16\,\text{cm}$; $\quad l_3 = 56\,\text{cm}$;

$H_3 = \dfrac{H_2 l_2}{l_3} = 171{,}4\,\text{A/m}$; $\quad R_3 = 0{,}7\,\text{T}$;

$\Phi_3 = B_3 A = \underline{1{,}12\,\text{mWb}}$;

$\Phi_1 = \Phi_2 + \Phi_3 = \underline{3{,}12\,\text{mWb}}$;

$B_1 = \dfrac{\Phi_1}{A} = 1{,}95\,\text{T}$;

$H_1 = 26\,000\,\text{A/m}$; $\quad l_1 = 40\,\text{cm}$;

die elektrische Durchflutung ist ferner gleich der Summe der magnetischen Spannungen

$\Theta = H_1 l_1 + H_2 l_2 = \underline{10\,496\,\text{A}}$.

572. $\Phi_3 = B_3 A = \underline{1{,}28\,\text{mWb}}$;

$H_3 = 200\,\text{A/m}$; $\quad H_2 = \dfrac{H_3 l_3}{l_2} = 700\,\text{A/m}$;

$B_2 = 1{,}29\,\text{T}$; $\quad \Phi_2 = B_2 A = \underline{2{,}064\,\text{mWb}}$;

$\Phi_1 = \Phi_2 + \Phi_3 = \underline{3{,}344\,\text{mWb}}$;

$B_1 = \dfrac{\Phi_1}{A} = 2{,}09\,\text{T}$; $\quad H_1 = 48\,000\,\text{A/m}$;

$\Theta = H_1 l_1 + H_2 l_2 = \underline{19\,312\,\text{A}}$

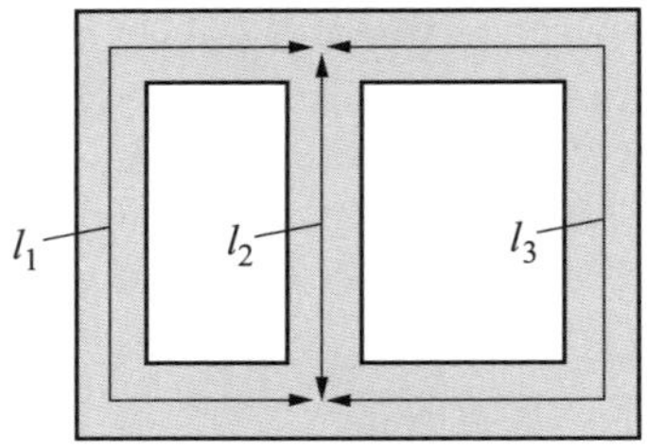

Bild 331: Aufgaben 571 bis 575

573. $B_2 = 1{,}25\,\text{T}$; $\quad H_2 = 600\,\text{A/m}$;

$l_2 = 16\,\text{cm}$; $\quad l_3 = 56\,\text{cm}$; $\quad \Theta_3 = 200\,\text{A}$;

$H_3 = \dfrac{\Theta_3 - H_2 l_2}{l_3} = 186\,\text{A/m}$; $\quad B_3 = 0{,}76\,\text{T}$;

$\Phi_3 = B_3 A = \underline{1{,}216\,\text{mWb}}$;

$\Phi_1 = \Phi_2 - \Phi_3 = \underline{0{,}784\,\text{mWb}}$;

$B_1 = 0{,}49\,\text{T}$; $\quad H_1 = 110\,\text{A/m}$; $\quad H_1 l_1 = 44\,\text{A}$;

$\Theta_1 = H_1 l_1 + H_2 l_2 = \underline{140\,\text{A}}$

574. $B_2 = \dfrac{\Phi_2}{A} = 0{,}94\,\text{T}$; $\quad H_2 = 270\,\text{A/m}$;

$H_1 = \dfrac{H_2 l_2}{l_1} = 108\,\text{A/m}$; $\quad B_1 = 0{,}46\,\text{T}$;

$\Phi_1 = B_1 A = \underline{0{,}736\,\text{mWb}}$;

$\Phi_3 = \Phi_2 + \Phi_1 = \underline{2{,}236\,\text{mWb}}$;

$B_3 = \dfrac{\Phi_3}{A} = 1{,}4\,\text{T}$; $\quad H_3 = 1\,170\,\text{A/m}$;

$\Theta_3 = H_3 l_3 + H_2 l_2 = \underline{698\,\text{A}}$

575. $B_2 = \dfrac{\Phi_2}{A} = 0{,}94\,\text{T}$;

$H_2 = 270\,\text{A/m}$; $\quad H_2 l_2 = 43{,}2\,\text{A}$;

$\Phi_3 = \Phi_2 - \Phi_1 = \underline{0{,}6\,\text{mWb}}$;

$B_3 = \dfrac{\Phi_3}{A} = 0{,}38\,\text{T}$; $\quad H_3 = 90\,\text{A/m}$;

$\Theta_2 = H_2 l_2 + H_3 l_3 = \underline{93{,}6\,\text{A}}$

576. a) $l_E = 52\,\text{cm}$; $\quad \Phi = BA = \underline{0{,}3\,\text{mWb}}$;

$H_E = 180\,\text{A/m}$; $\quad H_E l_E = 93{,}6\,\text{A}$;

$H_L = \dfrac{B}{\mu_0} = 596\,830\,\text{A/m}$; $\quad H_L l_L = 298{,}4\,\text{A}$;

$\sum Hl = \underline{392\,\text{A}}$

b) $l_1 = 40\,\text{cm}$; $\quad l_2 = 12\,\text{cm}$;

$l_3 = 18{,}85\,\text{cm}$; $\quad \Phi_2 = B_2 A = \underline{0{,}3\,\text{mWb}}$

Die magnetischen Spannungen zwischen den Verzweigungspunkten A und B sind $H_2l_2 = H_3l_3$; nach a) ist $H_2l_2 = H_\text{E}l_2 + H_\text{L}l_\text{L} = 320\,\text{A}$;

$H_3 = \dfrac{H_2l_2}{l_3} = 1\,700\,\text{A/m}$; $B_3 = 1{,}47\,\text{T}$;

$\Phi_3 = \underline{0{,}073\,5\,\text{mWb}}$;

$\Phi_1 = \Phi_2 + \Phi_3 = \underline{0{,}373\,5\,\text{mWb}}$;

$B_1 = \dfrac{\Phi_1}{A} = 0{,}934\,\text{T}$; $H_1 = 260\,\text{A/m}$;

$H_1l_1 = 104\,\text{A}$; $\Theta = H_1l_1 + H_2l_2 = \underline{424\,\text{A}}$

577. $B_3 = \dfrac{\Phi}{A} = 1\,\text{T}$; $H_3 = 300\,\text{A/m}$;

$l_2 = 10\,\text{cm}$; $l_1 = l_3 = 26\,\text{cm}$;

$H_2 = \dfrac{H_3l_3}{l_2} = 780\,\text{A/m}$; $B_2 = 1{,}32\,\text{T}$;

$\Phi_2 = B_2A = \underline{0{,}264\,\text{mT}}$;

$\Phi_1 = \Phi_2 + \Phi_3 = \underline{0{,}664\,\text{mWb}}$;

$B_1 = \dfrac{\Phi_1}{A_1} = 1{,}66\,\text{T}$; $H_1 = 6\,000\,\text{A/m}$;

$\Theta = H_1l_1 + H_2l_2 = 1\,638\,\text{A}$; $I = \dfrac{\Theta}{N} = \underline{2{,}05\,\text{A}}$

578. a) $10{,}67\,\text{A/mm}^2$ b) $8{,}4\,\text{A/mm}^2$
c) $6{,}75\,\text{A/mm}^2$ d) $5{,}83\,\text{A/mm}^2$

579. a) $16\,\text{mm}^2$ b) $6\,\text{mm}^2$
c) $4\,\text{mm}^2$ d) $2{,}5\,\text{mm}^2$

580. a) $5{,}83\,\text{A/mm}^2$ b) $4{,}67\,\text{A/mm}^2$
c) $3{,}7\,\text{A/mm}^2$ d) $3{,}35\,\text{A/mm}^2$

581. $N = \dfrac{k_\text{Cu}A_\text{w}}{A} = \underline{947\ \text{Windungen}}$

582. $A = \dfrac{k_\text{Cu}A_\text{w}}{N} = 0{,}053\,3\,\text{mm}^2$; $d = \underline{0{,}26\,\text{mm}}$

583. $h = \dfrac{NA}{lk_\text{Cu}} = \underline{12{,}7\,\text{mm}}$

584. a) $J = 1{,}09\sqrt{\dfrac{50}{22}}\,\text{A/mm}^2 = \underline{1{,}64\,\text{A/mm}^2}$

b) $J = \underline{1{,}3\,\text{A/mm}^2}$ c) $J = \underline{1{,}01\,\text{A/mm}^2}$

585. a) $J = 1{,}69\,\text{A/mm}^2$;

$I = AJ = 0{,}096\,2 \cdot 1{,}69\,\text{A} = \underline{0{,}162\,6\,\text{A}}$

b) $I = 0{,}196\,3\,\text{mm}^2 \cdot 1{,}69\,\text{A/mm}^2 = \underline{0{,}332\,\text{A}}$

586. $J = 1{,}888\,\text{A/mm}^2$;

$IN = Jk_\text{Cu}A_\text{w} = \underline{623\,\text{A}}$

587. $h = \dfrac{IN}{lJk_\text{Cu}} = \underline{17{,}8\,\text{mm}}$

588. a) $h = \dfrac{IN}{lJk_\text{Cu}} = 18\,\text{mm}$;

Gesamtdurchmesser $(8 + 2 \cdot 18)\,\text{mm} = \underline{44\,\text{mm}}$

b) $U = J\varrho Nl_\text{m} = J\varrho\dfrac{lhk_\text{Cu}}{A}\dfrac{\pi(d_\text{a} + d_\text{i})}{2} = \underline{7{,}2\,\text{V}}$

c) $I = JA = \underline{0{,}99\,\text{A}}$

d) $P = UI = \underline{7{,}13\,\text{W}}$ (mit $\varrho = 0{,}02\,\Omega \cdot \text{mm}^2/\text{m}$)

589. $J = 1{,}09\sqrt{\dfrac{\vartheta_\text{ü}}{h}} = 1{,}85\,\text{A/mm}^2$

$A = \dfrac{I}{J} = 0{,}035\,\text{mm}^2$; $d = \underline{0{,}21\,\text{mm}}$;

$N = \dfrac{Jk_\text{Cu}A_\text{w}}{I} = \underline{13\,400\ \text{Windungen}}$

590. Setzt man in die Formel für den Durchmesser $d = \sqrt{\dfrac{4A}{\pi}}$ den Ausdruck $A = \dfrac{I}{J}$, so wird $d = \sqrt{\dfrac{4I}{\pi J}}$; Gleichsetzen mit $d = \sqrt{\dfrac{I}{2}}$ ergibt

$J = \dfrac{8}{\pi}\,\text{A/mm}^2 = \underline{2{,}55\,\text{A/mm}^2}$

591. a) $A = 0{,}196\,\text{mm}^2$; $N = \dfrac{k_\text{Cu}A_\text{w}}{A} = \underline{1\,959}$

b) $U = J\varrho N\pi d_\text{m} = \underline{7{,}4\,\text{V}}$

c) $I = JA = \underline{0{,}49\,\text{A}}$

d) $P = UI = \underline{3{,}6\,\text{W}}$ (mit $\varrho = 0{,}02\,\Omega \cdot \text{mm}^2/\text{m}$)

592. a) $l_\text{m} = \dfrac{\pi(d_\text{i} + d_\text{a})}{2} = 21\,\text{cm}$;

$I = \dfrac{1}{N}\sqrt{\dfrac{Pk_\text{Cu}A_\text{w}}{\varrho l_\text{m}}} = \underline{1{,}91\,\text{A}}$

b) $A = \dfrac{k_\text{Cu}A_\text{w}}{N} = 1{,}63\,\text{mm}^2$; $d = \underline{1{,}44\,\text{mm}}$

c) $J = \dfrac{I}{A} = \underline{1{,}17\,\text{A/mm}^2}$

d) $U = J\varrho Nl_\text{m} = \underline{4{,}18\,\text{V}}$

(mit $\varrho = 0{,}02\,\Omega \cdot \text{mm}^2/\text{m}$)

593. Verwendet wird wegen der geringen Stromdichte

$\varrho = 0{,}017\,8\,\Omega \cdot \text{mm}^2/\text{m}$; $A = 0{,}031\,4\,\text{mm}^2$

a) $U = IR = \underline{3{,}64\,\text{V}}$

b) $l_\text{m} = \dfrac{UA}{I\varrho N} = 7{,}06\,\text{cm}$; $d_\text{m} = \underline{2{,}25\,\text{cm}}$

c) $J = \frac{I}{A} = \underline{0{,}41\,\text{A/mm}^2}$

d) $P = 2UI = \underline{95\,\text{mW}}$

594. a) $I = \frac{U}{R} = \underline{30\,\text{mA}}$

b) $J = \frac{I}{A} = \underline{3{,}82\,\text{A/mm}^2}$

c) $l_\text{m} = \frac{RA}{N\varrho} = 4{,}48\,\text{cm}; \quad d_\text{m} = \underline{14{,}3\,\text{mm}}$

d) $h = \frac{NA}{lk_\text{Cu}} = \underline{4{,}3\,\text{mm}};$

$d_\text{a} = d_\text{m} + h = 18{,}6\,\text{mm}; \quad d_\text{i} = d_\text{m} - h = \underline{10\,\text{mm}}$

e) $P = UI = \underline{1{,}8\,\text{W}}$

595. a) $l_\text{m} = \frac{\pi(d_\text{a} + d_\text{i})}{2} = 5{,}18\,\text{cm};$

$A = \frac{\varrho l_\text{m} N}{R} = 0{,}007\,9\,\text{mm}^2; \quad d = \underline{0{,}1\,\text{mm}}$

b) $I = \frac{U}{R} = \underline{4{,}3\,\text{mA}}$

c) $J = \frac{I}{A} = \underline{0{,}544\,\text{A/mm}^2}$

596. a) $h = \frac{NA}{lk_\text{Cu}} = \underline{7{,}06\,\text{mm}}$

b) $d_\text{m} = d_\text{i} + h = 17{,}06\,\text{mm}; \quad l_\text{m} = 5{,}36\,\text{cm};$

$R = \frac{\varrho l_\text{m} N}{A} = \underline{16{,}5\,\Omega}$ c) $J = \frac{U}{RA} = \underline{16\,\text{A/mm}^2}$

597. Drahtlänge $l_\text{D} = \frac{RA}{\varrho} = 635\,\text{m};$

$h = \frac{NA}{lk_\text{Cu}}; \quad h = d_\text{m} - d_\text{i} = \frac{l_\text{D}}{N\pi} - d_\text{i};$

Gleichsetzen ergibt $\frac{NA}{lk_\text{Cu}} = \frac{l_\text{D}}{N\pi} - d_\text{i};$

diese quadratische Gleichung liefert $N = \underline{15\,648}$

598. $A_\text{w} = eg = 588\,\text{mm}^2$ (Bild 182 beachten);

$J = 1{,}09\sqrt{\frac{60}{14}}\,\text{A/mm}^2 = 2{,}26\,\text{A/mm}^2;$

$IN = Jk_\text{Cu}A_\text{w} = \underline{797\,\text{A}};$

$H_\text{E} = \frac{IN}{l_\text{E}} = 4\,740\,\text{A/m}; \quad B_\text{E} = \underline{1{,}625\,\text{T}}$

599. $H_\text{E} = 8\,200\,\text{A/m}; \quad l_\text{E} = 31\,\text{cm};$

$H_\text{E}l_\text{E} = 2\,542\,\text{A};$

Eisenquerschnitt $A_\text{E} = 9{,}5\,\text{cm}^2;$

$\Phi = B_\text{E}A_\text{E} = 1{,}615\,\text{mT};$

$B_\text{L} = \frac{\Phi}{A_\text{L}} = 1{,}62\,\text{T};$

$H_\text{L} = \frac{B_\text{L}}{\mu_0} = 1{,}289 \cdot 10^6\,\text{A/m}; \quad H \cdot 2\delta = 773\,\text{A};$

$NI = 1{,}1(H_\text{E}l_\text{E} + H_\text{L} \cdot 2\delta) = \underline{3\,647\,\text{A}};$

$A_\text{w} = 0{,}6eg = 1\,680\,\text{mm}^2$ (Bild 182 beachten);

$J = \frac{IN}{k_\text{Cu}A_\text{w}} = \underline{4\,\text{A/mm}^2}$

600. $h = 0{,}8g = 28\,\text{mm};$

$J = 1{,}09\sqrt{\frac{40}{28}}\,\text{A/mm}^2 = 1{,}3\,\text{A/mm}^2;$

$A_\text{w} = 0{,}75eg = 2\,100\,\text{mm}^2$ (Bild 182 beachten);

$IN = Jk_\text{Cu}A_\text{w} = 1\,500\,\text{A};$

$H = \frac{IN}{l} = 4\,840\,\text{A/m}; \quad B_\text{E} = 1{,}565\,\text{T};$

$\Phi = B_\text{E}A_\text{E} = \underline{1{,}487\,\text{mWb}}$

601. $H = \frac{IN}{l_\text{E}} = \frac{UN}{Rl_\text{E}} = \frac{UA}{l_\text{m}\varrho l_\text{E}} = 4\,546\,\text{A/m};$

$B = \underline{1{,}62\,\text{T}}$

602. Aus $J = 1{,}09\sqrt{\frac{\vartheta_\text{ü}}{h}} = \frac{IN}{k_\text{Cu}hb}$

folgt für den Zahlenwert der Übertemperatur

$\vartheta = \frac{(IN)^2}{1{,}09^2hk_\text{Cu}^2b^2} = \underline{93\,\text{K}}$

603. a) $N = \underline{136}$ b) $A_\text{w} = \frac{NA}{k_\text{Cu}} = 77\,\text{mm}^2$

c) $I = A \cdot 1{,}09\sqrt{\frac{40}{10}}\,\text{A/mm}^2 = \underline{1{,}71\,\text{A}}$

604. $J = 2{,}44\,\text{A/mm}^2; \quad IN = Jk_\text{Cu}A_\text{w} = 586\,\text{A};$

$B = \underline{0{,}65\,\text{T}}$ (Bild 322)

605. $I = \frac{\Theta}{N} = \frac{\Theta A}{k_\text{Cu}A_\text{w}} = \underline{1{,}68\,\text{A}};$

$J = \frac{I}{A} = 2{,}14\,\text{A/mm}^2;$

Zahlenwert der Übertemperatur

$\vartheta_\text{ü} = \frac{J^2h}{1{,}09^2} = \underline{23\,\text{K}}$

606. a) $A = \frac{IN\varrho l_\text{m}}{U} = \underline{0{,}088\,\text{mm}^2}$

b) $N = \frac{k_\text{Cu}A_\text{w}}{A} = \underline{3\,680}$

c) $J = \frac{U}{N\varrho l_\text{m}} = \underline{1{,}48\,\text{A/mm}^2}$

d) $I = JA = \underline{0{,}13\,\text{A}}$ e) $\vartheta_\text{ü} = \underline{36{,}9\,\text{K}}$

607. a) $A = \underline{0{,}210\,\text{mm}^2}$ b) $N = \underline{1\,543}$

c) $J = \underline{1{,}47\,\text{A/mm}^2}$ d) $I = \underline{0{,}31\,\text{A}}$

e) $\vartheta_\text{ü} = \underline{36{,}4\,\text{K}}$

608. $IN = \dfrac{UN}{R} = \dfrac{UA}{\varrho l_\text{m}} = 453\,\text{A}$; $B = \underline{0{,}11\,\text{T}}$

609. a) $A = \dfrac{\varrho l_\text{m} N}{R} = \dfrac{\varrho l_\text{m} NI}{U} = 1{,}29\,\text{mm}^2$;

$d = \underline{1{,}3\,\text{mm}}$ b) $I = AJ = \underline{3{,}61\,\text{A}}$

c) $P = UI = \underline{235\,\text{W}}$

610. a) $N = \dfrac{UA_\text{w} k_\text{Cu}}{\Theta \varrho l_\text{m}} = \underline{46\,735\ \text{Windungen}}$

b) $I = \dfrac{\Theta}{N} = \underline{0{,}019\,\text{A}}$ c) $R = \dfrac{U}{I} = \underline{12{,}1\,\text{k}\Omega}$

d) $A = \dfrac{\varrho l_\text{m} N}{R} = 0{,}009\,\text{mm}^2$; $d = \underline{0{,}11\,\text{mm}}$

e) $P = I^2 R = \underline{4{,}4\,\text{W}}$

611. $u_\text{q} = Blv = 0{,}5\,\text{T} \cdot 0{,}04\,\text{m} \cdot 0{,}08\,\text{m/s}$
$= \underline{1{,}6\,\text{mV}}$

612. $u_\text{q} = Blv = \dfrac{0{,}62\,\text{V} \cdot \text{s/m}^2 (4 \cdot 5) \cdot 10^{-4}\,\text{m}^2}{17\,\text{s}}$
$= \underline{73\,\mu\text{V}}$

613. $B = \dfrac{u_\text{q}}{lv} = \dfrac{iR}{lv} = \underline{0{,}83\,\text{T}}$

614. Da die Geschwindigkeit vom Mittelpunkt bis zum Rand linear zunimmt, ist die mittlere Geschwindigkeit $v_\text{m} = \dfrac{2\pi rn}{2}$ einzusetzen. Mit $l = r$ wird $u_\text{q} = Br^2 \pi n = \underline{0{,}34\,\text{V}}$.

615. $u_\text{q} = B \cdot 2avN_2 = H\mu_0 aa\pi rn \cdot 2N_2$
$= \dfrac{IN\mu_0 a^2 \pi n \cdot 2N_2}{l_\text{Sp}} = \underline{20\,\text{mV}}$
(l_Sp Spulenlänge)

616. Da die induzierte Spannung der Drehzahl proportional ist, muss bei halber Spannung auch die Drehzahl die Hälfte betragen: $n = \underline{125\ ^1\!/\text{min}}$.

617. a) $v = \pi dn = 3{,}35\,\text{m/s}$;

$u_\text{q} = \dfrac{Bvl \cdot 4N}{5} = \underline{98{,}4\,\text{V}}$

b) $P = \dfrac{u_\text{q}^2}{R} = \underline{242\,\text{W}}$ c) $I = \dfrac{u_\text{q}}{R} = \underline{2{,}46\,\text{A}}$

618. (Bild 332)

$u_\text{q} = \dfrac{\Delta\Phi}{\Delta t} = \dfrac{(1{,}5 - 6) \cdot 10^{-4}\,\text{V} \cdot \text{s}}{(0{,}8 - 0{,}4)\,\text{s}} = \underline{-1{,}125\,\text{mV}}$

(Flussabnahme hat negativ gerichtete Quellenspannung zur Folge.)

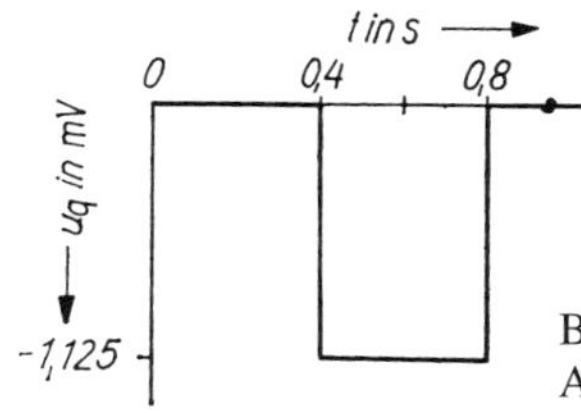

Bild 332: Aufgabe 618

619. (Bild 333)

$u_\text{q} = \dfrac{-8 \cdot 10^{-4}\,\text{V} \cdot \text{s}}{0{,}5 \cdot \frac{3}{5}\,\text{s}} = \underline{-2{,}67\,\text{mV}}$

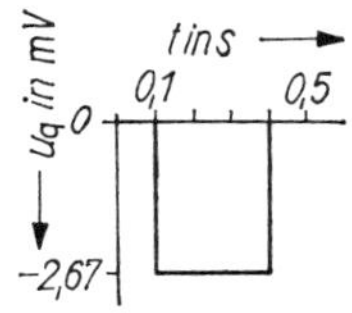

Bild 333: Aufgabe 619

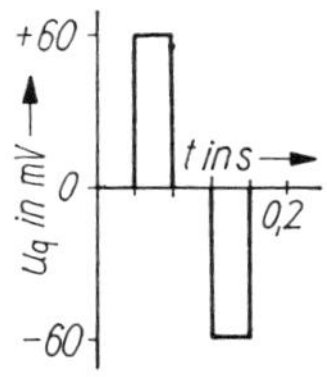

Bild 334: Aufgabe 620

620. (Bild 334)

$u_\text{q} = \dfrac{2{,}4 \cdot 10^{-3}\,\text{V} \cdot \text{s}}{0{,}2 \cdot \frac{1}{5}\,\text{s}} = \underline{60\,\text{mV}}$

(Flusszunahme hat positiv gerichtete Quellenspannung zur Folge.)

621. (Bild 335)

$u_\text{q} = \dfrac{5 \cdot 10^{-4}\,\text{V} \cdot \text{s}}{0{,}05\,\text{s}} = \underline{10\,\text{mV}}$

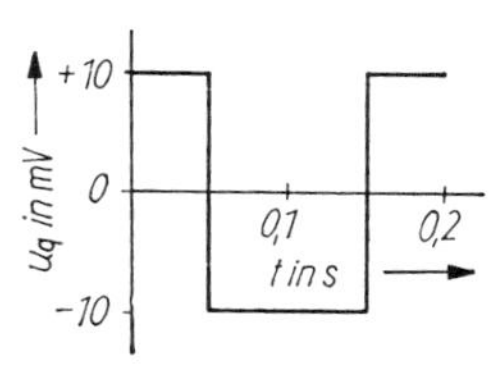

Bild 335: Aufgabe 621

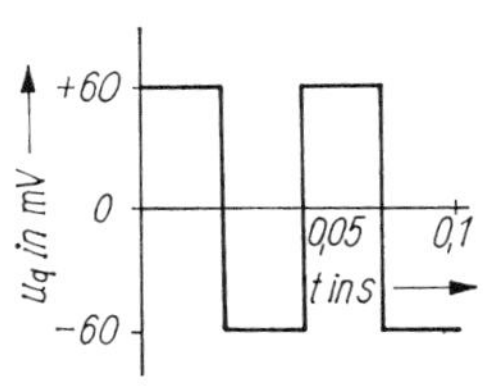

Bild 336: Aufgabe 622

622. (Bild 336)

$u_\text{q} = \dfrac{1{,}5 \cdot 10^{-3}\,\text{V} \cdot \text{s}}{0{,}1 \cdot \frac{1}{4}\,\text{s}} = \underline{60\,\text{mV}}$

623. (Bild 337)

$\Delta\Phi = u_q \cdot \Delta t = 15 \cdot 10^{-3}\,\mathrm{V}(0{,}15 - 0{,}05)\,\mathrm{s}$
$= \underline{1{,}5\,\mathrm{mWb}}$

Da die Aufgabe keine Angabe über Anfangs- oder End- oder einen Zwischenwert des Flusses enthält, ist das Niveau der Kurve unbestimmt; außer den auf Bild 337 angegebenen Verläufen sind unendlich viele andere möglich.

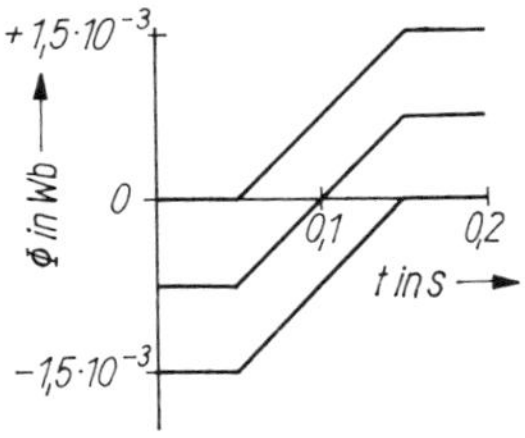

Bild 337: Aufgabe 623

624. (Bild 338)

$$\Delta\Phi_1 = \frac{-30 \cdot 10^{-3}\,\mathrm{V \cdot s} \cdot 0{,}06\,\mathrm{s}}{4\,\mathrm{s}} = \underline{-0{,}45\,\mathrm{mWb}}$$

$\Phi_1 = \Phi + \Delta\Phi_1 = 0 - 4{,}5 \cdot 10^{-4}\,\mathrm{Wb}$
$= -4{,}5 \cdot 10^{-4}\,\mathrm{Wb};$

$\Delta\Phi_2 = \underline{0{,}45\,\mathrm{mWb}};$

Endwert im Zeitpunkt t_2 ist $\Phi_2 = 0$ usw.

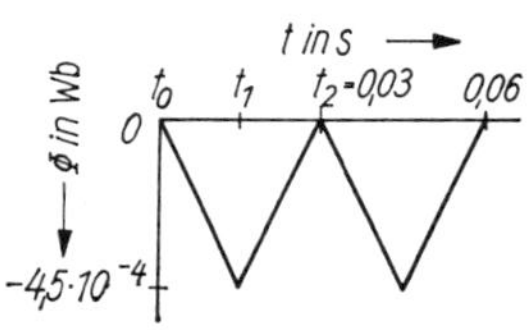

Bild 338: Aufgabe 624

625. (Bild 339)

$\Delta\Phi_1 = -25 \cdot 10^{-3}\,\mathrm{V} \cdot 0{,}1\,\mathrm{s} = \underline{-2{,}5\,\mathrm{mWb}};$

Endwert im Zeitpunkt t_2 ist

$\Phi_2 = (1 - 2{,}5) \cdot 10^{-3}\,\mathrm{Wb} = \underline{-1{,}5\,\mathrm{mWb}};$

von hier an bleibt Φ_2 konstant bis Zeitpunkt t_3 usw.

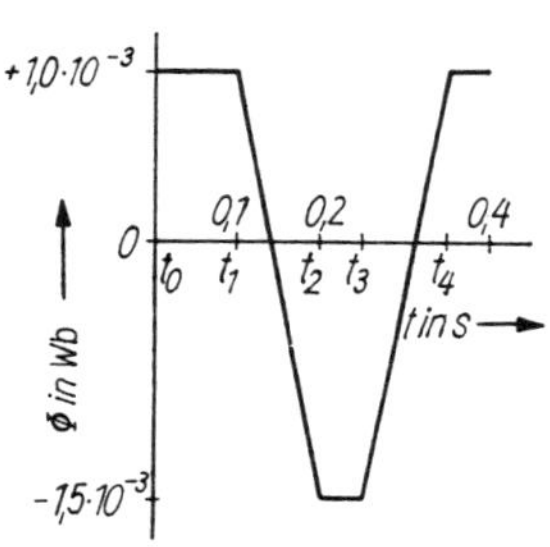

Bild 339: Aufgabe 625

626. (Bild 340) Ausgehend vom Anfangswert $\Phi_0 = -4 \cdot 10^{-4}\,\mathrm{Wb}$ nimmt der Fluss von t_1 bis t_2 zu um $\Delta\Phi_1 = 10 \cdot 10^{-3}\,\mathrm{V} \cdot 0{,}025\,\mathrm{s} = \underline{0{,}25\,\mathrm{mWb}}$ und nimmt von t_2 bis t_3 wieder um $-3{,}75 \cdot 10^{-4}\,\mathrm{Wb}$ ab; Endwert im Zeitpunkt t_3 ist $(-1{,}5 - 3{,}75)10^{-4}\,\mathrm{Wb} = \underline{-0{,}525\,\mathrm{mWb}}$

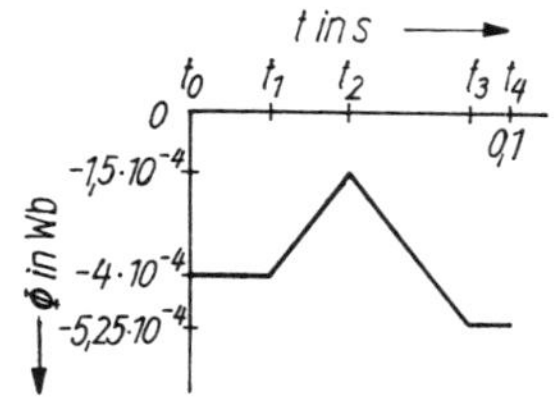

Bild 340: Aufgabe 626

627. a) $u_q = IR = 1{,}2\,\mathrm{A} \cdot 250\,\Omega = \underline{300\,\mathrm{V}}$

b) Mit $v = \dfrac{5u_q}{4BlN}$ wird

$$n = \frac{v}{d\pi} = \frac{5u_q}{4BlNd\pi} = 36{,}84\ {}^1\!/\mathrm{s} = \underline{2\,210\ {}^1\!/\mathrm{min}}$$

628. $v = \sqrt{2gh} = 17{,}15\,\mathrm{m/s}; \quad u_q = \underline{0{,}686\,\mathrm{mV}}$

629. $u_q = \dfrac{\Delta BAN}{\Delta t} = \underline{0{,}88\,\mathrm{mV}}$

630. $u_q = \dfrac{N_2\Delta\Phi}{\Delta t} = \dfrac{\Delta I N_1 \mu_0 A N_2}{l\,\Delta t} = \underline{16{,}12\,\mathrm{mV}}$

631. $Q = \dfrac{N\,\Delta\Phi}{R} = \underline{1{,}92\,\mathrm{mC}}$

632. $\Phi = \dfrac{QR}{N} = \underline{61{,}8\,\mu\mathrm{Wb}}$

633. $\Delta\Phi = \dfrac{QR}{N} = \underline{33\,\mathrm{nWb}}$

634. $\Phi = H\mu_0 A = \dfrac{QR}{N_2};$

$$I = \frac{QRl}{\mu_0 A N_1 N_2} = \underline{0{,}71\,\mathrm{A}}$$

635. Mit $\dfrac{IN_1}{l} = \dfrac{\Phi}{A\mu_0}$ wird

$$I = \frac{QRl}{\mu_0 A N_1 N_2} = \underline{0{,}19\,\mathrm{A}}$$

636. $Q = \dfrac{\Phi N}{R} = \dfrac{BAN}{R} = \underline{2{,}02\,\mu\mathrm{C}}$

637. $H = \dfrac{IN_1}{l} = 464\,\mathrm{A/m}; \quad B = 1{,}17\,\mathrm{T};$

$$Q = \frac{BAN_2}{R} = \underline{44{,}5\,\mu\mathrm{C}}$$

638. Da sich die Stoßausschläge wie die Flüsse verhalten und diese bei gleicher Durchflutung wie die Permeabilitätszahlen, muss die Permeabilitätszahl im Eisenkern gleich $\underline{\mu_r = 280}$ sein.

639. a) $U_q = U_k - IR_i = \underline{108{,}2\,\text{V}}$

b) Die Gegenspannung sinkt ebenfalls um 1,5 % und beträgt dann $U_q' = 108{,}2\,\text{V} \cdot 0{,}985 = \underline{106{,}6\,\text{V}}$.

c) $I'R_i = U_k - U_q'$; $\quad I' = \underline{11{,}3\,\text{A}}$

640. Beim Abheben des Ankers erhöht sich der magnetische Widerstand. Da die magnetische Spannung konstant bleibt, tritt eine spontane Abnahme des Flusses ein. Die dadurch induzierte Spannung ist von gleicher Richtung wie die Klemmenspannung. Das Lämpchen blitzt hell auf und kann durchbrennen.

641. $A = 0{,}785\,\text{cm}^2$; $\quad l = \dfrac{\pi(d_1 + d_2)}{2} = 22\,\text{cm}$;

$$L = \frac{N^2 \mu_0 A}{l} = \underline{0{,}020\,\text{mH}}$$

642. $A = 1{,}23\,\text{cm}^2$; $\quad l = 16{,}5\,\text{cm}$;

$L = \underline{0{,}512\,\text{mH}}$

643. $N = \sqrt{\dfrac{Ll}{\mu_0 A}}$; $\quad A = 0{,}503\,\text{cm}^2$;

$l = 17{,}6\,\text{cm}$; $\quad N = \underline{183\ \text{Windungen}}$

644. Da im Wurzelausdruck μ_r im Nenner steht, ergibt sich 1/5 der Windungszahl von Lösung 643, d. h. 183/5 oder rund $\underline{37\ \text{Windungen}}$.

645. $\mu_r = \dfrac{Ll}{N^2 \mu_0 A} = \underline{14}$

646.

	a)	b)	c)	d)
A in cm²	15,9	0,503	6,6	19,6
L in mH	$\underline{0{,}357}$	$\underline{0{,}213}$	$\underline{0{,}433}$	$\underline{1{,}23}$

647.

	a)	b)	c)
A in cm²	1,54	0,283	0,442
N	$\underline{897}$	$\underline{599}$	$\underline{335}$

648. Durch die Verkürzung der Spule ändert sich die Windungszahl um den gleichen Prozentsatz, sodass

$$\frac{(0{,}8N)^2 \mu_0 \mu_r x^2 \pi}{4 \cdot 0{,}8\,l} = \frac{N^2 \mu_0 \mu_r d^2 \pi}{4l};$$

$$x = d\sqrt{\frac{1}{0{,}8}} = d \cdot 1{,}12,$$

d. h. Vergrößerung des Durchmessers um $\underline{12\,\%}$.

649.

	a)	b)	c)
N	900	120	72
Windungsdurchmesser in cm	3,02	3,15	3,25
A in cm²	7,16	7,8	8,3
L	$\underline{4{,}05\,\text{mH}}$	$\underline{0{,}078\,\text{mH}}$	$\underline{30\,\mu\text{H}}$

650. a) $L = \underline{15{,}5\,\text{mH}}$ $\quad$ b) $\underline{18{,}2\,\text{mH}}$

c) $\underline{42\,\text{mH}}$ $\quad$ d) $\underline{54\,\text{mH}}$

651. Da die Induktivität dem Quadrat der Windungszahl proportional ist, gilt:

a) $600^2 : N^2 = 15{,}5 : 25$; $\quad N = \underline{762\ \text{Windungen}}$

b) $\underline{284\ \text{Windungen}}$ $\quad$ c) $\underline{395\ \text{Windungen}}$

d) $\underline{3\,811\ \text{Windungen}}$

652. a) $N = \underline{719}$ $\quad$ b) $N = \underline{364}$

653. $L_1 = 62{,}9\,\mu\text{H}$; $\quad L_2 = 47{,}1\,\mu\text{H}$;

$\Delta L = \underline{15{,}8\,\mu\text{H}}$ (bei entsprechender Verkleinerung der Spulenlänge)

654. Entsprechend dem zur Verfügung stehenden Wickelquerschnitt ergeben sich a) 2 250, b) 1 000 und c) 250 Windungen und nach der Formel für kurze Spulen ($n = 0{,}75$!)

a) $L = \underline{72{,}5\,\text{mH}}$ $\quad$ b) $L = \underline{14{,}3\,\text{mH}}$

c) $L = \underline{0{,}895\,\text{mH}}$

655. Windungsdurchmesser 3,15 cm;

$A = 7{,}8\,\text{cm}^2$; $\quad$ Länge einer Windung 9,9 cm;

Windungszahl $N = 505$;

Spulenlänge $l = 75{,}8\,\text{cm}$; $\quad L = \underline{0{,}330\,\text{mH}}$

656. Mit der Windungslänge $l_w = \pi(d + D)$ wird die Spulenlänge $l = ND = \dfrac{l_D D}{\pi(d + D)}$; diese ist andererseits $l = 8d$; Gleichsetzen ergibt $l_D D = 8\pi d(d + D)$ und hieraus $d = \underline{5{,}4\,\text{cm}}$;

$l = \underline{43{,}2\,\text{cm}}$; $\quad A = \underline{23{,}8\,\text{cm}^2}$; $\quad N = 287$;

$L = \underline{0{,}57\,\text{mH}}$.

657.

	a)	b)	c)	d)
H in A/m	46	93	186	279
B in T	0,1	0,35	0,76	0,97
μ_r	1 730	2 990	3 250	2 770
L in mH	35,3	61,1	66,4	56,6

	e)	f)	g)	h)
H in A/m	372	464	557	650
B in T	1,08	1,17	1,23	1,27
μ_r	2 310	2 010	1 760	1 550
L in mH	47,2	41,0	35,9	31,7

658. Bild 341

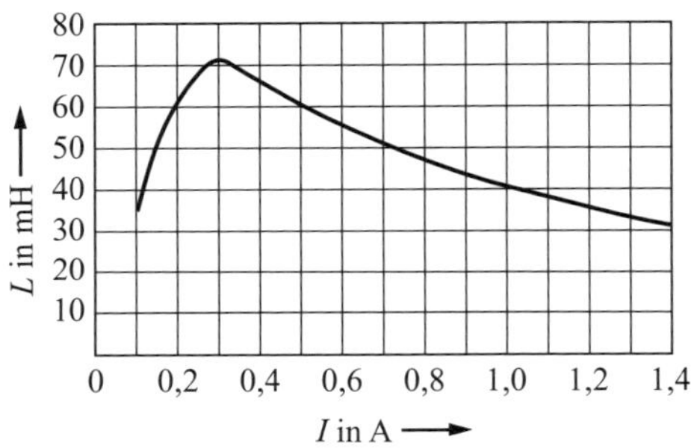

Bild 341: Aufgabe 658

659.

	a)	b)	c)	d)
H in A/m	250	400	720	1 250
μ_r	159	199	221	255
L in mH	0,700	0,876	0,973	1,13

	e)	f)	g)	h)
H in A/m	1 570	2 200	3 500	5 300
μ_r	253	217	159	120
L in mH	1,114	0,956	0,7	0,528

660. Bild 342

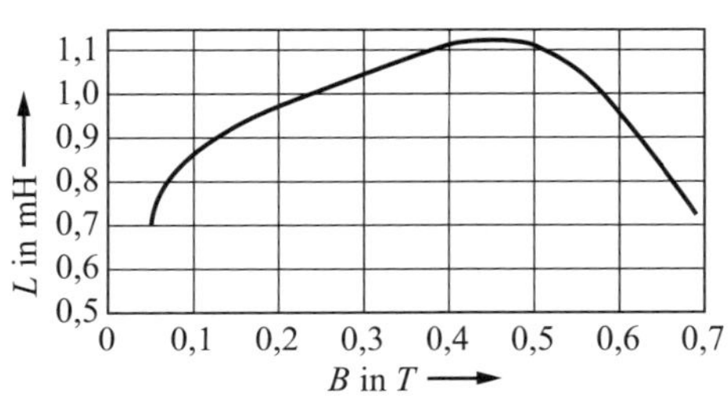

Bild 342: Aufgabe 660

661. $L = \dfrac{\Phi N^2}{\Theta} = \underline{13{,}6\,\text{mH}}$

662. $L = \dfrac{\Phi N}{I} = \underline{569\,\text{mH}}$

663. $L = \dfrac{BAN}{I} = \underline{42\,\text{mH}}$

664. $L = \dfrac{\Phi \Theta R^2}{U^2} = \underline{687\,\text{H}}$

665. $L = \dfrac{\Phi N}{\sqrt{P/R}} = \underline{51\,\text{H}}$

666. (Bild 343)

$A = (2{,}0 \cdot 2{,}7)\,\text{cm}^2 \cdot 0{,}85 = 4{,}59\,\text{cm}^2$

IN in A	B in T	Φ in Wb	L in H
500	0,58	$2{,}66 \cdot 10^{-4}$	0,53
750	0,88	$4{,}04 \cdot 10^{-4}$	0,54
1 000	1,17	$5{,}37 \cdot 10^{-4}$	0,54
1 500	1,50	$6{,}89 \cdot 10^{-4}$	0,46
2 000	1,63	$7{,}48 \cdot 10^{-4}$	0,37
2 500	1,71	$7{,}85 \cdot 10^{-4}$	0,31
3 000	1,76	$8{,}08 \cdot 10^{-4}$	0,27
4 000	1,83	$8{,}4 \cdot 10^{-4}$	0,21

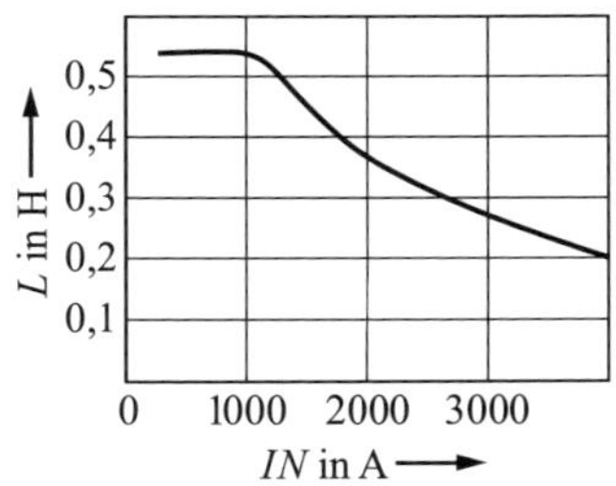

Bild 343: Aufgabe 666

667. $\Phi = \dfrac{L\Theta}{N^2} = \underline{0{,}527\,\text{mWb}}$

668. $H = 1\,150\,\text{A/m}$; $IN = 518\,\text{A}$;

$N = \sqrt{\dfrac{LIN}{BA}} = \underline{1\,469}$; $I = \dfrac{IN}{N} = \underline{353\,\text{mA}}$

669. $H = 250\,\text{A/m}$; $IN = 112{,}5\,\text{A}$;

$N = \sqrt{\dfrac{LIN}{BA}} = \underline{1\,580}$; $I = \underline{71{,}2\,\text{mA}}$

670. a) $IN = Hl = 70\,\text{A}$;

$A = \dfrac{LIN}{BN^2} = \dfrac{15\,\text{V}\cdot\text{s/A}\cdot 70\,\text{A}}{0{,}8\,\text{V}\cdot\text{s/m}^2 \cdot 14\,000^2}$
$= 6{,}7 \cdot 10^{-6}\,\text{m}^2 = \underline{6{,}7\,\text{mm}^2}$;

$I = \underline{5\,\text{mA}}$ b) $IN = 1\,855$ A;

$A = \dfrac{LIN}{BN^2} = \underline{1{,}775\,\text{cm}^2}$; $I = \underline{132{,}5\,\text{mA}}$

671. $A_w = \dfrac{AN \cdot 1{,}2}{k_{Cu}} = 1\,980\,\text{mm}^2$;

$H = 5\,300\,\text{A/m}$;

Seitenlänge des quadratischen Fensters

$a = \sqrt{A_w} = 4{,}45\,\text{cm}$;

Eisenquerschnitt x^2; Eisenweg $4(a + x)$;

$IN = H \cdot 4(a + x)$; $x^2 = \dfrac{LIN}{BN^2} = \dfrac{LH \cdot 4(a + x)}{BN^2}$;

$x = 1{,}17\,\text{cm}$; äußere Seitenlänge des Rahmens $(4{,}45 + 2 \cdot 1{,}17)\,\text{cm} = \underline{6{,}79\,\text{cm}}$;

Seitenlänge des Querschnitts $\underline{1{,}17\,\text{cm}}$

672. $L = \dfrac{\Phi N^2}{\Theta} = \underline{0{,}43\,\text{H}}$ bzw. $\underline{0{,}32\,\text{H}}$

673. $L = \dfrac{0{,}3 \cdot 10^{-4}\,\text{V} \cdot \text{s} \cdot 4\,000^2}{729\,\text{A}} = \underline{0{,}66\,\text{H}}$

B in T	*IN* in A	*L* in H
0,6	1 456	0,66
0,9	2 189	0,66
1,2	2 946	0,65
1,5	3 892	0,62
1,8	6 470	0,45
2,1	12 770	0,26

674. (Bild 344, Kurve a)

675. (Bild 344, Kurve b)

B in T	*L* in H
0,2	0,54
0,4	0,56
0,6	0,54
0,8	0,47
1,0	0,40
1,2	0,31

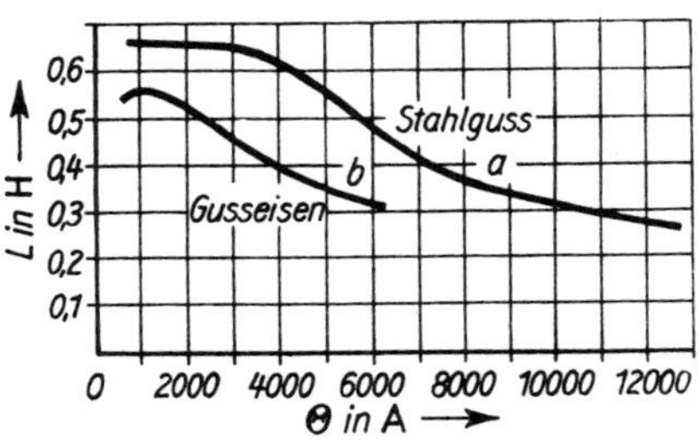

Bild 344: Aufgaben 674 und 675

676. a) $L = \underline{0{,}045\,\text{mH}}$ b) $L = \underline{0{,}97\,\text{mH}}$
c) $L = \underline{6{,}44\,\text{mH}}$ d) $L = \underline{92{,}4\,\text{mH}}$

677. a) $L = \underline{2{,}10\,\text{mH}}$ b) $L = \underline{2{,}22\,\text{mH}}$
c) $L = \underline{2{,}31\,\text{mH}}$ d) $L = \underline{2{,}38\,\text{mH}}$

678. Bild 345

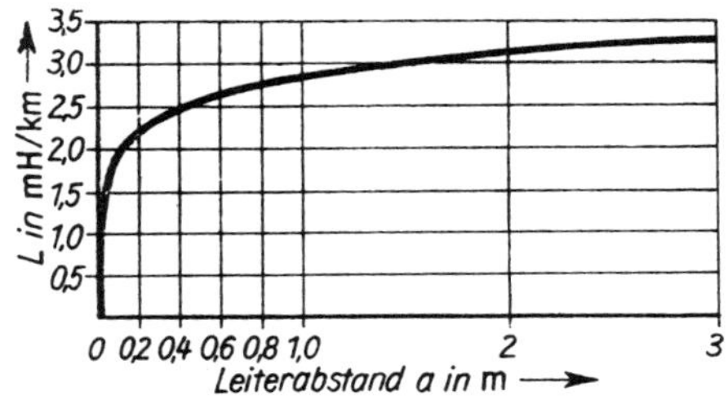

Bild 345: Aufgabe 678

679. a) $L = \underline{2{,}33\,\text{mH}}$ b) $L = \underline{2{,}22\,\text{mH}}$
c) $L = \underline{2{,}06\,\text{mH}}$ d) $L = \underline{1{,}94\,\text{mH}}$

680. Bild 346

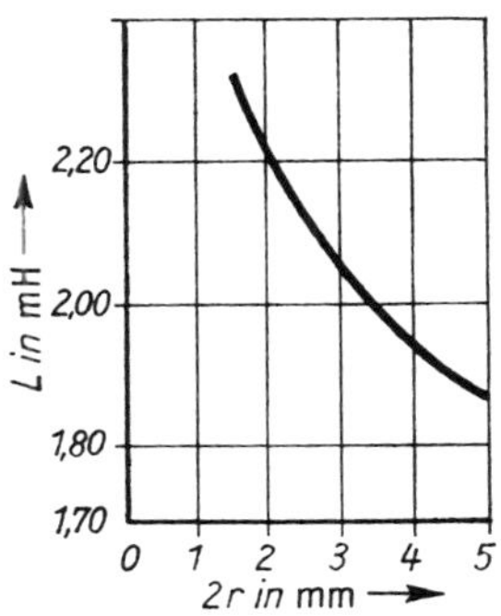

Bild 346: Aufgabe 680

681. $l = \dfrac{L\pi}{\mu_0(\ln 240 + 0{,}25)} = \underline{1{,}96\,\text{km}}$

682. $L = \dfrac{\mu_0 l(\ln 8 + 0{,}25)}{2\pi} = \underline{11{,}6\,\mu\text{H}}$

683. $\ln \dfrac{r_a}{r_i} = \dfrac{2\pi L}{\mu_0 l} - 0{,}25$; $d_a = 2r_a = \underline{16\,\text{mm}}$

684. a) $L = \dfrac{\mu_0}{\pi} l(\ln 133{,}3 + 0{,}25) = \underline{2{,}06\,\text{mH}}$
$(l = \underline{1\,000\,\text{m}})$
b) $\underline{2{,}17\,\text{mH}}$ c) $\underline{2{,}34\,\text{mH}}$ d) $\underline{2{,}45\,\text{mH}}$

685. Bei 3,55 mm Drahtdicke ist
$L_{ges} = 2{,}357\,\text{mH}$; bei 5,6 mm ist
$L_{ges} = 2{,}175\,\text{mH}$; $L_1 - L_2 = 0{,}182\,\text{mH}$;

$\frac{0{,}182}{2{,}357} = 0{,}077 = \underline{7{,}7\,\%}$

686. $\ln\frac{a}{r} = \frac{\pi L}{\mu_0 l} - 0{,}25 = \underline{4{,}748\,6}$;

$\frac{a}{r} = 115; \quad \frac{a}{d} = \underline{58:1}$

687. $\underline{1{,}248\,\text{mH}}$

688. Mit $a = 80\,\text{cm}$ wird $L' = 1{,}306\,\text{mH}$; da die Induktivität der Länge proportional ist, gilt $1{,}306\,l' = 1{,}249 \cdot 1\,000$; $l' = 956\,\text{m}$; die Leitung muss also $\underline{44\,\text{m}}$ kürzer sein.

689. $\ln\frac{a}{r} + 0{,}25 = \frac{\pi L}{\mu_0 l}$;

$\ln\frac{a}{r} = 5 - 0{,}25 = 4{,}75$;

$\frac{a}{r} = 115{,}6; \quad a = \underline{0{,}17\,\text{m}}$

690. $\frac{\Delta L}{L} = 0{,}05 = \frac{\ln a/r + 0{,}25 - \ln a/r}{\ln a/r}$

$= \frac{0{,}25}{\ln a/r}$;

$\frac{\ln a}{r} = \frac{0{,}25}{0{,}05} = 5; \quad \frac{a}{r} = \underline{148:1}$

691. $\Delta L = \frac{\mu_0 l}{2\pi}\left(\ln\frac{r_a}{r_i} + 0{,}25 - \ln\frac{r_a}{2r_i} - 0{,}25\right)$

$= \frac{\mu_0 l}{2\pi}\ln 2 = \underline{0{,}14\,\text{mH}}$

692. $\Delta L = \frac{\mu_0 l}{\pi}\left(\ln\frac{1{,}5a}{r} + 0{,}25 - \ln\frac{a}{r} - 0{,}25\right)$

$= \frac{\mu_0 l}{\pi}\ln 1{,}5 = \underline{0{,}16\,\text{mH}}$

693. $\Delta L = \frac{\mu_0 l}{\pi}\ln x; \quad \ln x = \frac{\Delta L\pi}{\mu_0 l} = 0{,}977$;

$x = 2{,}4; \quad a' = \underline{60\,\text{cm}}$

694. a) $L = \underline{0{,}70\,\mu\text{H}}$ b) $L = \underline{1{,}57\,\text{mH}}$

695. Durch schrittweise Annäherung angenommener Werte für R findet man mit $R = \underline{0{,}272\,\text{m}}$ die Induktivität $L = 2\,\mu\text{H}$.

696. $\frac{\Delta L}{L} = \frac{2\ln 2\,000}{\ln 1\,000} - 1 = \frac{15{,}2}{6{,}9} - 1 = 1{,}2$

$= \underline{120\,\%}$

697. $k = \frac{M}{\sqrt{L_1 L_2}} = \underline{0{,}5}$

698. a) $M = \underline{1{,}9\,\mu\text{H}}$ b) $\underline{0{,}905\,\text{mH}}$ c) $\underline{6{,}07\,\text{mH}}$

699. $M = \frac{\mu_0 N_1 N_2 \pi d_2}{4l} = \underline{24\,\mu\text{H}}$

700. Da die Gegeninduktivitäten den Windungszahlen proportional sind, gilt $N_2' = M'N_2/M = \underline{70\ \text{Windungen}}$.

701. Mit $N_2 = 60$ ist $L_2 = \frac{N_2^2 \mu_0 A}{l} = 17{,}8\,\mu\text{H}$;

mit $N_2' = 70$ Windungen ist $L_2' = 24{,}1\,\mu\text{H}$;

$L_2' - L_2 = 6{,}3\,\mu\text{H}; \quad \frac{6{,}3}{17{,}8} = 0{,}35 = \underline{35\,\%}$

702. Mit dem Drahtdurchmesser d_D ist $l = d_D N$, sodass mit $N_1 = N_2$

$N = \frac{4Md_D}{\mu_0 \pi d^2} = \underline{486\ \text{Windungen}}.$

703. $M = \sqrt{L_1 \cdot 3L_1}$;

$L_1 = \frac{55 \cdot 10^{-3}\,\text{H}}{\sqrt{3}} = \underline{31{,}8\,\text{mH}}; \quad L_2 = \underline{95{,}4\,\text{mH}}$

704. $M = \frac{\mu_0 N_1 N_2 \pi d_2^2}{4l_1} = \underline{650\,\mu\text{H}}$

705. Da bei gleichen äußeren Abmessungen sich die Induktivitäten wie die Quadrate der Windungszahlen verhalten, haben die Induktivitäten die Werte L_1 bzw. $16L_1$. Damit ist $M = \sqrt{L_1 \cdot 16L_1}$, woraus sich $L_1 = \underline{37{,}5\,\text{mH}}$ und $L_2 = \underline{600\,\text{mH}}$ ergibt.

706. Bei Hintereinanderschaltung ist

$L' = (N_1 + N_2)^2\Lambda$, im anderen Fall ist

$L'' = (N_1 - N_2)^2\Lambda$;

$$L' - L'' = \Lambda\,(N_1^2 + 2N_1N_2 + N_2^2 - N_1^2 + 2N_1N_2 - N_2^2) = 4N_1N_2\Lambda = 4M;$$

damit ist $L' - L'' = 4M = 4k\sqrt{L_1 L_2}$ usw.

707. $k = \frac{L' - L''}{4\sqrt{L_1 L_2}} = \underline{0{,}286}$

708. $L' = (N_1 + N_2)^2\Lambda$

$= \Lambda\,(N_1^2 + 2N_1N_2 + N_2^2)$

$= L_1 + 2M + L_2 = \underline{135{,}3\,\text{mH}}$;

entsprechend ergibt sich für

$L'' = L_1 - 2M + L_2 = \underline{2{,}7\,\text{mH}}.$

709.

a)	b)	c)	d)
$k = 1$	0,5	0,31	0,012

710. Nach der in Aufgabe 706 gegebenen Formel ist $L' - L'' = 4\sqrt{L_1 L_2}$, d. h., mit $k = 1$ ist

$$M = \frac{L' - L''}{4} = \underline{1{,}5\,\text{mH}}.$$

711. $M = k\sqrt{LL\frac{5}{2}}$;

$L_1 = \underline{0{,}127\,\text{H}}$; $L_2 = \underline{0{,}316\,\text{H}}$

712. $M = \frac{\mu_0 l}{2\pi} \ln\left(1 + \frac{9}{25}\right) = \underline{11{,}1\,\mu\text{H}}$

713. $\ln\left(1 + \frac{30^2}{b^2}\right) = \frac{2\pi M}{\mu_0 l}$; $b = \underline{70{,}5\,\text{cm}}$

714. a) $\underline{66{,}0\,\mu\text{H}}$ b) $\underline{18{,}6\,\mu\text{H}}$ c) $\underline{8{,}5\,\mu\text{H}}$

715. Wegen $a = b$ ergibt sich

$$M = \frac{\mu_0 l}{2\pi} \ln(1 + 1) = \underline{138{,}7\,\mu\text{H}}$$

716. a) Aus dem Faktor $\ln(1 + 1)$ wird $\ln(1 + 4)$, das Verhältnis beider ist $\ln 5 / \ln 2 = 2{,}32$. b) Aus dem Faktor $\ln(1 + 1)$ wird $\ln(1 + 1/4)$, das Verhältnis beider ist $\ln 1{,}25 / \ln 2 = 0{,}322$. c) Da das Verhältnis a^2/b^2 konstant bleibt, ist auch die Gegeninduktivität unverändert.

717. a) Hier ist $\frac{a^2}{b^2} = \frac{1}{9}$ und

$$M = \frac{\mu_0 l}{2\pi} \ln 1{,}11 = \underline{21\,\mu\text{H}}.$$

b) $\frac{a^2}{b^2} = 9$; $M = \frac{\mu_0 l}{2\pi} \ln 10 = \underline{461\,\mu\text{H}}$

718. $a_{13} = a_{24}$; $a_{23} = a_{14} = a_{13}\sqrt{2}$;

$$M = \frac{\mu_0 l}{2\pi} \ln 2 = \underline{138{,}7\,\mu\text{H}} \text{ (vgl. Aufgabe 715)}$$

719. a) $a_{13} = 50\,\text{cm}$; $a_{24} = 80\,\text{cm}$;

$a_{14} = a_{23} = \sqrt{(65^2 + 20^2 - 15^2)\,\text{cm}^2} = 66{,}3\,\text{cm}$;

$$M = \frac{\mu_0 l}{2\pi} \ln \frac{4\,400}{4\,000} = \underline{19{,}07\,\mu\text{H}}$$

b) Hier sind $a_{13} = a_{24} = 20\,\text{cm}$, während wie vorhin $a_{14} = a_{23} = 66{,}3\,\text{cm}$; $M = \underline{480\,\mu\text{H}}$.

720. Zunächst müsste der Faktor $\ln \frac{a_{14}a_{23}}{a_{13}a_{24}} = 0$ sein, d. h. der Bruch selbst gleich 1, sodass $a_{14}a_{23} = a_{13}a_{24}$. Dies ergibt die Verhältnisgleichung $a_{13} : a_{14} = a_{23} : a_{24}$. Damit müssten die beiden Dreiecke *1 3 4* und *2 3 4* einander ähnlich sein (Bild 347). Da sie aber außerdem die Seite *3 4* gemeinsam haben, müssten sie dann kongruent sein, d. h. zusammenfallen. Die 4 Drähte können daher kein Viereck bilden und auch nicht getrennt verlegt werden.

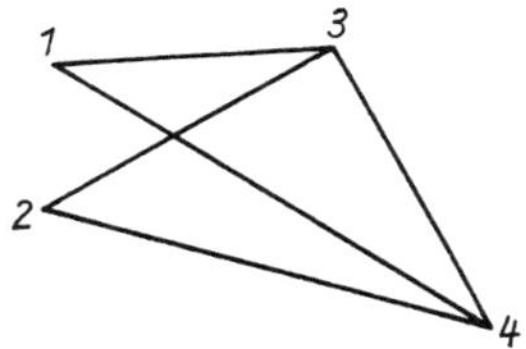

Bild 347: Aufgabe 720

721. a) $\underline{21{,}7\,\text{ms}}$ b) $\underline{118\,\mu\text{s}}$ c) $\underline{90\,\text{ms}}$

722. $\frac{1}{\tau} = \frac{R}{L} = 20\,\text{s}^{-1}$; $I = \frac{30}{12}\,\text{A} = 2{,}5\,\text{A}$;

	t in s	t/τ	$1 - e^{-t/\tau}$	i in A
a)	0,01	0,2	0,1813	0,453
b)	0,05	1,0	0,6321	1,58
c)	0,10	2,0	0,8647	2,16
d)	0,15	3,0	0,9502	2,38
e)	0,20	4,0	0,9817	2,45
f)	0,25	5,0	0,9933	2,48

723. Bild 348

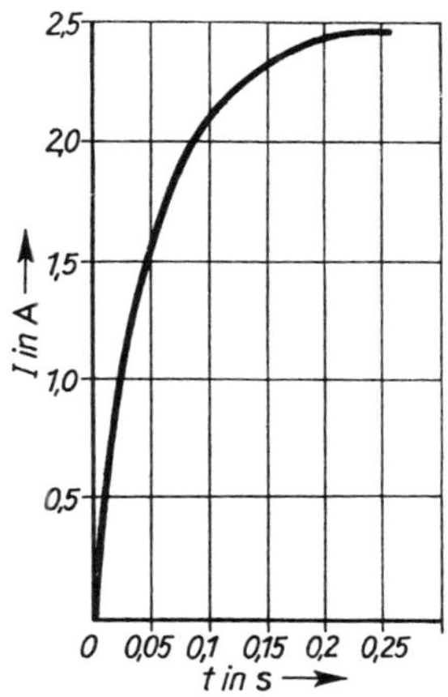

Bild 348: Aufgabe 723

724. $\frac{t}{\tau} = \frac{tR}{L} = 4{,}0$; $1 - e^{-4} = 0{,}981\,7$;

$$i = \frac{U}{R} \cdot 0{,}981\,7 = \underline{1{,}178\,\text{A}}$$

725.

	t in s	t/τ	$e^{-t/\tau}$	i in A
a)	0,01	0,0667	0,9355	1,123
b)	0,05	0,3333	0,7166	0,860
c)	0,1	0,6667	0,5134	0,616
d)	0,2	1,3333	0,2636	0,316

726. $\tau = \dfrac{L}{R} = 0{,}126\,7\,\mathrm{s}$;

$0{,}65 = 1 - \mathrm{e}^{-t/\tau}$; $\ln 2{,}86 = \dfrac{t}{\tau}$;

$t = \tau \cdot \ln 2{,}86 = \underline{0{,}133\,\mathrm{s}}$

727. $0{,}75 = 1 - \mathrm{e}^{-t/\tau}$;

$\mathrm{e}^{t/\tau} = 4$; $\dfrac{t}{\tau} = \ln 4$; $L = \dfrac{tR}{\ln 4} = \underline{12{,}62\,\mathrm{H}}$

728. *Anleitung:* Division der gegebenen Zeit t durch die Zeitkonstante τ, damit ergibt sich ein bestimmtes Vielfaches von τ. Zu diesem τ-Wert liest man im Diagramm den zugehörigen i/I-Wert ab und multipliziert diesen mit dem Höchstwert I der Stromstärke.

$I = 1{,}533\,\mathrm{A}$; $\tau = 0{,}1s$;

	t/τ	$i/I \cdot I$
a)	0,1	$0{,}1 \cdot 1{,}533\,\mathrm{A} = 0{,}153\,\mathrm{A}$
b)	0,5	$0{,}39 \cdot 1{,}533\,\mathrm{A} = 0{,}598\,\mathrm{A}$
c)	1,0	$0{,}63 \cdot 1{,}533\,\mathrm{A} = 0{,}966\,\mathrm{A}$
d)	1,5	$0{,}775 \cdot 1{,}533\,\mathrm{A} = 1{,}188\,\mathrm{A}$

729. $I = 1{,}905\,\mathrm{A}$; $\tau = 0{,}952\,\mathrm{s}$;

a) $\underline{1{,}72\,\mathrm{A}}$ b) $\underline{1{,}39\,\mathrm{A}}$ c) $\underline{1{,}12\,\mathrm{A}}$ d) $\underline{0{,}23\,\mathrm{A}}$

730. $\Phi = BA = 696\,\mu\mathrm{Wb}$;

$H = 230\,\mathrm{A/m}$; $IN = Hl = 64{,}4\,\mathrm{A}$;

$L = \dfrac{\Phi N^2}{IN} = 10{,}8\,\mathrm{H}$; $\tau = \dfrac{L}{R} = 2{,}16\,\mathrm{s}$;

die Einschaltkurve gibt für $\dfrac{i}{I} = 0{,}5$ die Zeit $0{,}7\tau$ an; $t = 0{,}7\tau = \underline{1{,}51\,\mathrm{s}}$

731. $\tau = \dfrac{L}{R} = 9{,}6\,\mathrm{ms}$; $I = \dfrac{U}{R} = 60\,\mathrm{mA}$;

$i = \dfrac{\Theta}{N} = 45\,\mathrm{mA}$; $\dfrac{i}{I} = 0{,}75$;

$1 - \dfrac{i}{I} = \mathrm{e}^{-t/\tau}$; $t = \tau \ln 4 = \underline{13{,}3\,\mathrm{ms}}$

732. Nach Bild 212 ist dies nach der Zeit $1{,}4\tau$ der Fall: $1{,}4\tau = 0{,}3s$; $\tau = \underline{0{,}214\,\mathrm{s}}$

733. a) $F = BlI = 0{,}085\,\mathrm{T} \cdot 0{,}05\,\mathrm{m} \cdot 0{,}05\,\mathrm{A} = \underline{0{,}213\,\mathrm{mN}}$

b) $\underline{425\,\mu\mathrm{N}}$ c) $\underline{4{,}25\,\mathrm{mN}}$ d) $\underline{0{,}13\,\mathrm{N}}$

734. $F = 45BlI = \underline{2{,}25\,\mathrm{N}}$

735. $B = \dfrac{F}{lI} = \dfrac{(2 \cdot 10^{-3} \cdot 9{,}81)\,\mathrm{N}}{0{,}03\,\mathrm{m} \cdot 2{,}4\,\mathrm{A}} = \underline{0{,}27\,\mathrm{T}}$

736. In diesem Fall ist zwar die wirksame Länge des Leiters größer (nämlich $l/\cos\alpha$), die magnetische Flussdichte (Feldlinien je cm Länge) ist aber entsprechend geringer ($B\cos\alpha$), sodass die Wirkung dieselbe ist, als ob der Leiter das Feld rechtwinklig durchkreuzt. $F = \underline{0{,}113\,\mathrm{N}}$

737. Bilden Stromleiter und Feldlinien den Winkel α, so gilt $F = BlI \sin\alpha$;

a) $\underline{0}$ b) $\underline{51\,\mathrm{mN}}$ c) $\underline{72\,\mathrm{mN}}$ d) $\underline{88\,\mathrm{mH}}$

e) $\underline{102\,\mathrm{mN}}$

738. Spulendurchmesser $d = 1{,}9\,\mathrm{cm}$; wirksame Länge des Leiters $\pi dN = 269\,\mathrm{cm}$; $F = \underline{0{,}323\,\mathrm{N}}$

739. $F = BlI = \underline{1{,}25\,\mathrm{N}}$

740. $M = Fd = BhNId = 0{,}005\,1\,\mathrm{N} \cdot 1{,}2\,\mathrm{cm} = \underline{61{,}2\,\mu\mathrm{N} \cdot \mathrm{m}}$

741. An der Wicklung angreifende Kraft

$F' = \dfrac{Fl}{d}$;

$I = \dfrac{F'}{BhN} = \dfrac{Fl}{dBhN} = \underline{21\,\mathrm{mA}}$

742. $I = \dfrac{M}{rBlN} = \underline{24\,\mathrm{A}}$

743. $F = \dfrac{\mu_0 I^2 l}{2\pi a} = \underline{288\,\mathrm{mN}}$

744. $F = \dfrac{\mu_0 I^2 l}{2\pi a} = \underline{500\,\mathrm{N}}$

745. $F = \dfrac{\mu_0 I^2 d\pi N^2}{2\pi a} = \underline{509\,\mathrm{mN}}$

746. $I = \sqrt{\dfrac{2\pi aF}{\mu_0 l}} = \underline{20\,409\,\mathrm{A}}$

747. a) $F = BlIN = \underline{1\,700\,\mathrm{N}}$

b) $M = Fr = \underline{238\,\mathrm{N} \cdot \mathrm{m}}$

c) $P = M \cdot 2\pi n = \underline{24\,\mathrm{kW}}$

748. Da der Leiter an der Bewegung gehindert ist, kann keine Quellenspannung auftreten. Der Strom erhöht sich, wodurch sich der Leiter stärker erwärmt als vorher.

749. $W = \dfrac{LI^2}{2} = \dfrac{\mu_0 N^2 A I^2}{2l} = \underline{12\,\mathrm{mJ}}$

750. a) $W = \dfrac{LI^2}{2} = \underline{0{,}063\,\mathrm{mJ}}$ b) $\underline{0{,}5\,\mathrm{mJ}}$

751. $W = \dfrac{N^2\mu_0 A I^2}{2l} = \underline{2{,}88\,\text{J}}$

752. $H = \dfrac{B}{\mu_0} = 1{,}51 \cdot 10^6\,\text{A/m}; \quad d = 1\,\text{mm};$

$V = 2 \cdot 2{,}7 \cdot 0{,}1\,\text{cm}^3 = 0{,}54\,\text{cm}^3;$

$W = \dfrac{HBV}{2} = \underline{0{,}77\,\text{J}}$

753. Die Feldstärke am Rohrumfang ist

$H = \dfrac{200\,000\,\text{A}}{2\pi \cdot 0{,}007\,5\,\text{m}} = 4{,}244 \cdot 10^6\,\text{A/m};$

$\dfrac{W}{V} = \dfrac{H^2\mu_0}{2} = 11{,}32 \cdot 10^6\,\text{J/m}^3; \quad \dfrac{W}{V} = \dfrac{F}{A} = p;$

$p = 11{,}32 \cdot 10^6\,\text{N/m}^2 = \underline{11{,}3\,\text{MPa}}$

754. $W = \dfrac{B^2\delta A}{2\mu_0}; \quad \delta = \dfrac{2W\mu_0}{B^2 A} = \underline{5\,\text{mm}}$

755. $W = \dfrac{B^2 V}{2\mu_0}; \quad B = \sqrt{\dfrac{2W\mu_0}{V}} = \underline{0{,}915\,\text{T}}$

756. Durch Auszählen zwischen Ordinate und Magnetisierungskennlinie ergeben sich 21 Kästchen, zu je $0{,}1\,\text{V} \cdot \text{s/m}^2 \cdot 100\,\text{A/m} = 10\,\text{J/m}^3$. Damit folgt eine volumenbezogene Arbeit $W' = 21 \cdot 10 \cdot 10^{-6}\,\text{J/cm}^3 = \underline{210\,\mu\text{J/cm}^3}$.

757. Die Auszählung ergibt 27 Kästchen zu je $10\,\text{J/m}^3$, sodass

$W = 27 \cdot 10\,\text{J/m}^3 \cdot 95 \cdot 10^{-6}\,\text{m}^3 = \underline{25{,}7\,\text{mJ}}$

758. $V_\text{E} = (2 \cdot 5 + 2 \cdot 2{,}75)\,\text{cm}^3 = 15{,}5\,\text{cm}^3;$

36 Kästchen je $10\,\text{J/m}^3$;

$W_\text{E} = 36 \cdot 15{,}5 \cdot 10^{-6}\,\text{m}^3 \cdot 10\,\text{J/m}^3 = 5{,}58\,\text{mJ};$

$V_\text{L} = 0{,}2\,\text{cm}^3; \quad H = \dfrac{B}{\mu_0} = 1{,}114 \cdot 10^6\,\text{A/m};$

$W_\text{L} = 0{,}156\,\text{J}; \quad W_\text{ges} = W_\text{E} + W_\text{L} = \underline{0{,}162\,\text{J}}$

759. Bei Vergrößerung des Luftspaltes wird die magnetische Flussdichte und damit die Induktivität des magnetischen Kreises kleiner, da die Durchflutung konstant ist. Entsprechend vermindert sich die Feldenergie um $\dfrac{\Delta L}{2} I^2$.

Der Fluss nimmt dabei ebenfalls ab um $\Delta\Phi = \dfrac{\Delta L}{N} I$, wodurch die Quellenspannung $u_\text{q} = N\dfrac{\Delta\Phi}{\text{d}t} = \dfrac{\Delta L I}{\text{d}t}$ induziert wird. Diese liefert die elektrische Arbeit $\int u_\text{q} I\,\text{d}t = \int \dfrac{\Delta L I I\,\text{d}t}{\text{d}t} = \Delta L I^2$, die der Batterie zugeführt wird. Letztere besteht somit je zur Hälfte aus dem Energierückgang des Feldes und der aufgewandten mechanischen Arbeit.

760. a) Durch Auszählen ergeben sich innerhalb der Hysteresisschleife 120 Kästchen zu je $0{,}2\,\text{V} \cdot \text{s/m}^2 \cdot 1\,000\,\text{A/m} = 200\,\text{W} \cdot \text{s/m}^3$;

$W_\text{H} = 120 \cdot 200\,\text{W} \cdot \text{s/m}^3 = 24\,000\,\text{J/m}^3 = \underline{0{,}024\,\text{J/cm}^3}$

b) $\underline{0{,}004\,4\,\text{J/cm}^3}$ c) $\underline{0{,}016\,\text{J/cm}^3}$

761. a) $\dfrac{24 \cdot 10^{-3}\,\text{J/cm}^3 \cdot 10^3\,\text{cm}^3}{7{,}8\,\text{kg}} = \underline{3{,}08\,\text{J/kg}}$

b) $\underline{0{,}56\,\text{J/kg}}$ c) $\underline{2{,}05\,\text{J/kg}}$

762. a) $P = Wf = \dfrac{3{,}08\,\text{J/kg} \cdot 50}{\text{s}} = \underline{154\,\text{W/kg}}$

b) $\underline{28\,\text{W/kg}}$ c) $\underline{103\,\text{W/kg}}$

763. $F = \dfrac{B^2 A}{2\mu_0} = \dfrac{0{,}64^2\,\text{V}^2 \cdot \text{s}^2/\text{m}^4 \cdot 5{,}4 \cdot 10^{-4}\,\text{m}^2}{2 \cdot 1{,}257\,\text{V} \cdot \text{s/(A} \cdot \text{m)} \cdot 10^{-6}} = \underline{88\,\text{N}}$

764. $B = \sqrt{\dfrac{2\mu_0 F}{A}} = \sqrt{\dfrac{2 \cdot 1{,}257 \cdot 10^{-6}\,\text{V} \cdot \text{s/(A} \cdot \text{m)} \cdot 120\,\text{N}}{5{,}4 \cdot 10^{-4}\,\text{m}^2}} = \underline{0{,}75\,\text{T}}$

765. $B = \underline{0{,}59\,\text{T}}$

766. a) $A_\text{E} = (4 + 2 \cdot 2)5\,\text{cm}^2 = 40\,\text{cm}^2;$

$B = \sqrt{\dfrac{2\mu_0 F}{A}} = \underline{0{,}561\,\text{T}}$

b) $B_\text{L} = 0{,}556\,\text{T}; \quad B_\text{E} = \dfrac{0{,}556\,\text{T}}{0{,}95} = 0{,}59\,\text{T};$

$H_\text{E} = 130\,\text{A/m}; \quad H_\text{L} = 442\,000\,\text{A/m};$

$l_\text{E} = 31\,\text{cm}; \quad IN = \sum Hl = \underline{748\,\text{A}}$

c) $P = INl_\text{m}\varrho J = \underline{9{,}32\,\text{W}}$

767. $A_\text{W} = (80 \cdot 35)\,\text{mm}^2 = 2\,800\,\text{mm}^2;$

$IN = Jk_\text{Cu}A_\text{w} \cdot 0{,}8 = 5\,824\,\text{A};$

nach S. 61 ist $B_0 = \dfrac{\mu_0 IN}{\delta} = 4{,}575\,\text{T};$

$H_0 = \dfrac{IN}{l_\text{E}} = 18\,800\,\text{A/m};$

die Luftspaltgerade verläuft sehr steil und schneidet die Magnetisierungskennlinie bei etwa 1,75 T.

Die magnetische Flussdichte an den Polflächen ist wegen des Eisenfüllfaktors

$B = 1{,}75\,\text{T} \cdot 0{,}95 = 1{,}663\,\text{T}$;

$A = 40\,\text{cm}^2$; $F = \underline{4\,400\,\text{N}}$

768. $B = \underline{0{,}41\,\text{T}}$

769. a) $A = 12{,}5\,\text{cm}^2$; $B = 0{,}1740\,\text{T}$;

$IN = \dfrac{B \cdot 2\delta}{\mu_0} = 1\,384\,\text{A}$;

mittlere Windungslänge $l_m = (4 \cdot 4)\,\text{cm} = 16\,\text{cm}$;

$A_w = 0{,}65 \cdot (46 \cdot 13)\,\text{mm}^2 = 389\,\text{mm}^2$;

nach S. 65 ist $N = \dfrac{UA_w}{\Theta \varrho l_m} = \underline{20\,200}$

b) $A = \dfrac{389\,\text{mm}^2}{20\,200} = 0{,}019\,\text{mm}^2$; $d = \underline{0{,}16\,\text{mm}}$

c) $I = \dfrac{IN}{N} = \underline{0{,}069\,\text{A}}$

770. Bei gegebener Durchflutung ist nach der Anleitung auf S. 61 zu verfahren.

$B_0 = \dfrac{\mu_0 IN}{\delta} = 8{,}84\,\text{T}$; $H_0 = \dfrac{IN}{l_E} = 7\,690\,\text{A/m}$

mittlerer Eisenweg lt. Skizze $l_E = 18{,}3\,\text{cm}$; die steile Luftspaltgerade schneidet die Magnetisierungskennlinie bei etwa $B = 1{,}65\,\text{T}$;

$A = 12\,\text{cm}^2$; $F = \underline{1\,300\,\text{N}}$

771. a) $A_1 = 854\,\text{cm}^2$ (Kreisring);

$A_2 = 427\,\text{cm}^2$ (Kreisring);

$F = \dfrac{\Phi^2}{2\mu_0 A_1} + \dfrac{\Phi^2}{2\mu_0 A_2}$;

$\Phi = \sqrt{\dfrac{2\mu_0 F A_1 A_2}{A_1 + A_2}} = 0{,}050\,\text{Wb}$

Teil des Magneten	1	2	3	4	Luftspalt innen	Luftspalt außen
Feldlinienweg l in cm	15,6	17	25,5	36	0,5	0,5
Querschnitt A in cm²	854	427	1100	640	427	854
Flussdichte B in T	0,59	1,17	0,45	0,78	1,17	0,59
Feldstärke H in A/m	130	450	110	180	931 000	469 000
magnetische Spannung Hl in A	20,3	76,5	28,1	64,8	4 655	2 345

gesamte Durchflutung $\sum Hl = \underline{7\,190\,\text{A}}$

b) $A_w = (18{,}5 \cdot 8)\,\text{cm}^2 = 148\,\text{cm}^2$;

$l_m = 0{,}45\,\text{m} \cdot \pi = 1{,}414\,\text{m}$

$N = \dfrac{UA_w k_{Cu}}{\Theta \varrho l_m} = \underline{7\,100}$

c) $A = \dfrac{k_{Cu} A_w}{N} = 1{,}77\,\text{mm}^2$; $d = \underline{1{,}5\,\text{mm}}$

d) $J = \dfrac{IN}{k_{Cu} A_w} = \underline{0{,}60\,\text{A/mm}^2}$

e) $I = JA = \underline{1{,}1\,\text{A}}$ f) $P = UI = \underline{242\,\text{W}}$

772. Es ist zunächst nach dem auf S. 61 angegebenen Verfahren die magnetische Flussdichte bei den einzelnen Luftspaltbreiten zu ermitteln (Bild 349), wobei in die Berechnung von B_0 der doppelte Wert für δ einzusetzen ist, weil der magnetische Fluss den Luftspalt zweimal durchsetzt.

$H_0 = \dfrac{500\,\text{A}}{0{,}32\,\text{m}} = 1\,560\,\text{A/m}$;

	a)	b)	c)	d)	e)	f)
δ in mm	0,05	0,1	0,15	0,25	0,5	1
B_0 in T	6,28	3,14	2,09	1,26	0,628	0,314
B in T	1,4	1,34	1,25	1,0	0,58	0,3

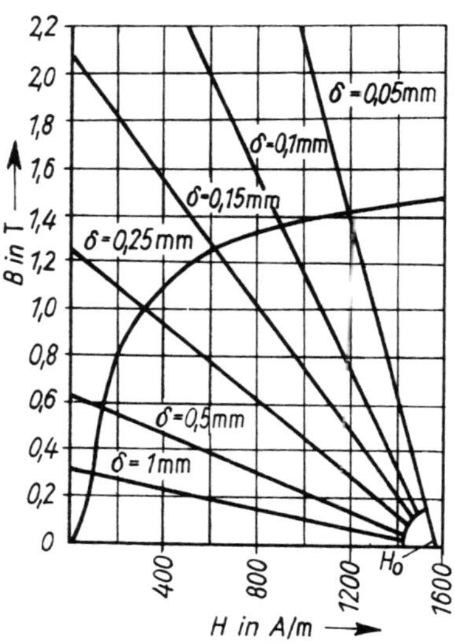

Bild 349: Aufgabe 772

Hieraus ergeben sich die Zugkräfte (Bild 350):

	a)	b)	c)	d)	e)	f)
F in N	624	571	497	318	107	29

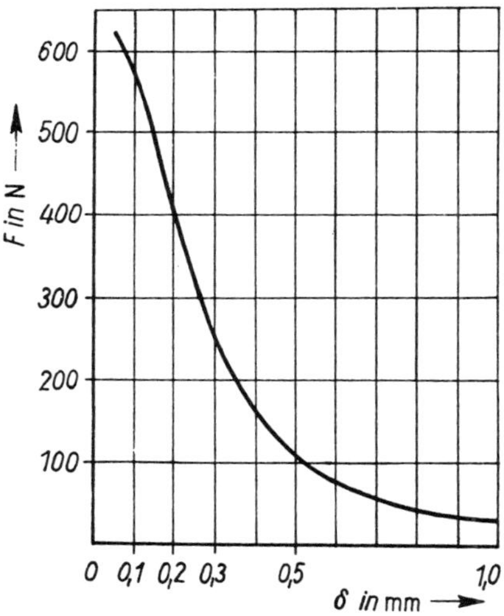

Bild 350: Aufgabe 772

773. a) $F = \dfrac{\Phi^2}{2\mu_0 A} = \underline{16{,}3\,\text{N}}$

b) $\underline{5{,}6\,\text{N}}$ c) $\underline{0{,}88\,\text{N}}$

774. $\Phi = \sqrt{2\mu_0 FA}$

$$= \sqrt{2 \cdot 1{,}257 \cdot 10^{-6}\,\frac{\text{V} \cdot \text{s}}{\text{A} \cdot \text{m}} \cdot 1{,}76\,\text{N} \cdot 1{,}4 \cdot 10^{-4}\,\text{m}^2}$$
$$= 24{,}9\,\mu\text{Wb};$$

Teil	Anker, Kern	Polpl.	Luftspalt	Joch
A in cm^2	0,4	1,4	1,4	0,625
B in T	0,623	0,178	0,178	0,398
H in A/m	167	47	141 720	106
l in m	0,085	0,0025	0,0012	0,09
Hl in A	14,0	0,1	170,1	9,5

gesamte Durchflutung $\sum Hl = 193{,}7$ A;

Erregerstrom $I = \underline{19{,}4\,\text{mA}}$

775. $B = \sqrt{\dfrac{2\mu_0 F}{A}} = \underline{0{,}50\,\text{T}};$

$\Phi = BA = \underline{12{,}6\,\text{mWb}}$

776. $L = \dfrac{N\Phi}{I} = \dfrac{N}{I}\sqrt{2\mu_0 FA} = \underline{31\,\text{H}}$

777. Wegen $L = \dfrac{\Phi N}{I}$ ist mit $\Phi = \dfrac{LI}{N}$

die Kraft $F = \dfrac{L^2 I^2}{N^2 \cdot 2\mu_0 A} = \underline{26\,\text{N}}.$

778. Da der magnetische Fluss derselbe bleibt, verdoppelt sich der Nenner in der oben angegebenen Formel, sodass die Zugkraft nur noch die Hälfte beträgt.

779. a) Zwischen Polen und Anker entsteht ein magnetisches Feld, in dem die Arbeit in Form magnetischer Feldenergie gespeichert ist.

b) Die mechanische Arbeit entspricht dem Gegenwert der Energie des verschwindenden magnetischen Feldes.

780. a) $E = \dfrac{U}{d} = \dfrac{230\,\text{V}}{0{,}001\,\text{m}} = \underline{230\,\text{kV/m}}$

b) $\underline{46\,\text{kV/m}}$ c) $\underline{23\,\text{kV/m}}$ d) $\underline{6{,}57\,\text{kV/m}}$

e) $\underline{4{,}6\,\text{kV/m}}$ f) $\underline{23\,\text{MV/m}}$

781. a) $U = Ed = \underline{5{,}8\,\text{V}}$ b) $\underline{55{,}1\,\text{V}}$

c) $\underline{136\,\text{V}}$ d) $\underline{290\,\text{V}}$ e) $\underline{11{,}6\,\text{kV}}$

782. $E = \dfrac{U}{d} = \dfrac{IR}{d} = \dfrac{I\varrho d}{Ad} = \dfrac{I\varrho}{A} = \underline{60\,\text{mV/m}}$

783. $E = \dfrac{U}{d} = \dfrac{U}{l_\text{m} N} = \dfrac{79\,\text{V}}{2\,042\,\text{m}} = \underline{3{,}87\,\text{mV/m}}$

784. $I = \dfrac{U}{R} = \dfrac{Ed}{R} = \dfrac{EdA}{\varrho d} = \dfrac{EA}{\varrho} = \underline{17{,}9\,\text{A}}$

785. $d = \dfrac{U}{E} = \dfrac{135\,\text{V}}{8\,500\,\text{V/m}} = \underline{1{,}59\,\text{cm}}$

786. $A = \dfrac{\varrho l}{R} = \dfrac{\varrho l I}{U} = \dfrac{\varrho I}{E} = 2{,}9\,\text{mm}^2;$

$d = \underline{1{,}92\,\text{mm}}$

787. $E = \dfrac{U}{r_\text{i} \ln \dfrac{r_\text{a}}{r_\text{i}}} = \underline{690\,\text{kV/m}}$

788. $E = \dfrac{U}{r \ln \dfrac{r_\text{a}}{r_\text{i}}};$ a) $\underline{685\,\text{kV/m}}$

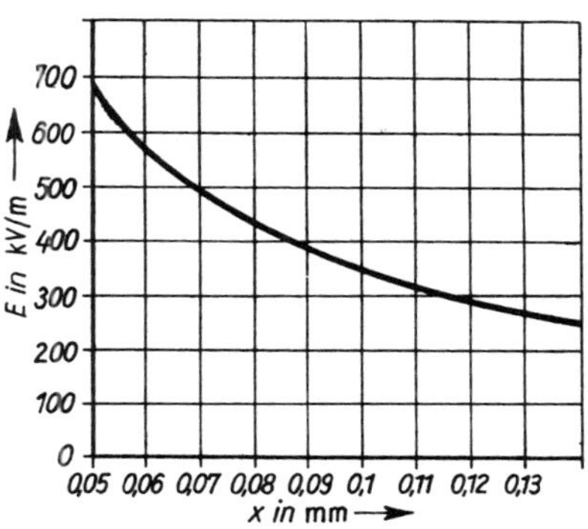

Bild 351: Aufgabe 788

b) $\underline{571\,\mathrm{kV/m}}$ c) $\underline{428\,\mathrm{kV/m}}$ d) $\underline{342\,\mathrm{kV/m}}$

e) $\underline{34\,\mathrm{kV/m}}$ f) $\underline{8{,}6\,\mathrm{kV/m}}$ (Bild 351)

789. $E = \dfrac{U}{r_\mathrm{i}\ln\dfrac{r_\mathrm{a}}{r_\mathrm{i}}} = \underline{1\,825\,\mathrm{kV/m}}$

790. $d = \dfrac{U}{E} = \dfrac{450\,\mathrm{V}}{20\,000\,\mathrm{V/cm}} = \underline{0{,}23\,\mathrm{mm}}$

791. $E = \dfrac{U}{r} = \dfrac{3\,500\,\mathrm{V}}{0{,}05\,\mathrm{m}} = \underline{70\,\mathrm{kV/m}}$

792. $r = \dfrac{U}{E} = \dfrac{10^6\,\mathrm{V}}{2\cdot 10^4\,\mathrm{V/cm}} = \underline{50\,\mathrm{cm}}$

793. $r = \dfrac{U}{E} = \dfrac{230\,\mathrm{V}}{2\cdot 10^4\,\mathrm{V/cm}} = \underline{0{,}115\,\mathrm{mm}}$

794. a) $\underline{d = 0{,}237\,\mathrm{mm}}$ b) $\underline{0{,}095\,\mathrm{mm}}$

c) $\underline{0{,}054\,\mathrm{mm}}$

795. $r = \dfrac{U}{E} = \dfrac{18\,000\,\mathrm{V}}{20\,000\,\mathrm{V/cm}} = \underline{0{,}9\,\mathrm{cm}}$

796. $Q = DA = \varepsilon_0\varepsilon_\mathrm{r}EA = \dfrac{\varepsilon_0\varepsilon_\mathrm{r}UA}{d}$;

a) $\underline{199\,\mathrm{nC}}$ b) $\underline{6{,}97\,\mu\mathrm{C}}$

c) $\underline{335\,\mathrm{nC}}$ d) $\underline{1{,}036\,\mu\mathrm{C}}$

797. a) $A = 4\pi r^2 = 201\,\mathrm{cm}^2$;

$D = \dfrac{Q}{A} = \underline{0{,}249\,\mu\mathrm{C/m}^2}$

b) $E = \dfrac{D}{\varepsilon_0} = \underline{28\,120\,\mathrm{V/m}}$ c) $U = rE = \underline{1\,125\,\mathrm{V}}$

798. $\varepsilon_\mathrm{r} = \dfrac{Qd}{\varepsilon_0 UA}$; a) $\underline{5}$ b) $\underline{5}$ c) $\underline{6{,}4}$ d) $\underline{8{,}2}$

799. 1a) $U = E_\mathrm{d}d = \underline{144\,\mathrm{kV}}$

b) $\underline{100\,\mathrm{kV}}$ c) $\underline{140\,\mathrm{kV}}$

2a) $Q = \varepsilon_0\varepsilon_\mathrm{r}E_\mathrm{d}A = \underline{5\cdot 10^{-7}\,\mathrm{C}}$

b) $\underline{382\,\mathrm{nC}}$ c) $\underline{389\,\mathrm{nC}}$

800. a) Hierbei wird an der vorhandenen Ladungsmenge bzw. Ladungsdichte nichts geändert, sodass $D_1 = \varepsilon_0\dfrac{U_1}{d} = \varepsilon_0\varepsilon_\mathrm{r}\dfrac{U_2}{d}$ und

$U_2 = \dfrac{U_1}{\varepsilon_\mathrm{r}} = \dfrac{230}{2{,}1} = \underline{109{,}5\,\mathrm{V}}$

b) $\underline{6{,}31\,\mathrm{V}}$

801. In diesem Fall ist die Feldstärke konstant, sodass $E = \dfrac{U}{d}$ ist;

a) $Q = \dfrac{\varepsilon_0\varepsilon_\mathrm{r}UA}{d} = \underline{43{,}2\,\mathrm{nC}}$ b) $\underline{404\,\mathrm{nC}}$

802. $U_\mathrm{q} = \dfrac{Q}{\varepsilon_0\varepsilon_\mathrm{r}A}$

$= \dfrac{1{,}99\cdot 10^{-6}\,\mathrm{A\cdot s}}{8{,}854\cdot 10^{-12}\,\mathrm{A\cdot s/(V\cdot m)}\cdot 7{,}5\cdot 60\cdot 10^{-4}\,\mathrm{m}^2}$

$= \underline{5\,000\,\mathrm{kV/m}}$

803. $C = C_1 + C_2 + C_3 + C_4 = \underline{0{,}75\,\mu\mathrm{F}}$

804. $C = \dfrac{C_1}{4} = \underline{0{,}5\,\mu\mathrm{F}}$

805. $C = \dfrac{1}{\dfrac{1}{C_1}+\dfrac{1}{C_2}+\dfrac{1}{C_3}} = \dfrac{C_1C_2C_3}{C_2C_3 + C_1C_3 + C_1C_2}$

$= \underline{27{,}3\,\mathrm{pF}}$

806. $C = \dfrac{C_1C_2}{C_1+C_2} + C_3 = \underline{5{,}2\,\mu\mathrm{F}}$

807. $C_\mathrm{ges} = \dfrac{\left(\dfrac{C_2C_3}{C_2+C_3} + C_4\right)C_1}{\dfrac{C_2C_3}{C_2+C_3} + C_4 + C_1} + C_5$

$= \dfrac{\left(\dfrac{C}{2}+C\right)C}{\dfrac{C}{2}+2C} + C = 1\dfrac{3}{5}C = \underline{720\,\mathrm{pF}}$

808. $C_\mathrm{ges} = \dfrac{(C_1+C_2)(C_3+C_4)}{C_1+C_2+C_3+C_4} = \underline{77{,}5\,\mathrm{pF}}$

809. (Bild 352 und 353) Von rechts nach links fortschreitend ist $C_\mathrm{AB} = \dfrac{C}{3} + C = \dfrac{4}{3}C$;

$C_\mathrm{CD} = \dfrac{\dfrac{C}{2}\,\dfrac{4}{3}C}{\dfrac{C}{2} + \dfrac{4C}{3}} + C = \dfrac{15}{11}C$;

$C_\mathrm{ges} = \dfrac{\dfrac{C}{2}\,\dfrac{15C}{11}}{\dfrac{C}{2} + \dfrac{15C}{11}} = \dfrac{15C}{41} = \underline{73{,}2\,\mathrm{pF}}$

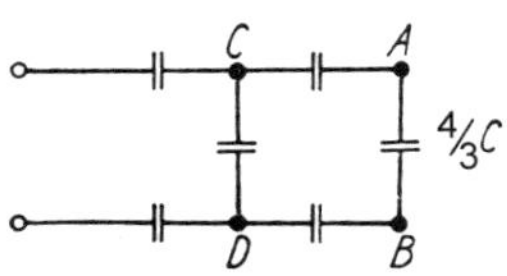

Bild 352: Aufgabe 809

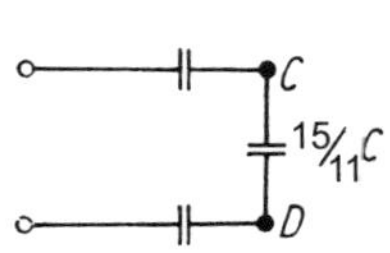

Bild 353: Aufgabe 809

810. a) $C_{AB} = \dfrac{1}{0{,}003\,3 + 0{,}002\,5 + 0{,}01}\,\text{pF} + 200\,\text{pF} = \underline{263{,}2\,\text{pF}}$

b) $C_{BC} = \underline{357{,}1\,\text{pF}}$ c) $C_{CD} = \underline{454{,}5\,\text{pF}}$

d) $C_{DA} = \underline{192{,}3\,\text{pF}}$ e) $C_{AC} = \underline{200\,\text{pF}}$

f) $C_{BD} = \underline{238{,}1\,\text{pF}}$

811. C_{AB} (rechte Hälfte) $= \dfrac{C}{3} + C = \dfrac{4}{3}C$;

$C_{ges} = \dfrac{C}{3} + \dfrac{4C}{3} = \dfrac{5C}{3} = \underline{2{,}5\,\mu\text{F}}$

812. Aus den Gleichungen $C_1 + C_2 = 300\,\text{pF}$ und $\dfrac{C_1C_2}{C_1 + C_2} = 50\,\text{pF}$ erhält man

$C_1 = \underline{236{,}6\,\text{pF}}$ und $C_2 = \underline{63{,}4\,\text{pF}}$.

813. $C_2 = \dfrac{CC_1}{C_1 - C} = \underline{1\,181\,\text{pF}}$ (Reihenschaltung)

814. Zur Vergrößerung muss ein Kondensator parallel dazu geschaltet werden, und zwar $(35 \cdot 0{,}2)\,\mu\text{F} = \underline{7\,\mu\text{F}}$.

815. Ursprüngliche Kapazität $C = 78{,}3$ pF; nachher $C' = 93{,}75$ pF;

a) Zunahme $\Delta C = \underline{15{,}3\,\text{pF}}$ b) $\dfrac{\Delta C}{C} = \underline{19{,}5\,\%}$

816. $1 \parallel 2 \parallel 3 : \underline{8\,000\,\text{pF}}$; $1 - 2 - 3 : \underline{588\,\text{pF}}$;

$(1-2) \parallel 3 : \underline{5\,667\,\text{pF}}$;

$(2-3) \parallel 1 : \underline{2\,429\,\text{pF}}$; $(1-3) \parallel 2 : \underline{2\,833\,\text{pF}}$;

$1 - (2 \parallel 3) : \underline{875\,\text{pF}}$;

$3 - (1 \parallel 2) : \underline{1\,875\,\text{pF}}$; $2 - (1 \parallel 3) : \underline{1\,500\,\text{pF}}$

817. $C + \dfrac{C}{2} = 2\,500\,\text{pF}$; $C = \underline{1\,667\,\text{pF}}$

818. a) $500 : 30 = \underline{16{,}7 : 1}$ b) $C_1 = 143\,\text{pF}$;

$C_2 = 26{,}1\,\text{pF}$; $143 : 26{,}1 = \underline{5{,}48 : 1}$

819. Vor der Erdung

$Q_1 = Q_2 = 2U\dfrac{C_1C_2}{C_1 + C_2} = \underline{0{,}375\,\text{mC}}$;

nach der Erdung $Q_1 = UC_1 = 0{,}3\,\mu\text{C}$ und $Q_2 = UC_2 = 0{,}5\,\mu\text{C}$; C_1 gibt ab $75\,\mu\text{C}$; C_2 nimmt auf $125\,\mu\text{C}$. Unter Beachtung der Ladungsvorzeichen fließen dem Erdungspunkt zu

$\Delta Q = [1{,}25 - (-0{,}75)] \cdot 10^{-4}\,\text{C} = \underline{0{,}2\,\text{mC}}$

820. a) $Q = \dfrac{C_1C_2}{C_1 + C_2}U = \underline{46\,\mu\text{C}}$

b) $U_1 = \dfrac{Q}{C_1} = \underline{77\,\text{V}}$; $U_2 = \underline{153\,\text{V}}$

821. An jedem Kondensator liegt zuerst die Spannung $U/2$; dann beträgt die Gesamtkapazität

$\dfrac{C\varepsilon_rC}{C + \varepsilon_rC} = \dfrac{\varepsilon_rC}{\varepsilon_r + 1}$.

Hinsichtlich der Spannung gilt:

$U_2 = \dfrac{UC}{C(\varepsilon_r + 1)} = \dfrac{U}{\varepsilon_r + 1}$ und $U_1 = \dfrac{\varepsilon_rU}{\varepsilon_r + 1}$.

Änderung: $\Delta U_2 = \dfrac{U}{2} - \dfrac{U}{\varepsilon_r + 1} = \underline{\dfrac{U}{2}\dfrac{\varepsilon_r - 1}{\varepsilon_r + 1}}$

822. Da in Reihenschaltung alle Kondensatoren gleiche Ladung tragen, gilt

$Q = C_2U_2 = C_1U_1$; $U_1 = \dfrac{C_2U_2}{C_1} = \underline{80\,\text{V}}$;

$U_3 = \underline{160\,\text{V}}$;

$U = U_1 + U_2 + U_3 = \underline{288\,\text{V}}$

823. $U_4 = \dfrac{C_5U_5}{C_4} = \underline{36\,\text{V}}$;

$U_{AB} = U_4 + U_5 = \underline{60\,\text{V}}$;

obere Reihe:

$\dfrac{1}{C'} = \dfrac{1}{C_1} + \dfrac{1}{C_2} + \dfrac{1}{C_3}$; $C' = \dfrac{12}{13}\,\mu\text{F}$;

$Q' = U_{AB}C' = 55{,}4\,\mu\text{C}$;

$U_1 = \dfrac{Q'}{C_1} = \underline{27{,}7\,\text{V}}$; $U_2 = \underline{18{,}5\,\text{V}}$; $U_3 = \underline{13{,}9\,\text{V}}$

824. a) $Q = Q_1 + Q_2 = C_1U_1 + C_2U_2 = \underline{880\,\mu\text{C}}$;

$C = C_1 + C_2 = 13\,\mu\text{F}$;

$U = \dfrac{Q}{C_1 + C_2} = \underline{67{,}7\,\text{V}}$

b) Infolge teilweisen Ladungsausgleiches verbleibt $Q' = Q_1 - Q_2 = 80\,\mu\text{C}$;

$U' = \dfrac{Q'}{C_1 + C_2} = \underline{6{,}2\,\text{V}}$

825. (Bild 354) Die anfängliche Ladung $Q = UC_1 = 300\,\mu\text{C}$ verteilt sich auf die Gesamtkapazität

$C_{AB} = C_1 + \dfrac{C_2C_3}{C_2 + C_3} = 3\dfrac{2}{3}\,\mu\text{F}$;

$U_{AB} = U_1 = \dfrac{Q}{C_{AB}} = \underline{81{,}8\,\text{V}}$;

$U_3 = \dfrac{U_1C_2}{C_2 + C_3} = \underline{54{,}5\,\text{V}}$; $U_2 = \underline{27{,}3\,\text{V}}$

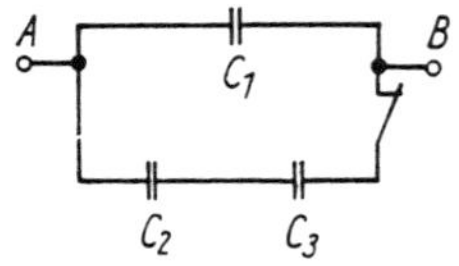

Bild 354: Aufgabe 825

826. a) $Q = UC = 230\,\text{V} \cdot 500 \cdot 10^{-12}\,\text{F}$
$= \underline{0{,}115\,\mu\text{C}}$

b) $\underline{0{,}040\,25\,\mu\text{C}}$ c) $\underline{0{,}528\,\text{mC}}$ d) $\underline{225\,\mu\text{C}}$

e) $\underline{30\,\text{nC}}$ f) $\underline{100\,\mu\text{C}}$

827. a) $C = \dfrac{Q}{U} = \dfrac{0{,}5 \cdot 10^{-6}\,\text{A} \cdot \text{s}}{1\,\text{V}} = \underline{0{,}5\,\mu\text{F}}$

b) $\underline{5{,}83\,\text{nF}}$ c) $\underline{68\,\text{nF}}$ d) $\underline{0{,}15\,\mu\text{F}}$ e) $\underline{2\,\mu\text{F}}$

828. $C = \dfrac{(n-1)\varepsilon_0\varepsilon_r A}{d} = \underline{6\,884\,\text{pF}}$

829. $n' - 1 = \dfrac{(n-1)C'}{C} = 12; \quad n' = 13;$

entfernt wurden also $\underline{5}$ Folien.

830. $C = \dfrac{2\varepsilon_0\varepsilon_r A}{d} = \underline{0{,}92\,\mu\text{F}}$

831. $l = \dfrac{Cd}{2\varepsilon_0\varepsilon_r b} = \underline{44\,\text{m}}$

832. Mit der Foliendicke d_1 und der Plattendicke d_2 ist bei n Folien die Gesamtdicke

$$d = d_1 n + d_2(n+1); \quad n = \frac{d - d_2}{d_1 + d_2};$$

$$n - 1 = \frac{d - d_1 - 2d_2}{d_1 + d_2};$$

aus $C = \dfrac{\varepsilon_0\varepsilon_r A(d - d_1 - 2d_2)}{(d_1 + d_2)d_2}$

ergibt sich die Plattendicke $d_2 = \underline{2{,}94\,\text{mm}}$;

$n = \underline{11{,}52\text{ Folien}}$. Mit 11 Folien wird die Kapazität ein wenig kleiner.

833. a) $C = \dfrac{\varepsilon_0\varepsilon_r(n-1)A}{d} = \underline{2{,}27\,\text{nF}}$

b) $m_{\text{Al}} = 11(87{,}5 \cdot 0{,}01)\,\text{cm}^3 \cdot 2{,}7\,\text{g/cm}^3 = 26\,\text{g};$

$m_{\text{Gl}} = 12(13{,}5 \cdot 8{,}0 \cdot 0{,}3)\,\text{cm}^3 \cdot 2{,}6\,\text{g/cm}^3$
$= 1\,011\,\text{g};$

Gesamtmasse $m = \underline{1\,037\,\text{g}}$

834. $C = \dfrac{\varepsilon_0\varepsilon_r 2\pi l r}{d} = \underline{717\,\text{pF}}$

835. Mittlerer Röhrchenradius $r_m = r_a - \dfrac{d}{2}$;

$$C = \frac{\varepsilon_0\varepsilon_r 2\pi l\left(r_a - \frac{d}{2}\right)}{d};$$

hieraus folgt $d = \underline{0{,}13\,\text{mm}}$.

836. Aus dem Ansatz von Aufgabe 835 folgt

$r_a = \underline{0{,}43\,\text{cm}}$; $D = \underline{0{,}87\,\text{cm}}$

837. Aus der Gleichung

$$\frac{\varepsilon_0\varepsilon_r 2\pi l\left(r_a - \frac{d_1}{2}\right)}{d_1} = \frac{\varepsilon_0\varepsilon_r D^2\pi}{4d_2} \text{ folgt } D = \underline{1{,}38\,\text{cm}}.$$

838. $C = 4\pi\varepsilon_0 r = \underline{1{,}11\,\text{pF}}$

839. $C = 4\pi\varepsilon_0 r = \underline{710\,\mu\text{F}}$

840. Hat die Kapazität dieses Kondensators den x-fachen Wert, so gilt:

$$x\left[\varepsilon_0\varepsilon_r(n-1)\frac{A}{d}\right] = \varepsilon_0\varepsilon_r(n-1)\frac{4A}{2d}; \quad \underline{x = 2}$$

841. $$\frac{x\left[\varepsilon_0\varepsilon_r 2\pi l\left(r_a - \frac{d}{2}\right)\right]}{d} = \frac{\varepsilon_0\varepsilon_r 2\pi 2l\left(2r_a - \frac{d}{2}\right)}{d};$$

hieraus ergibt sich $x = \dfrac{8r_a - 2d}{2r_a - d}$;

wenn $d \ll r_a$ ist, ergibt sich $x = 4$, d. h. die $\underline{\text{4fache}}$ Kapazität.

842. $$\frac{\varepsilon_0\varepsilon_r 2\pi l\left(r_a - \frac{d}{2}\right)}{d} = \frac{\varepsilon_0\varepsilon_r 2\pi 3l\left(\frac{r_a}{2} - \frac{d'}{2}\right)}{d'};$$

hieraus erhält man $d' = \dfrac{3r_a d}{2(r_a + d)} = \underline{0{,}288\,\text{mm}}$.

843. $C = \dfrac{Q}{U} = \dfrac{\varepsilon_0 A}{d}$; $A = \dfrac{Qd}{U\varepsilon_0} = \underline{491\,000\,\text{m}^2}$

844. $C = \dfrac{2\pi\varepsilon_0\varepsilon_r l}{\ln 10} = \underline{1\,044\,\text{pF}}$

845. Die Kapazität ist der Länge proportional;

$l_2 = \dfrac{C_2 l_1}{C_1} = \underline{14{,}7\,\text{m}}$

846. $\ln\dfrac{d_a}{d_i} = \dfrac{2\pi\varepsilon_0\varepsilon_r l}{C} = 2{,}67;$

$\dfrac{d_a}{d_i} = 14{,}4; \quad d_a = \underline{34{,}7\,\text{mm}}$

847. a) $\ln \frac{d_a}{d_i} = \frac{2\pi\varepsilon_0\varepsilon_r l}{C}$; $d_a = \underline{1{,}44\,\text{cm}}$

b) $d_a = \underline{2{,}88\,\text{cm}}$ c) $d_a = \underline{4{,}33\,\text{cm}}$

d) $d_a = \underline{5{,}78\,\text{cm}}$

848. $\ln \frac{d_a}{d_i} = 0{,}39$; $d_a : d_i = \underline{1{,}48 : 1}$

849. $C = \underline{0{,}51\,\mu\text{F}}$

850. $$l = \frac{C \ln \frac{1\,300}{0{,}125}}{2\pi\varepsilon_0} = \underline{7{,}15\,\text{km}}$$

851. $$\frac{C'}{C} = \frac{\ln \frac{7\,000}{1{,}25}}{\ln \frac{9\,000}{1{,}25}} = 0{,}97 = 97\,\%$$

Die Verringerung beträgt $\underline{3\,\%}$.

852. $$C = \frac{\pi\varepsilon_0 l}{\ln \frac{d}{r}} = \underline{469\,\text{pF}}$$

853. Da das Verhältnis d/r konstant bleiben muss, gilt $\frac{d'}{1{,}25} = \frac{d}{0{,}9}$; $d' = \underline{1{,}39\,d}$.

854. Es gilt die Gleichung

$$\frac{l'}{\ln \frac{2d}{r}} = \frac{l}{\ln \frac{d}{r}}; \quad l' = \underline{1{,}13\,l}$$

855. a) $$\frac{l}{\ln \frac{d}{r}} = \frac{2l}{\ln \frac{d'}{r}}; \quad d' = \frac{d^2}{r} \qquad \text{b) } d'' = \underline{\frac{d^3}{r^2}}$$

856. Wenn $(2h/d)^2 \gg 1$, d. h., wenn der Drahtabstand viel kleiner als die doppelte Höhe der Leitung ist, kann die 1 im Nenner wegfallen. Es wird dann $\ln(d/r)^2 = 2\ln(d/r)$ usw.

857. Index 1 für Glas, Index 2 für Luft;

a) $\alpha = \frac{\varepsilon_2 d_1}{\varepsilon_1 d_2} = 0{,}060\,6$;

$U_2 = \frac{U}{1+\alpha} = \underline{2\,357\,\text{V}}$; $U_1 = U - U_2 = \underline{143\,\text{V}}$

b) $E_2 = \frac{U_2}{d_2} = \underline{429\,\text{kV/m}}$;

$E_1 = \underline{57{,}2\,\text{kV/m}}$

858. Index 1 für Glas, Index 2 für Luft;

a) $\alpha = 5{,}2$; $U_2 = \underline{403\,\text{V}}$; $U_1 = \underline{2\,097\,\text{V}}$

b) $E_2 = \underline{2{,}016\,\text{MV/m}}$; $E_1 = \underline{0{,}269\,\text{MV/m}}$

c) Die Durchschlagsspannung der Luft von 20 kV/cm wird überschritten.

859. Index 1 für Lack, Index 2 für Luft;

a) $\alpha = 0{,}267$; $U_2 = \underline{1\,184\,\text{V}}$

b) $E_2 = \underline{2{,}37\,\text{MV/m}}$ (Durchschlag!);

$E_1 = \underline{0{,}79\,\text{MV/m}}$

c) $E = \underline{1{,}67\,\text{MV/m}}$ (kein Durchschlag mehr!)

860. a) $$C = \frac{8{,}854 \cdot 10^{-12}\,\frac{\text{A}\cdot\text{s}}{\text{V}\cdot\text{m}} \cdot 3 \cdot 15 \cdot 10^{-4}\,\text{m}^2}{(0{,}04 + 3 \cdot 0{,}05) \cdot 10^{-2}\,\text{m}} = \underline{21\,\text{pF}}$$

b) $$C = \frac{8{,}854 \cdot 10^{-12}\,\frac{\text{A}\cdot\text{s}}{\text{V}\cdot\text{m}} \cdot 15 \cdot 10^{-4}\,\text{m}^2}{0{,}09 \cdot 10^{-2}\,\text{m}} = \underline{14{,}76\,\text{pF}}$$

c) $C = \underline{44{,}3\,\text{pF}}$

861. ε_2 (Luft) $= 1$; $\alpha = \frac{d_1}{\varepsilon_1(d-d_1)}$; dies in die oben angeführte Formel für U_1 eingesetzt und umgeformt, ergibt

$$U_1 = \frac{U d_1}{\varepsilon_1(d-d_1)+d_1}; \quad E_1 = \underline{\frac{U}{\varepsilon_1(d-d_1)+d_1}}$$

862. a) $E = \frac{4\,000\,\text{V}}{1{,}78\,\text{cm}} = 2{,}247\,\text{kV/cm} = \underline{0{,}224\,7\,\text{MV/m}}$

b) $\frac{4\,000\,\text{V}}{(3 \cdot 0{,}5 + 0{,}1)10^{-2}\,\text{m}} = \underline{0{,}25\,\text{MV/m}}$

c) $\underline{0{,}286\,\text{MV/m}}$ d) $\underline{0{,}333\,\text{MV/m}}$

e) $\underline{0{,}4\,\text{MV/m}}$ f) $\underline{0{,}5\,\text{MV/m}}$

g) $\underline{0{,}667\,\text{MV/m}}$

863. $\alpha = \frac{d-d_2}{\varepsilon_1 d_2}$;

$$U_2 = \frac{U}{1 + \frac{d-d_2}{\varepsilon_1 d_2}} = \frac{U\varepsilon_1 d_2}{d + d_2(\varepsilon_1 - 1)}$$

$$E_2 = \underline{\frac{U\varepsilon_1}{d + d_2(\varepsilon_1 - 1)}}$$

864. Bild 355

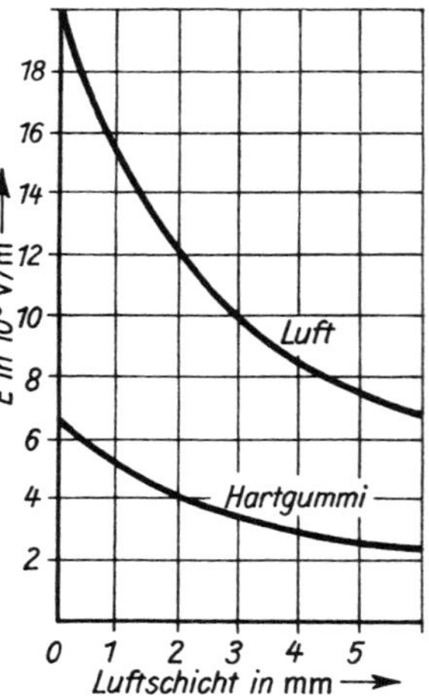

Bild 355: Aufgabe 864

865. Index 1 für Glimmer, Index 2 für Luft;

$U_1 = U - E_2(d - d_1);$

$$\frac{U_2}{U_1} = \frac{\varepsilon_1(d-d_1)}{\varepsilon_2 d_1} = \frac{E_2(d-d_1)}{U - E_2(d-d_1)};$$

$$d_1 = \frac{\varepsilon_1(E_2 d - U)}{E_2(\varepsilon_1 - \varepsilon_2)} = \underline{0{,}41\,\text{cm}}$$

866. a) $$C = \frac{8{,}854 \cdot 10^{-12}\,\frac{\text{A}\cdot\text{s}}{\text{V}\cdot\text{m}} \cdot 3{,}7 \cdot 12 \cdot 10^{-4}\,\text{m}^2}{(1 \cdot 0{,}4 + 3{,}7 \cdot 0{,}01) \cdot 10^{-2}\,\text{m}} = \underline{9\,\text{pF}}$$

b) $\underline{9{,}83\,\text{pF}}$

c) $$C = \frac{8{,}854 \cdot 10^{-12}\,\frac{\text{A}\cdot\text{s}}{\text{V}\cdot\text{m}} \cdot 3{,}7 \cdot 2{,}1 \cdot 12 \cdot 10^{-4}\,\text{m}^2}{(2{,}1 \cdot 0{,}4 + 3{,}7 \cdot 0{,}02) \cdot 10^{-2}\,\text{m}} = \underline{9{,}03\,\text{pF}}$$

867. $$C = \frac{\varepsilon_0 A \varepsilon_1}{d_1 + (d - d_1)\varepsilon_1};$$

nach Einsetzen der gegebenen Werte ergibt sich für $d_1 = 0{,}017\,1$ cm;

Dicke der Lackschicht $\frac{d_1}{2} = \underline{0{,}086\,\text{mm}}.$

868. $U_2 = E_2 d_2 = 8 \cdot 10^5\,\text{V/m} \cdot 8{,}29 \cdot 10^{-4}\,\text{m} = 663\,\text{V};$

$$U_1 = \frac{U_2 d_1}{\varepsilon_1 d_2} = \frac{663\,\text{V} \cdot 0{,}017\,1\,\text{cm}}{3 \cdot 0{,}0829\,\text{cm}} = 46\,\text{V};$$

$U = (663 + 46)\,\text{V} = \underline{709\,\text{V}}$

869. und **870.**

$\tau = RC = 3 \cdot 10^6\,\Omega \cdot 2 \cdot 10^{-6}\,\text{F} = 6\,\text{s};$

$$I = \frac{U}{R} = \frac{150\,\text{V}}{3 \cdot 10^6\,\Omega} = \underline{50\,\mu\text{A}}$$

	t in s	t/τ	$e^{-t/\tau}$	i in µA	$1 - e^{-t/\tau}$	u in V
a)	0,3	0,05	0,9512	47,56	0,0488	7,32
b)	1,2	0,2	0,8187	40,94	0,1813	27,20
c)	2,4	0,4	0,6703	33,52	0,3297	49,46
d)	6,0	1	0,3679	18,4	0,6321	94,82
e)	15	2,5	0,0821	4,11	0,9179	137,69

871. $\tau = 0{,}12\,\text{s}$

	t in s	t/τ	$e^{-t/\tau}$	u in V
a)	0,006	0,05	0,9512	304,4
b)	0,012	0,1	0,9048	289,5
e)	0,06	0,5	0,6065	194,1
d)	0,12	1	0,3679	117,7
e)	0,36	3	0,0498	15,9

872. $\tau = 0{,}5\,\text{s};\quad 0{,}5 = e^{-t/\tau}$

$\frac{t}{\tau} = 0{,}693;\quad t = 0{,}693\tau = \underline{0{,}347\,\text{s}}$

873. $\tau = R(C + C');$

$C' = \frac{\tau}{R} - C = \underline{0{,}5\,\mu\text{F}}$

874. $\tau = R\frac{C_1 C_2}{C_1 + C_2} = \underline{89\,\text{ms}}$

875. a) $i = i_1 + I_2 = \frac{U}{R_1}e^{-t/\tau} + \frac{U}{R_2};$

$$i = \frac{U}{R_2}\left(1 + \frac{R_2}{R_1}e^{-t/\tau}\right)$$

b) Für $t = 0$ wird $i = U\left(\frac{R_2 + R_1}{R_2 R_1}\right).$

Für $t = \infty$ wird $i = \frac{U}{R_2}.$

876. $\tau = 4\,\text{s};\quad e^{-t/\tau} = \frac{R_1}{R_2};$

$e^{t/\tau} = \frac{R_2}{R_1};\quad t = \tau \ln\frac{R_2}{R_1} = 4 \cdot 0{,}916\,\text{s} = \underline{3{,}67\,\text{s}}$

877. a) Nach dem Gesetz der Stromverzweigung muss R_2 den doppelten Wert von R_1 haben.

$R_2 = \underline{0{,}5\,\text{M}\Omega};$ dann ist $I_1 = \frac{U}{R_1} = 500\,\mu\text{A};$

$I_2 = \dfrac{U}{R_2} = \underline{250\,\mu\text{A}}$;

b) $I_2 = I_1 e^{-t/\tau}$; $t = R_1 C \ln 2 = \underline{0{,}139\,\text{s}}$

878. Gesamt-Anfangsstrom

$$I_0 = \frac{U(R_1 + R_2)}{R_1 R_2} = \underline{9{,}75\,\text{mA}};$$

$$\frac{I_0}{2} = \frac{U}{R_2}(1 + 1{,}6e^{-t/\tau}) \text{ (siehe Aufgabe 875)};$$

$$1 + 1{,}6e^{-t/\tau} = 1{,}3; \quad \frac{t}{\tau} = 1{,}674;$$

$$\tau = \frac{1{,}5\,\text{s}}{1{,}674} = 0{,}896\,\text{s} = R_1 C;$$

$$C = \frac{0{,}896}{R_1} = \underline{17{,}9\,\mu\text{F}}$$

879. $W = \dfrac{CU^2}{2} = \dfrac{12 \cdot 10^{-6}\,\text{F} \cdot 500^2\,\text{V}^2}{2} = \underline{1{,}5\,\text{J}}$

880. $W = \dfrac{CU^2}{2} = \underline{1{,}6\,\text{J}}$

881. $C = \dfrac{2W}{U^2} = \underline{313\,\mu\text{F}}$

882. $C = \dfrac{2W}{U^2} = \underline{10{,}9\,\text{F}}$

883. a) $F = \dfrac{\varepsilon_0 A U^2}{2d^2}$

$$= \frac{8{,}85 \cdot 10^{-12}\,\frac{\text{A}\cdot\text{s}}{\text{V}\cdot\text{m}} \cdot 275 \cdot 10^{-4}\,\text{m}^2 \cdot 10^6\,\text{V}^2}{2 \cdot 10^{-6}\,\text{m}^2}$$

$$= \underline{122\,\text{mN}}$$

b) 54 mN c) 30 mN

884. Nach dem Abschalten der Spannungsquelle bleibt die Ladungsmenge Q bestehen, die Spannung nimmt aber auf die Hälfte ab, da die Kapazität sich durch Einbringen des Dielektrikums verdoppelt.

a) $F = \underline{61\,\text{mN}}$ b) $\underline{27\,\text{mN}}$ c) $\underline{15\,\text{mN}}$

885. In diesem Fall bleibt die volle Spannung erhalten.

a) $\underline{244\,\text{mN}}$ b) $\underline{108\,\text{mN}}$ c) $\underline{60\,\text{mN}}$

886. $W = \dfrac{\varepsilon_0 \varepsilon_r V E^2}{2} = \underline{98\,\text{mJ}}$ [illegible]

887. Mit $E = 2{,}5 \cdot 10^{[illegible]}$ V/m und $A = 10^{[illegible]}\,\text{m}^2$ wird

$$F = \frac{\varepsilon_0 E^2 A}{2} = 2{,}77\,\text{mN}$$ [illegible]

888. $C = \dfrac{LI^2}{U^2} = \dfrac{3{,}6\,\text{H} \cdot 0{,}3^2\,\text{A}^2}{300^2\,\text{V}^2} = \underline{3{,}6\,\mu\text{F}}$

889. $C = \underline{1{,}3\,\mu\text{F}}$

890. $U = I\sqrt{\dfrac{L}{C}} = \underline{281\,\text{V}}$

891. Mit $C = 1\,\mu\text{F}$ ergibt sich

$$U = I\sqrt{\frac{L}{C}} = 167\,\text{V};$$

mit $C' = 0{,}1\,\mu\text{F}$ wird $U' = 528$ V; da dieser Kondensator gefährdet ist, wird erstgenannter bevorzugt.

892. Aus $F = \dfrac{\varepsilon_0 U^2 A}{2d^2}$ wird $U^2 = \dfrac{2d^2 F}{\varepsilon_0 A}$;

dies in $W = \dfrac{\varepsilon_0 A U^2}{2d}$ eingesetzt ergibt

$$d = \frac{W}{F} = 2 \cdot 10^{-2}\,\text{m} = 2\,\text{cm};$$

$$U = \sqrt{\frac{2d^2 F}{\varepsilon_0 A}} = \underline{63\,\text{kV}}$$

893. Einsetzen von $d = \dfrac{W}{F}$ (siehe Aufgabe 892)

in $F = \dfrac{\varepsilon_0 U^2 A}{2d^2}$ ergibt $F = \dfrac{2W^2}{\varepsilon_0 U^2 A} = \underline{19{,}6\,\text{mN}}$.

894. $W = \dfrac{CU^2}{2} = \dfrac{4\pi\varepsilon_0 r U^2}{2}$;

$$r = \frac{2W}{4\pi\varepsilon_0 U^2} = \underline{33{,}7\,\text{cm}}$$

895. Mit $Q = CU = 4\pi\varepsilon_0 R U$ folgt aus

$F = \dfrac{Q^2}{4\pi\varepsilon_0 r^2}$ die Gleichung

$$r = RU\sqrt{\frac{4\pi\varepsilon_0}{F}} = 0{,}016\,\text{m} = \underline{16\,\text{mm}}.$$

896. Die Ladung verteilt sich auf beide Kugeln und beträgt je Kugel

$$Q_1 = Q_2 = \frac{CU}{2} = \frac{4\pi\varepsilon_0 R U}{2};$$

aus $F = \dfrac{(4\pi\varepsilon_0)^2 R^2 U^2}{4 \cdot 4\pi\varepsilon_0 r^2}$ wird

$$R = \frac{r}{U}\sqrt{\frac{F}{\pi\varepsilon_0}} = \underline{2\,\text{mm}}.$$

897. Mit $U = Er$ wird

$$W = \frac{CU^2}{2} = \frac{CE^2 r^2}{2} = \frac{4\pi\varepsilon_0 r E^2 r^2}{2};$$

$$r = \sqrt[3]{\frac{2W}{4\pi\varepsilon_0 E^2}} = \underline{18\,\text{cm}}.$$

898. Mit $C = \dfrac{\varepsilon_0 A}{d}$ folgt aus

$F = Q_2 E = Q_2 \dfrac{U}{d}$ die Spannung

$U = \dfrac{\varepsilon_0 A F}{Q_2 C} = \underline{8\,854\ \text{V}}$

899. Mit $Q = DA = \varepsilon_0 E A$ und

$F = \dfrac{\varepsilon_0 A E^2}{2}$ wird $A = \dfrac{Q^2}{2\varepsilon_0 F} = \underline{0{,}181\ \text{m}^2}.$

900. Feldstärke im Plattenzwischenraum

$E = \dfrac{Q_1}{\varepsilon_0 A};$

Spannung gegen Erde $\pm U = Ed = \dfrac{Q_1 d}{\varepsilon_0 A};$

beim Berühren einer Platte übernimmt die Kugel die Ladung

$Q_2 = Cu = \dfrac{4\pi\varepsilon_0 r Q_1 d}{\varepsilon_0 A} = \dfrac{4\pi r Q_1 d}{A};$

$F = Q_2 E = \dfrac{4\pi r Q_1^2 d}{\varepsilon_0 A^2} = \underline{3{,}48\ \text{mN}}.$

Formelzeichen und Einheiten

l	Länge	m
b	Breite	m
h	Höhe	m
r	Radius	m
A	Fläche	m
V	Volumen	m
t	Zeit	s
v	Geschwindigkeit	m/s
F	Kraft	$\mathrm{kg \cdot m/s^2 = N}$
f	Frequenz	1/s = Hz
ω	Kreisfrequenz	1/s = Hz
I	Stromstärke	A
J	Stromdichte	$\mathrm{A/m^2}$
U	Spannung	V
E	Feldstärke, elektrische	V/m
D	Flussdichte, elektrische	$\mathrm{C/m^2 = A \cdot s/m^2}$
R	Widerstand	Ω
ϱ	Widerstand, spezifischer	$\Omega \cdot \mathrm{m}$
G	Leitwert, elektrischer	$1/\Omega = \mathrm{S}$
P	Leistung	$\mathrm{V \cdot A = W}$
H	Feldstärke, magnetische	A/m
B	Flussdichte, magnetische	$\mathrm{V \cdot s/m^2 = T}$
Φ	Fluss, magnetischer	$\mathrm{V \cdot s = Wb}$
Θ	Durchflutung	A
L	Induktivität	$\mathrm{V \cdot s/A = H}$
M	Gegeninduktivität	$\mathrm{V \cdot s/A = H}$
C	Kapazität	$\mathrm{A \cdot s/V = F}$
W	Energie, Arbeit	$\mathrm{V \cdot A \cdot s = J}$
μ	Permeabilität	$\mathrm{V \cdot s/(A \cdot m) = H/m}$
μ_r	Permeabilitätszahl	1
ε	Permittivität	$\mathrm{A \cdot s/(V \cdot m) = F/m}$
ε_r	Permittivitätszahl	1

Konstanten

μ_0	magnetische Feldkonstante	$\frac{4\pi}{10} \cdot 10^{-6} = 1{,}257 \cdot 10^{-6}\,\mathrm{H/m}$
ε_0	elektrische Feldkonstante	$\frac{1}{\mu_0 c^2} = 8{,}854 \cdot 10^{-12}\,\mathrm{F/m}$
e	Elementarladung	$1{,}602 \cdot 10^{-19}\,\mathrm{C}$
c	Lichtgeschwindigkeit (Vakuum)	299 792 458 m/s

Ausgewählte Schaltzeichen nach DIN 40 900

	ideale Stromquelle		Voltmeter
	ideale Spannungsquelle		Amperemeter
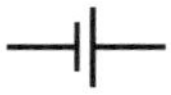	Akkumulator		produktbildendes Messwerk
	Gleichspannung, Gleichstrom		Widerstand
	Wechselspannung, Wechselstrom		Widerstand, veränderbar
	Kreuzung von zwei Leitern	 $+\vartheta°$	Kaltleiter
	Abzweigung eines Leiters	 $-\vartheta°$	Heißleiter
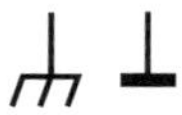	Masseverbindung	 U	Varistor
	Erde		

Helmut Lindner

Elektro-Aufgaben

Band II: Wechselstrom

Inhaltsverzeichnis